"十四五"职业教育国家规划教材

动物生物化学

第三版

陆 辉 左伟勇 主编

化学工业出版社

·北 京·

内容提要

《动物生物化学》(第三版) 共分十三章，主要包括绪论 (主要对生物化学的概念、研究内容、发展简史、应用前景及与动物养殖及健康之间的关系等方面进行了系统的介绍)；第一至三章生物大分子的结构与功能 (重点描述蛋白质、核酸及酶等生物大分子结构与功能)；第四至十章为动物有机体的代谢与调节 (生物氧化、糖代谢、脂代谢、蛋白质的分解与氨基酸代谢、核酸的分解与核苷酸代谢、物质代谢的联系与调节)；第十一章为水、无机盐代谢，鉴于分子生物学技术目前在动物科学研究领域产生的巨大推动作用，第十二章着重介绍了分子生物学技术。本教材最后一章介绍了动物生物化学实验技术及基本技能操作，共分三部分，分别为动物生物化学实验技术及基本技能操作、动物生物化学实验技能训练 (基础篇)、动物生物化学实验技能训练 (综合篇)。为方便教学，本书配套有动画、视频等多媒体数字资源，可以通过扫描书中二维码获取。同时，化学工业出版社教学资源网 (www.cipedu.com.cn) 提供本教材电子课件，可下载使用。

本书适用于高职高专院校开设的生物技术、畜牧兽医、动物医学、生物制药、食品加工等专业的学生学习，也可作为医药、化工和环境工程等专业的技术人员的参考资料。

图书在版编目 (CIP) 数据

动物生物化学/陆辉，左伟勇主编. —3 版. —北京：
化学工业出版社，2020.8 （2024.10重印）
ISBN 978-7-122-37011-2

Ⅰ. ①动…　Ⅱ. ①陆… ②左…　Ⅲ. ①动物学-生物
化学　Ⅳ. ①Q5

中国版本图书馆 CIP 数据核字 (2020) 第 084166 号

责任编辑：旷英姿　王　芳　　　　　　　　　　装帧设计：尹琳琳
责任校对：盛　琦

出版发行：化学工业出版社 (北京市东城区青年湖南街 13 号　邮政编码 100011)
印　　装：河北延风印务有限公司
787mm×1092mm　1/16　印张 18¼　字数 459 千字　2024 年 10 月北京第 3 版第 10 次印刷

购书咨询：010-64518888　　　　　售后服务：010-64518899
网　　址：http://www.cip.com.cn
凡购买本书，如有缺损质量问题，本社销售中心负责调换。

定　价：49.00 元　　　　　　　　　　　　　　　　版权所有　违者必究

前言

　　《动物生物化学》是高等农业职业院校畜牧兽医类、动物医学类、药品生产技术及生物技术类等专业的重要专业基础课程，也是学习专业课程的重要基础，它不仅从分子层面阐明了生命的规律，更能前瞻本学科专业发展的未来。高职院校是高技能人才培养的"摇篮"，本教材以高职农业院校相关专业教学要求和培养目标为依据修订，教材编写过程中充分考虑学生对专业知识的需求以及专业培养对课程教学提出的要求，以学生为中心，以提高教学效果为目的，在教学内容的选取和编排等方面融入了现代生物化学及分子生物学发展的新内容，充分融入专业特色，积极与实践接轨，为临床服务，为学生以后考取执业兽医师资格证及走向工作岗位奠定良好的专业基础。本书在部分章节适当增加了知识链接及案例，增加了趣味性、可读性和针对性。本次修订注重实用原则，对教材实验实训内容进行了调整，增加了生物化学综合实训内容。本教材为国家级职业教育专业教学资源库配套教材，基于线上线下混合式教学的运用，建设了配套教学资源（资源网站：https：//www.icve.com.cn/portal＿new/courseinfo/courseinfo.html？courseid＝fowqaayqzlrara5pqrga4g），其中与教学内容相匹配的动画、视频等多媒体资源直接以二维码形式植入教材，体现了"互联网＋"立体化教材表现形式。

　　本教材第7次印刷融入了带有现代畜牧业特色的"健康养殖、生物安全、环境友好"理念，并将党的二十大报告中提出的"培育创新文化，弘扬科学家精神，涵养优良学风，营造创新范围""落实立德树人根本任务，培养德智体美劳全面发展的社会主义建设者和接班人"的精神融入教材中，帮助学生在学习专业技能的同时，提高道德素养，树立正确的世界观和价值观。

　　本教材编写人员均来自职业院校与行业企业，为多年从事《动物生物化学》教学科研及生产一线的教师及同行，第三版由陆辉、左伟勇主编，王永娟、刘莉、洪伟鸣、董亚青参与教材编写修订。本教材在编写修订过程中得到了各编委所在院校领导的大力支持，以及第一版、第二版教材编委的贡献；兄弟院校同行提出了许多宝贵意见，教材中还引用了一些生物化学科研工作者的研究成果；本教材的出版也得到了化学工业出版社有限公司的大力支持与帮助，在此一并表示感谢。

　　本书可作为高职高专院校畜牧兽医类、动物医学类、药学类、生物制药类、生物技术及相关专业的教材，也可作为从事相关专业工作的人员的参考资料。由于生物化学领域发展迅速，知识更新快，而编者水平有限，再加上编写时间仓促，书中疏漏之处在所难免，敬请同行专家和使用本教材的师生给予批评指正。

编者

第一版前言

动物生物化学是畜牧兽医类专业一门重要的基础课，其知识、技术不断更新，已成为生命科学中诸多学科的重要基础与支柱，它与分子生物学一起被看作是21世纪生命科学的带头学科，成为高等学校许多相关专业学生的必修基础课程。本书可作为高职高专院校生物技术、畜牧兽医、水产养殖、生物制药、食品加工等专业学生的教材，对医药化工和环境工程等专业的科技人员也有一定的参考价值。

本教材以能力教育为基本出发点，以应用为目的，在编写中力求把理论内容简化，把复杂概念细化，注重实用性和针对性，并能在一定程度上体现本学科的新知识和新技术，以使它能更好地适应当前畜牧业快速发展的需要，为培养面向生产第一线的高素质技能型人才打下扎实的基础。

本书由江苏农牧科技职业学院陆辉、左伟勇主编，北京农业职业技术学院肖海峻、河南农业职业技术学院张书汁副主编，参加编写的还有江苏农牧科技职业学院洪伟鸣、刘莉、王永娟，全书由陆辉、左伟勇统稿。

本书承江苏农牧科技职业学院朱善元教授和孟婷副教授对各章节进行了审阅和修改并提出了宝贵意见，在此表示衷心感谢。在教材编写过程中，参阅并应用了相关书籍的图表，对原作者表示感谢。

由于编者水平有限，书中疏漏和不妥之处在所难免，恳请广大读者批评指正，以便再版时修正。

编者

2010 年 11 月

　　动物生物化学是畜牧兽医类专业一门重要的基础课，它发展迅速，新知识、新技术不断深化，已成为生命科学中诸多学科的重要基础与支柱，它与分子生物学一起被看作是21世纪生命科学的带头学科，成为高等学校许多相关学科学生的必修基础课程。

　　本教材第一版出版以来，受到了广大读者尤其是农业高职院校师生的支持与鼓励，在使用过程中也发现了一些缺点和不足。为了使教材更符合教学的需求，在原教材的基础上进行了修订，编写了第二版。和第一版相比，删除了"某些组织和器官的生物化学""血液的生物化学""乳和蛋的生物化学"，增加了"分子生物学技术简介"。对技能训练部分也根据实际需要进行了部分调整。

　　本书适合高职高专院校开设的生物技术、畜牧兽医、水产养殖、生物制药、食品加工等专业的学生学习，也可作为医药、化工和环境工程等专业的技术人员的参考资料。

　　本书由江苏农牧科技职业学院陆辉、左伟勇任主编，北京农业职业技术学院肖海峻、河南农业职业技术学院张书汁任副主编，参加编写的人员还有江苏农牧科技职业学院洪伟鸣、刘莉、王永娟，全书由陆辉、左伟勇统稿。

　　为方便教学，本书配套有电子教学课件。

　　本书承江苏农牧科技职业学院朱善元教授和孟婷副教授对各章节进行了审阅和修改并提出了宝贵意见，在此表示衷心感谢。在教材编写过程中，参阅并应用了相关书籍的图表，对原作者表示感谢。

　　由于编者水平有限，书中疏漏和不妥之处在所难免，恳请广大读者批评指正，以便再版时修正。

编者

2014 年 6 月

目录

第四章　生物氧化 ————————————————————— 067

第五章　糖代谢 ———————————————————————— 084

目录

第九章 核酸与蛋白质的生物合成 ——————————————180

第十章 物质代谢的调节 ——————————————200

第十一章 水和无机盐代谢 ——————————————209

目录

第十二章　分子生物学技术简介 —————————————— 226

第十三章　生物化学实验技术及基本技能操作 —————————— 238

绪 论

 知识目标

- 掌握生物化学的概念；
- 熟悉生物化学研究的主要内容；
- 了解生物化学发展史及生物化学与其他学科的关系。

一、生物化学概述

生物化学即生命的化学，是以生物体（动物、植物、微生物等）为研究对象，运用化学的原理、方法研究生物体的物质组成、结构与功能的关系以及物质在生命过程中的变化过程与变化规律，并在分子水平上来研究生命现象和生命本质，以阐明生物机体各种生理过程的分子机理的一门学科。

根据研究对象的不同，生物化学可分为动物生物化学、植物生物化学和微生物生物化学。如果以一般生物为研究对象，则称为普通生物化学或者直接称为生物化学。如果以生物的不同进化阶段的化学特征为研究对象，又派生出了进化生物化学或比较生物化学。此外，根据不同的研究对象和目的，生物化学还有更多的分支，如医学生物化学、农业生物化学、工业生物化学、环境生物化学和营养生物化学等。动物生物化学是以动物为研究对象的生物化学。

二、动物生物化学研究的主要内容

概括地说，动物生物化学研究的内容主要包括以下四个相互联系的方面。

1. 动物体的化学组成、分子结构及生物学功能

构成动物体的化学元素主要是 C、H、O、N、P、S 和 Ca、Mg、Na、K、Cl、Fe 等元素。这些元素以各种有机化合物和无机化合物的形式存在于体内。如维生素、激素、氨基酸、葡萄糖和核苷酸等低分子有机化合物在此基础上构建出的蛋白质、核酸、多糖和脂类等高分子有机化合物。这些高分子有机化合物巨大的分子质量、复杂的空间结构使它们具备了执行各种各样生物学功能的本领。细胞的组织结构、生物催化、物质运输、信息传递、代谢调节以及遗传信息的存储、传递与表达等无不都是通过生物大分子及其相互作用来实现的。因此，生物大分子的结构与功能的研究永远是生物化学的核心课题。当然，无机元素在生物体内也有其独特的作用，许多无机元素是蛋白质和酶的重要组成部分，也参与体内的物质代谢、能量代谢以及信息的传递和代谢的调控。

2. 动物体新陈代谢与调控

新陈代谢是生命的基本特征之一。广义的新陈代谢是机体与外界进行物质和能量交换过程，即物质的消化、吸收、中间代谢、废物排泄过程；狭义的新陈代谢是指中间代谢，即生物大分子在细胞中的分解、合成、再分解、再合成及其能量转移规律，是在细胞中进行的化学过程，这是动物生物化学研究的重要内容之一。机体的各种代谢活动是由许多代谢途径构成的网络，是在一系列的调控下有条不紊地进行的。外界刺激通过体内神经、激素等作用于细胞，通过对酶的调节改变细胞内的物质代谢。细胞内存在的各种信号传导系统也调节机体的生长、增殖、分化、衰老等生命过程。细胞信号传导机制与网络的深入研究也是现代生物化学重要的研究课题之一。

3. 动物体基因的表达及调控

动物生命现象的一个基本属性是能够进行自我复制、自我繁殖。其中，核酸起着携带和传递遗传信息的作用，基因是遗传信息存储与传递的载体，是 DNA 分子中可表达的功能片段，通过 DNA 的复制、RNA 的转录和翻译将遗传信息传递给后代。研究基因在染色体中的定位、核苷酸的排列顺序及其功能，DNA 复制、RNA 转录、蛋白质生物合成过程中基因传递的机制，基因传递与表达的时空调节规律等是生物化学极为重要的课题。

4. 生物化学技术

生物化学是实验的科学，以上的一切研究内容均建立在严谨的科学实验基础之上。这些技术包括生物大分子的提取、分离、纯化与检测鉴定技术，生物大分子组成的序列分析和体外合成技术，物质代谢与信号传导的跟踪检测技术，以及基因重组、转基因、基因敲除、基因芯片等基因研究的相关技术等。这些生物化学技术不是单纯的化学技术，其中融入生物学、物理学、免疫学、微生物学、药理学知识与技术，这些技术的开发应用也是生物化学研究内容的重要组成部分。

三、生物化学发展简史

"生物化学"一词的出现大约在 20 世纪初，但它的起源可追溯得更远，其早期的历史是生理学和化学的早期历史的一部分。例如 18 世纪 80 年代，拉瓦锡证明呼吸与燃烧一样是氧化作用，几乎同时科学家又发现光合作用本质上是动物呼吸的逆过程。又如 1828 年沃勒首次在实验室中合成了一种有机物——尿素，打破了有机物只能靠生物产生的观点，给"生机论"以重大打击。1860 年巴斯德证明发酵是由微生物引起的，但他认为必须有活的酵母才能引起发酵。1897 年毕希纳兄弟发现酵母的无细胞抽提液可进行发酵，证明没有活细胞也可进行如发酵这样复杂的生命活动，终于推翻了"生机论"。

生物化学的发展大体可分为三个阶段。

1. 静态生物化学阶段

从 19 世纪末至 20 世纪 30 年代是静态的描述性的阶段。这一阶段主要是研究生物体的物质组成、结构、性质和含量等。主要贡献有：对脂类、糖类及氨基酸的性质进行了较为系统的研究；发现了核酸；化学合成了简单的多肽；在酵母发酵过程中发现了酶，并认识了酶的化学本质。

2. 动态生物化学阶段

20 世纪 30~50 年代是动态生物化学阶段。这一阶段主要研究物质代谢与相关调节。本阶段主要贡献有：发现了必需氨基酸、必需脂肪酸及多种维生素、多种激素，获得酶晶体，基本确定糖酵解、三羧酸循环、脂肪酸 β-氧化、尿素合成途径，对呼吸、光合作用以及腺苷三磷酸（ATP）在能量转化中的关键位置有了较深入的认识。

3. 机能生物化学阶段

20世纪50年代至今，是机能生物化学阶段。这一阶段以提出 DNA 双螺旋结构模型为标志，主要研究生物大分子结构和生理功能之间的关系。本阶段主要贡献有：完成胰岛素的氨基酸序列分析；DNA 双螺旋结构模型的提出；初步确立了遗传信息传递的中心法则，并破译了 RNA 分子中的遗传密码等。建立了重组 DNA 技术、转基因技术、基因敲除技术、基因芯片技术、聚合酶链式反应技术；发现了核酶；启动了人类基因组计划并完成了人类基因组草图等。

 知识链接 ···

生物化学与诺贝尔奖

诺贝尔奖是根据瑞典化学家阿尔弗雷德·诺贝尔的遗嘱创立的一项旨在表彰自然科学研究者、文学创作者和世界和平推动者的著名奖项，从1901年开始，每年颁发一次。诺贝尔奖分为5项，即物理学奖、化学奖、生理学或医学奖、文学奖和和平奖，在诺贝尔奖一百多年的历史中，96项生理学或医学奖中有35项与生物化学有着密切的关系，而化学奖中则有39项与生物化学关系密切；特别是从20世纪50年代以来，65%的生理学或医学奖和40%的化学奖属于生物化学领域，二者之和相当于另外设立了一个生物化学诺贝尔奖。

···

四、动物生物化学的发展动态

半个世纪以来，分子生物学的迅速发展根本上改变了生命科学的面貌，也极大地丰富和扩展了生物化学的内涵。现代生物化学的发展已经从各个方面融入了生命科学发展的主流当中。

自20世纪90年代以来，生物大分子研究的迅速发展出现了信息"爆炸"。过去10年才能搞清一个蛋白质的结构，到90年代中期已达到平均每天3.5个。从90年代初开始的"人类基因组计划"历经10个年头，在进入21世纪后不久宣布完成，得到了由30亿个碱基组成的人类染色体的全部基因的 DNA 序列，这是对人类基因组面貌的首次揭示，表示科学家们可以开始"解读"人类生命"天书"所蕴涵的内容。一般认为，所有的疾病都间接或直接地与基因有关，人类基因组的解读为疾病的诊断、防治和新药的研究开发提供了有力的武器。

20世纪50~60年代，人们对核酸的化学、核酸酶学的知识不断扩大，到了70年代，掌握了利用分子杂交、限制性内切酶和反转录酶等工具酶，按照自己的意愿改造遗传基因和操纵遗传过程的技术，即重组 DNA 技术。这个技术的规模化和工业化就是基因工程，也称遗传工程。以基因工程技术为核心，与现代发酵工程、细胞工程、胚胎工程、酶工程、蛋白质工程等集合而成的生物工程学，已经和正在展现出其推动生产力发展的巨大潜力。运用 DNA 重组技术，将一些外源蛋白质基因转入到细菌、酵母和动植物细胞中，已经可以大量地生产如生长激素、干扰素和乙肝疫苗等激素和药物。注射重组生长激素的猪生长速度大大加快，注射重组生长激素的奶牛的牛奶产量可得到大幅度增加。1982年 Palmiter 将大白鼠生长激素的基因重组后注射入小鼠受精卵，再将受精卵植入小鼠子宫，发育成的小鼠长得比原小鼠大两倍，证明转入的外源基因改变了生物的性状，从而创立了动物转基因技术。1991年，有人运用转基因技术使绵羊的乳腺表达 α-抗胰蛋白酶成功，表明乳腺等动物器官可以作为大量表达特异蛋白的"生物反应器"。1997年英国 I. Wilmut 等利用羊的体细胞（乳腺细胞）克隆出了多莉羊，震惊了世界。在医学方面，由转基因技术而萌发的基因诊断、基因治疗的概念，正在变为现实。自1990年以来，已有数百位遗传缺陷性疾病患者接受治疗，并且看到了康复的希望。虽然目前对于基因改造产品的商品化和转基因生物的安全性还有不同看法，但是已经没有人怀疑现代生物技术对于人类未来的发展将产生的难以估量的影响。

五、动物生物化学与畜牧兽医专业的关系

1. 与畜牧业的关系

了解动物体内生物化学物质的组成、物质与能量代谢以及营养物质代谢间的相互转化、相互影响的规律，可以进一步促进研究动物营养机理，合理调配动物营养、改进饲料配方，开发新型饲料、新型饲料添加剂，提高饲料转化率，提高畜禽生产效率，防止各种代谢病。

2. 与兽医科学的关系

了解正常动物的物质和能量代谢规律，可为正确诊断动物疾病、科学用药、动物疾病防治等提供理论基础。

3. 与其他学科的关系

动物生物化学是动物生命学科的基础，生物化学的理论与技术已经渗透到了动物科学、动物医学的各个领域，奠定了动物养殖和动物疾病的科学诊断与防治等方面的理论基础。生物化学的基础理论和实验技术是畜牧兽医、动物营养生物制品技术等专业的重要专业基础课程，掌握其基本理论和基本实验技能必将为学习专业课程（如动物解剖生理学、微生物学、病理学、药理学、畜产品加工与品质检验等）和毕业后的继续学习奠定坚实的基础。

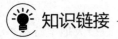 知识链接 ....

中国学者对生物化学发展的贡献

我国学者对生物化学的发展做出了重要贡献。早在20世纪30年代，吴宪提出了蛋白质变性学说，创立了血滤液的制备和血糖测定法。新中国成立后，我国的生物化学迅速发展。1965年我国科学家首次人工合成了具有生物活性的结晶牛胰岛素；1981年又成功合成了酵母丙氨酰-tRNA；1999年我国参加人类基因组计划，承担其中1%的任务，并于次年完成；2002年我国学者完成了水稻的基因组精细图；2002年启动的人类蛋白质组计划中，中国科学家领衔完成"人类肝脏蛋白质组计划"，在2010年精确鉴定出6788种蛋白质，成为首个被鉴定的人体蛋白质组；2010年中国科学家又承担了人类染色体蛋白质组计划中1号、8号和20号染色体对应蛋白质的鉴定任务。此外，在基因工程、蛋白质工程、疾病相关基因研究等方面，我国均取得重要成果。

....

第一章
蛋白质化学

📚 **知识目标**

- 掌握蛋白质分子组成的特点，氨基酸的理化性质，蛋白质的分子结构，蛋白质的理化性质；
- 熟悉蛋白质的主要生物学功能，氨基酸的结构特点，蛋白质结构与功能的关系；
- 了解蛋白质的分类。

📚 **能力目标**

- 离心分离技术，分光光度法检测技术。

蛋白质是生物体中最重要的生物大分子之一，分布于细胞的各个部位，具有广泛的生物学功能。如具有催化、贮存与运输、调节、运动、防御、营养以及遗传信息的解码等生物学功能，蛋白质参与生命的几乎每一个过程，如物质的代谢、能量的加工和信息的传递等，所以说蛋白质在生命活动过程中发挥了极其重要的作用，是生命活动所依赖的物质基础，没有蛋白质就没有生命。

第一节　蛋白质功能概述

蛋白质一词是在 19 世纪 30 年代由荷兰化学家 Mulder 首先提出的。该词源于希腊语，意思是"第一的"。现在看来这一命名极有先见性，因为蛋白质的确是生物体最重要的组成成分。以下例子足以说明蛋白质广泛而又重要的功能。

（1）催化功能　生物体内几乎所有的化学反应都需要生物催化剂——酶，而绝大多数酶的化学本质是蛋白质。如消化道中的蛋白酶可以帮助动物水解利用食物中的蛋白质。

（2）贮存与运输功能　有些蛋白质能够结合其他分子以实现对这些物质的贮存或运输。如动物肌肉和心肌细胞中的肌红蛋白能结合氧分子；血浆中的转铁蛋白能结合铁；红细胞中的血红蛋白能结合氧并运输到组织中。

（3）调节作用　有些蛋白质作为激素调节某些特定细胞或组织的生长、发育或代谢。如生长激素可促进肌肉生长；胰岛素能调节人和动物细胞内的葡萄糖代谢。

（4）运动功能　某些蛋白能使细胞和生物体产生运动，如肌肉的收缩、有丝分裂时染色体的分离。肌球蛋白和肌动蛋白是参与肌肉收缩的主要成分。

（5）防御功能　脊椎动物中的免疫球蛋白能与细菌和病毒结合，发挥免疫保护作用；鸡蛋清、人乳、眼泪中的溶菌酶能破坏某些细菌。

（6）营养功能　有些蛋白可作为人和动物的营养物，为胚胎发育和婴幼儿生长提供营养，如卵白中的卵清蛋白、乳中的酪蛋白。

（7）结构成分　机体中不溶性的结构蛋白能提供机械保护并赋予机体一定的形态，如皮肤、软骨和肌腱中的胶原蛋白；羊毛、头发、羽毛、甲、蹄中的角蛋白；昆虫外壳中的硬蛋白；韧带中的弹性蛋白。

（8）膜的组成成分　蛋白质是生物膜的主要组成成分之一。细胞膜上的受体、载体、离子通道等蛋白质，直接参与细胞识别、物质跨膜转运、信息传递等重要生理过程。

（9）遗传信息的解码　生物体内蛋白质的合成、基因表达的调控都需要多种蛋白质参与。

第二节　蛋白质的分子组成

一、蛋白质的元素组成

自然界中，蛋白质种类繁多，但其元素组成都很接近。元素分析表明，构成蛋白质的基本元素有碳、氢、氧、氮四种；大多数蛋白质还含有少量硫；有些蛋白质还含有磷、铁、铜、锌、钼、碘等元素。

蛋白质是生物体中主要的含氮化合物。各种蛋白质的氮含量比较恒定，平均值约为16%。可通过测定氮的含量，计算生物样品中蛋白质的含量（换算系数为6.25），该法称凯氏定氮法，是蛋白质定量的经典方法之一。

$$样品中蛋白质含量＝样品中的氮含量×6.25$$

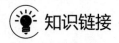 知识链接

凯氏定氮法与三聚氰胺

凯氏定氮法常用于食品中蛋白质含量的测定，即先测定食品的含氮量，然后根据含氮量推算出蛋白质的含量。三聚氰胺的分子式是 $C_3H_6N_6$，含氮量为 66.7%，在牛奶中添加三聚氰胺能提高牛奶含氮量，进而获得虚假的蛋白质含量，这就是不法分子在牛奶中添加三聚氰胺的目的。在"三鹿事件"后，必检项目中增加了三聚氰胺，这虽然堵住了三聚氰胺添加到牛奶中的渠道，却并不能保证其他含氮量高的添加剂被加入。解决检测漏洞最根本的办法是检测牛奶中蛋白质的含量。

二、蛋白质的结构组成单位——氨基酸

（一）蛋白质的水解

蛋白质是生物大分子，通过酸、碱或者蛋白酶等方法的彻底水解，可以产生各种氨基

酸。因此，氨基酸是蛋白质的基本结构单位。

1. 酸水解

常用 4mol/L 硫酸或 6mol/L 盐酸，回流煮沸 20h 左右可使蛋白质完全水解。

优点：不引起消旋作用，得到的是 L-氨基酸。

缺点：色氨酸完全被破坏，羟基氨基酸有一小部分被分解，同时天冬酰胺和谷氨酰胺被水解下来。

酸水解法是氨基酸工业生产的主要方法之一，也可用于蛋白质的分析。

2. 碱水解

一般与 5mol/L 氢氧化钠共煮沸 10～20h，即可使蛋白质完全水解。

优点：色氨酸没被破坏，水解液清亮。

缺点：多数氨基酸遭到不同程度的破坏，并且产生消旋现象，所得产物是 D-型和 L-型氨基酸的混合物。

碱水解法一般很少使用。

3. 酶水解

主要用于部分水解。常用的蛋白酶有胰蛋白酶、糜蛋白酶以及胃蛋白酶等，它们主要用于蛋白质一级结构分析以获得蛋白质的部分水解产物。

优点：不产生消旋作用，也不破坏氨基酸。

缺点：使用一种酶水解，往往水解不彻底，且酶水解所需时间长。

（二）氨基酸的结构特点

自然界中的氨基酸有 300 余种，而参与机体蛋白质组成的仅有 20 种，如表 1.1 所示。这些氨基酸被称为标准氨基酸，尽管蛋白质中的氨基酸只有 20 种，但是这些氨基酸的数量、排列顺序的变化会形成无数种蛋白质。这 20 种氨基酸结构不同，但有以下共同的特点。

表 1.1　常见氨基酸的名称、结构及分类

分类	氨基酸名称	三字母符号	单字母符号	中文简称	R 基化学结构	等电点
非极性氨基酸	丙氨酸	Ala	A	丙	CH_3-	6.02
	缬氨酸	Val	V	缬	CH_3-CH- CH_3	5.97
	亮氨酸	Leu	L	亮	$CH_3-CH-CH_2-$ CH_3	5.98
	异亮氨酸	Ile	I	异亮	CH_3-CH_2-CH- CH_3	6.02
	苯丙氨酸	Phe	F	苯丙	$\langle\!\!\!\rangle-CH_2-$	5.48
	色氨酸	Trp	W	色	$-CH_2-$ 吲哚	5.89
	蛋氨酸（甲硫氨酸）	Met	M	蛋（甲硫）	$CH_3-S-CH_2-CH_2-$	5.75
	脯氨酸	Pro	P	脯	$-COO^-$ N^+H_2	6.30

续表

分类	氨基酸名称	三字母符号	单字母符号	中文简称	R 基化学结构	等电点
不带电荷极性氨基酸	甘氨酸	Gly	G	甘	H—	5.97
	丝氨酸	Ser	S	丝	$HO-CH_2-$	5.68
	苏氨酸	Thr	T	苏	CH_3-CH- $\vert$ OH	6.53
	半胱氨酸	Cys	C	半胱	$HS-CH_2-$	5.02
	酪氨酸	Tyr	Y	酪	$HO-\!\!\bigcirc\!\!-CH_2-$	5.66
	天冬酰胺	Asn	N	天冬酰	$H_2N-\underset{\underset{O}{\Vert}}{C}-CH_2-$	5.41
	谷氨酰胺	Gln	Q	谷氨酰	$H_2N-\underset{\underset{O}{\Vert}}{C}-CH_2CH_2-$	5.65
带正电荷极性氨基酸	组氨酸	His	H	组	$\underset{H}{N}\diagdown\!\!\diagup CH_2-$	7.59
	赖氨酸	Lys	K	赖	$\overset{+}{H_3}N-CH_2-CH_2-CH_2-CH_2-$	9.74
	精氨酸	Arg	R	精	$H_2N-\underset{\underset{+}{\overset{\Vert}{N}H_2}}{C}-NH-CH_2-CH_2-CH_2-$	10.76
带负电荷极性氨基酸	天冬氨酸	Asp	D	天冬	$^-OOC-CH_2-$	2.97
	谷氨酸	Glu	E	谷	$^-OOC-CH_2-CH_2-$	3.22

1. 除脯氨酸外，都是α-氨基酸

α-氨基酸通式如下：

$$H_2N-\underset{H}{\overset{R}{\underset{\vert}{\overset{\vert}{C}}}}\overset{\alpha}{-}COOH$$

由通式可以看出，所有氨基酸的氨基（—NH_2）都在α-碳原子（用 C_α 表示）上，故为α-氨基酸（脯氨酸为α-亚氨基酸）。另外，α-碳原子上还有一个氢原子和一个侧链（称 R 侧链或 R 基团），不同氨基酸之间的区别在于 R 基团，由于不同氨基酸 R 基团的结构不同，造成不同氨基酸在性质上的差异。

2. 都是 L-型氨基酸

氨基酸存在 L-型和 D-型两种同分异构体，如下：

$$H_2N-\underset{R}{\overset{COOH}{\underset{\vert}{\overset{\vert}{C}}}}-H \qquad\qquad H-\underset{R}{\overset{COOH}{\underset{\vert}{\overset{\vert}{C}}}}-NH_2$$

L-α-氨基酸　　　　　　　　　　　　D-α-氨基酸

组成天然蛋白质的氨基酸均为 L-α-氨基酸，甘氨酸除外。蛋白质中的氨基酸均为 L-型的原因尚不清楚。生物界中也发现一些 D-型氨基酸，如细菌产生的某些抗生素和个别植物的生物碱就含有 D-型氨基酸。L-型氨基酸和 D-型氨基酸在结构上的差别并不大，但在生理功能上却有很大的不同。动物体内的酶系只能促进 L-型氨基酸的代谢变化，而对 D-型氨基酸则不起作用。

（三）氨基酸的分类

20 种标准氨基酸的 R 侧链在大小、形状、电荷、氢键形成能力和化学反应等方面存在差异。不同类型的氨基酸表现出不同的理化特性，如有些是酸性的，有些是碱性的；有些侧链小，有些侧链大；有些为非极性的，有些则为极性的。通常根据氨基酸 R 基团性质，将它们分为极性氨基酸和非极性氨基酸两类。

1. 极性氨基酸

（1）带负电荷极性氨基酸　如谷氨酸和天冬氨酸。

（2）带正电荷极性氨基酸　如赖氨酸、精氨酸和组氨酸。

（3）不带电荷极性氨基酸　如丝氨酸、苏氨酸、酪氨酸、半胱氨酸、天冬酰胺、谷氨酰胺和甘氨酸。

2. 非极性氨基酸

非极性氨基酸有丙氨酸、缬氨酸、亮氨酸、异亮氨酸、甲硫氨酸、苯丙氨酸、色氨酸、脯氨酸。

氨基酸的这种分类方法有助于理解它们在蛋白质结构中的作用。氨基酸通常用其英文名称前 3 个字母，或单个英文字母来表示，如 Ala（A）代表丙氨酸。

有些氨基酸如赖氨酸、色氨酸、苯丙氨酸、苏氨酸、缬氨酸、蛋氨酸、亮氨酸、异亮氨酸共 8 种氨基酸，动物体内一般不能合成而必须从食物中摄取，这些氨基酸叫做必需氨基酸。精氨酸和组氨酸在体内虽能合成，但合成量很少，不能满足动物正常生长发育的需要，所以也常归于必需氨基酸中。若食物中缺乏这些氨基酸时，就会影响动物的生长和发育。

除蛋白质中的 20 种氨基酸外，目前在细胞中还发现 300 多种氨基酸，它们不是蛋白质的组成成分，但有特殊的功能。如 L-鸟氨酸和 L-瓜氨酸参与尿素的合成，γ-氨基丁酸是一种传递神经冲动的化学介质，称为神经递质。

$$CH_2—CH_2—CH_2—CH—COOH \qquad H_2N—C—NH—CH_2CH_2CH_2—CH—COOH$$
$$\ \ |\qquad\qquad\qquad\qquad |\qquad\qquad\qquad\qquad\ \ \ \|\qquad\qquad\qquad\qquad\qquad\quad\ \ |$$
$$NH_2\qquad\qquad\qquad NH_2\qquad\qquad\qquad\quad O\qquad\qquad\qquad\qquad\qquad\quad NH_2$$

L-鸟氨酸 　　　　　　　　　　　　　　　　L-瓜氨酸

（四）氨基酸的性质

1. 一般物理性质

α-氨基酸为无色晶体，熔点极高，一般在 200℃ 以上。其味随不同氨基酸有所不同。氨基酸溶解于稀酸或稀碱中，但不能溶解于有机溶剂（脯氨酸除外）。通常用乙醇把氨基酸从其溶液中沉淀析出。

2. 两性电离和等电点

（1）氨基酸是两性电解质　氨基酸分子既含有酸性的羧基（—COOH），又含有碱性的氨基（—NH$_2$）。前者能提供质子变成—COO$^-$；后者能接受质子变成—NH$_3^+$。因此，氨基酸是两性电解质。

实验证明，氨基酸在水溶液中或晶体状态时主要是以两性离子的形式存在，在同一氨基酸分子上既有能放出质子的—NH_3^+正离子，又有能接受质子的—COO^-负离子。两性离子在加酸或加碱时所发生的变化，可用下列反应式表示：

$$
\begin{array}{c}
R-CH-COOH \\
| \\
NH_2 \\
\Updownarrow \\
R-CH-COOH \xrightleftharpoons[OH^-]{H^+} R-CH-COO^- \xrightleftharpoons[H^+]{OH^-} R-CH-COO^- \\
| \qquad\qquad\qquad\qquad | \qquad\qquad\qquad\qquad | \\
NH_3^+ \qquad\qquad\qquad\quad NH_3^+ \qquad\qquad\qquad\quad NH_2 \\
阳离子 \qquad\qquad\qquad\; 两性离子 \qquad\qquad\qquad 阴离子 \\
pH<pI \qquad\qquad\qquad pH=pI \qquad\qquad\qquad pH>pI
\end{array}
$$

氨基酸的解离与溶液的 pH 有直接关系，不同的 pH 使氨基酸带不同电荷，表现不同的电泳行为。从上面的反应式可以看出，在不同的 pH 溶液中，氨基酸能以阴离子、阳离子和两性离子三种不同的形式存在。在电场中，氨基酸若呈阳离子，将向负极移动，若呈阴离子，则向正极移动，而净电荷为零的偶极离子，既不向负极移动，也不向正极移动。

（2）兼性离子　两性电解质电离后，所带有的正负电荷相等，净电荷为零，在电场中不发生移动。这样的离子称为兼性离子。

（3）氨基酸的等电点（pI）　当溶液在某一特定的 pH 时，某种氨基酸以两性离子形式存在，正、负电荷数相等，净电荷为零，在电场中既不向正极移动，也不向负极移动。这时，溶液的 pH 称为该氨基酸的等电点（pI）。不同氨基酸由于 R 基团的结构不同而有不同的等电点，范围为 $2.77 \sim 10.26$。

在等电点时，氨基酸主要是以两性离子的形式存在。在电场中，两性离子不向任一方向移动，而带净电荷的氨基酸则向电极移动，所以可以利用不同的移动方向和速度来分离和鉴别氨基酸。带电粒子在电场中发生移动的现象叫电泳。这种分离和鉴别氨基酸的方法叫电泳法。

由于静电作用，在等电点时，氨基酸的溶解度最小，容易沉淀，因而利用调节等电点的方法，可以制备某些氨基酸。

3. 光吸收性质

在可见光区各种氨基酸都没有光吸收；在紫外光区，色氨酸、酪氨酸和苯丙氨酸有光吸收，其最大吸收波长分别为 279nm、278nm 和 259nm。许多蛋白质中色氨酸和酪氨酸的总量大体相近，因此，可以通过测定蛋白质溶液在 280nm 的紫外吸收值，方便、快速地估测其中的蛋白质含量。

4. 氨基酸的化学反应

氨基酸能与某些化学试剂发生反应，如 α-氨基酸与水合茚三酮溶液一起加热，生成蓝紫色化合物，此反应非常灵敏，可定量和定性测定氨基酸，此外采用纸色谱、离子交换色谱和电泳等技术分离氨基酸时，也常用茚三酮溶液作显色剂。α-氨基与2,4-二硝基氟苯反应生成黄色化合物，可用于蛋白质末端氨基酸分析；半胱氨酸的巯基十分活泼，能与 Hg^{2+}、Ag^+ 等金属离子结合。

α-氨基酸   水合茚三酮   还原茚三酮

还原茚三酮   茚三酮   蓝紫色化合物

三、肽

1. 肽键

蛋白质分子中不同氨基酸是以相同的化学键连接的，即前一个氨基酸分子的 α-羧基与下一个氨基酸分子的 α-氨基缩合，失去一个水分子形成肽，该 C—N 化学键称为肽键。

2. 肽

氨基酸通过肽键连接起来的化合物称为肽。由两个氨基酸缩合形成的叫二肽。由三个氨基酸脱水缩合而成的肽称为三肽，依此类推。通常将十肽以下称为寡肽，十肽以上的称为多肽。

3. 多肽链

多个氨基酸通过肽键连接而成的化合物称为多肽。多肽为链状结构，所以多肽也叫多肽链。在书写多肽结构时，总是把含有 α-NH_2 的氨基酸残基写在多肽链的左边，称为 N 端（氨基末端），把含有 α-COOH 的氨基酸残基写在多肽的右边，称为 C 端（羧基末端）。

4. 氨基酸残基

在多肽链中，氨基酸已经不完整，称为氨基酸残基。

蛋白质就是由几十个到几百个甚至几千个氨基酸通过肽键相互连接起的多肽链。肽与蛋白质之间无明显界限，50 个以上氨基酸构成的肽一般称蛋白质。

5. 生物活性肽

有许多低分子多肽，它们具有重要的生理功能，称为生物活性肽，见表 1.2。生物活性肽类作为小分子蛋白质，在体内有一些相当重要的功能，并有一定的应用价值。如神经肽的类似物内啡肽，可作为天然的止痛药物；有些肽类可以作为食品添加剂，如甜味剂阿斯巴甜是 Asp-Phe 甲酯，广泛应用于饮料中。

表 1.2　生物活性肽

名　称	氨基酸残基数目	生理功能
促甲状腺素释放因子	3	促进垂体分泌促甲状腺素
血管紧张素Ⅱ	8	升高血压,刺激肾上腺皮质分泌醛固酮
促肾上腺皮质激素	39	参与调节肾上腺皮质激素的合成

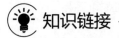 知识链接

寡　肽

蛋白质在肠道内被消化的产物除游离氨基酸外,还有小肽,这类小肽被称为寡肽。寡肽一般是指由 2～10 个氨基酸通过肽键形成的直链肽或由 2～6 个氨基酸残基组成的小肽,但更多的是二肽和三肽。以小肽作为氮源营养效果优于氨基酸或完整蛋白质。另外,还有生物活性肽,如抗菌肽类(如杆菌肽、伊枯草菌素、乳酸链球菌肽等)、神经活性肽(如内啡肽、脑啡肽等)和免疫活性肽(如甲硫脑啡肽、胸腺肽)等,具有各种各样的生物学作用。小肽多种重要功能的发现,改变了人们过去对蛋白质功能单纯以氨基酸为标准的研究思路,也提示人们在评定蛋白质的营养价值时,须考虑蛋白质的结构及其在消化道中可能释放出的生物活性肽的组成和数量。

第三节　蛋白质的分子结构

蛋白质是由各种氨基酸通过肽键连接而成的多肽链,再由一条或一条以上的多肽链按各自特殊方式折叠盘绕,组合成具有完整生物活性的大分子。随着肽链数目、氨基酸组成及其排列顺序的不同,就形成了自然界结构和功能各异的蛋白质。

为了研究方便,将蛋白质的结构分为一级结构和空间结构。

一、蛋白质的一级结构

蛋白质的一级结构是指蛋白质多肽链中各种氨基酸的排列顺序。一级结构是蛋白质的结构基础,也是各种蛋白质的区别所在,不同蛋白质具有不同的一级结构。

蛋白质中多肽链一个片段的结构通式如图 1.1 所示。

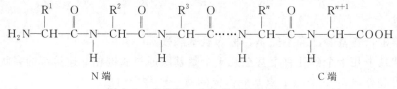

图 1.1　多肽链一个片段的结构通式

1. 主链

在多肽链的分子结构中,肽键与 α-碳原子形成多肽链的骨架,称为主链。

2. 侧链

在多肽链的分子结构中,氨基酸的 R 基团则称为 R 侧链。

3. 氨基末端

　　蛋白质多肽链末端有自由氨基的末端叫氨基末端或 N 端，书写时通常写在左边。

4. 羧基末端

　　蛋白质多肽链末端有自由羧基的末端叫羧基末端或 C 端，书写时通常写在右边。

　　维持蛋白质一级结构的化学键是肽键。有些蛋白质分子中还含有二硫键。

　　蛋白质的一级结构从 N 端开始，按照氨基酸排列顺序表示。其中的氨基酸残基可采用中文或英文缩写。例如，脑啡肽（五肽）的命名如下。

　　中文氨基酸残基命名法：酪氨酰甘氨酰甘氨酰苯丙氨酰甲硫氨酸

　　中文单个字表示法：酪-甘-甘-苯丙-甲硫

　　三字母符号表示法：Tyr-Gly-Gly-Phe-Met

　　单字母符号表示法：YGGFM

　　为简化起见，常用三字母符号或单字母符号表示各种氨基酸残基，在蛋白质数据库中用单字母符号表示；用"-"或"·"表示肽键；可用阿拉伯数字表示各个氨基酸残基在一级结构中的位置。例如 Phe4 表示在脑啡肽的第 4 个位置是 Phe。

　　一级结构测定（常称测序）是研究蛋白质高级结构的基础，同时也是研究蛋白质结构与功能的关系、酶活性中心结构、分子病机理以及生物分子进化与分子分类学等的重要手段。世界上首先被明确一级结构的蛋白质是胰岛素，如图 1.2 所示，其一级结构由 51 个氨基酸残基组成，分为 A、B 两条链。A 链是由 21 个氨基酸残基组成的 21 肽，B 链是由 30 个氨基酸残基组成的 30 肽。A、B 两条链之间通过两个二硫键联结在一起，A 链中另有一个链内二硫键。一般二硫键的数目越多，蛋白质结构的稳定性也越强，生物体内起着保护作用的皮、角、毛、发的蛋白质中二硫键最多。

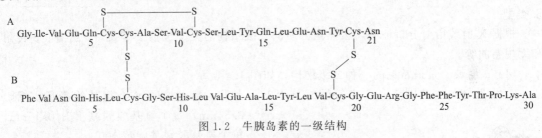

图 1.2　牛胰岛素的一级结构

　　蛋白质测序是一项比较复杂的工作，目前用蛋白质序列仪来完成。蛋白质测序一般采用 1950 年 Edman 提出的一种 N 端测序法，每次从蛋白质 N 端去掉一个氨基酸，从 N 端开始逐个测定氨基酸的序列，称 Edman 降解法，这是蛋白质测序的里程碑。这种测序方法一次可完成 50 个左右氨基酸的序列分析，因此，大的蛋白质分子需要裂解成短的肽段，再分别测序。一级结构测定要求蛋白质样品的纯度必须达到 97% 以上，同时还需要事先测出蛋白质的分子量和氨基酸组成。氨基酸的平均分子量约为 110，根据蛋白质分子量的测定可大致知道其氨基酸数目。

　　目前已有大量蛋白质的一级结构被测出并保存在蛋白质数据库中。由于 DNA 序列分析简单、快速，因此，近些年来人们越来越多地利用编码蛋白质的 DNA 序列推测相应的蛋白质序列，但该法不能确定二硫键的位置以及氨基酸的修饰情况。

二、蛋白质的空间结构

　　蛋白质在体内发挥各种功能不是以简单的线性肽链形式，而是折叠成特定的、具有生物活性的立体结构，即构象。蛋白质的构象是指分子中所有原子和基团在空间的排布，又称空间结构。蛋白质分子的空间结构包括二级结构、三级结构和四级结构。

动画扫一扫

蛋白质的二级结构

（一）蛋白质的二级结构

1. 肽平面

在蛋白质分子中，由于肽键的 C—N 键具有部分双键性质，不能自由旋转，肽键上 4 个原子和相邻的两个 α-碳原子处于同一平面上，该平面称为肽键平面，又称酰胺平面，如图 1.3 所示。

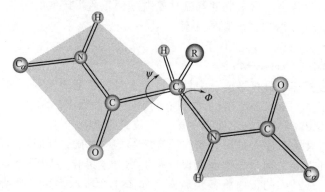

图 1.3　肽键平面

2. 二级结构

多肽链主链骨架中局部的规则构象称为二级结构，是主链肽键形成氢键造成的。二级结构不包括 R 侧链的构象。

3. 类型

根据 X 射线衍射分析证明，天然蛋白质的二级结构的类型包括 α-螺旋、β-折叠、β-转角和无规卷曲等。

（1）α-螺旋　是最常见的一种二级结构，如图 1.4 所示。

① 多肽链的主链围绕一个中心轴螺旋上升，上升一圈包含 3.6 个氨基酸残基，螺距 0.54nm，每个氨基酸残基上升 0.15nm，每个氨基酸残基旋转 100°。

② R 侧链在 α-螺旋的外侧。

③ 氢键是维系 α-螺旋的主要作用力。

④ 天然蛋白质中的 α-螺旋大多数是右手螺旋。

α-螺旋在球蛋白质中也相当普遍，在有些蛋白中还有一些重要功能。

（2）β-折叠　是指蛋白质主链中伸展的、周期性折叠的构象，β-折叠是肽键平面之间折叠成锯齿状的结构。

① 相邻肽键平面间的夹角为 110°，R 基团交错伸向肽键平面的上、下方。

② 两条肽链接近时，彼此通过氢键维持结构的稳定。

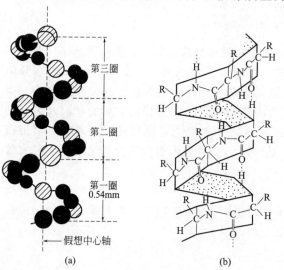

第三圈

第二圈

第一圈 0.54mm

假想中心轴

(a)　　　(b)

图 1.4　α-螺旋结构示意图

③ β-折叠有两种类型，两条链的走向相同，即都从 N 端到 C 端或都从 C 端到 N 端，为顺平行；反之，若 N 端和 C 端交错排列，则为逆平行。逆平行较顺平行更为稳定。如图 1.5 所示。

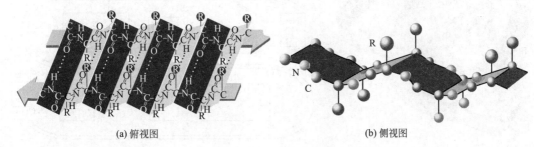

(a) 俯视图　　　　　　　　　　　(b) 侧视图

图 1.5　β-折叠的构象

β-折叠存在于 β-角蛋白中，如鸟类和两栖类的羽毛或鳞片。蚕丝和蜘蛛网具有十分优美的 β-折叠构象。

近年来的研究表明，某些情况下 α-螺旋与 β-折叠可发生结构间的转换，导致疾病发生。如疯牛病的病因可能与这种转换有直接的关系，可见，蛋白质结构与功能有十分密切的关系，研究蛋白质的结构对认识其功能、防治疾病等具有重要意义。

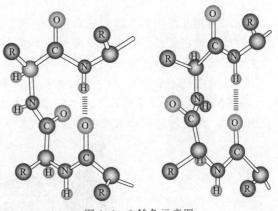

图 1.6　β-转角示意图

（3）β-转角　也称为 β 回折，肽链中出现的一种 180°的转折。以氢键维持转折结构的稳定，如图 1.6 所示。β-转角由 4 个氨基酸残基组成，第一个残基的羰基氧原子与第 4 个残基的酰胺基的氢原子形成氢键。β-转角中常存在于 Gly 和 Pro。

（4）无规卷曲　除上述结构外，肽链其余部分表现为无确定规律的环或卷曲结构，习惯上称为无规则卷曲。

（二）蛋白质的三级结构

三级结构是指多肽链中所有原子和基团在三维空间中的排布，是有生物活性的构象或称为天然构象。通过肽链折叠使一级结构相距很远的氨基酸残基彼此靠近，进而导致其侧链的相互作用。如肌红蛋白分子三级结构（图 1.7）是在二级结构的基础上，通过氨基酸残基 R 侧链间的非共价键作用形成的紧密球状构象，是多肽链折叠形成的，也是蛋白质发挥生物学功能所必需的。

三级结构的形成和稳定主要靠疏水键、离子键、二硫键、氢键和范德华力，如图 1.8 所示。

蛋白质的三级结构

（三）蛋白质的四级结构

蛋白质的四级结构是指由二条或二条以上具有三级结构的多肽链聚合而成的具有特定三维空间结构的蛋白质构象。其中的每一条多肽链称为一个亚基，亚基单独存在时无生物活性，只有借助于氢键、二硫键等聚合成四级结构时才具有完整的生物学活性，亚基可以相同也可以不同。

蛋白质的四级结构

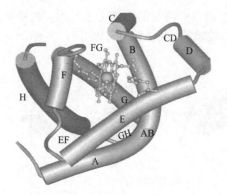

图 1.7　肌红蛋白分子三级结构

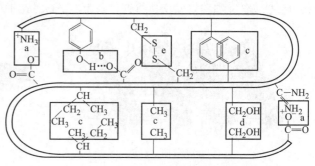

图 1.8　维持三级结构的化学键

a—离子键；b—氢键；c—疏水键；d—范德华力；e—二硫键

　　亚基间的相互作用力与稳定三级结构的化学键相比通常较弱，体外很容易将亚基分开，但亚基在体内紧密联系。由少数亚基聚合而成的蛋白质，称为寡聚蛋白。维持四级结构的作用力主要是疏水作用力，另外还有离子键、氢键、范德华力等。

　　如血红蛋白是一个含有两种不同亚基的四聚体，由两条 α 链和两条 β 链组成，α 链由 141 个氨基酸残基组成，β 链由 146 个氨基酸残基组成，如图 1.9 所示。α 链和 β 链的一级结构差别虽大，但它们空间结构的卷曲折叠则大体相同。

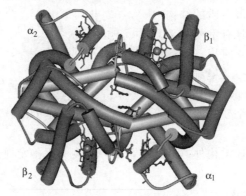

图 1.9　血红蛋白的四级结构图

　　蛋白质分子的主要结构层次总结如图 1.10 所示。

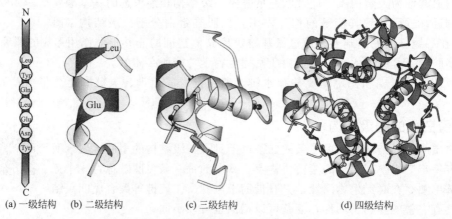

(a) 一级结构　　(b) 二级结构　　　(c) 三级结构　　　　(d) 四级结构

图 1.10　蛋白质层次结构示意图

三、蛋白质的结构与功能的关系

　　在生命活动过程中，不同的多肽和蛋白质执行不同的生理功能。多肽和蛋白质的生理功能不仅与其一级结构有关，而且还与其空间结构有直接联系。研究多肽、蛋白质的结构与功能的关系，对于阐明生命的起源、生命现象的本质，以及分子病的机理等具有十分重要的意义，是蛋白质化学的重大研究课题。

1. 蛋白质一级结构与功能的关系

　　蛋白质的一级结构包含了其分子的所有信息，并决定其高级结构。

　　蛋白质的一级结构与其功能密切相关，一级结构相似的多肽或蛋白质，其功能也相似。例如催产素和加压素都是九肽（图1.11）。一级结构上的差异决定了两者功能不同，催产素收缩子宫平滑肌，具有催产功能；加压素主要收缩血管平滑肌，具有升压和抗利尿作用。但是，因为两者氨基酸组成又有很多相似之处，所以有部分相同或类似的功能。例如，加压素也具有一定收缩子宫平滑肌的功能，尽管这种作用很弱。

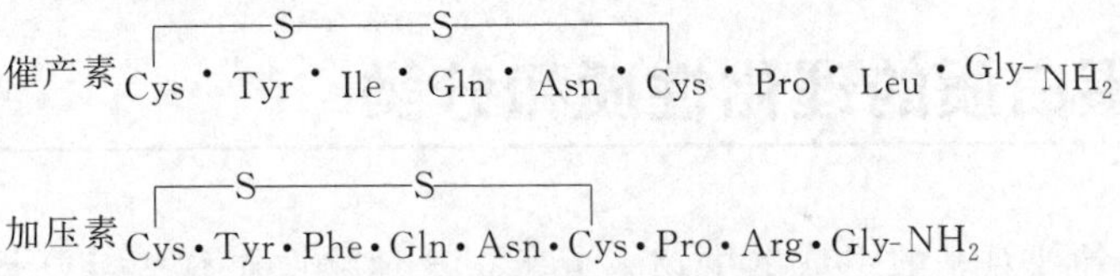

催产素 Cys · Tyr · Ile · Gln · Asn · Cys · Pro · Leu · Gly-NH_2
（S—S连接 Cys 与 Cys）

加压素 Cys · Tyr · Phe · Gln · Asn · Cys · Pro · Arg · Gly-NH_2
（S—S连接 Cys 与 Cys）

图 1.11　催产素和加压素的一级结构

　　一级结构中个别氨基酸残基发生变化，就可能导致其功能的改变或丧失。如在非洲普遍流行的镰刀形红细胞贫血病，就是由于蛋白质一级结构的变化而引起的。病人的异常血红蛋白与正常人的血红蛋白相比，在574个氨基酸中只有一个氨基酸是不同的，即β-亚基上第六位氨基酸由谷氨酸变成了缬氨酸。因为谷氨酸的R侧链是带负电荷的亲水基团，而缬氨酸的R侧链是不带电荷的疏水基团，所以，当谷氨酸被缬氨酸取代后，血红蛋白分子表面的电荷发生了改变，导致血红蛋白的等电点改变、溶解度降低，产生细长的聚合体，从而使扁圆形的红细胞变成镰刀形，运输氧的功能下降，细胞脆弱而溶血，严重的可以致死。目前该病没有特效治疗手段，主要靠输血维持。

2. 蛋白质的空间结构与功能的关系

　　蛋白质的空间结构决定蛋白质的功能，空间结构发生变化，其功能也随之改变，蛋白质的结构与功能是高度统一的。

💡 知识链接

　　牛传染性海绵状脑病，俗称"疯牛病"，是一种由朊病毒引起的致死性中枢神经系统病变性疾病。临床症状为牛精神错乱、好斗、恐惧和肌肉紧张，最后因消耗衰竭而死亡。研究发现，其病因是一种独特的蛋白质疾病，是由牛脑的一种正常蛋白质——朊病毒蛋白（图1.12）转变而来的。朊病毒蛋白是正常存在于动物体神经元、神经胶质细胞等多种细胞膜上的一种糖蛋白，其空间结构中α-螺旋结构占42%，β-折叠结构占30%。在致病因素下有3个α-螺旋转变成3个β-折叠结构，使α-螺旋结构占30%，β-折叠结构占43%，其一级结构并没有发生变化。由于这种蛋白质空间结构的改变，从而导致其功能的改变，引起动物的脑

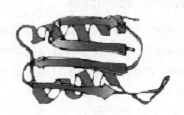

(a) 正常朊病毒蛋白　　　　　　　　　　　(b) 朊病毒
(显示α-螺旋)　　　　　　　　　　　(显示β-折叠结构)

图 1.12　正常朊病毒蛋白和朊病毒空间结构的差异

损伤，说明蛋白质的空间结构与其功能的密切相关性。疯牛病首例病例在 1986 年被确诊，人或动物可因摄入疯牛病患畜相关制品或食品而感染。

第四节　蛋白质的理化性质和分类

蛋白质是由各种氨基酸组成的生物大分子，其理化性质有些与氨基酸相似，如两性解离、等电点、侧链基团反应等；但有些则不相同，如蛋白质分子量较大，有胶体性质，还能发生变性、沉淀等现象。

一、蛋白质的两性解离和等电点

动画扫一扫
蛋白质的两性

蛋白质分子既含有氨基等碱性基团，又含有羧基等酸性基团，所以蛋白质是两性电解质。

调节蛋白质水溶液的 pH，使蛋白质以两性离子的形式存在，所带净电荷为零，这时溶液的 pH 称为该蛋白质的等电点（用 pI 表示）。蛋白质在不同 pH 溶液中所发生的反应，可用下面的图解式表示。图解式中的—COOH 代表蛋白质分子中所有的酸性基团，—NH$_2$ 代表蛋白质分子中所有的碱性基团。

$$
\underset{\text{pH}<\text{p}I}{\overset{\displaystyle \text{NH}_3^+}{\underset{\displaystyle \text{COOH}}{\text{Pr}}}} \quad
\underset{\text{H}^+}{\overset{\text{OH}^-}{\rightleftharpoons}} \quad
\underset{\text{pH}=\text{p}I}{\overset{\displaystyle \text{NH}_3^+}{\underset{\displaystyle \text{COO}^-}{\text{Pr}}}} \quad
\underset{\text{H}^+}{\overset{\text{OH}^-}{\rightleftharpoons}} \quad
\underset{\text{pH}>\text{p}I}{\overset{\displaystyle \text{NH}_2}{\underset{\displaystyle \text{COO}^-}{\text{Pr}}}}
$$

不同蛋白质具有不同的等电点，如胃蛋白酶为 1.0～2.5；胰蛋白酶为 8.0；血红蛋白为 6.7。体内大多数蛋白质的等电点接近 6，在生理条件下（pH 约为 7.4）带负电荷。蛋白质等电点和它所含氨基酸的种类和数量有关。若蛋白质分子中含酸性氨基酸较多，其等电点偏酸。若蛋白质分子中含碱性氨基酸较多，则其等电点偏碱。

蛋白质在等电点时，以两性离子的形式存在，净电荷为零，因而蛋白质分子间的静电斥力达到最小，同时由于蛋白质的电荷减弱，水化能力减弱，因此，在等电点时，蛋白质的溶解度最小，极易借静电引力而结合成沉淀析出。利用这一性质，可用来分离提纯蛋白质。

在直流电场中，带正电荷的蛋白质分子向阴极移动，带负电荷的蛋白质分子向阳极移动，这种现象称电泳。电泳速度一般称迁移率，迁移率与蛋白质的分子大小、形状和净电荷数量有关，主要取决于蛋白质的电荷与质量比值：净电荷数量越大，则迁移率越大；分子越大，则迁移率越小。在一定的电泳条件下，不同蛋白质分子由于净电荷数量、分子大小、形状存在差异，一般有不同的迁移率。因此，可以利用电泳将多种蛋白质混合物分离，并进一步检测、分析。电泳是有效的蛋白质分离、分析方法，常见的包括聚丙烯酰胺凝胶电泳法、等电聚焦电泳、沉降速度法等。

二、蛋白质的胶体性质

蛋白质是高分子化合物，分子直径的大小为 $1\sim100nm$，属于胶体的分散范围。绝大多数亲水基团分布在球蛋白分子的表面，在水溶液中能与极性水分子结合，从而使许多水分子在球蛋白分子的周围形成一层水化层。由于水化层的分隔作用，使许多球蛋白分子不能互相结合，而是均匀地分散在水溶液中，形成亲水性胶体溶液。此亲水性胶体溶液是比较稳定的，原因有两个：一是球状大分子表面的水膜将各个大分子分隔开来；二是各个球状大分子带有相同的电荷，由于同性电荷的相互排斥，使大分子不能互相合成较大的颗粒。

三、蛋白质的沉淀和凝固

蛋白质由于带有同性电荷和水化层，因此在水溶液中能形成稳定的胶体。如果在蛋白质溶液中加入适当的试剂，破坏了蛋白质的水膜或中和了蛋白质的电荷，则蛋白质就会凝聚下沉，这种现象叫做蛋白质的沉淀。常用的沉淀方法有下列几种。

1. 盐析

在蛋白质溶液中加大量中性盐使蛋白质沉淀的方法称为盐析。主要原因是在高浓度的盐溶液中，无机盐离子从蛋白质分子的水膜中夺取水分子，破坏水膜，使蛋白质分子相互结合而发生沉淀。常用的中性盐有硫酸铵、硫酸钠、氯化钠等。盐析沉淀的蛋白质不发生变性。由于不同蛋白质分子的水膜厚度和带电量不同，因此，使不同蛋白质盐析所需要的盐浓度有不同程度差别。这样，逐步加大盐浓度，可以使不同蛋白质从溶液中分阶段沉淀。这种方法称分级盐析法，常用来分离纯化蛋白质。

2. 重金属盐沉淀蛋白质

当溶液 pH 大于等电点时，蛋白质电离成阴离子，可与重金属离子如 Ag^+、Hg^{2+}、Cu^{2+}、Pb^{2+} 等结合，形成不溶性蛋白质盐沉淀。重金属盐能使人畜中毒，就是由于重金属盐和组成机体的蛋白质结合，从而导致蛋白质生物学功能的改变。在发生重金属盐中毒时，给患者大量吞服牛奶或鸡蛋清，其目的就是使牛奶或蛋清中的蛋白质在消化道中与重金属离子生成不溶性的蛋白质盐，从而阻止重金属离子被吸收进入体内。

3. 生物碱试剂与某些酸沉淀蛋白质

当溶液 pH 小于等电点时，蛋白质电离成阳离子，可与生物碱试剂如苦味酸、鞣酸、钨酸等，某些酸如三氯醋酸、磺酸水杨酸、硝酸等结合，形成不溶性的蛋白盐沉淀。临床化验时，常用上述生物碱试剂除去血浆中的蛋白质，以减少干扰。

4. 有机溶剂沉淀蛋白质

可与水混溶的有机溶剂如乙醇、甲醇、丙酮等高浓度能使蛋白质沉淀析出。在常温下，有机溶剂沉淀蛋白质往往引起变性。不同蛋白质沉淀所需要的有机溶剂浓度一般是不同的，因此，可用于蛋白质的分离。

加热使蛋白质变性时使其变成比较坚固的凝块，此凝块不易再溶于强酸和强碱中，这种现象称为蛋白质的凝固。凡凝固的蛋白质一定发生变性，其变化是不可逆的。

动画扫一扫

蛋白质的变性

四、蛋白质的变性

蛋白质在某些理化因素的作用下，空间结构被破坏，导致理化性质发生改变，生物活性丧失的现象称为蛋白质的变性。变性后的蛋白质称为变性蛋白质；没有变性的称为天然蛋白质。

能使蛋白质变性的因素很多，物理因素包括高温、高压、超声波、紫外线、X射线等；化学因素包括强酸、强碱、重金属离子、尿素和乙醇等有机溶剂。不同的蛋白质对上述各种变性因素的敏感程度不同。对于含有二硫键的蛋白质，使其变性除了需要破坏疏水作用力、氢键外，还需要破坏二硫键。随着蛋白质变性而出现的表观现象也不尽相同。有些可出现凝固现象；有些可出现沉淀或结絮现象；也有的可仍保留在胶体中而不表现什么现象。

蛋白质变性的实质是空间结构被破坏，并不涉及一级结构的改变。变性蛋白质有下列几种表现。

1. 生物活性丧失

生物活性丧失如酶丧失催化活性；激素蛋白丧失生理调节作用；血红蛋白失去运输氧的功能；抗体失去与抗原专一结合的能力。另外，蛋白质的抗原性也发生改变。

2. 物理性质发生改变

物理性质发生改变如溶解度明显降低，易结絮、凝固沉淀，失去结晶能力，电泳迁移率改变，黏度增加，紫外光谱和荧光光谱发生改变等。

3. 化学性质发生改变

化学性质发生改变如变性蛋白质分子结构松散，易被蛋白水解酶水解。这就是熟食易消化的道理。

有些蛋白质，尤其是小分子蛋白质，若变性程度较轻，去除影响蛋白质变性的理化因素后，仍可以恢复折叠状态，并恢复全部的生物活性，这种现象称为复性。若完全变性，一般不可逆转。热变性后的蛋白通常也很难复性。

蛋白质的变性与凝固已有许多实际应用，如豆腐就是大豆蛋白质的浓溶液加热加盐而成的变性蛋白质凝固体。临床分析检验血清中非蛋白质成分，常常用加三氯醋酸或钨酸使血液中蛋白质变性沉淀而去掉。为鉴定尿中是否有蛋白质常用加热法来检验。在急救重金属盐中毒（如氯化汞）时，可给患者吃大量乳品或蛋清，其目的就是使乳品或蛋清中的蛋白质在消化道中与重金属离子结合成不溶解的变性蛋白质，从而阻止重金属离子被吸收进入体内，最后设法将沉淀物从肠胃中洗出。另外可采用高温、紫外线、乙醇等措施使病原微生物的蛋白质变性，失去致病性和繁殖能力。

五、蛋白质的颜色反应

蛋白质分子中游离的α-氨基和羧基、肽键，以及某些氨基酸的侧链基团，如Tyr的酚羟基、Phe和Tyr的苯环、Trp的吲哚基、Arg的胍基等，能与某些化学试剂发生反应，产生有色物质，可用于蛋白质的定性或定量分析。如肽键与双缩脲试剂反应生成紫红色物质；游离α-氨基与茚三酮反应生成蓝紫色物质。

1. 茚三酮反应

蛋白质分子与水合茚三酮发生反应，生成蓝紫色化合物。实践中常利用这一反应来检查蛋白质是否存在。

2. 福林-酚试剂反应

碱性条件下，蛋白质分子与酚试剂作用，生成蓝色化合物。可用于蛋白质定量测定。

3. 双缩脲反应

蛋白质分子中的肽键在稀碱溶液中与硫酸铜共热，生成紫色或红色化合物，双缩脲反应是蛋白质肽键特有的反应。可用于蛋白质定量测定。

4. 米隆反应

米隆试剂为硝酸汞、硝酸和亚硝酸的混合物。蛋白质溶液加入米隆试剂后即产生白色沉淀，加热后沉淀变成砖红色。酚类化合物有此反应，酪氨酸含有酚基，故酪氨酸及含有酪氨酸的蛋白质都有此反应。

此外，蛋白质还能与考马斯亮蓝 G-250 结合生成蓝色物质，在 595nm 处有最大光吸收，是目前测定蛋白质溶液浓度常用的方法。

六、蛋白质的分类

自然界中蛋白质的种类估计可达 $10^{10}\sim10^{12}$ 数量级。人类基因组研究显示，人体中的蛋白质有 3 万多种。可根据蛋白质的形状、组成和功能等进行分类。

根据物理特性和功能的不同，可以将大多数蛋白质分成球蛋白和纤维蛋白两大类。球蛋白分子接近球状或椭圆状，溶解度较好，包括酶和大多数蛋白质，具有广泛的功能，如血液中的血红蛋白、血清球蛋白、豆类的球蛋白等。纤维蛋白分子类似纤维或细棒状，包括皮肤和结缔组织中的主要蛋白以及毛发、丝等动物纤维，有很好的物理稳定性，为细胞和机体提供机械支持和保护。纤维蛋白多不溶于水，如 α-角蛋白（毛发、指甲的主要成分）、胶原蛋白（肌腱、皮肤、骨、牙齿的主要蛋白成分）。血液中的纤维蛋白原则为可溶性的。

根据蛋白质在机体生命活动中所起作用的不同分为功能蛋白质和结构蛋白质两大类。功能蛋白质指在生命活动中发挥调节、控制作用，参与机体具体生理活动并随生命活动的变化而被激活或抑制的一大类蛋白质，此类蛋白质种类较多。结构蛋白质指参与生物细胞或组织器官的构成，起支持或保护作用的一类蛋白质，如胶原蛋白、角蛋白、弹性蛋白等。

根据化学组成的不同，可以将蛋白质分为简单蛋白质和结合蛋白质两大类。简单蛋白质又称单纯蛋白质，经过水解之后，只产生各种氨基酸。根据溶解度的不同，可以将简单蛋白质分为清蛋白、球蛋白、谷蛋白、醇溶蛋白、组蛋白、精蛋白以及硬蛋白 7 小类，见表 1.3。结合蛋白质由蛋白质和非蛋白质两部分组成，水解时除了产生氨基酸外，还产生非蛋白组分。非蛋白部分通常称为辅基，根据辅基种类的不同，可以将结合蛋白质分为核蛋白、糖蛋白、脂蛋白、磷蛋白、黄素蛋白、色蛋白以及金属蛋白 7 小类，见表 1.4。

表 1.3　简单蛋白质的分类

分　类	溶　解　性		实　例
	可溶	不溶或沉淀	
清蛋白	水、稀盐、稀酸、稀碱	饱和硫酸铵	血清白蛋白、卵清蛋白、乳清蛋白
球蛋白	稀盐、稀酸、稀碱	水、50%饱和硫酸铵	免疫球蛋白
谷蛋白	稀酸、稀碱	水、稀盐	麦谷蛋白
醇溶蛋白	70%～90%乙醇	水	小麦醇溶谷蛋白
组蛋白	水、稀酸	氨水	染色体中的组蛋白
精蛋白	水、稀酸	氨水	鱼精蛋白
硬蛋白		水、稀盐、稀酸、稀碱	角蛋白、胶原蛋白

表 1.4　结合蛋白质的分类

分 类	辅 基	实 例	分 类	辅 基	实 例
核蛋白	DNA 或 RNA	脱氧核糖核蛋白	黄素蛋白	黄素腺嘌呤二核苷酸	琥珀酸脱氢酶
糖蛋白	糖类	免疫球蛋白、血型糖蛋白	色蛋白	铁卟啉	血红蛋白、细胞色素 c
脂蛋白	脂类	血浆脂蛋白	金属蛋白	Fe、Cu、Zn 等	铁氧还蛋白
磷蛋白	磷酸基团	酪蛋白			

第五节　离心分离技术和分光光度法检测技术

一、离心分离技术

离心是利用离心力以及物质的沉降系数或浮力密度的差异进行分离、浓缩和提纯的一种方法。下面介绍几种常用的离心技术方法。

1. 沉淀离心法

选择一定离心速度和时间进行离心，使溶液中的大颗粒固形物与液体分离，从而获得沉淀或上清液。适用蛋白质盐析沉淀、粗酶液制备、血浆制备等。

2. 差速离心法

根据颗粒的大小、密度和形状明显的不同，沉降系数存在较大差异基础上，设计一定的转速和离心时间，沉降速率最大的组分将首先沉淀在离心管底部，沉降速率中等及较小的组分继续留在上清液中。将上清液转移至另一离心管中，提高转速并掌握一定的离心时间，就可以获得沉降速率中等的组分。如此分次操作，就可以在不同转速及时间组合条件下，实现沉降速率不同的各个组分的分离。

3. 沉降速度法

由于各种分子密度相近而大小不等，它们在密度梯度的介质中离心，将按自身大小所决定的沉降速度下沉，形成清楚的沉淀界面。当离心样品中含有几种大小不同的颗粒时，就会出现几个沉降界面，用特殊的光学系统可以观测这些沉降界面的沉降速度。适合 DNA 和 RNA 混合物、核蛋白体亚单位和其他细胞成分的分离。

4. 沉降平衡法

离心管中预先放置好梯度介质，样品加在梯度液面上，或样品预先与梯度介质溶液混合后装入离心管，离心时，样品的不同颗粒向上浮起，一直移动到与它们的密度相等的等密度点的特定梯度位置上，形成几条不同的区带。此法可分离核酸、亚细胞器等，也可以分离复合蛋白质，但对于简单蛋白质不适用。

二、分光光度法检测技术

分光光度法是生化分析中常用的技术，是根据物质的吸收光谱而进行定性、定量分析的方法。这里介绍可见光分光光度法。

（一）分光光度法的基本原理

物质的颜色是由于物质吸收某种波长的光线后，通过或反射出某种颜色的结果。当一定波长的单色光通过该物质的溶液时，该物质都有一定程度的吸收，单位体积内溶液该种物质的质点数越多，对光线吸收就越多。因此利用物质对一定波长光线吸收的程度测定物质含量的方法称为分光光度法。

（二）测定方法

1. 标准曲线法

先配制一系列浓度由小到大的标准溶液，测出它们的吸光度，在标准溶液的一定浓度范围内，溶液的浓度与其吸光度之间呈直线关系。以各管的吸光度为纵坐标，相应的各管浓度为横坐标，在坐标纸上作图得出标准曲线。测定待测溶液时，操作条件应与制作标准曲线时相同，测出吸光度后，在标准曲线上即可直接查出其浓度。这种方法对于大量样品分析或例行测定是比较方便的。

2. 标准比较法

将标准品与样品分别用相同条件处理，测定其吸光度，按下式计算样品的浓度。

$$待测样品溶液的浓度 = \frac{标准溶液的浓度 \times 待测样品溶液的吸光度}{标准溶液的吸光度}$$

此法适用 A-c 线性良好，且通过原点的情况。为减少误差，所用标准溶液的浓度应尽可能地与样品液的浓度相接近。

3. 标准系数法

将多次测定标准溶液的吸光度算出平均值后，按下式求出标准系数。

$$标准系数 = \frac{标准溶液浓度}{标准溶液平均吸光度}$$

用同样方法测出待测溶液的吸光度，代入下式即可。

$$待测溶液的吸光度 \times 标准系数 = 待测溶液浓度$$

本章小结

蛋白质是生物体内最重要的生物大分子，其种类繁多，结构复杂，参与物质的转化、能量的加工和信息的传递。构成蛋白质的基本元素有碳、氢、氧、氮四种，各种蛋白质的氮含量比较恒定，平均值约为 16%。

蛋白质以 20 种 L 型的 α-氨基酸为组成单位，氨基酸通过肽键连接。氨基酸的 R 侧链在大小、形状、电荷、氢键形成能力和化学反应等方面存在差异，通常根据氨基酸 R 基团性质，可将它们分为极性氨基酸和非极性氨基酸两类。

蛋白质具有稳定的、特定的结构，可划分为四个主要层次：一级结构为氨基酸的序列，是由编码蛋白质的基因决定的；二级结构是指主链局部有规则的构象，通常由氢键维持；三级结构是指整个多肽链紧密的球形结构，表面通常是亲水的，内部是疏水的，三级结构是蛋白质发挥功能所必需的；四级结构则指由两个或两个以上多肽链组装的寡聚蛋白中亚基的排布，亚基间通过离子键、疏水作用力等非共价键相互作用。

α-螺旋是常见的二级结构，每圈螺旋包含 3.6 个氨基酸残基，螺距为 0.54nm；还有一种二级结构是 β-折叠，呈平行或反平行，是肽链十分伸展的构象。

蛋白质是由各种氨基酸组成的生物大分子，其理化性质有些与氨基酸相似，如两性解离、等电点、侧链基团反应等；但有些则不相同，如蛋白质分子量较大，有胶体性质，还能发生变性、沉淀等现象。

人体中的蛋白质有3万多种，可根据蛋白质的形状、组成和功能等进行分类。根据物理特性和功能不同，可以将蛋白质分为球蛋白和纤维蛋白两大类；根据蛋白质在机体生命活动中所起作用的不同分为功能蛋白质和结构蛋白质两大类；根据化学组成的不同，可以将蛋白质分为简单蛋白质和结合蛋白质两大类。

复习思考题

一、名词解释

氨基酸的等电点　肽键　一级结构　蛋白质变性

二、填空题

1.蛋白质完全水解的产物是_____。

2.必需氨基酸指_____内不能合成的，_____的氨基酸。

3.蛋白质的二级结构不涉及_____的构象，维持二级结构稳定的化学键主要是_____。

4.由一条多肽链组成的蛋白质没有_____结构。

5.使蛋白质亲水胶体溶液稳定存在的两大因素是_____和_____。

6.根据化学组成的不同可将蛋白质分为_____和_____。

三、简答题

1.蛋白质的主要功能有哪些？

2.酸、碱或酶三种水解蛋白质的方式的优缺点是什么？

3.构成蛋白质的氨基酸结构特点是什么？

4.请举例说明蛋白质的结构与功能的关系。

5.什么叫蛋白质的变性，变性的因素有哪些？

第二章
核酸化学

知识目标

- 掌握核苷酸的结构特点；
- 熟悉 DNA 的二级结构和功能，三种不同 RNA 的结构和功能；
- 了解核酸的变性、复性、紫外吸收等性质。

知识目标

能力目标

- 核酸的化学检测技术。

核酸是生命有机体的基本组成物质之一，是重要的生物大分子，从高等的动、植物到简单的病毒都含有核酸。核酸最早是在 1868～1869 年间由 F. Miescher 发现的，他从附着在外科绷带上的脓细胞核中分离出一种含磷量很高的酸性物质，由于它来源于细胞核，当时称之为"核素"，1889 年 Altmann 将其纯化，他把不含蛋白质的这种物质称为核酸，后来证明所有的生物都含有核酸，核酸是遗传信息的载体。天然存在的核酸根据其分子所含戊糖的不同分为两类：一类为脱氧核糖核酸（DNA）；另一类为核糖核酸（RNA）。DNA 的主要生物学功能是储存遗传信息，因其具有复制功能，要将其储存的遗传信息毫无保留地传给后代并且控制着生物特征的表达。通常所说的基因即为 DNA 分子的一个功能片段。生物细胞内的 RNA 根据其生物学功能不同分为三种，即信使 RNA（mRNA）、转运 RNA（tRNA）和核糖体 RNA（rRNA）。mRNA 是合成蛋白质的模板，tRNA 是蛋白质合成过程中转运氨基酸的工具，rRNA 与蛋白质结合成核糖体，作为蛋白质合成的场所。所有的原核细胞和真核细胞都同时含有这两类核酸，并且一般都和蛋白质结合在一起，以核蛋白的形式存在。核酸在生物的生长、发育、繁殖、遗传和变异等生物活动过程中都具有极其重要的作用，其中生物遗传作用最为重要。

第一节　核酸的化学组成

一、概念

核酸（DNA 或 RNA）是核蛋白的组分之一，是许多核苷酸单位按一定顺序连接组成的多聚核苷酸，呈酸性。

二、分类与分布

　　根据组成不同，核酸可分为核糖核酸（RNA）和脱氧核糖核酸（DNA）。98%的 DNA 存在于细胞核中，2%存在于线粒体，90%的 RNA 分布在胞液，10%存在于细胞核。所有生物细胞都含有这两类核酸，但对于病毒来说，只含有 DNA 和 RNA 的一种，因此分为 RNA 病毒和 DNA 病毒。

三、核酸的化学组成

　　核酸由 C、H、O、N、P 等元素组成。其中磷的含量为 9%～10%。由于核酸分子中磷的含量比较稳定，故可通过测定磷的含量来估算核酸的含量。

（一）核酸的结构组成单位

　　若将核酸逐步水解，则可生成多种中间产物。首先生成的是单核苷酸；单核苷酸进一步水解生成核苷及磷酸；核苷水解后则生成核糖和碱基。核酸的水解过程可用下式表示：

$$核酸 \longrightarrow 单核苷酸 \longrightarrow \begin{cases} 核苷 \begin{cases} 核糖 \\ 碱基 \begin{cases} 嘌呤 \\ 嘧啶 \end{cases} \end{cases} \\ 磷酸 \end{cases}$$

（二）两类核酸的组成成分

　　核酸的基本单位是单核苷酸，而单核苷酸则由含氮碱基、戊糖和磷酸 3 种成分连接而成。DNA 的基本组成单位是脱氧核糖核苷酸，RNA 的基本组成单位是核糖核苷酸，两类核酸的基本组成成分见表 2.1。

表 2.1　核酸的基本组成成分

核　酸	主要碱基	核　糖
DNA	腺嘌呤(A)、鸟嘌呤(G)、胞嘧啶(C)、胸腺嘧啶(T)	D-2-脱氧核糖
RNA	腺嘌呤(A)、鸟嘌呤(G)、胞嘧啶(C)、尿嘧啶(U)	D-核糖

（三）结构

1. 碱基

　　核酸中的碱基主要是嘌呤碱基和嘧啶碱基两种。

　　（1）嘌呤碱基　由嘌呤衍生而来。核酸中常见的嘌呤碱基有两类：腺嘌呤（A）和鸟嘌呤（G），如图 2.1 所示。

　　（2）嘧啶碱基　是嘧啶衍生物。常见嘧啶碱基有三类：胞嘧啶（C）、尿嘧啶（U）、胸腺嘧啶（T），如图 2.2 所示。

腺嘌呤　　　　　鸟嘌呤　　　　　　　胞嘧啶　　　　尿嘧啶　　　　胸腺嘧啶
(Adenine, A)　(Guanine, G)　　　(Cytosine, C)　(Uracil, U)　(Thymine, T)

　　图 2.1　嘌呤碱基　　　　　　　　　　　　图 2.2　嘧啶碱基

（3）稀有碱基　核酸中含量很少的碱基，称为稀有碱基（或修饰碱基）。常见的稀有嘧啶碱基有 5-甲基胞嘧啶、5,6-二氢尿嘧啶等；常见的稀有嘌呤碱基有 7-甲基鸟嘌呤、N^6-甲基腺嘌呤等。tRNA 中含有较多稀有碱基。

2. 核糖

核糖中所含的糖是 D-核糖和 D-2′-脱氧核糖，均属于戊糖。核糖中的 2′-OH 脱氧后形成脱氧核糖。

为区别于碱基上的原子编号，核糖上的碳原子编号的右上方都加上"′"来表示，如 1′，3′就表示核糖上第 1 和第 3 个碳原子，如图 2.3 所示。

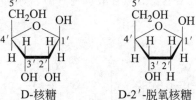

图 2.3　核糖与脱氧核糖

3. 核苷

核苷由一个戊糖（核糖或脱氧核糖）和一个碱基（嘌呤或嘧啶碱基）缩合而成。RNA 中的核苷称为核糖核苷（或称核苷），共有 4 种，它们分别由腺嘌呤、鸟嘌呤、胞嘧啶和尿嘧啶与核糖构成腺苷、鸟苷、胞苷和尿苷，如图 2.4 所示。DNA 中的核糖在 2′-OH 上的氧被脱掉，由它与碱基缩合形成的核苷，称为脱氧核糖核苷，亦有 4 种，它们分别是脱氧腺苷、脱氧鸟苷、脱氧胞苷和脱氧胸苷，如图 2.5 所示，两类核酸的核苷组成见表 2.2。

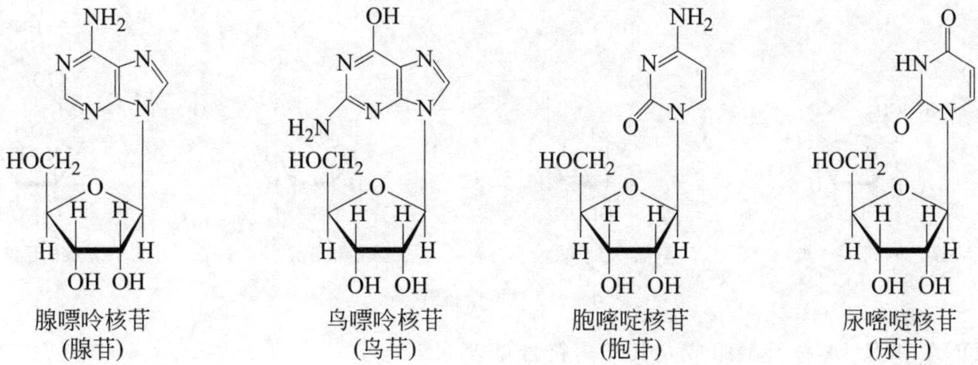

腺嘌呤核苷
（腺苷）

鸟嘌呤核苷
（鸟苷）

胞嘧啶核苷
（胞苷）

尿嘧啶核苷
（尿苷）

图 2.4　核糖核苷

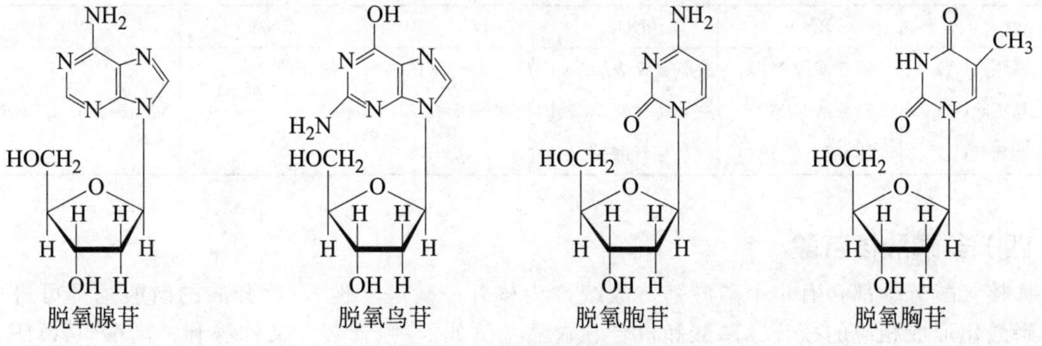

脱氧腺苷

脱氧鸟苷

脱氧胞苷

脱氧胸苷

图 2.5　脱氧核糖核苷

表 2.2　两类核酸的核苷组成

核　酸	核苷组成
DNA	脱氧腺苷、脱氧鸟苷、脱氧胞苷、脱氧胸苷
RNA	腺苷、鸟苷、胞苷、尿苷

4. 核苷酸

核苷酸是由核苷中戊糖的 5′-OH 与磷酸缩合而成的磷酸酯，它们是构成核酸的基本单位。根据核苷酸中戊糖的不同将核苷酸分成两大类，即核糖核苷酸和脱氧核糖核苷酸，前者是构成 RNA 的基本单位，后者是构成 DNA 的基本单位。天然核酸中，DNA 主要是由脱氧腺苷酸、脱氧鸟苷酸、脱氧胞苷酸、脱氧胸苷酸 4 种脱氧核糖核苷酸组成，如图 2.6 所示；RNA 主要由腺苷酸、鸟苷酸、尿苷酸、胞苷酸 4 种核糖核苷酸组成，如图 2.7 所示。

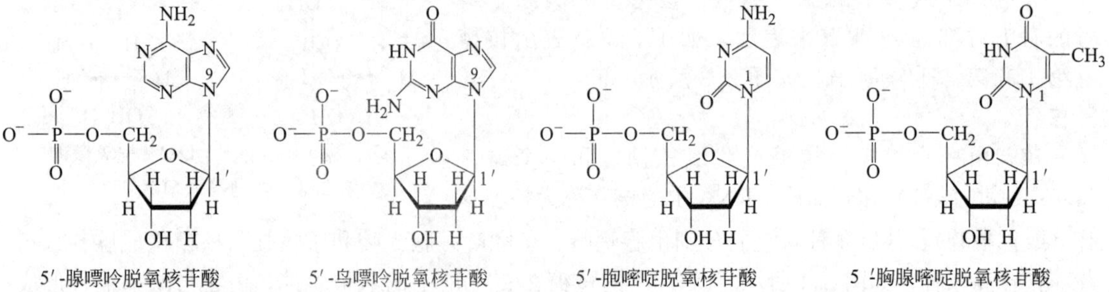

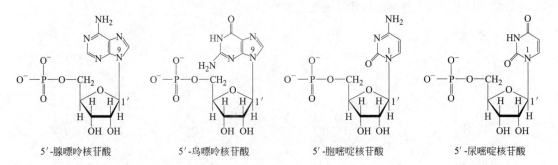

| 5′-腺嘌呤脱氧核苷酸 | 5′-鸟嘌呤脱氧核苷酸 | 5′-胞嘧啶脱氧核苷酸 | 5′-胸腺嘧啶脱氧核苷酸 |

图 2.6　脱氧核糖核苷酸

| 5′-腺嘌呤核苷酸 | 5′-鸟嘌呤核苷酸 | 5′-胞嘧啶核苷酸 | 5′-尿嘧啶核苷酸 |

图 2.7　核糖核苷酸

DNA 和 RNA 核苷酸组成及其缩写符号见表 2.3。

表 2.3　DNA 和 RNA 核苷酸组成及其缩写符号

碱　　基	RNA	DNA	碱　　基	RNA	DNA
腺嘌呤（A）	腺苷酸（AMP）	脱氧腺苷酸（dAMP）	尿嘧啶（U）	尿苷酸（UMP）	
鸟嘌呤（G）	鸟苷酸（GMP）	脱氧鸟苷酸（dGMP）	胸腺嘧啶（T）		脱氧胸苷酸（dTMP）
胞嘧啶（C）	胞苷酸（CMP）	脱氧胞苷酸（dCMP）			

（四）多磷酸核苷酸

核苷酸分子都含有一个磷酸基，故统称为核苷一磷酸。但 5′-核苷酸的磷酸基都可进一步磷酸化形成相应的核苷二磷酸和核苷三磷酸。例如 5′-腺苷酸，又称腺苷一磷酸（AMP），进一步磷酸化生成腺苷二磷酸（ADP）和腺苷三磷酸（ATP），其结构式如图 2.8 所示。ADP 和 ATP 都是高能磷酸化合物。

二磷酸核苷和三磷酸核苷广泛存在于细胞内，参与许多重要的代谢过程。例如，ATP 是体内能量的直接来源和利用形式，在代谢中发挥重要作用。UTP 参与糖原的合成，CTP 参与磷脂的合成，GTP 参与蛋白质的生物合成等。此外，某些核苷酸还是一些辅酶的组成成分。

例如，辅酶 NAD^+、辅酶 $NADP^+$、辅酶 FAD、辅酶 A 等的结构中，都含有腺苷酸。

（五）环状核苷酸

在生物细胞中还普遍存在一类环状核苷酸。如 3′,5′-环状腺苷酸（cAMP）、3′,5′-环状鸟苷酸（cGMP）等，其中以 cAMP 研究得最多，其结构式如图 2.9 所示。

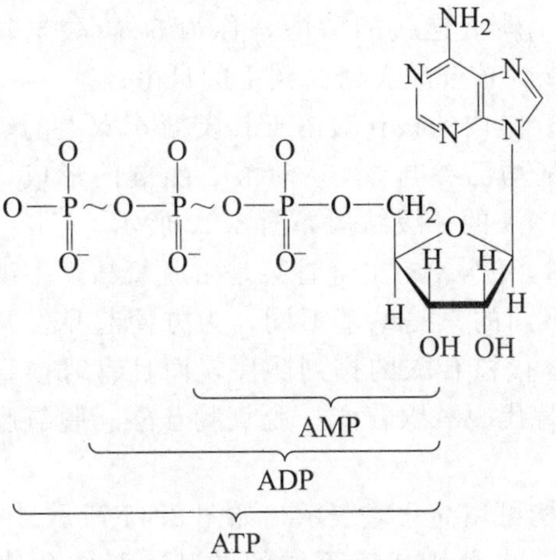

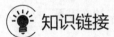

图 2.8 AMP、ADP 与 ATP 的结构式

3′, 5′-cAMP　　3′, 5′-cGMP

图 2.9 环状核苷酸的结构式

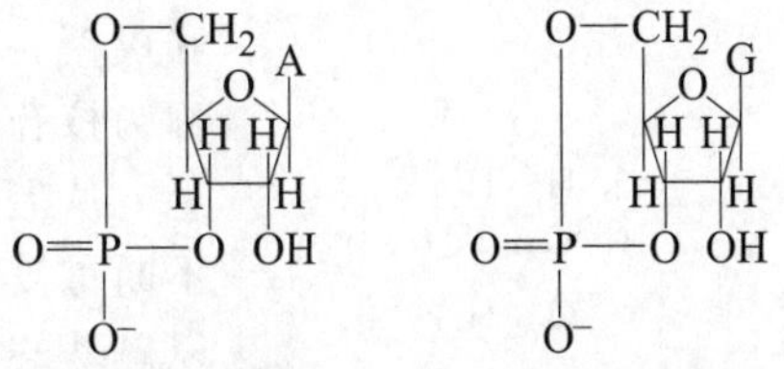

目前已知，许多激素通过 cAMP 而发挥其功能，所以称之为激素（第一信使）作用中的第二信使，cGMP 可能也是第二信使。另外，cAMP 也参与大肠杆菌中 DNA 转录的调控。

知识链接

核苷酸的功能

核苷酸具有调节动物体内能量代谢、参与遗传信息编码、传递细胞信号等重要的功能。由于动物体缺乏核苷酸时并未表现出明显的症状，所以核苷酸曾一度被认为是一类非必需营养物质。近几年，对核苷酸饲料添加剂的研究发现，饲粮添加核苷酸，对动物的生长发育和免疫机能都有很好的促进作用。目前，核苷酸作为一种半必需营养物质，已被应用到食品、医药和饲料等多个领域。如给动物补饲核苷酸，有抗应激的作用，能显著地降低猪应激引起的肌酸激酶、乳酸脱氢酶、天门冬氨酸转氨酶的活性，减少劣质肉的发生。在蛋鸡饲粮中添加核苷酸，能快速消除应激造成的不良影响等。此外核苷酸对动物性腺的生长发育也有积极作用。

第二节 核酸的分子结构

一、DNA 的一级结构

动画扫一扫
DNA的一级结构

DNA 是由 dAMP、dGMP、dCMP、dTMP 四种脱氧核苷酸组成的多核苷酸链。DNA 的一级结构是指在其多核苷酸链中各个核苷酸之间的连接方式，核苷酸的种类、数量以及排列顺序。生物的遗传信息就存储于 DNA 的核苷酸序

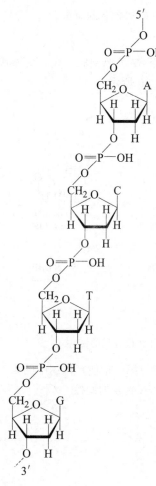

图 2.10 DNA 的一级结构

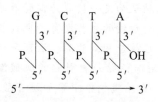

图 2.11 DNA 一级结构的简化式

列中。

核酸分子中核苷酸的连接方式为一个核苷酸戊糖 3′碳上的羟基与下一个核苷酸戊糖 5′碳上的磷酸脱水缩合成酯键，此键称为 3′,5′-磷酸二酯键。许多核苷酸借助 3′,5′-磷酸二酯键连接成长的多核苷酸链，称为多核苷酸，即核酸。在链的一端为核苷酸戊糖 5′碳上连接的磷酸，称为 5′-磷酸末端或 5′-末端；链的另一端为核苷酸戊糖 3′碳上的自由羟基，称 3′-羟基末端或 3′-末端。链内的核苷酸由于其戊糖 5′碳上的磷酸和戊糖 3′碳上的羟基均已参与 3′,5′-磷酸二酯键的形成，故称为核苷酸残基。DNA 的一级结构如图 2.10 所示。

从上图可以看出，DNA 的主链骨架是由脱氧核糖、磷酸不断重复构成，所不同的只是碱基不同，为方便起见，常常以碱基的排列顺序替代核苷酸的排列顺序，而且有时候直接用 A、T、C、G 等替代脱氧腺苷酸、脱氧胸苷酸、脱氧胞苷酸、脱氧鸟苷酸。

DNA 的一级结构可用简化式表示，如图 2.11 所示。

式中 G、C、T、A 分别代表不同的碱基，竖线代表脱氧核糖的碳链，P 代表磷酸，斜线代表磷酸二酯键，斜线与竖线的交点分别代表脱氧核糖中的戊糖 3′碳原子和 5′碳原子位置。

也可写成 $5'_pG_pC_pT_pA_{OH}3'$ 或 $5'GCTA3'$。按规定，书写 DNA 的顺序总是从 5′-末端到 3′-末端，5′-末端在左侧，3′-末端在右侧。

DNA 的碱基组成有如下特点。

① 具有种的特异性。

② 没有器官和组织的特异性。

③ 在同种 DNA 中腺嘌呤与胸腺嘧啶的物质的量相等，即 $n(A)=n(T)$；鸟嘌呤与胞嘧啶的物质的量相等，即 $n(G)=n(C)$；因此嘌呤碱基的总物质的量等于嘧啶碱基的总物质的量，即 $n(A+G)=n(T+C)$。

④ 年龄、营养状况、环境的改变不影响 DNA 的碱基组成。

二、DNA 的空间结构

DNA的双螺旋
结构

动画扫一扫

20 世纪 40 年代后期至 50 年代初，美国生物化学家 Chargaff 等人在对多种生物来源的 DNA 碱基组成进行定量测定后，发现了 DNA 分子的碱基组成规律，称为 Chargaff 规则。包括以下一些要点：①DNA 由 A、G、T、C 四种碱基组成。在所有的 DNA 中，腺嘌呤含量等于胸腺嘧啶含量（即 A＝T）；鸟嘌呤等于胞嘧啶（即 G＝C）。②DNA 的碱基组成具有种属特异性。即来自不同种属的生物 DNA 碱基的数量和相对比例不同。③DNA 的碱基组成无组织和器官的特异性。来自同一生物个体的不同组织或器官的 DNA 碱基组成相同，并且不会随生长年龄、营养状态和环境变化而改变。此后，Franklin 和 Wilkins 用 X 射线衍射技术分析 DNA 结晶，取得了 DNA 分子为螺旋结构的直接证据。

1. B-DNA 的二级结构

目前公认的 DNA 双螺旋二级结构模型称为 B-DNA，如图 2.12 所示，是由 Watson 和 Crick 根据 R.Franklin 和 M.Wilkins 对 DNA 纤维的 X 衍射分析以及 Chargaff 的碱基当量定律的提示于 1953 年提出的，其结构要点如下。

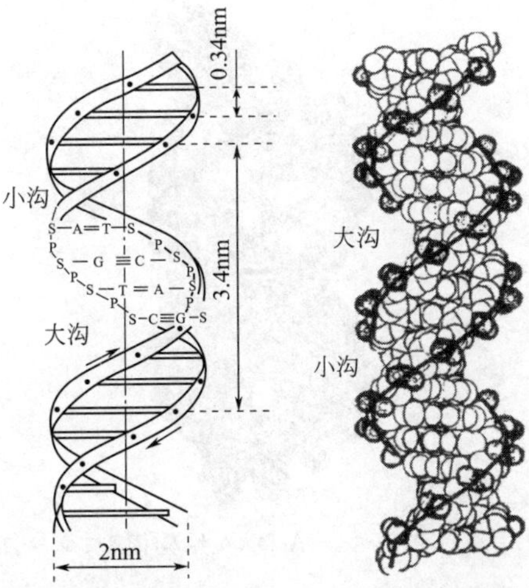

① 两条平行的多核苷酸链，以相反的方向（即一条由 5′→3′，另一条由 3′→5′），围绕着同一个（想象的）中心轴，以右手旋转方式构成一个双螺旋。

② 嘌呤和嘧啶碱基位于双螺旋的内侧，磷酸、脱氧核糖位于外侧，通过磷酸二酯键相连，形成 DNA 分子骨架；碱基平面与纵轴垂直，糖环平面与纵轴平行。

③ 双螺旋上有两条凹沟：大沟、小沟。DNA 双螺旋之间形成的沟称为大沟，而两条 DNA 链之间形成的沟称为小沟，大沟和小沟交替出现。

④ 双螺旋平均直径 2nm，相邻碱基对间的高度为 0.34nm，两个核苷酸间的夹角为 36°，则每一螺圈有 10 个核苷酸，螺距为 3.4nm。

⑤ 两条链间的碱基互补，即 A 与 T 配对，G 与 C 配对；由于碱基大小几乎相同，DNA 分子直径大致相同。由碱基互补原则，确定一条多核苷酸链顺序后，可推知另一条链的顺序。

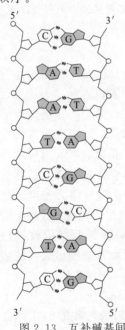

图 2.13　互补碱基间的氢键示意图

⑥ 两条核苷酸链靠碱基间的氢键连接在一起。A 与 T 间形成两个氢键；G 与 C 间形成三个氢键，如图 2.13 所示。

碱基配对的规律具有重要的生物学意义，它是 DNA 复制、RNA 转录和反向转录的分子基础，关系到生物遗传信息的传递与表达，揭示了生物遗传性状代代相传的分子奥秘，推动了生命科学与分子生物学的发展，具有划时代的意义。

2. A-DNA、Z-DNA 及 B-DNA 双螺旋的比较

（1）B-DNA　是在相对湿度为 92% 时得到的 DNA 钠盐纤维。是生物体内 DNA 的主要存在形式。

（2）A-DNA　是在相对湿度低于 75% 时得到的 DNA 钠盐纤维。这种 DNA 结构是螺旋每圈含约 11 个碱基，呈右手螺旋，只是碱基对平面与螺旋轴的垂直线有 20° 偏离。B-DNA 脱水即成 A-DNA，其结构模型如图 2.14 所示。

（3）Z-DNA　左手螺旋，磷酸基在骨架上的分布呈 Z 形，只有大沟，无小沟。每一螺旋有 12 个核苷酸，螺距 44.6nm，直径 18nm，碱基偏离轴心靠近分子外表，比较暴露，其结构模型如图 2.15 所示。至今尚未明确发现 Z-DNA 的生物学意义，有待进一步研究。

图 2.12　DNA 双螺旋二级结构模型

（a）示意图　　　（b）原子模型

图 2.14　A-DNA 结构模型

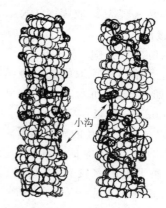

图 2.15　Z-DNA 结构模型

 知识链接

DNA 双螺旋结构的发现

对 DNA 双螺旋结构的发现做出重大贡献的科学家有克里克（F. Crick）、沃森（J. Watson）、威尔金斯（M. Wilkins）和富兰克林（R. Franklin）四位。此外，鲍林（L. Pauling）参与了竞争，多诺霍（J. Donohue）也提供了重要的参考意见。由于富兰克林过早去世，1962 年诺贝尔生理和医学奖只授给了克里克、沃森和威尔金斯。这四位科学家中，沃森毕业于生物专业，克里克和威尔金斯毕业于物理专业，而富兰克林则毕业于化学专业。他们具有不同的知识背景，在同一时间都致力于研究遗传物质的分子结构，在既合作又竞争、充满学术交流和争论的环境中，发挥了各自专业的特长，为双螺旋结构的发现做出了各自的贡献，这是科学史上由学科交叉产生的重大科研成果。

3. DNA 的三级结构

DNA 在双螺旋结构（二级结构）的基础上，还可以形成三级结构。DNA 三级结构共有三类：线状结构、开环结构和超螺旋结构，主要是在原核生物和病毒中发现的。

开环双链 DNA 可看作是由直线双螺旋 DNA 分子的两端连接而成的，其中一条链留有一缺口。超螺旋结构可以认为是 DNA 分子对应于某种张力而产生的一种扭曲，它不仅出现在共价闭环结构中，而且某些线状 DNA 分子，同其他分子特别是蛋白质分子相结合时，也可能形成超螺旋构象，因此超螺旋具有普遍意义。超螺旋 DNA 具有更为紧密的结构，更高的浮力密度，更高的熔点和更大的沉降系数值。当超螺旋 DNA 的一条链上出现一个缺口时，超螺旋型结构就被松开，而形成开环型结构。超螺旋有两种形式：右超螺旋（负超螺旋）和左超螺旋（正超螺旋）。

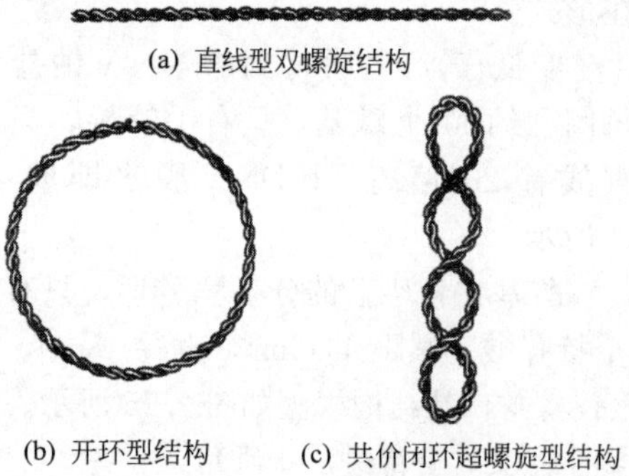

DNA 的三级结构如图 2.16 所示。

真核细胞的 DNA，主要以染色质的形式存在于细胞核中。染色质的结构极为复杂。已知染色质的基本构成单位为核小体，核小体的主要成分

（a）直线型双螺旋结构

（b）开环型结构

（c）共价闭环超螺旋型结构

图 2.16　DNA 三级结构模式图

为 DNA 和组蛋白，它是以组蛋白为核心颗粒，而双螺旋 DNA 则盘绕在此核心颗粒上形成核小体（核小体中的 DNA 为超螺旋）。许多核小体之间由高度折叠的 DNA 链相连在一起，构成念珠结构，念珠结构进一步盘绕成更复杂更高层次的结构，如图 2.17 所示。

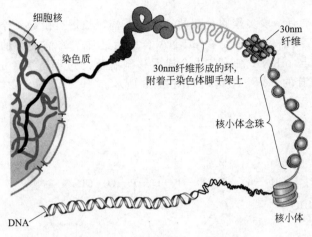

图 2.17   真核细胞 DNA 的结构

三、 RNA 的结构与功能

（一） RNA 的分类

动植物、微生物细胞中都含有三种主要 RNA，它们分别是核糖体 RNA（ribosomel RNA，rRNA）、转运 RNA（transfer RNA，tRNA）、信使 RNA（messenger RNA，mR-NA），它们在蛋白质生物合成中起着特别重要的作用。

1. mRNA

mRNA 占细胞中 RNA 总量的 3%～5%，分子量极不均一，是合成蛋白质的模板，传递 DNA 的遗传信息，决定着每一种蛋白质肽链中氨基酸的排列顺序，所以细胞内 mRNA 的种类很多。mRNA 是三类 RNA 中最不稳定的，它代谢活跃、更新迅速。

2. rRNA

rRNA 是细胞中含量最多的一类 RNA，占细胞中 RNA 总量的 80% 左右，是细胞中核糖体的组成部分。rRNA 与蛋白质组成核糖体提供蛋白质生物合成的场所。

3. tRNA

tRNA 约占 RNA 总量的 15%，通常以游离的状态存在于细胞质中。它的主要功能是携带已活化的氨基酸，并将其转运到与核糖体结合的 mRNA 上用以合成蛋白质。细胞内 tR-NA 种类很多，每一种氨基酸都有特异转运它的一种或几种 tRNA。

（二） RNA 的分子结构

RNA 的基本组成单位是 AMP、GMP、CMP 和 UMP 四种核苷酸。和 DNA 一样，核苷酸之间通过 $3',5'$-磷酸二酯键相连形成多核苷酸链。RNA 的缩写式与 DNA 相同，通常从 $5'$ 端向 $3'$ 端延伸。

生物体内绝大多数天然 RNA 分子不像 DNA 那样都是双螺旋，而是呈线状的多核苷酸单链。单链结构的 RNA 分子能自身回折，使一些碱基彼此靠近，于是在折叠区域中按碱基配对原则，A 与 U、G 与 C 之间通过氢键连接形成互补碱基对，从而使回折部位构成所谓

"发卡"结构，进而再扭曲形成局部性的双螺旋区，不配对的部分形成突环，被排斥在双螺旋区之外，这样的结构称为 RNA 的二级结构，不同的 RNA 分子的双螺旋区所占比例不同。RNA 在二级结构的基础上还可进一步折叠扭曲形成三级结构。

1. mRNA 的结构特点

mRNA 的 3′-末端有一段多聚腺苷酸的"尾"结构，长短可由数十个腺苷酸到 200 个不等。它不是从 DNA 转录来的，而是在 mRNA 合成后经加工修饰上去的。原核生物一般无此结构。该结构可能与 mRNA 在胞核内合成后移至胞质的过程有关。mRNA 的 5′-末端有一个 7-甲基鸟嘌呤核苷的"帽"结构，如图 2.18 所示。

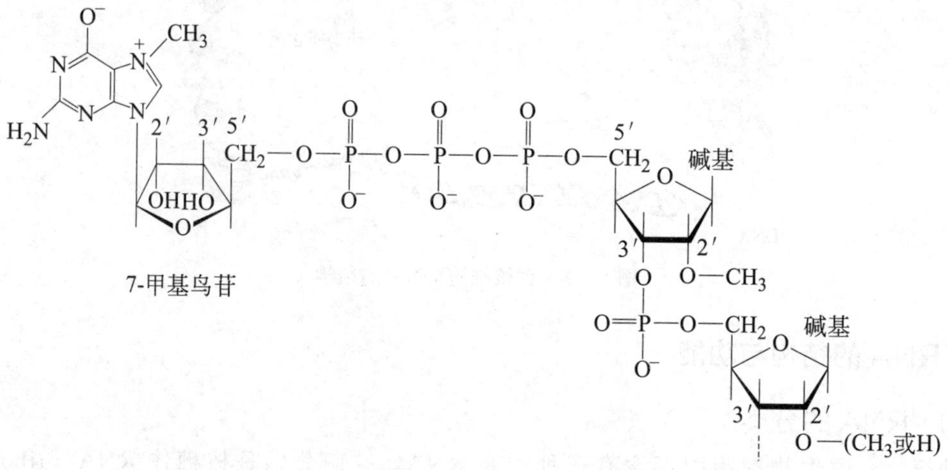

图 2.18　mRNA 5′-末端的"帽"结构

此结构可能与蛋白质合成的起始有关。mRNA 分子内有信息区（编码区）和非信息区（非编码区）。信息区内每三个核苷酸组成一个密码，称遗传密码或三联密码，每个密码代表一个氨基酸。因此，信息区是 RNA 分子的主要结构部分，在蛋白质生物合成中决定蛋白质的一级结构。

2. tRNA 的结构特点

在 RNA 的二级结构中，对 tRNA 的二级结构研究得比较清楚。tRNA 的二级结构都呈三叶草形结构，如图 2.19 所示。三叶草形结构由氨基酸臂、二氢尿嘧啶环、反密码环、附加叉和 TΨC 环等五部分组成，其结构特点如下。

（1）氨基酸臂　由 7 对核苷酸组成，其 3′-末端都有-C-C-A-OH 结构。此结构是 tRNA 结合活化氨基酸的部位。

（2）二氢尿嘧啶环（DHU 环）　此环由 8~12 个核苷酸组成。环中含有 5,6-二氢尿嘧啶核苷酸，故又称 DHU 环。其功能尚不清楚。

（3）反密码环　由 7 个核苷酸组成。反密码环中间的 3 个核苷酸组成反密码。在蛋白质生物合成时，反密码与 mRNA 上的对应密码互补。

（4）附加叉　又称额外环，由 3~18 个核苷酸组成。不同的 tRNA，该环大小不同，是 tRNA 分类的重要指标。

（5）TΨC 环　由 7 个核苷酸组成。除个别 tRNA 外，所有 RNA 中此环必定含有-T-Ψ-C 碱基序列，所以称为 TΨC 环。

tRNA 在二级结构的基础上进一步折叠形成倒"L"形的三级结构，如图 2.20 所示。在倒"L"形的一端为反密码环，另一端为氨基酸臂，TΨC 环和 DHU 环构成倒 L 形的转角。

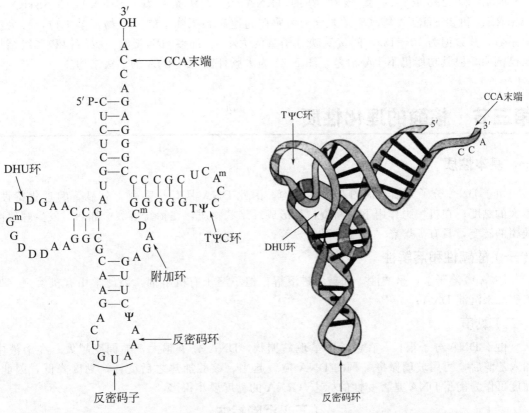

图 2.19　tRNA 三叶草形二级结构模型　　　图 2.20　tRNA 的三级结构

3. rRNA 的结构特点

rRNA 是构成核糖体的主要组成成分，核糖体 RNA 约占细胞 RNA 总量的 80%，是高分子量、代谢稳定的 RNA。

核糖体含有大约 40% 的蛋白质和 60% 的 RNA，它由两个大小不同的亚基组成，是蛋白质生物合成的场所。在原核生物的核糖体内，主要有三种形式的 rRNA：5SrRNA、

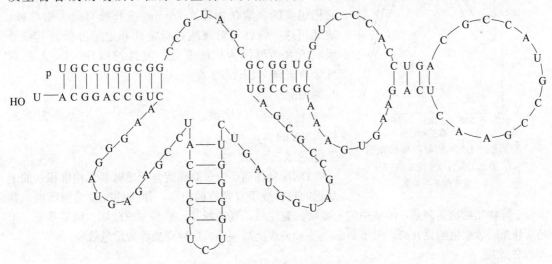

图 2.21　大肠杆菌 5SrRNA 的二级结构

16SrRNA 和 23SrRNA；真核生物的 rRNA 比较复杂，有 5SrRNA、5.8SrRNA、18SrRNA 和 28SrRNA 等（S 是大分子物质在超速离心沉降中的一个物理学单位，称为沉降系数，其数值为 10～13s，间接反映分子量的大小）。许多 rRNA 的一级结构和二级结构虽已阐明，但其功能仍不十分清楚，图 2.21 为大肠杆菌 5SrRNA 的二级结构。

第三节　核酸的理化性质

一、基本性质

由于 DNA 分子为细丝状的双螺旋结构，因此 DNA 具有一系列十分显著的理化特性：极大的黏度，在机械力作用下易断裂，易形成纤维状物质，在稀盐溶液中加热时发生螺旋向线团的转变，具有高熔点（如变性温度）等。

（一）酸碱性和溶解性

DNA 微溶于水，呈酸性，加碱促进溶解，但不溶于有机溶剂，因此常用有机溶剂（如乙醇）来沉淀 DNA。

（二）黏度

由于 DNA 分子很长，在溶液中呈现黏稠状，DNA 分子越大，黏稠度越大。在溶液中加入乙醇后，可用玻璃棒将黏稠的 DNA 搅缠起来。核酸加热之后变性，黏度降低，因此，黏度可作为衡量 DNA 是否变性的标志，RNA 的黏度要小得多。

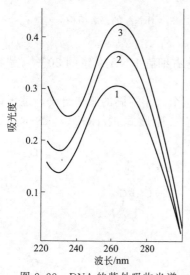

图 2.22　DNA 的紫外吸收光谱
1—天然 DNA；2—变性 DNA；
3—核苷酸总吸光度

（三）沉降特性

核酸分子在引力场中能下沉的特性称为沉降特性。可用超速离心法纯化核酸、测分子量、分级分离等。DNA 用氯化铯梯度分离，RNA 用蔗糖梯度分离。

（四）紫外吸收

嘌呤碱基和嘧啶碱基具有很强的紫外吸收作用，由它们组成的核酸在紫外光 260nm 波长处有最大吸收峰。故利用这一特性可对核酸进行定性和定量分析，其紫外吸收值大小可作为核酸变性、复性的指标。DNA 的紫外吸收光谱如图 2.22 所示。

1. 测纯品

A_{260}/A_{280} 的比值。纯 DNA 的 A_{260}/A_{280} 应为 1.8；纯 RNA 的 A_{260}/A_{280} 应为 2.0。

2. 增色效应

DNA 变性前，由于双螺旋分子里碱基互相堆积，加上氢键的吸引处于双螺旋的内部，使光的吸收受到压抑，其值低于等物质的量的碱基在溶液中的光吸收；变性后，氢键断开，碱基堆积破坏、碱基暴露，于是紫外光的吸收就明显升高，可增加 30%～40% 或更高一些。这种现象称为增色效应。

3. 减色效应

在一定条件下，变性核酸又可复性，此时紫外吸收又恢复至原来水平，这一现象称为减色效应。

二、核酸的变性、复性与分子杂交

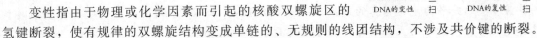

1. 变性

　　变性指由于物理或化学因素而引起的核酸双螺旋区的氢键断裂，使有规律的双螺旋结构变成单链的、无规则的线团结构，不涉及共价键的断裂。

　　DNA 双螺旋的两条链可用物理的或化学的方法分开，如加热使 DNA 溶液温度升高，加酸或加碱改变溶液的 pH，加乙醇、丙酮或尿素等有机溶剂或试剂，都可引起变性。当 DNA 加热变性时，先是局部双螺旋松开，然后整个双螺旋的两条链分开成为卷曲单链，在链内可形成局部的氢键结合区，其产物是无规则的线团，因此核酸变性可看作是一种规则的螺旋结构向无序的线团结构转变的过渡。若仅仅是 DNA 分子某些部分的两条链分开，则变性是部分的；而当两条链完全离开时，则是完全变性。

　　变性后的 DNA，其生物学活性丧失（如细菌 DNA 的转化活性明显下降），除紫外光吸收值升高外，还发生一系列理化性质的改变，包括黏度下降、沉降系数增加、比旋光度下降等。

　　由温度升高引起的 DNA 变性称为热变性，热变性过程是在一个狭窄的温度范围内迅速发展的。通常将 50% 的 DNA 分子发生变性时的温度称为解链温度或熔点温度（T_m）。DNA 的 T_m 值一般在 70～85℃。

　　不同种属的 DNA，由于其碱基组成不同，故而各有其特有的 T_m 值。T_m 值的高低与 DNA 分子中的 G-C 含量有关。G-C 含量高的 DNA，变性时的 T_m 值也高。这是因为 G-C 之间有 3 个氢键相连，故 G-C 含量高的 DNA 分子更为稳定，T_m 值也高。

2. 复性

　　变性 DNA 在适当条件下，可使两条彼此分开的链重新缔合成为双螺旋结构，这一过程叫复性。热变性的 DNA 经缓慢冷却后即可复性，这一过程称为退火，复性后 DNA 的理化性质和生物学活性得到相应恢复。如果将此热溶液迅速冷却，则两条链继续保持分开，此过程称为淬火。

　　复性速率受很多因素的影响：顺序简单的 DNA 分子比复杂的分子复性要快；DNA 浓度越高，越易复性；此外，DNA 片段的大小，溶液的离子强度等对复性速率都有影响，复性后 DNA 的一系列物理化学性质和生物活性得到恢复。

　　DNA 的变性和复性如图 2.23 所示。

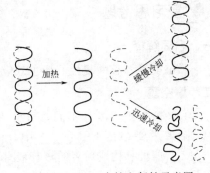

图 2.23　DNA 变性和复性示意图

3. 分子杂交

　　DNA 的变性和复性是以碱基互补为基础的，由此可以进行核酸的分子杂交，即不同来源的多核苷酸链，经变性分离和退火处理，当它们之间有互补的碱基序列时就有可能发生杂交，形成 DNA/DNA 的杂合体，甚至可以在 DNA 和 RNA 之间形成 DNA/RNA 的杂合体。将一段有已知核苷酸序列的 DNA 或 RNA 用放射性同位素或其他方法进行标记，就获得了分子生物学技术中常用的核酸探针。依据分子杂交的原理使探针与变性分离的单股核苷酸一起退火，如果它们之间有互补的或部分互补的碱基序列，就会形成杂交分子，于是就可以找到或鉴定出特定的基因以及人们感兴趣的核苷酸片段，在重组 DNA 中广泛应用的 Southern 印迹、Northern blot 印迹以及基因芯片技术就是利用核酸分子杂交的性质建立起来的。分子杂交是核酸研究中的一个重要技术，同时对遗传性疾病的诊断、肿瘤病因学研究及基因工程等也是重要研究手段之一。

本章小结

核酸是生物体的基本组成物质，是主要的生物大分子之一，核酸的生物功能是多种多样的，最重要的是作为遗传信息的载体。核酸分为 DNA 和 RNA 两大类，一般都与蛋白质相结合，前者是染色质的主要成分，后者主要存在于细胞液中。

核酸由 C、H、O、N、P 等元素组成。其中磷的含量为 9%～10%。由于核酸分子中磷的含量比较稳定，故可通过测定磷的含量来估算核酸的含量。

核酸以核苷酸为基本结构单位，单核苷酸进一步水解生成核苷及磷酸，核苷水解后则生成核糖和碱基。DNA 分子中的核苷酸含脱氧核糖和 A、T、G、C 四种碱基，RNA 中则为核糖和 A、U、G、C 四种碱基。

核苷酸之间以 $3',5'$-磷酸二酯键相连。核酸的一级结构实际上就是多核苷酸链中各个核苷酸之间的连接方式，核苷酸的种类、数量以及核苷酸的排列顺序。生物的遗传信息就储存于 DNA 的核苷酸序列中。

DNA 的二级结构为右手双螺旋结构模型。其要点是：DNA 分子中形成螺旋的两条多核苷酸链的走向相反，磷酸和核糖在外侧，碱基位于内侧，碱基平面与轴垂直，糖环平面与轴平行，两条链皆为右手螺旋，两链之间的碱基以互补的原则以氢键配对，A 与 T 之间有两对氢键，G 与 C 之间有三对氢键。碱基互补配对的原则是 DNA 复制、转录以至蛋白质翻译的分子基础。DNA 三级结构是指其分子通过扭曲和折叠所形成的特定构象。

RNA 比 DNA 小，主要有 mRNA、rRNA、tRNA 三类，RNA 分子也可以通过自身折叠按碱基配对形成局部的螺旋结构。在 RNA 的二级结构中，对 tRNA 的二级结构研究得比较清楚。tRNA 的二级结构都呈三叶草形结构，三叶草形结构由氨基酸臂、二氢尿嘧啶环、反密码环、附加叉和 TΨC 环五部分组成。tRNA 的三级结构成倒"L"形。

复习思考题

一、名词解释

核酸变性　核酸复性　增色效应　减色效应　核酸杂交

二、填空题

1.核酸按组成成分不同，可分为_____和_____两类，前者主要存在于_____中，后者主要存在于_____中，构成前者的核苷酸有_____、_____、_____、_____四种；构成后者的核苷酸有_____、_____、_____、_____四种。

2.生物细胞中的 RNA 包括_____、_____、_____三类。其中_____的二级结构为三叶草形，_____是合成蛋白质的场所。

三、简答题

1. DNA 和 RNA 在化学组成、分子结构、生物学功能上各有何特点？

2. DNA 双螺旋结构模型的基本要点是什么？

3. RNA 有哪些主要类型？其结构与功能各有何异同点？

4.核酸杂交技术的基础是什么？有哪些应用价值？

第三章
酶化学

📖 **知识目标**

• 了解酶的活性中心及酶的作用机理；
• 掌握酶促反应的特点、酶促反应速率的影响因素及酶在动物生物实践中的应用；
• 熟悉维生素、辅酶形式及其生理功能。

第一节　概述

生命活动的基本特征是新陈代谢，新陈代谢是由一系列化学反应组成的。生物体内一系列化学反应几乎都是在酶的作用下完成，没有酶，新陈代谢就不能进行。辅酶是酶分子的重要组成部分，没有辅酶，酶分子的结构就不完整，酶的功能就不能体现。

一、酶的概念

在生物活细胞中进行着大量的化学反应，这些化学反应的速率非常高并且有条不紊地进行，从而使细胞能同时进行各种分解代谢及合成代谢，满足生命活动的需要。如果让这些化学反应在体外进行，速率极慢，或者需要高温高压等特殊条件才能迅速进行。生物细胞能在常温常压下以极高的速率和很强的专一性进行化学反应，这是由于生物催化剂——酶的存在。酶是由生物活细胞产生的在体内、体外都具有催化能力的生物大分子。酶所催化的反应称为酶促反应，在酶促反应中，被酶催化的物质称为底物（S），反应中生成的物质称为产物（P）。酶催化化学反应的能力称为酶活性；酶若失去催化能力则称酶失活。

二、酶促反应的特点

酶是生物催化剂，具有一般催化剂的共性，即化学反应前后没有数量和质量的变化，只能催化热力学上允许进行的化学反应，能显著改变化学反应的速率，但不改变反应的平衡常数，同时也具有生物催化剂的特点。

1. 酶具有极高的催化效率

酶催化反应的效率极高，比一般催化剂高 $10^7 \sim 10^{13}$ 倍。例如，过氧化氢酶催化过氧化氢水解比 Fe^{2+} 催化快 10^{11} 倍；脲酶催化尿素水解是 H^+ 催化效率的 7×10^{12} 倍；蔗糖酶催化蔗糖水解是 H^+ 效率的 2.5×10^{12} 倍。酶和一般催化剂加速反应的机制是降低反应的活化能，但酶比一般催化剂更能有效降低反应的活化能，所以比一般催化剂具有更高的催化效率。

2. 酶具有高度的专一性

所谓专一性就是指酶对于其作用的底物和反应类型具有严格的选择性。通常一种酶只能作用于一种或一类底物，催化一种或一类反应。例如，蔗糖酶只能催化蔗糖的水解，不能催化淀粉的水解；淀粉酶只能催化淀粉的水解，而不能催化蛋白质和脂肪的水解。根据酶对底物选择性严格程度的不同，可将酶的专一性分为绝对专一性、相对专一性和立体异构专一性。

（1）绝对专一性　有些酶对底物的要求很严格，一种酶只能催化一种底物发生反应，生成一种特定结构的产物，这种高度的专一性称为绝对专一性。例如，脲酶只能催化尿素水解生成 NH_3 和 CO_2，而对尿素的衍生物甲基尿素则不起作用。氨基酸 tRNA 连接酶，只催化一种氨基酸与其受体 tRNA 的连接反应，而对其他氨基酸则不起作用。

（2）相对专一性　有些酶对底物的选择程度较低，能够催化化学结构上相似的一类底物起反应，这种专一性称为相对专一性。它又包括键专一性和基团专一性两种类型。键专一性指酶只作用于一定的化学键，而对键两侧的基团无严格要求。例如，二肽酶只要求底物含有肽键，而不选择肽键两侧的氨基酸残基。具有基团专一性的酶对底物的选择性较键专一性严格，不仅要求底物具有一定的化学键，还对键两侧的基团有选择性。例如 α-葡萄糖苷酶不但要求 α-1,4-糖苷键，并且要求该键的一侧必须有葡萄糖残基，而对另一侧基团要求不严格。

（3）立体异构专一性　当酶作用的底物或形成的产物含有不对称碳原子时，酶只能作用于异构体的一种，而对另一种不起作用，这种专一性称为立体异构专一性。例如，L-氨基酸氧化酶只能催化 L-氨基酸氧化，而对 D-氨基酸不起作用；胰蛋白酶只作用于 L-氨基酸残基构成的肽键或其衍生物，而不作用于 D-氨基酸残基构成的肽键或其衍生物。

3. 反应条件温和性

化学催化剂催化的反应，一般需要剧烈的反应条件如高温、高压、强碱等。而酶促反应一般是在常温、常压、接近中性酸碱度等温和的条件下进行的。例如，在植物中的生物固氮是由固氮酶催化的，通常在 27℃ 和中性 pH 下进行。而工业上合成氨，温度一般在 450～500℃、压力一般在 20.3～50.7MPa 下才能完成。

4. 酶易变性失活

酶是蛋白质，易受外界条件的影响而变性，从而影响其催化活性。凡能使蛋白质变性的因素均可使酶变性失活，例如高温、高压、强酸、强碱、重金属盐、有机溶剂、超声波、紫外线、剧烈震荡、搅拌甚至泡沫的表面张力等。且酶本身是蛋白质，能被蛋白酶水解。

5. 体内酶活性受调控

无机催化剂的催化活性一般不变，而酶的活性受许多因素的调控，例如底物和产物的浓度、pH 以及各种激素的浓度等。酶的调控方式有多种，如反馈调节、共价修饰调节、酶原激活、变构调节、激素调节等。有的可提高酶的活性，有的可抑制酶的活性，从而使机体内各种化学反应有条不紊地进行。酶活性变化的生物学意义是酶能适应生物体内复杂多变的环境条件和多种多样的生理需要。

第二节　酶的结构与功能

一、酶的化学组成

自从 1926 年 Summer 从刀豆中获得脲酶结晶并证明它是蛋白质以来，已有数千种酶经研究证明是蛋白质。主要依据为：①酶经酸碱水解后的最终产物是氨基酸，酶能被蛋白酶水解而失活；②酶是具有复杂空间结构的生物大分子，凡使蛋白质变性的因素都可使酶变性失活；③酶是两性电解质，在不同的 pH 下呈现不同的离子状态，在电场中向某一电极泳动，各自具有特定的等电点；④酶具有胶体物质的一系列特性；⑤酶也有蛋白质所具有的化学呈色反应。因此长期以来人们一直认为酶的化学本质就是蛋白质。

1982 年，Cech 和 Altman 分别从嗜热的四膜虫中发现具有剪接功能的 RNA 并命名为核酶，改变了生物体内所有的酶都是蛋白质的传统观念。因此酶的化学本质除了有蛋白质之外还有 RNA 等。

酶和其他蛋白质一样，根据其化学组成分为单纯蛋白酶和结合蛋白酶两类。

1. 单纯蛋白酶

单纯蛋白酶分子中只含有蛋白质部分，不含非蛋白质成分，其水解产物只有氨基酸单一成分。一般的水解酶类如蛋白酶、淀粉酶、脂酶、核糖核酸酶都属于单纯蛋白酶。

2. 结合蛋白酶

结合蛋白酶是由蛋白质部分和非蛋白质部分结合而成。许多氧化还原酶类、转移酶类，如细胞色素氧化酶、乳酸脱氢酶、转氨酶等均属于结合蛋白酶。结合蛋白酶分子中，蛋白质部分称为酶蛋白，非蛋白质部分称为辅助因子，酶蛋白与辅助因子单独存在时均无催化活性，两者结合在一起构成全酶时，才具有催化活性。

$$全酶＝酶蛋白＋辅助因子。$$

辅助因子包括以下三类。

① 金属离子，如 Cu^{2+}、Zn^{2+}、Mg^{2+}、Mn^{2+}、Fe^{2+}、Fe^{3+}、Mo^{2+}、K^+ 等。有 30% 以上的酶需要金属元素作为辅助因子，见表 3.1。

表 3.1　需要金属离子作为辅助因子的酶类

金属离子	酶种类	金属离子	酶种类
Fe^{2+}/Fe^{3+}	细胞色素氧化酶	Mg^{2+}	激酶
	过氧化氢酶	Mn^{2+}	精氨酸酶
Cu^{2+}/Cu^+	细胞色素氧化酶	Mo^{2+}	黄嘌呤氧化酶
	酪氨酸酶	K^+	丙酮酸激酶（需要 Mg^{2+} 和 Mn^{2+}）
Zn^{2+}	DNA 聚合酶	Na^+	质膜 ATP 酶（需要 K^+ 和 Mg^{2+}）
	羧肽酶	Ni^{2+}	脲酶

② 金属有机化合物，如细胞色素氧化酶的铁卟啉。

③ 小分子有机化合物，它们之中有许多是 B 族维生素及其辅酶形式，见表 3.2。

表 3.2　B 族维生素及其辅酶形式

B 族维生素	辅酶形式	酶促反应中的主要作用
硫胺素（B_1）	硫胺素焦磷酸酯（TPP）	α-酮酸氧化脱羧酮基转换作用
核黄素（B_2）	黄素单核苷酸（FMN）	氢原子转移
	黄素腺嘌呤二核苷酸（FAD^+）	氢原子转移
尼克酰胺（PP）	尼克酰胺腺嘌呤二核苷酸（NAD^+）	氢原子转移
	尼克酰胺腺嘌呤二核苷酸磷酸（$NADP^+$）	氢原子转移
吡哆醇（醛、胺）（B_6）	磷酸吡哆醛	氨基转移
泛酸	辅酶 A（CoA）	酰基转换作用
叶酸	四氢叶酸	"一碳基团"转移
生物素（H）	生物素	羧化作用
钴胺素（B_{12}）	甲基钴胺素	甲基转移
	$5'$-脱氧腺苷钴胺素	

酶的辅助因子通常有辅基和辅酶之分。前者是与酶蛋白以共价键紧密结合，不能用透析或超滤方法将其除去的辅助因子，如细胞色素氧化酶的铁卟啉；后者是与酶蛋白以非共价键松散结合，可以用透析或超滤的方法将两者分开的辅助因子，如苹果酸脱氢酶的 NAD^+。辅酶与辅基之间无严格界线，两者仅是与酶蛋白结合的牢固程度不同。

辅助因子在酶的催化活性中起着重要作用，它们或是维持酶分子的活性构象所必需，或作为电子及特殊功能基团的载体，或在酶与底物之间起连接作用，或中和离子、降低反应中的静电斥力等。因此，酶蛋白只有与辅助因子结合成全酶才具有正常的催化活性。

一种酶蛋白只能与一种辅助因子结合成一种特异性全酶。例如，乳酸脱氢酶的酶蛋白只能与辅酶Ⅰ（NAD^+）结合，才具有催化作用，不能与其他辅酶结合。而一种辅助因子却能与多种酶蛋白结合构成多种特异性的全酶，参与催化多种反应。例如，辅酶Ⅰ（NAD^+）既可与乳酸脱氢酶的酶蛋白结合生成全酶，也可与磷酸甘油脱氢酶结合形成全酶。因此，决定酶专一性的部分是酶蛋白，辅酶或辅基决定底物反应的类型。

3. 单体酶、寡聚酶和多酶复合体系

根据酶蛋白的结构特点可将酶分成单体酶、寡聚酶和多酶复合体系 3 类。

单体酶只有一条多肽链组成，分子量一般在 13000～35000 之间。这类酶为数不多，一般多属于水解酶，如胃蛋白酶、胰蛋白酶等。

寡聚酶由几个至几十个亚基组成，分子量在 35000 至几百万。亚基可以相同，也可以不同，亚基之间为非共价结合。如乳酸脱氢酶、磷酸果糖激酶、己糖激酶等。这类酶多属于调节酶类。

多酶复合体系是由多个功能上相关的酶彼此嵌合而形成的复合体，分子量一般在几百万以上。如丙酮酸脱氢酶系、脂肪酸合成酶系等。它可以催化某个阶段的代谢反应高效、定向和有序地进行。

单体酶、寡聚酶和多酶复合体系的化学组成和功能见表 3.3。

表 3.3　单体酶、寡聚酶和多酶复合体系的化学组成和功能

分类	组成	数量	生理意义	举例
单体酶	一条肽链	少	促进水解反应	水解酶、溶菌酶和胃蛋白酶
寡聚酶	2 个或多个相同或不同的亚基	多	多为调节酶，在代谢调控中发挥作用	3-磷酸甘油醛脱羧酶、磷酸果糖激酶、己糖激酶
多酶复合体系	2～7 个功能相关的酶及载体	少	可降低底物和产物扩散限制，提高总反应的速率和效率	丙酮酸脱氢酶复合体、α-酮戊二酸脱氢酶复合体、脂肪酸合成酶等

二、酶的活性中心

酶的活性中心　动画扫一扫

不同的酶具有不同的一级结构和空间结构。酶分子中的肽链通过折叠、螺旋或缠绕形成酶的空间结构。酶进行催化时，并非整个酶分子与底物结合，而是仅在局部的小区域与底物作用，这个局部的小区域就是酶的活性中心。

1. 必需基团与活性中心

与酶活性密切相关的基团称为酶的必需基团（活性基团）。必需基团在一级结构上可能相距很远，甚至位于不同的肽链上，由于肽链的盘曲折叠，致使必需基团在空间位置上彼此靠近，组成具有特定空间结构的区域，能与底物专一性结合并将底物转化为产物，这一特殊的空间区域称为酶的活性中心。换言之，酶分子中与底物结合并与催化活性密切相关的化学基团构

成的特殊空间区域称为酶的活性中心。

　　根据必需基团在活性中心的位置又可将其分为活性中心内必需基团和活性中心外必需基团。活性中心内必需基团组成酶的活性中心。活性中心内必需基团有两种：一种是结合基团，其作用是与底物结合形成复合物；另一种是催化基团，其作用是影响底物中某些化学键的稳定性，催化底物发生化学反应，并使之转化为产物。例如，组氨酸残基的咪唑基、丝氨酸残基的羟基、半胱氨酸残基的巯基以及谷氨酸残基的羧基是构成酶活性中心的常见基团。活性中心内必需基团可同时具有结合与催化两方面的功能。活性中心外必需基团虽然不参与活性中心的组成，但为维持酶活性中心特有的空间构象所必需。图3.1为酶的活性中心组成示意图。

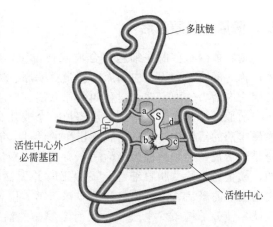

图 3.1　酶活性中心组成示意图
S—底物分子；a,b,c—结合基团；d—催化基团

　　对结合蛋白酶来说，其辅助因子也是酶活性中心的组成部分，因为没有辅助因子，这类酶就不具备催化活性。酶的活性中心是酶起专一性催化作用的关键部位，当活性中心被占据或空间结构被破坏，酶就失去催化活力。酶的活性中心是酶分子中具有三维结构的区域，或为裂缝，或为凹陷，常位于酶分子的表面。虽然活性中心的结构决定了酶的催化活性，但是其他部分的结构为酶的活性中心的形成和稳定奠定了基础。不同酶分子活性中心的结构是不同的，它只能结合与之相适应的一定底物，发生一定的化学反应，这样就从结构基础上说明了酶催化作用的专一性。

2. 非必需基团与非活性区域

　　与酶活性关系不大的基团称为酶的非必需基团，非必需基团与酶活性中心外必需基团一起构成酶的非活性区域。非必需基团的替换对酶活性无影响，但与酶的免疫、运输、调控及寿命等有关。非活性区域并不是无用的，它能维持酶的空间结构，使活性中心保持完整。在酶与底物结合后，整个酶分子的构象发生变化，这种扭动的张力使底物化学键容易断裂。这种变化也要依靠非活性区域的协同作用。有些酶分子中存在一些特定部位，它虽然不是酶的活性中心，但可以与底物以外的其他分子发生某种程度的结合，从而引起酶分子空间构象的变化，对酶起激活或抑制作用，称为调控部位。调控部位的作用是可以调节酶促反应的速率或方向。活性中心的空间结构是由酶分子构象决定的，酶分子的空间构象遭到破坏，则酶活性中心的空间结构亦被破坏，酶就失去活性。酶的结构分区及功能见表3.4。

表 3.4　酶的结构分区及功能

结构分区	基团类型	功　能
活性中心	活性中心内必需基团	
	结合基团	构成结合中心
	催化基团	构成催化中心
非活性区域	活性中心外必需基团	协助维持酶活性中心特有空间结构
	非必需基团	维持活性中心的完整性，与酶的免疫运输、调控与寿命相关。许多酶在非活性区域存在调节酶活性的调控部位

三、酶原与酶原激活

动物体内有些酶在细胞内合成或初分泌时，是一种没有催化活性的蛋白质，即酶的前体，称为酶原。如胃蛋白酶原、胰蛋白酶原、凝血酶原等。酶原必须经过适当切割肽链才能转变为有活力的酶，这个过程叫酶原激活。

酶原激活需在一定条件下水解掉一个或几个特定的肽段，致使空间构象发生改变，形成或暴露酶的活性中心，从而表现出酶的活性。能使酶原激活的物质称酶的激活剂。有些酶本身是激活剂，这种酶称为激活酶，有些酶能激活同类酶原，这种作用称为酶的自身激活。例如，胰蛋白酶原从胰腺细胞合成分泌时并无活性，当随胰液进入小肠后，在 Ca^{2+} 存在下，受肠激酶的激活，第 6 位赖氨酸残基与第 7 位异亮氨酸残基之间的肽键被切断，水解掉一个六肽，使分子构象发生改变，从而形成酶的活性中心，成为有催化活性的胰蛋白酶，如图 3.2 所示。

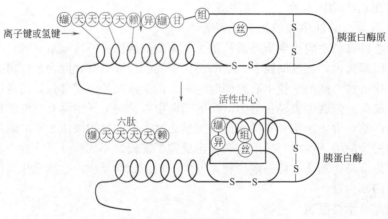

图 3.2　胰蛋白酶原的激活过程

酶原的激活具有重要的生理意义。正常生理条件下，血管内凝血酶以凝血酶原的形式存在，能防止血液在血管内凝固形成血栓；胃蛋白酶初分泌时以胃蛋白酶原的形式存在，能防止胃壁被自身胃液所消化形成胃溃疡和胃穿孔；胰蛋白酶初分泌时，以胰蛋白酶原的形式存在，保护了胰腺细胞不受胰蛋白酶的破坏。

四、同工酶

同工酶

同工酶是指存在于同一种属或同一个体的不同组织或同一细胞的不同亚细胞结构中催化相同的化学反应，而分子结构、理化性质、生物学性质均不相同的一组酶。现已发现百余种酶具有同工酶。发现最早、研究最多的同工酶是哺乳动物的乳酸脱氢酶（LDH），LDH 是四聚体酶，该酶的亚基有两种：骨骼肌型（M 型）和心肌型（H 型）。这两种亚基以不同的比例组成 5 种同工酶，如图 3.3 所示。

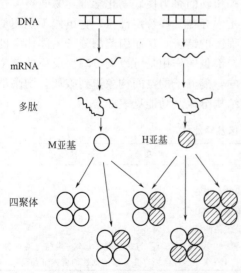

图 3.3　乳酸脱氢酶的同工酶

　　不同种生物有相同功能的酶不是同工酶。同工酶具有相同或相似的活性中心，是由遗传基因决定的一级结构不同的多种分子形式，各亚基的氨基酸组成不完全相同，因此分子量、pI、K_m、物理化学性质、免疫性质、电泳行为等方面可表现出差异。例如，LDH 的 5 种同工酶在电泳行为、热稳定性、对抑制剂和变性剂的反应以及对最适底物浓度的选择等方面明显不同。由于同工酶中的各组分氨基酸组成差异，pI 不同，在一定的 pH 条件下，所带电荷、荷质比及分子形状都不同，因而在电泳时，根据各同工酶组分的电泳迁移率的差别，可将它们分离，对其进行定性和定量研究。

　　同工酶的研究具有重要的理论和实践意义。①同工酶作为遗传基因的标记广泛用于遗传分析。许多同工酶是不同基因表达产物的组装体，因此可以视作分子水平的指标，用以研究同工酶的产生途径及了解基因表达的规律。例如，玉米种子在发育过程中盾片乙醇脱氢酶同工酶随受粉后的天数而增多，表明不同发育时期基因启动的变化。目前，农业上也已利用同工酶进行优势杂交组合的预报。例如，番茄、玉米优势杂交组合种子与弱势杂交组合种子中的酯酶同工酶有明显差异，以此筛选杂交优势的父、母本杂交组合，将大大缩短育种时间，加快育种速度。②同工酶在临床上作为疾病诊断指标。医学研究表明，当某种组织或器官发生病变时，往往有特殊的同工酶释放。例如，冠心病及冠状动脉血栓引起的心肌受损时，患者血清中 LDH 总活性可能正常，但 $LDH_1 > LDH_2$（正常血清中 $LDH_2 > LDH_1$），因此测定同工酶谱并进行定量分析有助于该病的诊断。

五、变构酶

　　某些酶的分子表面除活性中心外，尚有调节部位，当调节物（或称变构剂）结合到此调节部位时，引起酶分子构象变化，导致酶活性改变，这类酶称为变构酶。能使酶产生变构效应的物质称变构剂。变构酶除具有活性中心外，还具有调控部位。变构剂与变构酶的调控部位结合，使酶分子的构象发生改变，从而提高或降低酶的活性，这种效应称为变构效应。使酶活性增高的变构剂称为变构激活剂，使酶活性降低的变构剂称为变构抑制剂。例如，异柠檬酸脱氢酶是变构酶，ADP、柠檬酸和 NAD^+ 是这个酶的变构激活剂，使酶活性增加；而 NADH、ATP 是变构抑制剂，使酶活性降低。

　　绝大多数变构酶都是由若干亚基组成的寡聚酶，活性中心和调节部位可以在同一亚基的不同部位，也可以位于不同亚基上。变构酶反应速率与底物浓度之间的关系不呈米氏方程和矩形曲线，而是"S"形曲线，即在某一狭窄的底物浓度范围内，酶促反应速率对底物的变化特别敏感，如图 3.4 所示。

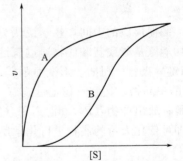

图 3.4　酶促反应速率与底物浓度的关系
A—服从米氏方程的酶；B—变构酶

　　基于变构酶的这一特性，使它在代谢途径的序列反应中处于关键酶的地位，在代谢调控中起着重要作用。例如天冬氨酸转氨甲酰酶（ATCase）就是一种变构酶，它是一个不均一的十二聚体，其中 6 个为催化亚基，6 个为调节亚基。它催化嘧啶合成途径的第一步反应：

氨甲酰磷酸＋天冬氨酸——→甲酰天冬氨酸——→……——→胞苷三磷酸（CTP）

　　此途径的末端终产物 CTP 是 ATCase 负调节物，当 CTP 高时，它可与 ATCase 的调节部位结合，导致催化亚基构象变化，影响活性中心与底物结合，使酶活性降低，直至 CTP 浓度恢复正常。

第三节　酶作用的基本原理

一、酶作用与分子活化能

化学反应速率理论指出，在一个化学反应体系中，并不是所有的反应物分子都能发生反应，只有那些能量已达到或超过了该反应所要求的"能阈"水平的分子，才能发生反应。通

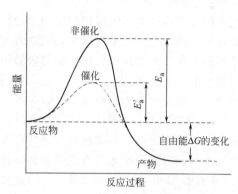

图 3.5　酶促反应活化能的改变

常把这些分子称为活化分子。要使能量较低的分子变成活化分子，就必须消耗能量。这种使一般分子变为活化分子所需的能量称为活化能。反应速率与活化分子数有关，活化分子数越多，则反应速率越快。活化分子数的多少与活化能高低有关。如果某一反应所需要的活化能较大，则活化分子较少，反应速率较慢；反之，反应所需要的活化能较低，则活化分子数较多，反应速率较快。催化剂可以降低反应"能阈"，即降低反应的活化能，使原来不够活化水平的分子也成为活化分子，以此增加活化分子数，加快化学反应速率。

酶作为高效的生物催化剂，与一般催化剂比较，可使反应的"能阈"降得更低，从而使反应所需活化能减少，化学反应速率大大加快。酶促反应活化能的改变如图 3.5 所示。

二、中间产物学说

1913 年，Michaelis 和 Menten 在研究底物浓度对酶促反应速率影响时，假设酶（E）与底物（S）先形成中间复合物（ES），再转变成反应产物（P），释放出游离酶（E）。后来他们对酶-底物中间复合物形成的过程和本质进行了深入的研究，提出了酶促反应的中间产物学说。

酶促反应的中间产物学说认为，酶催化的反应必须经过一个过渡态阶段。酶活性中心某些功能氨基酸残基和底物通过氢键、离子键、静电力等相互作用，迫使底物分子某些敏感键（旧键）极化、扭曲、形变而削弱，使底物仅需比非酶反应少得多的能量即可形成活化的底物-酶中间物，达到不稳定过渡态（ES′），进而导致旧键断裂，新键形成而转化为 EP，最后分解释放出产物（P）和游离酶（E）。E 又可与 S 结合，继续发挥其催化作用，因此少量的酶即可催化大量的底物进行化学反应。其过程可表示为：

$$E+S \longrightarrow ES \longrightarrow ES' \longrightarrow EP \longrightarrow P+E$$

式中，ES 为酶-底物复合物；ES′ 为过渡态中间物；EP 为酶-产物复合物。

可见，由于酶促反应中间产物的形成，改变了原来的反应途径，把原来"能阈"极高的一步反应（S $\longrightarrow$ P），变成"能阈"极低的两步反应（E+S $\longrightarrow$ ES $\longrightarrow$ ES′ 和 ES′ $\longrightarrow$ EP $\longrightarrow$ P+E）。反应总结果是相同的，但由于反应过程不同，活化能大大降低，且 ES $\longrightarrow$ ES′ 形成速率极快，极易使底物的构象和某些化学键发生改变，迅速分解，形成产物，从而加速化学反应。因此，酶作用的实质在于降低反应活化能，为反应提供一条活化能较低的反应途径，极大地加快反应速率。

酶促反应的中间产物学说由于近年来获得大量过渡态中间物的类似物而得到了有力的支

持。这些类似物通常是酶的抑制剂，它们与酶的结合能力远远大于天然底物，说明它们在结构上比底物更接近与反应过程中生成的过渡态中间物。例如烯醇式丙酮酸是乳酸脱氢酶、丙酮酸激酶、丙酮酸羧化酶共同的过渡态中间物。草酸与烯醇式丙酮酸结构类似，因此它可作为上述三种酶共同的过渡态中间物的类似物。

诱导契合理论

三、诱导契合学说

酶与底物如何专一性地结合形成中间产物？D. Koshland 提出的"诱导契合学说"认为，酶分子与底物接触之前，活性中心与底物分子的作用部位在空间上并不完全吻合，当两者在互相作用的过程中，由于酶的柔性，两者在结构上才相互诱导适应，更密切地多点结合，此时酶与底物的结构均有变形。同时酶在底物的诱导下，其活性中心进一步形成，并与底物易受催化攻击的部位紧密接触，易于反应进行。这种相互诱导的变形，使底物更接近于过渡态，从而易受酶的催化，最终转变为产物。例如，用 X 射线衍射分析发现，结合了底物（甘氨酰酪氨酸）的羧肽酶 A 和未结合底物的游离羧肽酶 A 在构象上有显著的变化，前者经诱导使 Arg145 带正电荷的胍基位移 0.2nm，Tyr248 的羟基则移动了 1.2nm 并从亲水的酶分子表面移位到底物肽键附近的疏水区域。活性中心和静电结构的改变使结合基团和催化基团正确定向、定位，导致酶与底物契合而形成过渡态中间物，降低活化能，如图 3.6 所示。

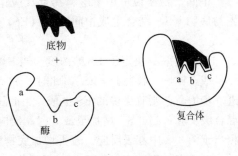

图 3.6　酶与底物结合示意图

第四节　影响酶促反应速率的因素

酶促反应是很复杂的，其反应速率受底物浓度、酶浓度、温度、介质 pH 及激活剂、抑制剂等的影响，研究这些因素对酶促反应速率的影响，可以为酶的结构和功能的关系及酶的作用机制提供实验依据，从而为发挥酶催化反应的高效率寻找最有利的条件，并且有助于了解酶在代谢中的作用和某些药物的作用机制，因此具有重要的理论和实践意义。

酶促反应速率通常是指在最适条件下单位时间内底物量的减少或产物量的增加。以产物浓度对反应时间作图得酶促反应速率曲线，如图 3.7 所示。由图可见，反应速率只在最初一段时间内保持恒定，即产物浓度对反应时间呈直线关系，随着时间的延长，由于底物浓度降低，产物的抑制、逆反应的加快、酶本身逐渐失活等原因，使酶促反应速率逐渐下降。为了正确测定酶促反应速率，避免上述干扰因素，必须在反应初期进行，此短时间内的反应速率称之为反应初速率。

一、底物浓度对酶促反应速率的影响

酶促反应体系中，当酶浓度、温度、pH 等条件固定不变时，酶促反应速率受底物浓度的影响，其关系曲线为一矩形双曲线，如图 3.8 所示。由图可见，当底物浓度较低时，反应速率随底物浓度的增加而急剧增加，二者成正比关系，为一级反应；当底物浓度较高时，反应速率随底物浓度的继续增加，不再呈正比例增加，反应速率增加的幅度逐渐下降，呈混合

级反应；当底物浓度增高到一定限度时，反应速率不再升高，呈零级反应。此时的速率称为最大反应速率（v_{max}）。如果继续加大底物浓度，反应速率保持不变。

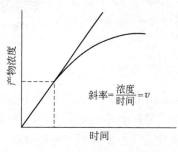

图 3.7　酶促反应速率曲线

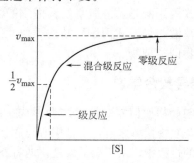

图 3.8　底物浓度对酶促反应速率的影响

中间产物学说可用于解释酶促反应中的底物浓度与反应速率之间的关系。即酶（E）首先与底物（S）结合生成中间产物（ES），中间产物（ES）再分解为产物（P）和酶（E）。

$$S+E \longrightarrow ES \longrightarrow P+E$$

反应速率 v 决定于 ES 的浓度。当 S 浓度很低时，E 未被 S 饱和，反应体系中的［ES］与［S］成正比，v 取决于［ES］，此时 v 和［S］成正比，相当于图中的一级反应；随着［S］的进一步增高，则有更多的 ES 生成，v 也随之增加，但增加的幅度逐渐减小，相当于图 3.8 中混合级反应；当［S］增加至最大时，反应体系中的 E 全部与 S 结合成 ES，此时 v 达到 v_{max}，相当于图 3.8 中零级反应。若再增加底物浓度，ES 也不再增加，反应速率趋于恒定。

1913 年 Michaelis 和 Menten 根据化学反应动力学的基本原理及中间产物学说进行了数学推导，提出了酶促反应动力学理论，得出了 v 与［S］关系的数学表达式，即著名的米氏方程：

$$v=\frac{v_{max}[S]}{K_m+[S]}$$

式中，v 代表反应速率；v_{max} 为最大反应速率；［S］为底物浓度；K_m 称为米氏常数。当底物浓度很低（［S］$\ll K_m$）时，$v=\dfrac{v_{max}}{K_m}[S]$，反应速率与底物浓度成正比。当底物浓度很高（［S］$\gg K_m$）时，$v \approx v_{max}$，反应速率达到最大速率，再增加底物浓度也不再影响反应速率。

K_m 是酶的特征性参数，在酶促反应动力学中具有重要意义。

1. 物理意义

在酶促反应中，当反应速率为最大反应速率一半时，即 $v=v_{max}/2$，米氏方程式可以变换如下：

$$\frac{v_{max}}{2}=\frac{v_{max}[S]}{K_m+[S]}$$

进一步整理得 $K_m=[S]$。由此可见，K_m 值等于酶促反应速率为最大速率一半时的底物浓度。它的单位是 mol/L，当 pH、温度和离子强度等因素不变时 K_m 是恒定的。

2. 酶学意义

K_m 值是酶的特征性常数之一。各种酶的米氏常数不同，K_m 只与酶的性质有关，与酶浓度无关。不同的酶其 K_m 值不同，同种酶对不同底物 K_m 也不同，因此，在特定 pH 和温度条件下测定 K_m 值可作为鉴别酶的一个指标。

对大多数酶来说，K_m 值表示酶与底物的亲和力，K_m 值越大，表明达到最大反应速率一半时所需底物浓度越大，则酶与底物的亲和力越小；K_m 值越小，表明达到最大反应速率一半时所需底物浓度越小，则酶与底物的亲和力越大。在酶的多种底物中，K_m 最小的底物是该酶的天然底物或最适底物。例如，蔗糖酶以蔗糖和棉籽糖为底物时的 K_m 分别为 28mmol/L 和 320mmol/L，表明蔗糖酶和蔗糖的亲和力远大于棉籽糖，蔗糖是该酶的天然底物。

二、酶浓度对酶促反应速率的影响

在酶促反应过程中，当其他条件固定不变而底物浓度又足以使所有的酶都能结合为酶-底物复合物时，酶促反应速率与酶浓度变化成正比关系，如图 3.9 所示。即酶的浓度越大，反应速率越快。在细胞内通过改变酶浓度来调节酶促反应速率，是细胞调节代谢的一个途径。

三、温度对酶促反应速率的影响

在一定范围内，酶促反应速率随温度升高而加快，直至达到最大值。超过这一范围，继续升温反而使酶促反应速率下降，如图 3.10 所示。使酶促反应速率达到最大值时的温度称酶的最适温度。

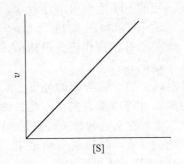

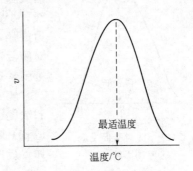

图 3.9　酶浓度对酶促反应速率的影响　　　　图 3.10　温度对酶促反应速率的影响

温度对酶促反应速率具有两种相反的影响，一方面，温度升高有增加反应体系能量的正效应；另一方面，有降低酶活性的负效应，最适温度是这两种影响平衡的结果。当环境温度低于酶的最适温度时，温度升高酶促反应加速，温度每升高 10℃，反应速率可提高 1～2 倍。温度高于最适温度时反应速率则因酶变性而降低。酶的最适温度并非固定不变的特征性物理常数，它与底物种类、作用时间、离子强度、介质值等因素有关。一般来说，作用时间越长，最适温度越低；反之，最适温度越高。动物酶最适温度一般在 35～40℃，植物酶一般为 40～50℃，微生物酶通常更高些，如从一种嗜热细菌中分离的 TaqDNA 聚合酶的最适温度高达 70℃左右。

酶在干燥状态下，耐受温度变化的能力较强，故一般酶制剂为干粉状，在冰箱中保存时间较长，低温可降低酶的活性，但不破坏酶分子构象，当温度回升时酶活性又可恢复。临床上低温麻醉即利用酶的这一性质以减慢细胞代谢速率，从而提高动物体对氧和营养物质缺乏的耐受性。生物制品的低温保存，菌种、精液、胚胎等的冷冻保存的原理正是如此。

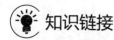

知识链接

低温麻醉

低温麻醉，又称"全身低温"。在全麻基础上用物理降温法使人体温度降低至预定范围，以降低组织代谢及耗氧率，使人体更能适应缺血缺氧等恶劣环境，从而保证长时间在体外循环下进行手术的安全性。低温麻醉有浅低温（28～32℃），中低温（20～28℃）及深低温（20℃以下）之分。降温方法有体表、体腔及血流降温等。心脏手术时，心脏停止搏动后除进行人工心肺机体外辅助循环外，还要将循环中的血液冷却，使体温降至30℃以下。在常温37℃时，脑细胞耐受缺氧的安全时间仅3～4min；当体温降至30℃时，基础代谢率可降至正常的50%；体温降至20℃时代谢率可降至14%。低温麻醉就是利用这一原理，安全阻断循环，对心、肺、脑、肾各主要脏器无明显损害，为心脏手术赢得了时间。

四、 pH 对酶促反应速率的影响

pH 对酶促反应速率的影响非常明显。每一种酶只能在一定 pH 范围内有活性，在此范围内，随着 pH 的升高，酶促反应速率增大，直到最大，然后又降低。因此 pH 对酶促反应速率的影响多数呈现钟形曲线，少数有例外。酶在一定的 pH 范围内活性最大，催化能力最强，此 pH 称酶的最适 pH，如图 3.11 所示。环境 pH 对酶活性影响很大，一般酶都有发挥作用的最适值，偏离此范围越远，酶促反应速率越低。

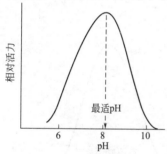

图 3.11 pH 对酶促反应速率的影响

酶的最适 pH 不是固定常数，它与酶的纯度、底物种类和浓度、缓冲溶液种类和浓度等因素有关，因此各种酶的最适 pH 只有在一定条件下才有意义。各种酶的最适 pH 不同，如胃蛋白酶的最适 pH 约为 1.8，肝精氨酸酶最适 pH 约为 9.8，但动物体内多数酶的最适 pH 接近中性。

为什么酶的催化作用在最适 pH 时最大呢？其原因有以下三方面。

① pH 影响酶分子构象的稳定性。酶在最适 pH 时最稳定，过酸过碱都会引起酶蛋白变性而失去活性。

② pH 影响酶分子（包括辅助因子）极性基团的解离状态，使其电荷发生变化，酶只有处于一定解离状态，才能与底物结合成中间复合物，例如，胃蛋白酶在正离子状态有活性，胰蛋白酶在负离子状态有活性，而蔗糖酶只有在两性离子状态下才有活性。

③ pH 影响底物的解离。pH 的变化会影响许多底物的解离状态，而酶只能与某种解离状态的底物形成复合物。例如，在 pH 9.0～10.0 时，精氨酸解离成正离子，而精氨酸酶解离成负离子，此时酶活性最大。因此，各种酶在最适 pH 时，酶的活性中心、底物、辅酶均处于适合的解离状态，有利于酶与底物结合并催化底物释放出产物，这时酶活性最高，酶促反应速率最大。

溶液的 pH 高于或低于最适 pH 时，酶的活性降低，远离最适 pH 时甚至会使酶变性失活。因此，在测定酶活性时，要选择适当的缓冲溶液，以保持酶活性的相对恒定。

需要注意的是，酶在体外所测定的最适 pH 与它在生物体细胞内的生理 pH 不一定相同。因为细胞内存在多种多样的酶，不同的酶对此细胞内的生理 pH 的敏感性不同，也就是说 pH 对一些酶是最适 pH，而对另一些酶则不是，因而不同的酶表现出不同的活性。这种不同对于控制细胞内复杂的代谢途径可能具有重要的意义。

五、激活剂对酶促反应速率的影响

凡能提高酶活性的物质都称为激活剂。酶的激活与酶原激活不同，酶的激活是使已具有活性的酶活性增加，使活力由小变大。酶原的激活是使本来无活性的酶原变成有活性的酶。激活剂有无机离子、简单的有机化合物和具有蛋白质性质的大分子物质。无机离子包括金属离子（如 K^+、Na^+、Mg^{2+}、Zn^{2+}、Fe^{2+} 等）、氢离子（H^+）和阴离子（如 Cl^-、Br^-、I^-）等；有机分子如半胱氨酸、胱氨酸、谷胱甘肽、维生素 C、氰化物等；螯合剂如乙二胺四乙酸（EDTA）等；蛋白质类如胰蛋白酶。

激活剂对酶的作用具有一定的选择性，即一种激活剂对某种酶起激活作用，而对另一种酶可能起抑制作用，如 Mg^{2+} 对脱羧酶有激活作用而对肌球蛋白腺苷三磷酸酶却有抑制作用；Ca^{2+} 则相反，对前者有抑制作用，对后者却起激活作用。有时离子之间有拮抗作用，如 Na^+ 能抑制 K^+ 激活的酶，Ca^{2+} 能抑制 Mg^{2+} 激活的酶。有时金属离子之间也可以互相替代，如 Mg^{2+} 可以作为激酶的激活剂可被 Mn^{2+} 代替。另外，激活离子对于同一种酶，可因浓度不同而起不同的作用，对于 NADP 合成酶，当 Mg^{2+} 浓度为 $(5\sim10)\times10^{-3}\text{mol/L}$ 时起激活作用，当其浓度为 $30\times10^{-3}\text{mol/L}$ 时则起抑制作用；若用 Mn^{2+} 代替 Mg^{2+}，则在 $1\times10^{-3}\text{mol/L}$ 起激活作用，高于此浓度，酶活性下降，不再有激活作用。

激活剂的作用原理可能有三方面：第一，有些离子本身就是酶活性中心的组成部分，如羧肽酶 A 的 Zn^{2+}；第二，有些离子是酶辅助因子的必要成分，如细胞色素氧化酶辅基铁卟啉的 Fe^{2+}；第三，含—SH 的简单有机物可维持酶特有的构象，并使之处于催化活跃态，如巯基乙醇对木瓜蛋白酶的激活作用。

竞争性抑制　　非竞争性抑制

六、抑制剂对酶促反应速率的影响

有些物质能与酶分子上的某些必需基团结合，引起酶活性中心化学性质改变而降低酶活性，甚至使酶失活，这种作用称抑制作用，这些物质称为抑制剂。

酶的抑制作用在医学上具有十分重要的意义。许多药物就是通过对体内某些酶的抑制来发挥治疗作用的。另外，有些毒素中毒，实质上就是毒素对酶抑制的结果。根据抑制剂与酶的作用方式及抑制作用是否可逆而将抑制作用分为可逆抑制作用与不可逆抑制作用两类。

（一）可逆抑制作用

可逆抑制作用是指抑制剂以非共价键的形式与酶分子的必需基团相结合，从而抑制酶活性，用透析、超滤等物理方法可以除去抑制剂，使酶活性恢复。

1.可逆抑制作用类型

根据酶与抑制剂相互作用的特点，将可逆抑制作用分成 3 种类型，见表 3.5、图 3.12 所示。

表 3.5　酶的可逆抑制作用类型

抑制作用类型	酶-抑制剂相互作用	酶与底物的结合特点	解除方式
竞争性抑制作用	I+E+S === ES+EI	抑制剂与底物结构相似，能与底物竞争酶的活性中心，占据底物结合位点，使 ES 减少，酶活性下降。由于抑制是可逆的，抑制的程度取决于底物与酶的亲和力及抑制剂与底物的浓度比	可通过增加底物浓度来解除这种抑制

续表

抑制作用类型	酶-抑制剂相互作用	酶与底物的结合特点	解除方式
非竞争性抑制作用	$I+S \Longrightarrow EI+S \longrightarrow ESI$	抑制剂在活性中心之外的位点上与酶结合并不妨碍底物与酶的结合。抑制剂、底物与酶的结合并不存在竞争关系。但由于产生的 ESI 复合物催化位点构象变化,使酶活性下降或丧失	不能用增加底物浓度来解除抑制剂对酶活性的抑制
反竞争性抑制作用	$E+S \Longrightarrow ES+I \longrightarrow ESI$	原理基本同非竞争性抑制,是一种较为次要的抑制方式。酶与底物结合后才能与抑制剂结合,复合物不能生成产物	不能用增加底物浓度来解除抑制剂对酶活性的抑制

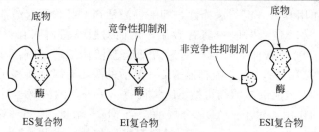

图 3.12 酶与底物及抑制剂结合的中间产物

2. 可逆抑制剂抑制作用实例

竞争性抑制的原理可用来阐述某些药物的作用机制,磺胺类药物是典型的代表。四氢叶酸(FH_4)是细菌合成核苷酸不可缺少的辅酶。对磺胺类药物敏感的细菌,在生长繁殖时,不利用环境中的叶酸,而只能在体内利用对氨基苯甲酸(PABA)、二氢蝶呤啶和谷氨酸在二氢叶酸合成酶的催化下,合成二氢叶酸(FH_2),再进一步还原成四氢叶酸(FH_4),参与蛋白质和核酸的合成。磺胺类药物与对氨基苯甲酸(PABA)结构相似,可竞争地与细菌二氢叶酸合成酶的活性中心结合,使酶活性下降,进而抑制二氢叶酸和四氢叶酸的合成,影响细菌的核酸与蛋白质的合成,进而抑制其生长繁殖达到消炎治病的效果。动物体可利用食物中的叶酸,因而不受药物的影响。

$$H_2N-\text{〈苯环〉}-COOH \qquad H_2N-\text{〈苯环〉}-SO_2NHR$$

对氨基苯甲酸 　　　　　　　　　磺胺类药物

$$\left.\begin{array}{l}\text{对氨基苯甲酸}\\ \text{二氢蝶呤啶}\\ \text{谷氨酸}\end{array}\right\} \xrightarrow[\text{磺胺类药物}]{\text{二氢叶酸合成酶}} \text{二氢叶酸} \xrightarrow{\text{二氢叶酸还原酶}} \text{四氢叶酸}$$

根据竞争性抑制的特点,使用磺胺类药物时必须保持血液中药物的高浓度,以发挥其有效的竞争性抑菌作用。

甲氧苄啶(TMP)可增强磺胺的药效,因为其结构与二氢叶酸类似,可抑制细菌二氢叶酸还原酶,但很少抑制人和动物体的二氢叶酸还原酶。它与磺胺配合使用,可使细菌的四氢叶酸合成受到双重阻碍,严重影响细菌的核酸及蛋白质合成。

许多属于抗代谢物的抗癌药物,如氨甲蝶呤(MTX)、5-氟尿嘧啶(5-FU)和 6-巯基嘌呤(6-MP)等均属酶的竞争性抑制剂,它们分别抑制四氢叶酸、脱氧胸苷酸及嘌呤核苷酸的合成,从而抑制肿瘤的生长,起到抗肿瘤作用。

植物中的某些生物碱如毒扁豆碱是胆碱酯酶的竞争性抑制剂,含季铵基团,与乙酰胆碱结构类似,能抑制胆碱酯酶活力。

（二）不可逆抑制作用

此类抑制剂通常以共价键的形式与酶活性中心上的必需基团结合，使酶失活，不能用透析、超滤等物理方法除去抑制剂而使酶的活性恢复。

1. 一些重要的不可逆抑制剂

临床常见可引起人畜中毒的不可逆抑制剂有有机磷化合物，有机砷、汞化合物，氰化物，重金属银、铜、铅、汞等。

有机磷化合物（如1059、敌百虫等有机磷杀虫剂）可专一性地与胆碱酯酶活性中心的丝氨酸残基的羟基牢固结合，使酶失活。有机磷杀虫剂中毒后，乙酰胆碱不能被胆碱酯酶水解而大量堆积，使一些以乙酰胆碱为传导介质的神经系统处于过度兴奋状态，引起一系列神经中毒症状。

$$
\begin{matrix}
RO & O & & & RO & O & \\
\ \ \ \ \diagdown & \diagup & & & \ \ \ \ \diagdown & \diagup & \\
P & + E{-}OH \longrightarrow & P & +HX \\
\diagup & \diagdown & & & \diagup & \diagdown & \\
RO & X & & & RO & O{-}E &
\end{matrix}
$$

有机磷化合物　　羟基酶　　　磷酰化酶
（失活）

有机砷、汞化合物（如路易斯毒气、对氯汞苯甲酸等）可与酶的巯基结合而使人畜中毒。砷化物也可破坏硫辛酸辅酶，从而抑制丙酮酸氧化酶体系。路易斯毒气（$CHCl = CHAsCl_2$）能抑制几乎所有的巯基酶。

$$
\begin{matrix}
& SH & & & & S & \\
& \diagup & & & & \diagup & \diagdown \\
E & & + Hg^{2+} \longrightarrow & E & & Hg \\
& \diagdown & & & & \diagdown & \diagup \\
& SH & & & & S &
\end{matrix}
$$

巯基酶　　汞离子　　　失活的酶分子

氰化物与含铁卟啉的酶（如细胞色素氧化酶）中的 Fe^{2+} 结合，使酶失活而抑制细胞呼吸。重金属银、铜、铅、汞等盐类能使大多数酶失活。

2. 临床上用药物进行预防和解毒的方法

有机磷与酶结合后虽不解离，但有时可用羟肟化合物（含—CH = NOH）或羟肟酸把酶上的磷酸根除去，使酶重新恢复活性。临床上用的解磷定（PAM）就是此类化合物。

$$
\begin{matrix}
RO & O & & & & & O & OR \\
\ \ \ \ \diagdown & \diagup & & & & & \diagdown & \diagup \\
P & + & \text{吡啶} {-}CHNOH \longrightarrow & \text{吡啶}{-}CHNO & P & + E{-}OH \\
\diagup & \diagdown & & & & & \diagup & \diagdown \\
RO & O{-}E & & & & & & OR
\end{matrix}
$$

磷酰化酶　　　解磷定
（失活）

砷化物的毒性不能用单巯基化合物解除，可用过量双巯基化合物解除，如二巯基丙醇（BAL）等。

汞化合物的毒性可用过量巯基化合物如半胱氨酸或还原型谷胱甘肽解除。

$$
\begin{matrix}
H_2C{-}SH & & & S & & & H_2C{-}S & & SH \\
| & & & \diagup \diagdown & & & | & \diagdown & \diagup \\
HC{-}SH & + & E & & Hg \longrightarrow & HC{-}S & Hg & E \\
| & & & \diagdown \diagup & & & | & \diagup & \diagdown \\
H_2C{-}OH & & & S & & & H_2C{-}OH & & SH
\end{matrix}
$$

二巯基丙醇　　失活的酶分子　　　　　　复活的酶

重金属中毒可用螯合剂如 EDTA 解除，螯合剂可能是与酶分子中的巯基发生反应，或置换酶中的金属离子。二巯基丙醇也是临床上重金属中毒的解毒剂。

酶的抑制剂可应用于杀虫、灭菌和临床治疗等多个方面。

第五节　酶的命名与分类

一、酶的命名

酶的命名有习惯命名法与系统命名法。习惯命名法常根据底物命名，如淀粉酶、蛋白酶、脂肪酶、磷酸酶、激酶；或根据反应类型命名，如氧化酶、异构酶、脱氢酶、脱氨酶、转氨酶等；或根据底物和反应类型命名，如乳酸脱氢酶、丙氨酸氨基转移酶、琥珀酸脱氢酶等；有时在上述命名基础上，还根据酶的来源或酶的其他特点命名，如胃蛋白酶、胰蛋白酶、碱性磷酸酶、酸性磷酸酶等。

习惯命名简单，应用历史长，但缺乏系统性，不准确。常常出现一酶数名或一名数酶的情况。已发现的酶达数千种，新酶又不断被发现，为了避免酶的名称重复、混淆，必须对酶进行科学的分类命名。1961 年国际酶学委员会公布了酶的系统命名法。规定应当明确标明底物的名称和反应的类型。若酶反应中有多种底物，则各底物名称之间用 "："隔开。如乙醇脱氢酶和谷丙转氨酶（表 3.6）。若某底物之一是水时，可将水略去不写。

表 3.6　酶的命名法

惯用名称	系统名称	催化的反应
乙醇脱氢酶	乙醇：NAD^+ 氧化还原酶	乙醇＋NAD^+ ⸺ 乙醛＋NADH
谷丙转氨酶	L-丙氨酸：α-酮戊二酸氨基转移酶	L-丙氨酸＋α-酮戊二酸 ⸺ 丙酮酸＋L-谷氨酸

根据国际生化协会酶学委员会的规定，每一种酶只有一个名称和一个由 4 个数字组成的分类编号，编号前冠以 EC（酶学委员会缩写），4 个数字即是酶的标码。据此标码将已知的每一种酶分门别类地排成一个表，叫酶表。例如，乙醇脱氢酶的标码是 EC1.1.1.1，表示它属于氧化还原酶类的第一亚类、第一亚亚类，排号第一。多功能酶可以有多个编号。

在国际科学文献中，为严格起见，规定使用酶的系统名称，但由于系统命名比较烦琐，目前仍沿用习惯命名法。

二、酶的分类

国际酶学委员会 1961 年将所有酶按其催化反应的类型分为六大类。

1. 氧化还原酶类

催化底物进行氧化还原反应的酶类。包括脱氢酶、氧化酶、过氧化物酶、加氧酶等，反应通式为 $AH_2+B \longrightarrow A+BH_2$。

2. 转移酶

催化底物分子之间功能基团转移的酶类。包括一碳基团转移酶类、酮醛基转移酶、酰基转移酶、糖基转移酶、烃基转移酶、含氮基转移酶、含磷基转移酶、含硫基转移酶等，反应通式为 $AR+B \longrightarrow A+BR$。

3. 水解酶类

催化底物进行水解反应的酶类。如蛋白酶、脂肪酶、淀粉酶、磷酸酶等，反应通式为

$AB+H_2O \longrightarrow AOH+BH$。

4. 裂解酶类

催化从底物移去一个基团而留下双键的反应或其逆反应的酶类。如醛缩酶、水化酶、脱羧酶、脱氨酶等，反应通式为 $AB \longrightarrow A+B$。

5. 异构酶类

催化同分异构体之间相互转化的酶类。包括消旋酶、异构酶、变位酶等，如磷酸丙糖异构酶，反应通式为 $A \longrightarrow B$。

6. 合成酶类

催化与 ATP（相应的三磷酸核苷）的磷酸酐键断裂相偶联的，由小分子合成较大分子反应的酶类。如谷氨酰胺合成酶、氨酰-tRNA 合成酶、DNA 连接酶等。反应通式为 $A+B+ATP \longrightarrow AB+ADP+P_i$。

第六节　酶与动物生产实践的关系

一、酶在畜禽饲养方面的应用

1. 用作饲料防腐剂和杀菌剂

酶可以用作饲料的防腐剂和杀菌剂，如溶菌酶本身是一种天然蛋白质，无毒性，是一种安全性高的饲料添加剂。它能专一性地作用于目的微生物的细胞壁而不能作用于其他物质。该酶对革兰阳性菌、枯草杆菌、耐辐射微球菌有强力分解作用；对大肠杆菌、普通变形菌和副溶血弧菌等革兰阴性菌等也有一定的溶解作用。与聚合磷酸盐和甘氨酸等配合作用，具有良好的防腐作用，在饲料中添加溶菌酶可防止霉变，延长饲料的贮存期。

2. 可提高畜禽养殖业的经济效益

（1）提高畜禽的体重　美国、法国等试验结果证明，应用饲用复合酶提高猪、鸡、牛的增重通常为 4%～5%，对断奶子猪增重率苏联报道为 10.0%，德国为 14.0%，澳大利亚为 11.1%，韩国为 11.2%。我国的试验结果基本与国外一致。提高猪的经济效益为 6.2%～11.4%，肉鸡为 9.8%～11.2%。

（2）提高饲料代谢能值　在欧洲及澳大利亚肉鸡试验证明，饲用复合酶（用量 0.05%）提高饲料代谢能的幅度为 0.49～0.93MJME/kg，相当每吨饲料提高 39～74kg 玉米代谢能。我国蛋鸡试验结果表明饲用复合酶（用量 0.1%）提高饲料代谢能值为 1.02MJME/kg，相当每吨饲料提高 81kg 玉米代谢能值。

（3）提高蛋白质消化率和氨基酸利用率　据国外报道复合酶可提高饲料消化率 6%～9%，赖氨酸消化率 14.8%，蛋氨酸 10.6%。国内试验结果提高蛋白质利用率 8.0%，若按饲料蛋白含量 18% 计算，每吨饲料可纯增蛋白 14.4kg，相当 33.4kg 豆粕，经济效益非常可观。

💡 知识链接 ···

酶制剂

在饲料添加剂中经常使用酶制剂，这是一类活性蛋白质，具有无残留、无污染、对人畜健康没有不良影响等优点。它能降解动物消化道内不易消化的植物性饲料，使其中营养物质得以充分利用，从而提高饲料消化率，改善动物的生产性能和产品品质。最早记载外源性酶制剂在动物营养中的作用可追溯到 20 世纪 20 年代。自 20 世纪 30 年后，开始研究外源酶在家禽饲料中的应用。到 20 世纪 80 年代因生物科技的进步，酶制剂工业得以迅速发展。目前已发现的酶种类很多，用于饲料中的有 20 多种，包括内源性消化酶、外源性消化酶和复合酶制剂。

二、酶在动物医学方面的应用

1. 酶在疾病诊断方面的应用

酶在疾病诊断方面的应用主要体现在两个方面：一是根据体内原有酶活力的变化来诊断某些疾病；二是利用酶来测定体内某些物质的含量，从而诊断某些疾病。酶在疾病诊断方面的应用见表 3.7 和表 3.8。

表 3.7　酶活力变化在疾病诊断方面的应用

酶	疾病与酶活力变化	酶	疾病与酶活力变化
淀粉酶	胰脏、肾脏疾病时，活力升高；肝病时活力下降	谷草转氨酶	肝病、心肌梗死时，活力升高
胆碱酯酶	肝病时，活力下降	胃蛋白酶	胃癌时，活力升高；十二指肠溃疡时，活力下降
酸性磷酸酶	前列腺癌、肝炎、红细胞病变时，活力升高	磷酸葡萄变位酶	肝炎、癌症时，活力升高
碱性磷酸酶	佝偻病、软骨病、骨癌、甲状旁腺机能亢进时，活力升高；软骨发育不全时，活力下降	醛缩酶	癌症、肝病、心肌梗死时，活力升高
		碳酸酐酶	维生素 C 缺乏病、贫血时，活力升高
		β-葡萄糖醛缩酶	肾病、膀胱病时，活力升高
谷丙转氨酶	肝炎等肝病、心肌梗死时，活力升高	乳酸脱氢酶	癌症、肝病、心肌梗死时，活力升高

表 3.8　酶含量变化在疾病诊断方面的应用

酶试剂	被测物质	诊断的疾病
葡萄糖氧化酶和过氧化氢酶联合	血液、尿液中葡萄糖	糖尿病
尿酸酶	血液中尿酸	痛风病
胆碱酯酶或胆固醇氧化酶	血液中胆固醇的含量	心血管疾病和高血压
碱性磷酸酶和过氧化物酶标记抗原或抗体	待测抗原或抗体	肠虫、毛线吸虫、血吸虫、疟疾、麻疹、疱疹、乙型肝炎

📖 案例 3.1

某养殖户三头黄牛进入刚喷洒完农药的林场采食，很快出现流涎、腹泻、全身震颤、呼吸困难、瞳孔缩小等症状，呼出的气体还有强烈的蒜臭味。根据病因和症状表现诊断为有机磷农药中毒。

问题：有机磷中毒影响的是哪一个酶类？

分析：有机磷化合物与胆碱酯酶结合，产生磷酰化胆碱酯酶使胆碱酯酶失去分解乙酰胆碱的能力，导致体内大量乙酰胆碱积聚，引起神经传导功能紊乱，出现胆碱能神经的过度兴奋现象。治疗时可用阿托品结合解磷定。临床上可通过测定胆碱酯酶活力来作为诊断有机磷中毒的重要指标之一。

2. 酶在疾病治疗方面的应用

酶作为药物可以治疗多种疾病，而且具有疗效显著、副作用小的特点。酶在疾病治疗方面的应用见表 3.9。

表 3.9　酶在疾病治疗方面的应用

药物酶	用途
淀粉酶	治疗消化不良、食欲不振
蛋白酶	治疗消化不良、食欲不振,消炎、消肿,除去坏死组织,促进创伤愈合,降低血压,制造水解蛋白质
脂肪酶	治疗消化不良、食欲不振
纤维素酶	治疗消化不良、食欲不振
溶菌酶	治疗手术性缺血、咯血、鼻出血,分解脓液,消炎、镇痛、止血,治疗外伤性浮肿,增加放射线的疗效
尿激酶	治疗心肌梗死、结膜下出血、黄斑部出血
链激酶	治疗炎症、血管栓塞,清洁外伤创面
青霉素酶	治疗青霉素引起的青霉素酶变态反应
青霉素酰化酶	制造半合成青霉素和头孢霉素
超氧化物歧化酶	预防辐射损伤,治疗皮肌炎、结肠炎、氧中毒、红斑狼疮
凝血酶	治疗各种出血
胶原酶	分解胶原,消炎、化脓、脱痂,治疗溃疡
葡萄糖氧化酶	测定血糖含量,诊断糖尿病
胆碱酯酶	测定胆固醇含量,治疗皮肤病、支气管炎、气喘
溶纤酶	溶血栓
弹性蛋白酶	治疗动脉硬化,降血脂
尿酸酶	测定尿酸含量,治疗痛风
L-精氨酸	抗癌
L-组氨酸	抗癌
α-乳糖苷酶	治疗遗传缺陷病
胰蛋白酶、胰凝乳酶	外科扩创、化脓伤口的净化,浆膜粘连的防治和一些炎症的治疗
链激酶、尿激酶、纤溶酶	防治血栓的形成
L-天冬酰胺酶	用于治疗白血病

3. 酶在药物制造方面的应用

酶在药物制造方面的应用是利用酶的催化作用将前体物质转变为药物,现已有不少药物,包括一些贵重药物都是由酶法生产的。酶在药物制造方面的应用见表 3.10。

表 3.10　酶在药物制造方面的应用

酶	生产的药物	酶	生产的药物
青霉素酰化酶	β-内酰胺抗生素,如青霉素、头孢霉素	核糖核酸酶	核苷酸
β-酪氨酸酶	多巴	核苷磷酸化酶	阿拉伯糖腺嘌呤核苷
蛋白酶	氨基酸和蛋白质水解液		

三、酶在食品工业上的应用

蛋白质是食品中的主要营养成分之一。以蛋白质为主要成分的制品称为蛋白制品,如蛋制品、鱼制品和乳制品等。酶在蛋白制品加工中的主要用途是改善组织,嫩化肉类,转化废弃蛋白成为可供人类使用或作为饲料的蛋白浓缩液,增加蛋白质的价值和可利用性。蛋白酶作用后产生小肽和氨基酸,使食品易于消化和吸收。中性及酸性蛋白酶可用于肉类的软化、调味料、水产加工、制酒、制面包等。除蛋白酶外，其他酶在蛋白制品的加工中也有作用。如用溶菌酶处理肉类，则微生物不能繁殖，肉类制品则可得以保鲜和防腐等；将葡萄糖氧化酶用于食品工业，可以去糖和脱氧，保持食品的色、香、味，延长保存时间；用三甲基胺氧化酶使鱼制品脱除腥味等。

第七节　维生素与辅酶

一、概述

维生素是高等动物维持正常生命活动所必需，但需要量又很少，在体内不能合成或合成量极少而必须从外界环境中摄取补充的一类小分子有机化合物。

1. 维生素的特点

各种维生素的生理功能各不相同，但都具有如下特点：不参与机体组成，也不提供能量；机体需要量很少；必须从外界环境中摄取补充；功能是参与物质代谢和能量代谢的调节过程，维持细胞正常生理功能。

机体对维生素的需要量极少，一般日需要量以毫克或微克计，但不可缺少。维生素一旦缺乏会引起代谢障碍，出现维生素缺乏症。过多也会干扰正常代谢，引起维生素过多症。如长期摄入过量维生素 A、维生素 D 会引起中毒。

2. 动物体获取维生素的途径

动物获取维生素的途径主要有以下四个方面。

（1）由食物直接提供　维生素在动植物组织中广泛存在，绝大多数的维生素直接来源于食物。

（2）由肠道菌合成　动物体肠道菌能合成某些维生素，如维生素 K、维生素 B_{12}、吡哆醛、泛酸、生物素和叶酸等。长期服用抗菌药物，使肠道菌受到抑制，可引起维生素 K 等缺乏。

（3）维生素原在体内转变　能在体内直接转变成维生素的物质称为维生素原。植物类食物含类胡萝卜素，可在小肠壁和肝脏氧化中转变成维生素 A。所以类胡萝卜素被称为维生素 A 原。

（4）体内部分合成　贮存在皮下的 7-脱氢胆固醇经紫外线照射，可转变成维生素 D_3。还可利用色氨酸合成尼克酰胺。长期以玉米为主食的动物由于色氨酸不足，容易发生糙皮病等尼克酰胺缺乏症。

3. 维生素的分类

维生素的结构差异大，生理功能各异，迄今为止仍只能按溶解性不同分为脂溶性维生素和水溶性维生素两大类。脂溶性维生素包括维生素 A（A_1、A_2）、维生素 D（D_2、D_3）、维生素 E（α、β、γ、δ）、维生素 K（K_1、K_2、K_3）；水溶性维生素包括 B 族维生素（维生素 B_1、维生素 B_2、维生素 B_3、维生素 B_5、维生素 B_6、维生素 B_7、维生素 B_{11} 和维生素 B_{12}）和维生素 C。

二、脂溶性维生素

维生素 A、维生素 D、维生素 E、维生素 K 不溶于水而易溶于脂肪或脂类溶剂，在食物中与脂类共存，并随脂类一起吸收。脂溶性维生素不易排泄，容易在体内积存（主要在肝脏和脂肪组织）引起中毒。脂类吸收不良者，脂溶性维生素的吸收也将受到影响，严重的可出现缺乏症。

脂溶性维生素参与一些活性分子的构成，表 3.11 归纳了主要 4 种脂溶性维生素的来源、活性形式、主要生理功能及缺乏症。

表 3.11　脂溶性维生素的生理功能及缺乏症

名　称	来　源	活性形式	主要生理功能	缺　乏　症
维生素 A	胡萝卜、甜菜、植物绿叶和青草、鱼肝油、蛋黄	顺视黄醛、视黄醇、视黄酸	(1)参与视紫红质的合成，维持眼的暗视觉 (2)保持上皮组织结构与功能健全 (3)促进生长与发育	夜盲症、干眼症、上皮组织角质化、牙齿发育不正常
维生素 D	家畜经日光照射在体内合成、鱼肝油、甘草	钙化醇	(1)促进钙磷吸收,调节钙磷代谢 (2)促进骨盐代谢和骨的正常代谢	幼畜佝偻病,成畜软骨病
维生素 E	植物油、绿色植物、谷物种子	生育酚	(1)抗氧化作用,维持生物膜的结构与功能 (2)维持生殖功能	不育症、肌肉萎缩、麻痹症、溶血性贫血
维生素 K	绿色植物、肠内细菌合成	2-甲基-1,4-萘醌	参与凝血因子Ⅱ、Ⅶ、Ⅳ、Ⅹ 的合成	凝血时间延长、皮下、肌肉及胃肠道出血

三、水溶性维生素

水溶性维生素包括 B 族维生素和维生素 C，易溶于水，易吸收，能随尿排出，一般不在体内积存，容易缺乏。B 族维生素的主要生理作用是构成酶的辅酶参与酶的催化反应而发挥对物质代谢的影响。维生素 C 是烯醇式 L-古洛糖酸内酯，有较强的酸性，容易氧化，是强力抗氧化剂，也可作为氧化还原载体。表 3.12 归纳了主要水溶性维生素的来源、结构、活性形式（构成的辅酶）、主要作用等。

表 3.12　水溶性维生素的生理功能及缺乏症

名称	来源	辅基或辅酶	主要生理功能	缺乏症
维生素 B_1(硫胺素)	酵母、豆类、谷物外皮及胚芽、青绿饲料、干草	TPP^+	α-酮酸氧化脱羧酶的辅酶,抑制胆碱酯酶的活性	神经系统代谢障碍,鸟类可出现多发性神经炎,胃肠道机能障碍
维生素 B_2(核黄素)	谷物外皮、油饼类、酵母、青贮饲料、青绿饲料、发酵饲料	FMN,FAD	构成黄素酶的辅酶成分,参与生物氧化过程	幼畜生长停止、脱毛、出现神经症状等
维生素 B_3(泛酸)	麸皮、米糠、油饼类、胡萝卜、苜蓿	HSCoA	构成辅酶 A,参与体内酰基的转移反应	人类未发生缺乏症
维生素 B_5(维生素 PP)	谷物种皮、胚芽、花生饼、苜蓿、体内也能合成少量	NAD^+(辅酶Ⅰ)、$NADP^+$(辅酶Ⅱ)	构成脱氢酶的辅酶成分,参与生物氧化过程	癞皮病、角膜炎、神经和消化系统障碍

续表

名称	来源	辅基或辅酶	主要生理功能	缺乏症
维生素 B_6	谷物、豆类、酵母、种子外皮、禾本科植物	磷酸吡哆醛、磷酸吡哆胺	构成氨基酸脱羧酶和转氨酶的辅酶,参与氨基酸的分解代谢,构成 Ala 合酶的辅酶,参与血红素的合成	幼小动物生长缓慢或停止、血红蛋白过少性贫血、外周神经脱髓鞘、轴索变性
维生素 B_7(生物素)	广泛分布于动植物界	生物素	构成羧化酶的辅酶,参与体内 CO_2 的固定	皮炎、贫血、脱毛
维生素 B_{11}(叶酸)	广泛分布于动植物界,特别是植物的绿叶	FH_4	以 FH_4 的形式参与一碳单位代谢,与核酸、蛋白质合成、红细胞、白细胞的成熟有关	巨幼红细胞贫血、白细胞减少、生长停止
维生素 B_{12}(氰钴素)	只有微生物能合成维生素 B_{12},动物肝脏、肉、蛋含量丰富	5′-脱氧腺苷钴胺素	参与一碳基团代谢,参与核酸与蛋白质合成以及其他中间代谢	巨幼红细胞贫血、神经系统损害
维生素 C(抗坏血酸)	各种新鲜、蔬菜水果、家畜体内能合成	抗坏血酸	参与羟化反应、促进细胞间质合成,参与氧化还原反应、解毒作用、促进小肠对铁的吸收	人、猴、豚鼠出现坏血症

1. 维生素 B_1(硫胺素)

维生素 B_1 由含硫的噻唑环和含氨基的嘧啶环组成,故又称为硫胺素。主要存在于种子外皮及胚芽中,米糠、麦麸、黄豆、瘦肉中含量也很丰富。其化学结构与活性形式如下。

焦磷酸硫胺素(TPP^+)是 α-酮酸脱氢酶复合体中的辅酶,参与糖的中间代谢;α-酮酸脱氢酶复合体催化 α-酮酸的氧化脱羧反应是糖彻底氧化供能的关键步骤。正常情况下,神经组织所需能量主要由糖氧化供给。维生素 B_1 缺乏,体内 TPP^+ 含量减少,α-酮酸氧化脱羧作用受阻,导致体内能量供应发生障碍,尤其是神经组织能量供应受到影响,并伴有丙酮酸、乳酸在神经组织的堆积,可出现神经肌肉兴奋性异常和心肌代谢功能紊乱,表现为多发性神经炎,典型的缺乏症为脚气病。维生素 B_1 还可抑制胆碱酯酶活性。

焦磷酸硫胺素(TPP^+)

动物在一般情况下不易发生维生素 B_1 缺乏症。维生素 B_1 缺乏可引起猪心肌坏死,公鸡发育受阻,母鸡卵巢萎缩,幼龄反刍动物脑灰质软化。

2. 维生素 B_2(核黄素)

维生素 B_2 广泛存在于动物性和植物性食物中,尤其是肝、肾、心、乳、蛋黄和豆类中含量丰富。

维生素 B_2 是核醇与 6,7-二甲基异咯嗪与核醇的缩合物,又名核黄素。维生素 B_2 为橘黄色结晶，味苦，微溶于水，极易溶于稀酸、强碱溶液，易受光、碱、重金属的破坏，在酸性环境和空气中稳定，耐热。核黄素的异咯嗪环上第 1 及第 10 位氮原子与活泼的双键相连，可接受或释放氢，具有可逆的氧化还原特性。

维生素 B_2 进入体内后转变为黄素单核苷酸（FMN）、黄素腺嘌呤二核苷酸（FAD）。FAD 和 FMN 是核黄素的活性形式，分别作为黄素酶类的辅基，在体内生物氧化过程中起递氢作用。维生素 B_2 缺乏会影响这些辅基的合成，使体内生物氧化以致新陈代谢发生障碍。

维生素 B_2 缺乏主要表现在皮肤、黏膜、神经系统的变化。各种动物的表现不同。

3. 维生素 B_3（泛酸，又名遍多酸）

维生素 B_3 是由 β-丙氨酸与 2,4-二羟-3,3-二甲基丁酸通过肽键缩合而成，因其广泛存在于生物界而取名泛酸或遍多酸。肉、蛋、奶、鱼类和谷物中均有一定的含量。

泛酸进入体内与巯基乙胺和 $3'$-磷酸腺苷酸和 $5'$-焦磷酸结合，组成辅酶 A（CoA）。辅酶 A 是酰基转移酶的辅酶，在糖、脂肪、蛋白质代谢中有重要作用。

维生素 B_3 是维生素 B 族中不易缺乏的一种维生素。但猪、鸡、犬等对泛酸的缺乏较为敏感。猪的典型症状为运动失调：缺乏症前期猪的后腿僵直、痉挛，站立时后腿发抖，如长期缺乏，上述症状可继续发展为"鹅步"，最终后肢将瘫痪。家禽缺乏泛酸产蛋量、孵化率下降，胚胎皮下出血、水肿，雏鸡可出现全身羽毛粗糙卷曲、质地脆弱易脱落，喙部出现皮炎，趾部外皮脱落出现裂口或者皮变厚、角质化等。

4. 维生素 B_5（维生素 PP）

维生素 B_5 存在于多种食物中，如酵母、花生、豆类和瘦肉等。维生素 B_5 是吡啶的衍生物，包括烟酰胺和烟酸，都是抗糙皮病因子，又称维生素 PP。维生素 B_5 是所有维生素中结构最简单、理化性质最稳定的一种维生素，不易受酸、碱、水、金属离子、热、光、氧化剂及加工贮存等因素的影响。其活性形式有两种，尼克酰胺腺嘌呤二核苷酸（NAD^+ 或辅酶 I）和尼克酰胺腺嘌呤二核苷酸磷酸（$NADP^+$ 或辅酶 II）。

NAD^+ 或 $NADP^+$ 是多种不需氧脱氢酶的辅酶，在生物氧化过程中起传递氢的作用。

维生素 B_5 的生理功能：以辅酶 I 和辅酶 II 的形式参与碳水化合物、脂肪、蛋白质的代谢；是多种脱氢酶的辅酶，在生物氧化过程中起到传递氢原子的作用；作为辅酶 I 的组成部分，直接影响其在体内的含量，而体内辅酶 I 的含量又可影响视黄醛向维生素 A 的转化；另外烟酸是辅酶 II 的组成部分。

维生素 B_5 的缺乏主要表现在三个方面：皮肤病变，消化道及其黏膜损伤，神经系统的变化。

5. 维生素 B_6

维生素 B_6 是吡啶衍生物，其存在形式为吡哆醇、吡哆醛、吡哆胺 3 种，可互相转化。活性形式是磷酸吡哆醛和磷酸吡哆胺。蛋黄、鱼类、肉类、乳汁、豆类、谷类、种子外皮等均含有丰富的维生素 B_6。

维生素 B_6 以磷酸吡哆醛的形式构成转氨酶和一些氨基酸脱羧酶及脱硫酶的辅酶，参与动物体内糖、脂肪、氨基酸、维生素、矿物质的代谢。同时，维生素 B_6 能增加氨基酸及钾离子逆浓度进入细胞的运转速度。

缺乏维生素 B_6，幼小动物生长缓慢或停止；妨碍血红素的合成，导致贫血，并伴有血浆铁浓度增加以及肝脏、脾脏、骨髓的血铁黄素沉积。

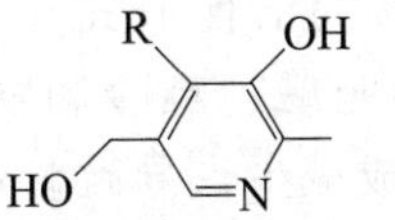

吡哆醇: R=—CH₂OH
吡哆醛: R=—CHO
吡哆胺: R=—CH₂NH₂

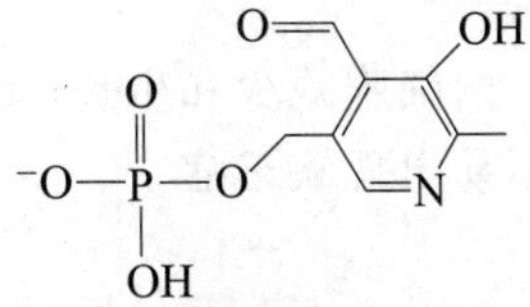

磷酸吡哆醛 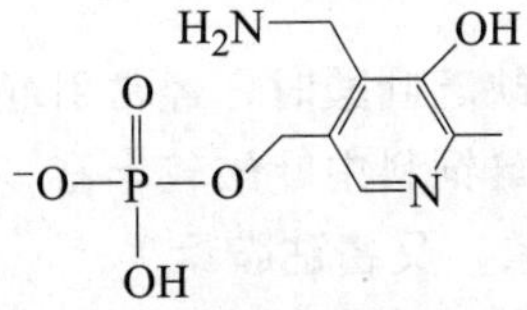　　　　　　磷酸吡哆胺

6. 维生素 B₇（生物素）

生物素来源广泛，如在肝、肾、酵母、蛋黄、蔬菜和谷类中均含量丰富。其结构式如下。

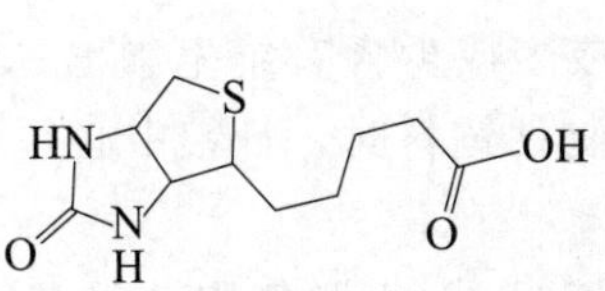

生物素 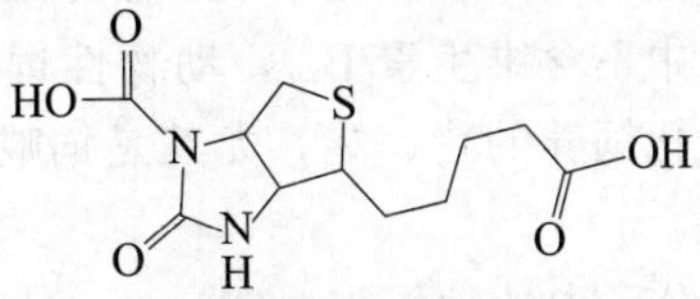　　　　　　羧基生物素

生物素的主要生理功能是以羧化酶的辅酶形式参与糖、脂肪、蛋白质代谢过程中的脱羧、羧化、脱氢反应，完成糖向蛋白质的互变以及糖、蛋白质向脂肪的转化过程。另外维生素 B₇ 还可转移一碳单位，固定组织中的二氧化碳；参与溶菌酶活化并与皮脂腺功能有关。

缺乏维生素 B₇ 时，各种动物的症状不一样，家禽表现为脱腱症；猪表现为被毛粗糙、脱毛、皮肤干燥结痂、角质化、蹄开裂，出现"毛刺舌"。

7. 维生素 B₁₁（叶酸）

叶酸广泛存在于自然界的动、植物体及微生物中，如动物的肝、肾、奶是维生素 B₁₁ 的良好来源，深绿色多叶植物、豆科植物、小麦胚芽中也含有丰富的维生素 B₁₁，但谷物中维生素 B₁₁ 的含量较少。

叶酸由蝶呤啶、对氨基苯甲酸及谷氨酸三部分组成，是维生素中已知生物学活性形式最多的一种。叶酸在中性溶液中较稳定，酸、碱、氧化剂、还原剂对叶酸均有破坏作用。其化学结构和活性形式如下：

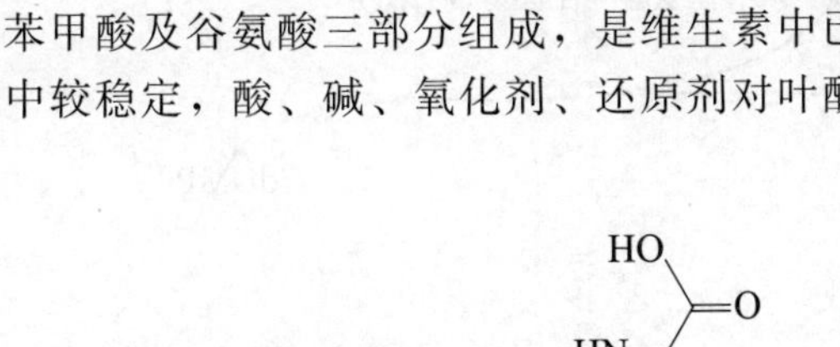

2-氨基-4羟基-6-甲基蝶呤啶　对氨基苯甲酸　谷氨酸

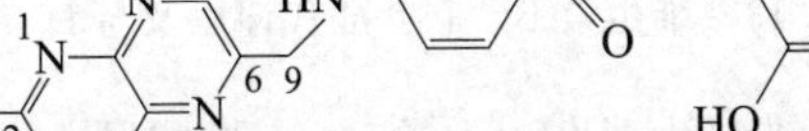

蝶酸

叶酸(蝶酰谷氨酸)

进入机体内的叶酸在小肠、肝或组织中被二氢叶酸还原酶还原为二氢叶酸，再进一

步还原生成四氢叶酸（FH_4）。四氢叶酸是叶酸的活性形式，是一碳基团转移酶的辅酶。FH_4 作为一碳单位的载体参与体内多种物质如胆碱、嘌呤和嘧啶等的合成。当叶酸缺乏时，胆碱可从食物中摄取，但嘌呤和嘧啶的合成减少，导致骨髓巨幼红细胞中 DNA 合成受阻，红细胞分裂增殖速度下降，细胞体积增大，细胞核内染色质疏松，造成巨幼红细胞性贫血。

狗、鸡、火鸡在缺乏叶酸时，经常引起贫血、白细胞减少和生长停止。对其他动物的病症还研究得很少。家禽饲料中叶酸较丰富，一般不易出现缺乏症。

8. 维生素 B_{12}（氰钴素，又名钴胺素）

维生素 B_{12} 的需要量是所有维生素中最低的，但其作用强度却是最大的。维生素 B_{12} 是自然界中仅能靠微生物合成的一种维生素，同时维生素 B_{12} 又是维生素中唯一含有金属元素的维生素。结晶的氰钴素在中性至微酸性的溶液中对空气和热较稳定，但易被光、紫外线破坏，维生素 B_{12} 对碱、强酸、还原剂不够稳定。

植物性饲料中不含维生素 B_{12}，动物性饲料中或多或少含有维生素 B_{12}，其中以肝中含量最丰富。集约化饲养的猪、鸡，尤其是饲喂全植物性饲料时，日粮中必须以添加剂的形式补充维生素 B_{12}。

维生素 B_{12} 分子中的钴能与—CN、—OH、—CH_3 或 $5'$-脱氧腺苷等基团相连，分别称为氰钴胺素、羟钴胺素、甲基钴胺素和 $5'$-脱氧腺苷钴胺素。甲基钴胺素和 $5'$-脱氧腺苷钴胺素是维生素 B_{12} 存在的主要形式，它是几种变位酶的辅酶，又称辅酶 B_{12}。

维生素 B_{12} 的生理功能是：甲基钴胺素参与体内甲基转移反应和叶酸代谢，是 N_5-甲基四氢叶酸甲基转移酶的辅酶，$5'$-脱氧腺苷钴胺素是甲基丙二酰辅酶 A 的辅酶，参与体内丙酸的代谢；维生素 B_{12} 能使酶促反应中处于还原状态的酶系具有活性，还能促进 DNA 以及蛋白质的生物合成，同时也能促进一些氨基酸的合成，如图 3.13 所示。

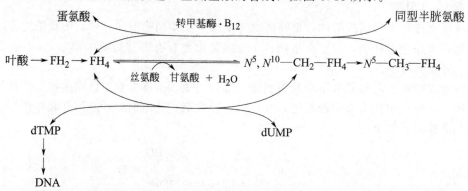

图 3.13　维生素 B_{12} 和叶酸代谢以及与 DNA 合成的关系

缺乏维生素 B_{12} 时，雏鸡生长停止，贫血、脂肪肝、死亡率增高，产蛋鸡产蛋率下降，种蛋孵化率下降，胚胎中途因畸形而死亡；猪食欲丧失、消瘦、对应激敏感，运动失调及出现小细胞性贫血，母猪缺乏维生素 B_{12} 可见产仔数明显减少，仔猪活力减弱；反刍动物缺乏维生素 B_{12} 的表现为厌食、营养不良、饲料利用率低。

9. 维生素 C（抗坏血酸）

维生素 C 广泛存在于新鲜水果、蔬菜中，尤以番茄、青椒、柑橘、鲜枣中含量丰富。维生素 C 的基本结构如下。

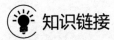

维生素C

维生素有很强的还原性，极易被氧化剂氧化而失活，尤以碱性或中性水溶液环境中易失效；在微量重金属离子存在时，易被氧化分解，受热、潮、光破坏。

维生素C参与体内的羟化反应，促进胶原蛋白的形成及胆固醇的转化；参与体内物质的氧化还原反应，增强机体解毒及抗病能力。当日粮营养成分不平衡时，可导致维生素C缺乏，引起"维生素C缺乏病"。

💡 知识链接

维生素C的发现

几百年前，随着欧洲国家的海外探险，远洋航行迅速发展。但当时，人们不到万不得已的时候是不愿意做海员去远航的，原因是海员出海时间一长就会得一种奇怪的病，主要表现出以下症状：精神消退、肌肉酸痛、牙龈出血、牙齿脱落、皮肤大片出血、严重疲惫、腹泻、呼吸困难甚至死亡。人们把这种不治之症称为"维生素C缺乏病"。15、16世纪，维生素C缺乏病曾波及整个欧洲，英法等国的航海业也因此处于瘫痪状态。直到18世纪末，一个叫詹姆斯·伦达的英国医生意外发现用蔬菜和水果可以防治维生素C缺乏病，但不明其理。直到20世纪，预防维生素C缺乏病的物质才被发现，命名为抗坏血酸，这就是维生素C。

10. 硫辛酸

硫辛酸是酵母和一些微生物的生长因子，因其盐可溶于水，也属于水溶性范畴。可通过自身氧化型和还原型的变化传递氢，是糖代谢过程中丙酮酸及 α-酮戊二酸氧化脱羧反应不可缺少的辅酶因子。

11. 辅酶Q

辅酶又称泛醌，广泛存在于线粒体中，与细胞呼吸链有关。泛醌起传递氢原子的作用。

📑 本章小结

酶是由生物活细胞合成的具有催化功能的生物大分子，在本质上是蛋白质。酶具有极高的催化效率、高度特异性、所需反应条件温和、易受外界环境影响、具有可调控性等特点。

酶的分类随着分类依据不同而不同，根据其化学组成可将酶分为单纯蛋白酶和结合蛋白酶，结合蛋白酶中辅助因子又可分为金属离子和小分子有机物；根据酶蛋白的结构特点可将酶分为单体酶、寡聚酶和多酶复合体系 3 类，其化学组成及功能各有特点。在酶分子结构中，根据化学基团与酶活性的关系，可将化学基团分为必需基团和非必需基团，必需基团构成酶的活性中心，非必需基团构成酶的非活性区域。

动物体内的酶在刚分泌出来时没有活性，以酶原的形式存在，具有重要的临床意义；酶具有同工酶和变构酶，利用同工酶含量的变化可以诊断疾病，利用变构酶的变构效应可以调节酶活性。

酶是催化剂，根据其催化反应的性质把酶分为氧化还原酶、转移酶、水解酶、裂解酶、异构酶和合成酶 6 类。

酶催化反应的速率受到底物浓度、酶浓度、温度、pH、激活剂及抑制剂的影响，酶的抑制作用在医学上具有重要意义，是药物发挥疗效的机理。

维生素按照溶解性可分为脂溶性维生素和水溶性维生素两种，其主要功能是作为辅酶参与物质代谢和能量代谢的调节过程。

酶在动物医学方面的应用主要包括动物疾病的诊断、治疗和制药，而在畜牧方面主要作为饲料添加剂，提高饲料利用率，增加畜禽体重。

复习思考题

一、名词解释

酶　酶的活性中心　变构酶　同工酶

二、填空题

1. 尼克酰胺腺嘌呤二核苷酸也叫 _____，尼克酰胺腺嘌呤二核苷酸磷酸叫 _____。

2. 酶原是指 _____。

3. 金属离子是酶的 _____。

4. 按照溶解度不同维生素分为 _____ 和 _____。

三、简答题

1. 酶催化反应的特点是什么？

2. 什么是酶原的激活？举例说明酶原存在的临床意义。

3. 简述维生素的种类、特点及生理功能。

4. 影响酶催化反应速率的因素有哪些？

5. 举例说明酶在畜牧兽医方面的应用。

第四章
生物氧化

 知识目标

- 熟悉生物氧化中水、二氧化碳及能量的生成过程;
- 掌握生物氧化的概念及呼吸链的组成;
- 了解线粒体外的生物氧化体系。

能力目标

- 根据中毒类型选择合适的解毒方法。

第一节　概述

　　动物在其生长、发育、繁殖等生命活动过程中都需要消耗能量。比如酶的催化、体内物质的合成与分解、物质的转运、肌肉运动及神经传导等都伴随着能量的变化。光合自养生物可直接利用光能将 CO_2 和 H_2O 转换为有机物中稳定的化学能,异养生物通过呼吸作用将蛋白质、脂肪、糖类等有机物分解为 CO_2 和 H_2O,同时生成 ATP,这样又将有机物中稳定的化学能转换为 ATP 中活跃的化学能。ATP 可直接用于需要能量的各种生命活动。生物氧化和氧化磷酸化是需氧生物获得的主要途径。

一、生物氧化的概念

　　动物体在其生命活动过程中,每时每刻都需要能量的供给,能量的取得来源于糖、蛋白质、脂肪等有机物质在体内的氧化分解。生物氧化指有机物(糖、蛋白质和脂肪)在生物细胞内进行氧化分解,并释放出能量的过程。生物氧化是在细胞内进行的,又称之为"细胞氧化"或"组织氧化"。生物氧化实际上是需氧细胞呼吸作用中的一系列氧化还原反应,因此又称为"细胞呼吸"或"组织呼吸"。

二、生物氧化的特点

　　有机物在体内的生物氧化与有机物在体外的化学氧化实质相同,都是脱氢、加氧、失电子，生成 CO_2 和 H_2O，同时释放出来的总能量也相同。但生物氧化是在活细胞内进行的氧化作用，因此又有其自身的特点。

① 生物氧化和非生物氧化反应条件不同。生物氧化是在体内常温、常压、酸碱适中，有 H_2O 参加的温和条件下进行的，而非生物氧化是在短时间内高温、干燥的条件下进行的。

② 生物氧化是有酶、辅酶和电子传递体参与的逐步氧化还原过程，能量也是逐步释放出来的；而非生物氧化则是剧烈的自由基反应，能量也是爆发式释放出来的。

③ 生物氧化释放的能量，除一部分能量以热的形式散失外，大部分能量暂时贮存在 ATP 中，这样既提高了能量的利用率又可避免由能量集中释放使温度骤然上升而对生物体的损害；而非生物氧化产生的能量则转换为光和热，散失在环境中。

④ 生物氧化的速率严格受有机体多种因素的调控。

三、生物氧化的方式

动物体内，生物氧化的方式通常有 3 种，即脱氢反应、加氧反应和失电子反应。

1. 脱氢反应

底物分子在酶的作用下发生的脱氢反应，是体内最为常见的氧化方式，底物分子脱氢的同时常伴有电子的转移。脱氢反应有直接脱氢和加水脱氢两种。

（1）直接脱氢

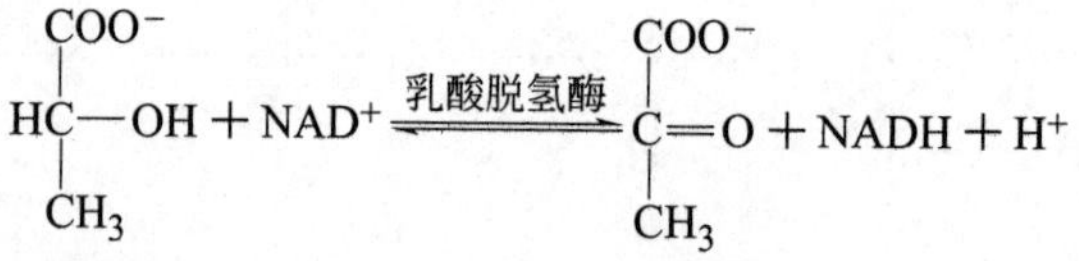

乳酸　　丙酮酸

（2）加水脱氢

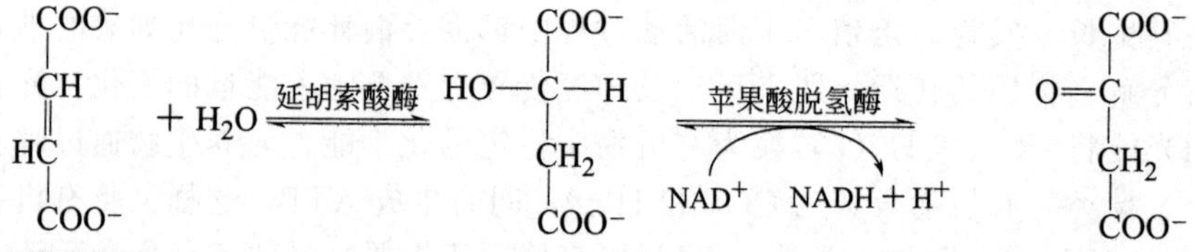

延胡索酸　　苹果酸　　草酰乙酸

2. 加氧反应

底物分子直接加入氧分子或氧原子，使底物被氧化的反应。如单氧酶存在于内质网膜，因为其作用的结果使底物分子加入一个氧原子，它可催化一些脂溶性物质，如脂溶性药物、毒物和类固醇物质的氧化，使之转化为极性物质而通过体液代谢排出体外，这些反应需要有 $NADPH+H^+$ 和细胞色素 P_{450} 参加，反应如下：

$$RH + O_2 \xrightarrow[\text{细胞色素}P_{450}]{NADPH+H^+ \quad NADP^+} ROH + H_2O$$

3. 失电子反应

在反应中失去电子使化合价升高的反应。

$$\text{细胞色素 } Fe^{2+} \xrightarrow{-e} \text{细胞色素 } Fe^{3+}$$

　　生物体内的物质在氧化过程中常和还原反应同时并存，因此体内不存在游离的氢原子或电子。在氢和电子的转移过程中，能够提供氢或电子的物质称供氢体或供电子体，接受氢或电子的物质称受氢体或受电子体。

第二节　生物氧化中二氧化碳的生成

　　生物氧化中，CO_2 的生成并不是由体内物质代谢过程中碳原子直接与氧结合，而是糖、蛋白质、脂肪等物质在体内代谢过程中先形成羧基化合物，然后在脱羧酶的作用下，进行脱羧反应生成 CO_2。根据脱羧过程是否伴随着物质的氧化过程，把脱羧反应分为单纯脱羧和氧化脱羧两种类型。又由于脱羧时羧基的位置不同，把脱羧又分为 α-脱羧和 β-脱羧 2 种。

一、单纯脱羧基

动画扫一扫
直接脱羧

　　单纯脱羧基指的是非氧化地脱去羧基的反应。

1. α-单纯脱羧基

　　非氧化地脱去 α-碳位上羧基的反应。

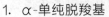

$$R-\overset{\overset{\displaystyle NH_2}{|}}{\underset{\underset{\displaystyle H}{|}}{C^{\alpha}}}-COOH \xrightarrow[\text{(磷酸吡哆醛)}]{\text{氨基酸脱羧酶}} R-CH_2-NH_2 + CO_2$$

氨基酸　　　　　　　　　　　　　　　胺

2. β-单纯脱羧基

　　非氧化地脱去 β-碳位上羧基的反应。

草酰乙酸 $+ GTP \xrightarrow{\text{磷酸烯醇式丙酮酸羧激酶}}$ 磷酸烯醇式丙酮酸 $+ CO_2 + GDP$

二、氧化脱羧基

动画扫一扫
氧化脱羧

　　氧化脱羧基是指在脱羧过程中伴随着脱氢的反应。

1. α-氧化脱羧基

$$H_3C-\overset{\overset{\displaystyle O}{\|}}{C}-COOH + HSCoA \xrightarrow[NAD^+ \quad NADH+H^+]{\text{丙酮酸脱氢酶复合体}} H_3C-\overset{\overset{\displaystyle O}{\|}}{C}\sim SCoA + CO_2$$

丙酮酸　　　　　　　　　　　　　　　　　　　　　乙酰CoA

2. β-氧化脱羧基

$$HOOC—CH_2—\overset{\overset{\displaystyle OH}{|}}{CH}—COOH + NADP^+ \xrightarrow{\text{苹果酸酶}}$$

苹果酸

$$CH_3—\overset{\overset{\displaystyle O}{\|}}{C}—COOH + CO_2 + NADPH + H^+$$

丙酮酸

第三节　线粒体生物氧化体系

一、呼吸链及其组成

呼吸链

脱氢反应是生物氧化的最主要方式。代谢底物上的氢被脱氢酶激活脱落后，在线粒体内膜上经一系列具有氧化还原活性的酶与辅酶或辅基等递氢体或递电子体的传递，最终与被激活的氧负离子结合生成水。由于这些递氢体或递电子体在线粒体内膜的排列顺序严格并形成前后的链式结构，所以称其为电子传递链，氧是最终电子受体。由于氧来源于细胞的呼吸作用，因此，电子传递链又称氧化呼吸链。

氧化呼吸链是由 4 种具有电子传递活性的复合体和 2 个独立成分构成，如表 4.1 所示。4 种复合体分别是复合体Ⅰ——NADH-CoQ 还原酶（又称 NADH 脱氢酶）；复合体Ⅱ——琥珀酸-CoQ 还原酶；复合体Ⅲ——CoQ-Cytc 还原酶；复合体Ⅳ——细胞色素 c（Cytc）氧化酶。两个独立成分是 CoQ 和 Cytc。

表 4.1　氧化呼吸链的组成

复合体	名称	分子量	辅酶或辅基
复合体Ⅰ	NADH-CoQ 还原酶	850000	FMN、Fe-S
复合体Ⅱ	琥珀酸-CoQ 还原酶	97000	FAD、Fe-S
复合体Ⅲ	CoQ-Cytc 还原酶	280000	Cytb、Fe-S、$Cytc_1$
复合体Ⅳ	Cytc 氧化酶	200000	Cyta、$Cyta_3$、Cu

由表 4.1 可以看出，复合体Ⅰ含有以 FMN 为辅基的黄素蛋白和非血红素 Fe 原子构成的铁硫蛋白。它们的作用是将以 NAD^+ 为辅酶的脱氢酶从底物上脱下的氢经 FMN 和 Fe-S 蛋白等传递体传递交给辅酶 Q；复合体Ⅲ含有细胞色素 b、细胞色素 c_1 和 Fe-S 蛋白。细胞色素 b 和细胞色素 c_1 都含有血红素成分。它们的作用是通过 Fe^{2+} 和 Fe^{3+} 的互相转变完成电子向细胞色素 c 的转移。复合体Ⅳ是催化细胞色素 c 氧化的酶，含有细胞色素 a、细胞色素 a_3 和 Cu，因细胞色素 a 和细胞色素 a_3 两者结合紧密很难分离故也称细胞色素 aa_3。它们的功能是将电子传给氧；复合体Ⅱ含有以 FAD 为辅基的黄素蛋白和铁硫蛋白，它们的作用是催化代谢产物（如琥珀酸、脂酰-CoA、磷酸甘油等）脱氢使 CoQ 还原，各复合体在呼吸链上的排列顺序如图 4.1 所示。

二、呼吸链各组分的作用机理

1. 黄素蛋白类

黄素蛋白类辅基有黄素单核苷酸（FMN）和黄素腺嘌呤二核苷酸（FAD），两者均含维

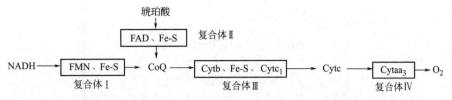

图 4.1 呼吸链中各复合体的排列顺序

生素 B_2 成分。FMN 和 FAD 的作用是通过分子中异咯嗪环上 N_1 和 N_{10} 从代谢物上接受两个氢原子后，转变为还原型的 $FMNH_2$ 和 $FADH_2$，然后再把 2 个氢质子、2 个电子经铁硫蛋白传递给泛醌，而 FMN 和 FAD 转变为氧化型。通过此氧化还原的变化完成了电子的传递，由于每次同时可以传递 2 个电子，所以 FMN 和 FAD 又称双电子传递体。所不同的是 FMN 催化的是从 $NADH+H^+$ 脱氢，而 FAD 催化的是从琥珀酸等物质脱氢。

2. 铁硫蛋白（Fe-S）

铁硫蛋白在呼吸链中与其他电子传递体结合成复合体，才能完成电子的传递过程，如 NADH-泛醌还原酶、琥珀酸-泛醌还原酶和泛醌-细胞色素 c 还原酶都有铁硫蛋白。铁硫蛋白含铁原子（非血红素铁）和硫原子（对酸不稳定的硫），有的含 2 个铁原子和 2 个硫原子，构成 2Fe-2S 簇；有的含 4 个铁原子和 4 个硫原子，构成 4Fe-4S 簇，并通过铁原子与蛋白质中半胱氨酸上的巯基连接。由于铁和硫所在的部位是铁硫蛋白分子完成电子传送的功能部位，因此又称此部位为铁硫中心。铁硫蛋白通过 1 个 Fe 起氧化还原反应（即通过 Fe^{2+} 和 Fe^{3+} 化合价可逆的变化完成电子的传递过程），因此在呼吸链中是单电子传递体。已知的铁硫蛋白有多种形式，最常见的有 Fe_2S_2 和 Fe_4S_4，结构如图 4.2 所示。

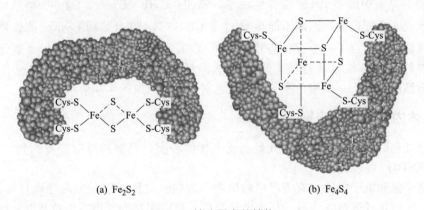

(a) Fe_2S_2 (b) Fe_4S_4

图 4.2 铁硫蛋白的结构

3. 辅酶 Q（CoQ）

辅酶 Q 是一种脂溶性醌类物质，因广泛存在于生物系统中又称泛醌。其在呼吸链中是唯一不与蛋白质结合的电子传递体。辅酶 Q 分子中，有一个很长的聚异戊二烯侧链，侧链一般为 6～10 个异戊二烯单位组成（哺乳动物为 10 个），侧链有利于在线粒体内膜中的扩散。其分子的苯醌结构，能接受 NADH-CoQ 还原酶复合体释放出的 2 个 H^+ 和 2 个电子，自身被还原成二氢泛醌（$CoQH_2$），然后把 2 个氢质子释放到线粒体基质内，2 个电子传递给复合体Ⅲ中的细胞色素 b。CoQ 的结构如下：

$$n=6\sim10$$

CoQ 与蛋白质相比分子小，呈脂溶性，它可以在线粒体内膜的磷脂双分子层的疏水区自由扩散，往返于比较固定的蛋白质类电子传递体之间进行电子传递。

4. 细胞色素（Cyt）

细胞色素是以铁卟啉（血红素）为辅基的蛋白质，因为有颜色，又广泛存在于生物细胞中，故称为细胞色素。其血红素铁呈 Fe^{3+} 时为氧化型，接受 1 个电子呈 Fe^{2+} 时为还原型，因此细胞色素在呼吸链中是单电子传递体。除一些细胞色素在内质网上构成单加氧酶催化底物羟基化外，大部分细胞色素存在于线粒体内膜的电子传递链上。

组成呼吸链的细胞色素有多种，按电子传递的顺序包括 Cytb、$Cytc_1$、Cytc、Cyta、$Cyta_3$ 等。其共同点是它们借助于细胞色素 Fe^{2+} 和 Fe^{3+} 价态变化，完成电子从辅酶 Q 到氧生成 H_2O 的传递过程。所不同的是不同种类的细胞色素的辅基结构和蛋白质的连接方式不同。第一，Cytb、$Cytc_1$、Cytc 都具有血红素辅基，而 Cyta、$Cyta_3$ 的辅基是血红素 A。血红素与血红素 A 区别在于血红素 A 是一种被修饰的血红素，在铁卟啉环的 2 号位，有一个长达 17 个碳组成的疏水链代替原来的乙烯基和在第 8 号位上以一个甲酰基代替了原来的甲基。第二，$Cytaa_3$ 结构中的辅基与蛋白质的连接为非共价结合，而 $Cytc_1$、Cytc 所含辅基的 2 个乙烯基与蛋白质的 2 个半胱氨酸残基共价结合。第三，$Cytaa_3$ 辅基中除铁卟啉外，还有 2 个铜原子在电子传递中，依靠 Cu^+ 和 Cu^{2+} 化合价变化，把电子从 $Cytaa_3$ 直接交给氧，形成 O^{2-}，再与基质中的 2 个 H^+ 结合生成水。第四，Cytb、$Cytc_1$、Cytc 中的铁均与卟啉环和蛋白质形成 6 个配位键，因此不能再与 O_2、CO、CN^- 结合，而 $Cytaa_3$ 的铁原子只形成了 5 个配位键，还保留了一个配位点可与 O_2、CO、CN^- 等结合，因此当一氧化碳、氰化物等有毒物与 $Cytaa_3$ 结合后能使 $Cytaa_3$ 失去激活氧的能力，使呼吸链的电子传递无法进行，导致细胞窒息死亡。细胞色素 a 和细胞色素 c 的结构如图 4.3 所示。

三、线粒体内主要的呼吸链

在动物细胞的线粒体中，根据其最初受氢体的种类，典型的呼吸链有两种，即 NADH 呼吸链与 $FADH_2$ 呼吸链。

呼吸链中氢和电子的传递有着严格的顺序和方向。这种顺序和方向是通过实验确定的。主要根据：①测定呼吸链各组分的标准电极电位，低向高排列（电极电位越低，越容易失去电子成为还原剂而排在呼吸链的前面）。②体外将呼吸链拆开和重组，鉴定四种复合体的组成和排列。③利用某些特异的抑制剂切断其中的电子流后，再测定呼吸链各组分的氧化还原态，确定排列顺序。④利用呼吸链各组分特有的吸收光谱。目前一致认可的是按标准电极电位值递增依次排列。

NADH 呼吸链

1. NADH 呼吸链

NADH 呼吸链是最常见的电子传递链。在糖、脂肪、蛋白质许多代谢反应中，以 NAD^+ 为辅酶的脱氢酶脱下的氢都要通过此呼吸链的递氢、递电子过程，最终把氢交给氧生成水。

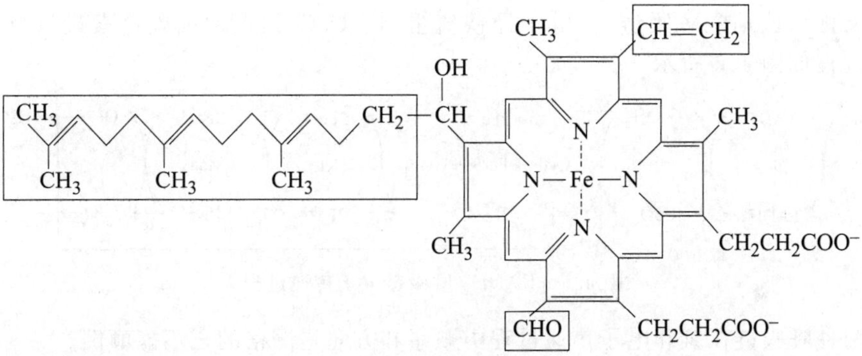

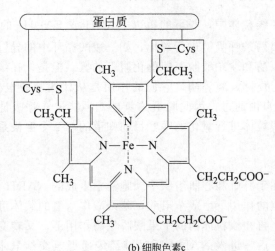

(a) 细胞色素a

(b) 细胞色素c

图 4.3　细胞色素 a 和细胞色素 c 的结构

NADH 呼吸链是由复合体 I （FMN，Fe-S）、复合体 III （Cytb，Fe-S，$Cytc_1$）、复合体 IV （$Cytaa_3$）和 CoQ、Cytc 两个独立成分组成，当 NAD^+ 从底物接受氢生成 NADH＋H^+ 以后，首先通过复合体 I 把氢传给 CoQ，生成还原型 $CoQH_2$，然后 $CoQH_2$ 把 2 个 H^+ 释放到基质中，而将 2 个电子依次经复合体 III、Cytc、复合体 IV 传递，激活氧生成氧负离子，O^{2-} 与基质中的 2 个 H^+ 结合生成水，具体传送过程如图 4.4 所示。

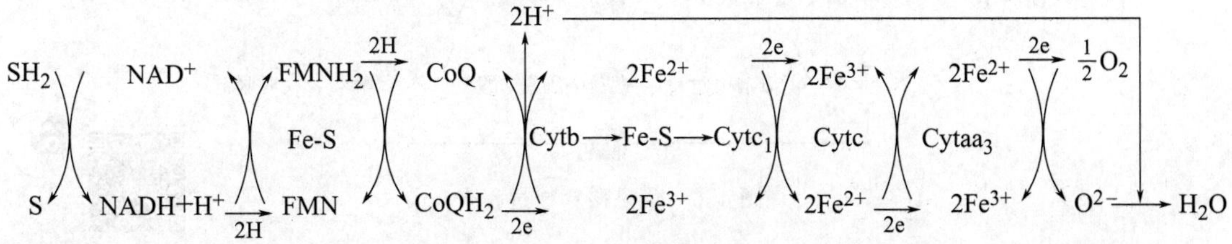

图 4.4　NADH 呼吸链电子传递过程

2. $FADH_2$ 呼吸链

$FADH_2$ 呼吸链亦称琥珀酸呼吸链。线粒体衬质中的琥珀酸脱氢生成的 $FADH_2$ 作为这条呼吸链的电子最初供体（由于 FAD-黄素蛋白固定在内膜上，其还原型 $FADH_2$ 黄素蛋白的电子来自琥珀酸，因此琥珀酸才是这条呼吸链的电子最初

FAD呼吸链

动画扫一扫

供体，故又称为琥珀酸呼吸链），电子经铁硫蛋白、CoQ 和各种细胞色素最后传递给分子氧。传递过程如图 4.5 所示。

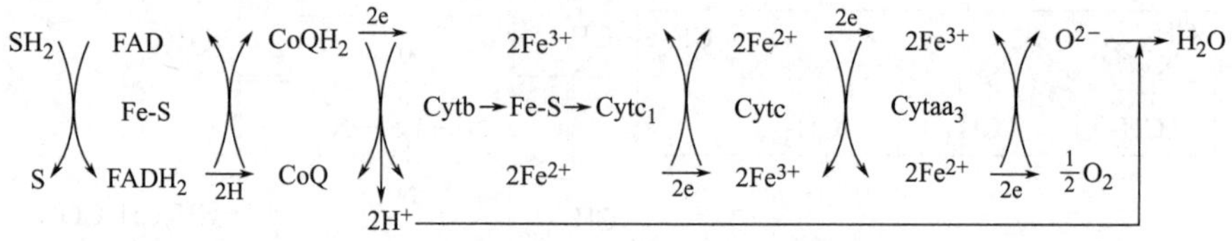

$$SH_2 \diagup FAD \diagup CoQH_2 \xrightarrow{2e} 2Fe^{3+} \diagdown 2Fe^{2+} \xrightarrow{2e} 2Fe^{3+} \diagdown O^{2-} \rightarrow H_2O$$

Fe-S

$$Cytb \rightarrow Fe\text{-}S \rightarrow Cytc_1 \qquad Cytc \qquad Cytaa_3$$

$$S \diagup FADH_2 \diagdown CoQ \qquad 2Fe^{2+} \qquad 2Fe^{3+} \qquad 2Fe^{2+} \diagup \frac{1}{2}O_2$$

$$2H \qquad \qquad 2H^+ \qquad \qquad 2e \qquad \qquad 2e$$

图 4.5　FADH₂ 呼吸链电子传递过程

以上两种呼吸链在氢和电子传递过程中顺序和方向是严格的，不能颠倒。

四、胞液中 NADH 的氧化

如果脱氢的底物是在线粒体中，脱下的氢以 NADH 或 FADH₂ 的形式就可以直接进入上述电子传递系统，通过两条呼吸链进行氧化，如三羧酸循环中的异柠檬酸脱氢酶、α-酮戊二酸脱氢酶、苹果酸脱氢酶和琥珀酸脱氢酶催化脱下的氢。但是，在细胞的胞液中还存在着3-磷酸甘油醛脱氢酶和乳酸脱氢酶等酶，它们的作用是从代谢物脱氢生成 NADH。由于线粒体内膜不允许 NADH 自由通过，因此脱下的氢也就不能进入呼吸链传递生成水和 ATP。那么这些氢是怎样进入线粒体进行氧化的呢？目前知道的有 2 个穿梭系统能够完成氢在线粒体膜内外的转运。

1. 苹果酸穿梭

苹果酸穿梭主要存在于肝脏和心肌组织中。胞液中生成的 NADH＋H⁺和草酰乙酸在苹果酸脱氢酶作用下生成苹果酸，苹果酸作为氢的载体可以通过线粒体膜进入线粒体，再在线粒体内的苹果酸脱氢酶作用下，又转变为草酰乙酸和 NADH＋H⁺。后者进入 NADH 呼吸链经传递把氢交给氧生成水并产生 3mol 的 ATP。草酰乙酸经谷草转氨酶的作用生成天冬氨酸，穿过线粒体内膜回到胞液中，天冬氨酸在胞液中经转氨作用又生成草酰乙酸，完成氢在线粒体膜内外的转运。苹果酸穿梭过程如图 4.6 所示。

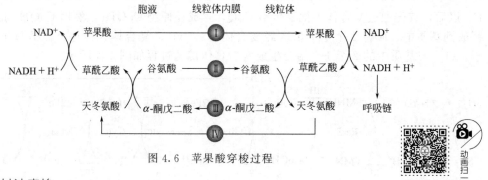

图 4.6　苹果酸穿梭过程

2. α-磷酸甘油穿梭

α-磷酸甘油穿梭存在于肌肉和大脑组织中，胞液中的 NADH＋H⁺和磷酸二羟丙酮在 α-磷酸甘油脱氢酶的作用下，生成 α-磷酸甘油，然后 α-磷酸甘油穿过线粒体膜进入线粒体，进入线粒体的 α-磷酸甘油和 FAD 再在 α-磷酸甘油脱氢酶的作用下，生成磷酸二羟丙酮和 FADH₂。FADH₂ 经 FADH₂ 呼吸链传递生成水，产生 2mol 的 ATP，而磷酸二羟丙酮又穿出线粒体预备完成下一次氢的转运。α-磷酸甘油穿梭过程如图 4.7 所示。

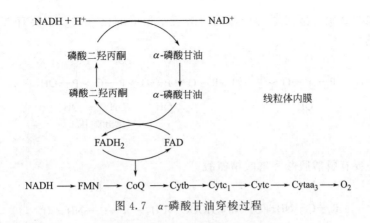

图 4.7 α-磷酸甘油穿梭过程

第四节 生物氧化中能量的产生与利用

生物体在进行物质的氧化分解过程中，释放能量以满足各种生命活动的需要，能量的一部分用于维持体温或以热的形式散发，剩余的能量可以转移到高能化合物中贮存起来，在动物需要时再释放出来，以便使动物有机体生命活动所需的能量得以长期稳定的供给。

一、高能键与高能化合物

简单地讲，凡是有高能键的化合物都叫作高能化合物。高能化合物一般水解时能释放 $20.93kJ/mol$ 以上的自由能。高能键通常用"～"符号表示，高能键和化学中所讲的键能高有着本质的区别，其特点是连接疏松，容易断开，高能键水解断开或基团转移时能够释放大量的能量。

生物体内的高能化合物根据高能键的连接键型主要分 3 类，即高能磷酸化合物、高能硫酯化合物和高能甲硫化合物。

（一）高能磷酸化合物

此类高能化合物有磷氧键型和磷氮键型 2 类。

1. 磷氧键型

（1）烯醇式磷酸化合物 指代谢物烯醇基与磷酸脱水形成的化合物。

$$R—\overset{\overset{\displaystyle CH_2}{\|}}{C}—O\sim Ⓟ \quad 如：HOOC—\overset{\overset{\displaystyle CH_2}{\|}}{C}—O\sim Ⓟ$$

磷酸烯醇式丙酮酸

（2）酰基磷酸化合物 指代谢物羟基与磷酸脱水形成的化合物，主要有 1,3-二磷酸甘油酸、乙酰磷酸、氨甲酰磷酸等。

$$R—\overset{\overset{\displaystyle O}{\|}}{C}—O\sim Ⓟ \quad 如：$$

$$\begin{array}{c} \overset{O}{\|} \\ C—O\sim Ⓟ \\ | \\ CH—OH \\ | \\ CH_2—O—Ⓟ \end{array}$$

1,3-二磷酸甘油酸

（3）焦磷酸化合物　指代谢物相邻的磷酸脱水形成的化合物，主要有 NTP、NDP（N 为各种含氮碱基）。

$$R—P—O\sim\text{\textcircled{P}}\quad\text{如：}\quad R—O—P—O\sim P—O\sim P—OH$$

5′-三磷酸腺苷

2. 磷氮键型

磷氮键型主要有磷酸肌酸和磷酸精氨酸等。

$$R—C—NH\sim\text{\textcircled{P}}\quad\text{如：}\quad HOOC—CH_2—N—C—NH\sim\text{\textcircled{P}}$$

磷酸肌酸

（二）高能硫酯化合物

高能硫酯化合物是由代谢物的羧基与硫氢基脱水形成，主要有乙酰 CoA、琥珀酰 CoA、脂酰 CoA 等。

$$R—C\sim S—R^1\quad\text{如：}\quad CH_3—C\sim S—CoA$$

乙酰CoA

（三）高能甲硫化合物

$$CH_3\sim S^+—R^1\quad\text{如：}\quad CH_3\sim S^+—(CH_2)_2—CH—COOH$$

腺苷甲硫氨酸

底物磷酸化

在以上高能化合物中最主要的是腺苷三磷酸化合物，即 ATP。

二、 ATP 的生成及意义

动物体内的各种能源物质氧化分解释放的能量，必须转化为 ATP 形式才能被机体利用。ATP 的生成是通过磷酸化作用生成，其方式在动物体内有 2 种，即底物水平磷酸化和氧化磷酸化。

（一）底物水平磷酸化

底物水平磷酸化是指在物质代谢过程中，由于脱氢或脱水氧化使得分子内部的能量重新排布和集中，从而生成了含某些高能磷酸键或高能硫酯键的高能化合物，在酶的作用下，高能化合物将高能键转移给 ADP（GDP），从而使其磷酸化生成 ATP（GTP）的过程。底物水平磷酸化是机体获能的一种方式，它与氧的存在与否无关。例如，在糖的分解代谢过程中，有三处底物磷酸化过程。

第一处，1,3-二磷酸甘油酸 ⟶ 3-磷酸甘油酸：

$$\begin{array}{c}\overset{O}{C}\sim OPO_3^{2-}\\HC—OH\\CH_2OPO_3^{2-}\end{array} + ADP \underset{Mg^{2+}}{\overset{\text{磷酸甘油酸激酶}}{\rightleftharpoons}} \begin{array}{c}COO^-\\HC—OH\\CH_2OPO_3^{2-}\end{array} + ATP$$

1,3-二磷酸甘油酸　　　　　　　　3-磷酸甘油酸

第二处，磷酸烯醇式丙酮酸 —→ 丙酮酸

$$\underset{\text{磷酸烯醇式丙酮酸}}{\overset{\displaystyle COO^-}{\underset{\displaystyle CH_2}{C\sim OPO_3^{2-}}}} + ADP \underset{Mg^{2+},\,K^+}{\overset{\text{丙酮酸激酶}}{\rightleftharpoons}} \underset{\text{丙酮酸}}{\overset{\displaystyle COO^-}{\underset{\displaystyle CH_3}{C=O}}} + ATP$$

第三处，琥珀酰 CoA —→ 琥珀酸

$$\underset{\text{琥珀酰CoA}}{\overset{\displaystyle O}{\underset{\displaystyle CH_2\;CH_2\;COO^-}{C-S\sim CoA}}} + GDP + Pi \xrightarrow{\substack{\alpha\text{-酮戊二酸}\\ \text{脱氢酶复合体}}} \underset{\text{琥珀酸}}{\overset{\displaystyle COO^-}{\underset{\displaystyle COO^-}{CH_2\;CH_2}}} + GTP + HSCoA$$

　　底物磷酸化生成 ATP 不需要经过呼吸链的传递过程，也不需要消耗氧气，也不利用线粒体 ATP 酶的系统。因此，生成 ATP 的速率比较快，但是生成量不多。在机体缺氧或无氧条件下，底物磷酸化无疑是一种生成 ATP 的快捷和便利的方式。例如糖酵解途径中生成的 2 分子 ATP 就是以底物磷酸化的方式产生的。

（二）氧化磷酸化

　　代谢物脱下的氢经呼吸链传递给氧生成水，传递过程释放出的能量使 ADP 磷酸化生成 ATP，这种氧化过程与磷酸化过程相偶联的反应称氧化磷酸化。氧化磷酸化是生物体合成 ATP 的主要方式。

1. 氧化磷酸化的偶联部位和 P/O 比

　　呼吸链中的氧化是放能过程，ADP 的磷酸化是吸能过程，两者缺一不可并偶联起来才能形成 ATP。电子在呼吸链中按顺序逐步传递，同时释放自由能，其中释放自由能较多足以用来形成 ATP 的电子传递部位称为偶联部位。氧化磷酸化的偶联部位由实验得知，从 NADH 到氧的电子传递链中，有 3 处释放的能量足可以使 ADP 磷酸化生成 ATP。3 个部位分别是 NADH-CoQH$_2$ 还原酶复合体、CoQH$_2$-Cytc 还原酶复合体和 Cytc 氧化酶复合体所在的部位。在线粒体内膜的 NADH 呼吸链上，每传递 2 个氢交给氧生成水，这 3 个偶联部位各产生 1molATP，因此共产生 3molATP。而 FADH$_2$ 呼吸链在氢和电子传递过程中，所释放的能量只能在后 2 个部位使 ADP 酸化产生 ATP。所以 FADH$_2$ 每传递 2 个氢交给氧生成水，只产生 2molATP，如图 4.8 所示。

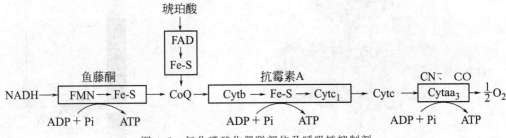

图 4.8　氧化磷酸化偶联部位及呼吸链抑制剂

氧化磷酸化的偶联部位，常通过测定线粒体及其制剂的 P/O 比值，或测定传递链上电子经相邻传递体传递时的自由能降来实现的。所谓 P/O 比是指当底物进行氧化时，每消耗 1mol 氧原子生成水，ADP 磷酸化时消耗无机磷的物质的量（mol）。无机磷的消耗量可间接测出 ATP 的生成量。实验测得 NADH 呼吸链的 P/O 比值为 3∶1，即每消耗 1mol 氧原子可形成 3molATP；而 $FADH_2$ 呼吸链的 P/O 比值为 2∶1，即每消耗 1mol 氧原子可形成 2mol ATP。根据不同底物在氧化磷酸化过程中消耗的无机磷不同，可由测定的 P/O 比值来推测偶联部位。

2. 氧化磷酸化的作用机理

目前对氧化磷酸化偶联作用机理的解释有 3 种假说：化学偶联假说、构象变化偶联假说和化学渗透偶联假说，其中化学渗透偶联假说得到较多人的支持。该假说是英国科学家 PeterMitchel1961 年提出的，其基本要点为线粒体内膜是质子不能自由通过的膜系统，当电子

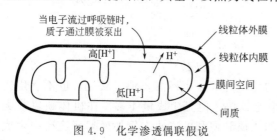

图 4.9　化学渗透偶联假说

沿呼吸链传递时，电子传递链不断地把 H^+ 由线粒体基质泵到内膜外面的膜间腔中，质子泵出后不能自由通过内膜而重新回到内膜内侧，这就使得膜间腔中的 H^+ 浓度高于内膜内侧，形成了内膜内外正负电位差和 H^+ 浓度差；电子传递时释放的能量转变为电化学梯度的渗透能，也称质子动力势，膜间腔内的质子在质子动力势的驱使下，质子（H^+）通过内膜上的 ATP 合酶复合体回到膜内基质中，同时催化 ADP 生成 ATP，如图 4.9 所示。

后来 E. Racker 用电镜观察线粒体内膜，可见内膜和嵴的基质侧表面有许多带柄的球状小体，称为基粒，这就是 ATP 合酶复合体，它由头部（F_1）、柄部（OSCP）及基部（F_0）3 部分组成，又称 F_0F_1-ATP 合酶。F_1 由 5 种多肽链 9 个亚基构成，能催化合成 ATP，而 F_1 单独存在时不能催化 ATP 合成，只有当和其他部分结合后才具有催化 ATP 合成的功能；柄部是连接 F_1 和 F_0 的部位，有控制质子流的作用；F_0 被包埋在线粒体内膜之中，是质子的通道。质子（H^+）通过 F_0F_1-ATP 合酶复合体返回到膜内基质时在 F_1 处合成 ATP，如图 4.10 所示。

关于化学渗透假说的机理如图 4.11 所示。

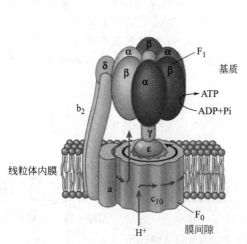

图 4.10　F_0F_1-ATP 合酶结构示意图

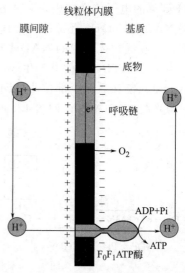

图 4.11　化学渗透假说的机理

3. 影响生物体内氧化磷酸化进行的因素

（1）ADP、ATP 浓度的影响　氧化磷酸化的速率受生物体内能量水平的调节。当有机体由于使役、运动、生产等活动时，ATP 分解为 ADP 和磷酸，释放能量被机体利用，这样使得体内 ADP 的浓度升高，氧化磷酸化过程加快。当机体休息或营养较好时，大部分 ATP 不能被利用，使 ADP 浓度下降，因而抑制了氧化磷酸化的进行。这种调节作用使有机体根据生理需要，随时可以得到能量的供应。

（2）甲状腺素的影响　甲状腺素可诱导细胞膜 Na^+-K^+-ATP 酶（钠泵）的合成，钠泵运转消耗，因而加速了 ATP 分解为 ADP+Pi，ADP 的增多可促进氧化磷酸化的进行，ATP 合成增加。

（3）某些抑制剂的影响　凡是能够阻碍氧化磷酸化进行的物质称为氧化磷酸化抑制剂，根据抑制剂作用方式的不同，可将其分为呼吸链抑制剂、解偶联剂、磷酸化抑制剂和离子载体抑制剂。

呼吸链抑制剂可以在呼吸链的特异部位阻断呼吸链的传递，如鱼藤酮、异戊巴比妥可以阻断电子由 NADH 向 CoQ 的传递；抗霉素 A、二巯基丙醇可以抑制 Cytb 向 $Cytc_1$ 的电子传递；而 CO、CN^-、H_2S 等能抑制 Cytc 氧化酶，阻断电子由 $Cytaa_3$ 向 O_2 的传递，如图 4.8 所示。

解偶联剂是指能够使呼吸链电子传递与 ADP 磷酸化过程相脱离的物质，其作用方式不抑制电子传递，但抑制了 ATP 的生成，传递过程中释放的能量以热的形式散失，常见的有 2,4-二硝基苯酚等。

磷酸化抑制剂可以同时抑制电子传递和 ADP 磷酸化。例如，寡霉素可与 F_0F_1-ATP 合酶柄部的寡霉素敏感蛋白（OSCP）结合，因而阻止了 H^+ 质子通过质子通道回流，抑制了 ATP 的生成。H^+ 在内外膜之间的积累影响了质子由内膜内侧向膜外的泵出，阻碍了电子的传递。

离子载体抑制剂是一类脂溶性抗生素物质，其作用方式是这些物质能与一价阳离子（如 K^+）形成复合物，使 K^+ 等离子很容易透过线粒体膜，同时消耗了呼吸链电子传递释放的能量，使 ATP 合成受阻，如缬氨霉素等。

ATP的生成利用
动画扫一扫

三、高能磷酸键的转移、贮存和利用

在生物体内，物质氧化分解逐步释放的大量能量不能直接被动物体利用，必须先由 ADP 磷酸化把能量暂时贮存在 ATP 后，才能使能量进一步转移、贮存和利用。

1. 高能磷酸键的转移

ATP 是高能磷酸化合物，其高能磷酸键和潜能可转移给 GDP、UDP、CDP 等，生成相应的三磷酸核苷化合物参与核酸的代谢过程。

$$ATP+AMP \longrightarrow ADP+ADP$$
$$ATP+GMP \longrightarrow ADP+GDP$$
$$ATP+GDP \longrightarrow ADP+GTP$$
$$ATP+CDP \longrightarrow ADP+CTP$$

2. 高能磷酸键的贮存

当细胞中 ATP 浓度较高时，脊椎动物可以把 ATP 的能量和磷酰基团转移给肌酸生成磷酸肌酸把能量贮存起来；当 ATP 浓度降低时，磷酸肌酸再将高能磷酰基团转移给 ADP

形成 ATP，供机体代谢需要的能量。无脊椎动物则是把 ATP 中的能量转变为磷酸精氨酸贮存，需要能量时，磷酸精氨酸再分解把能量转移给 ADP 生成 ATP 供机体利用。

$$
\begin{array}{ccc}
& NH_2 & & NH\sim ⓟ \\
& | & & | \\
& C=NH & & C=NH \\
& | & \xrightarrow{\text{肌酸磷酸激酶}} & | \\
ATP + & N—CH_3 & & N—CH_3 + ADP \\
& | & & | \\
& CH_2 & & CH_2 \\
& | & & | \\
& COOH & & COOH \\
& \text{肌酸} & & \text{磷酸肌酸}
\end{array}
$$

$$
\begin{array}{ccc}
& NH_2 & & NH\sim ⓟ \\
& | & & | \\
& C=NH & & C=NH \\
& | & \xrightarrow{\text{精氨磷酸激酶}} & | \\
ATP + & NH & & NH + ADP \\
& | & & | \\
& (CH_2)_3 & & (CH_2)_3 \\
& | & & | \\
& CH—NH_2 & & CH—NH_2 \\
& | & & | \\
& COOH & & COOH \\
& \text{精氨酸} & & \text{磷酸精氨酸}
\end{array}
$$

 知识链接

肌　酸

　　肌酸是细胞内能量新陈代谢的重要分子和能量暂时存储的场所。肌酸和磷酸肌酸一起组成磷酸原系统，在 ATP 供能不足时，提供磷酸，供 ADP 重新合成 ATP。由于 ATP 不能直接由体外补充（ATP 不能透过细胞膜），所以补充能量的方法是补充葡萄糖或其他能源物质。胍基乙酸（GAA）是肌酸的天然前体物，因此可通过食物添加 GAA 来补充肌酸。肌酸被磷酸化后形成磷酸肌酸，后者是动物所有细胞能量转移的关键物质。

3. 高能化合物中能量的利用

　　高能化合物中蕴藏的能量在酶的作用下释放出来，由 ATP 携带把能量转移到机体相应的部位，供给机体各种生理机能活动所需的能量，如图 4.12 所示。

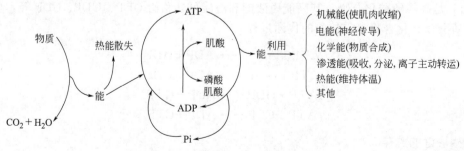

图 4.12　能量的转移、贮存和利用

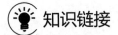 **知识链接** ··

ATP 的临床应用

  三磷酸腺苷（ATP）参与体内脂肪、蛋白质、糖和核苷酸的代谢，同时又是体内能量的主要来源，在临床上，ATP 作为一种辅酶类药物，有提供能量和改善机体代谢的作用，常用于进行性肌肉萎缩、脑出血后遗症、心功能不全、心肌炎及肝炎等疾病的辅助治疗。纯净的 ATP 呈白色粉末状，能溶于水。ATP 片剂可以口服，注射液可肌内注射或静脉滴注。但 ATP 并非万能药，若用药指征掌握不严，滥用，可导致不良反应甚至致命，如在有机磷农药中毒时，就不能使用 ATP 等代谢促进剂，因为它能够增加乙酰胆碱的合成。

··

第五节　线粒体外的生物氧化体系

  动物体内的生物氧化有线粒体生物氧化体系和非线粒体生物氧化体系两大类。动物生命活动所需的能量，主要由线粒体生物氧化体系提供。线粒体是生物氧化的主要场所，其中含有许多与生物氧化有关的酶类。在酶的作用下，代谢底物脱下的氢原子，经过一系列传递体的传递，最终传递给分子氧而化合成水，同时释放出大量能量供机体利用。非线粒体生物氧化体系存在于线粒体以外如微粒体、过氧化物体中，代谢底物脱下的氢，在一些氧化酶如需氧脱氢酶、过氧化物酶、过氧化氢酶、超氧化物歧化酶等的作用下，直接与氧化合生成水，一般不伴有能量的生成。这是一类较简单的生物氧化体系，主要存在于动物的肝脏等组织细胞中，参与非营养物质如药物、毒物、激素等物质的代谢转化。

一、需氧脱氢酶催化的生物氧化

  这类酶是以 FMN 或 FAD 为辅基的脱氢酶，在有氧条件下才能脱氢，脱下的氢可直接传给分子氧，生成 H_2O_2 而不生成 H_2O。

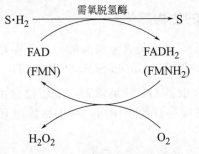

  这类酶有 L-氨基酸氧化酶、D-氨基酸氧化酶以及次黄嘌呤氧化酶等。其特点是不被氰化物、一氧化碳、硫化氢等抑制剂抑制。

二、加氧酶催化的生物氧化

  加氧酶分为加单氧酶和加双氧酶两类，主要存在于微粒体中。

1. 加单氧酶（又称羟化酶）

  加单氧酶可催化氧分子中的一个氧原子加到底物上，另一氧原子则被 NADPH＋H$^+$ 还

原生成 H_2O。其反应如下：

$$NADPH + H^+ \longrightarrow NADP^+$$

$$RH + O_2 \xrightarrow[\text{细胞色素}P_{450}]{} ROH + H_2O$$

此类酶使多种脂溶性物质（药物、毒物、类固醇等）氧化，是肝脏生物转化的重要酶。

2. 加双氧酶

加双氧酶催化的是分子氧中的两个氧原子，分别加到底物分子中特定双键的两个碳原子上。如 β-胡萝卜素转变为视黄醛的反应。

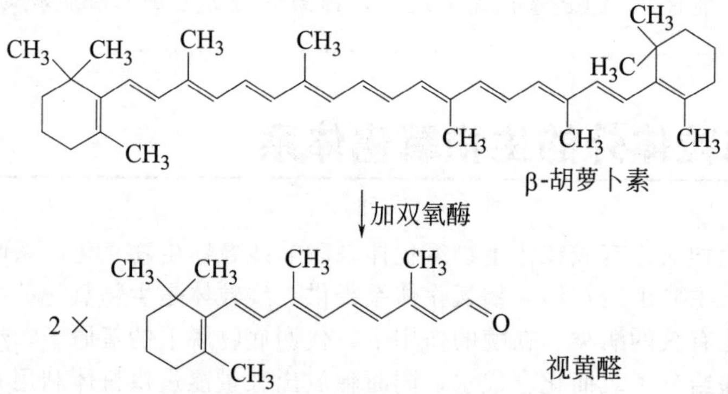

β-胡萝卜素

↓加双氧酶

视黄醛

三、过氧化氢酶和过氧化物酶催化的生物氧化

过氧化氢酶和过氧化物酶都是以铁卟啉为辅基的酶。过氧化氢酶可催化 2 个分子 H_2O_2 生成 H_2O 和 O_2，以便及时清除过多的 H_2O_2，减少对机体的毒害作用。过氧化物酶催化抗坏血酸、胺类和酚类化合物。这些酶所催化的反应如下：

$$2H_2O_2 \xrightarrow{\text{过氧化氢酶}} 2H_2O + O_2$$

$$H_2O_2 + A \xrightarrow{\text{过氧化物酶}} H_2O + AO$$

四、超氧化物歧化酶催化的生物氧化

超氧化物歧化酶简称 SOD，是一类含金属酶类，广泛存在于各种生物体内。SOD 按其所含金属离子的不同分为三种形式：Cu-Zn-SOD，Mn-SOD，Fe-SOD。在生物体内，SOD 是一种重要的超氧化阴离子自由基 O_2^- 的清除剂，能促使自由基形成过氧化氢，对多种炎症、放射性疾病、自身免疫性疾病有治疗作用，对生物体还有抗衰老保护作用。SOD 催化的反应如下：

$$2O_2^- + 2H^+ \xrightarrow{\text{SOD}} H_2O_2 + O_2$$

生成的过氧化氢再被过氧化氢酶分解。

本章小结

动物体的生命活动离不开生物氧化，生物氧化是在细胞内把糖、蛋白质、脂肪等有机物氧化分解成 CO_2 和 H_2O 并释放出能量的过程。糖、蛋白质、脂肪等物质在体内代谢过程中首先形成羧基化合物，然后在脱羧酶的作用下进行脱羧反应生成 CO_2；代谢底物脱掉的氢原子，经过一系列的电子传递与氧负离子结合生成 H_2O；ATP 的生成则主要通过底物水平磷酸化和氧化磷酸化两种方式完成，影响氧化磷酸化的因素有 ADP 和 ATP 浓度、甲状腺素及一些抑制剂。

电子传递链也称氧化呼吸链，是指递氢体或递电子体在线粒体内膜上具有严格的排列顺序并形成前后的链式结构，它由 4 种具有电子传递活性的复合体和 2 个独立成分组成。典型的呼吸链有 NADH 呼吸链和 $FADH_2$ 呼吸链。

胞液中 NADH 的氧化主要通过苹果酸和 α-磷酸甘油穿梭完成的。

生物体在进行氧化分解时，释放出的能量一部分用以维持体温，剩余部分转移到高能化合物中贮存起来，高能化合物中蕴藏的能量在酶的作用下释放出来，由 ATP 携带把能量转移到机体相应的部位，供给机体所需能量。

复习思考题

一、名词解释

生物氧化　呼吸链　高能化合物　氧化磷酸化　P/O 比值

二、填空题

1. 动物体体内 ATP 生成的两种方式是_____和_____。

2. 动物体内生物氧化的 3 种方式是_____、_____和_____。

3. 胞液中 NADH 的氧化主要通过 2 个穿梭系统完成，这 2 个穿梭系统是_____和_____。

三、简答题

1. 什么是高能化合物？举例说明。

2. 试述呼吸链中酶的组成及作用。

3. 什么是氧化磷酸化和底物水平磷酸化？举例说明。

4. 生物氧化中水是怎么生成的？

5. 糖酵解过程中产生的 NADH 是怎样进入呼吸链氧化的？

6. 氰化物与一氧化碳中毒的机理是什么？如何救治？

第五章
糖代谢

知识目标

- 熟悉糖分解代谢的三大途径：糖酵解、糖的有氧分解、磷酸戊糖途径；
- 掌握糖原的合成与分解，糖异生作用；
- 了解血糖的来源和去路。

能力目标

- 常用生化实验样品的制备技术；
- 糖类的化学检测技术。

　　糖是一大类有机化合物，其化学本质为多羟基醛或多羟基酮类及其衍生物或多聚物。糖普遍存在于动物组织中，在生命活动中的主要作用是提供能源和碳源。糖代谢包括摄入的糖类物质以及由非糖物质在体内生成的糖类物质所参与的全部生物化学过程和能量转化过程，它在物质代谢中处于核心地位。

　　动物体内最重要的单糖是葡萄糖，来自自然界中植物的光合作用。动物体内最主要的多糖是糖原，它是葡萄糖通过 α-1,4-糖苷键和 α-1,6-糖苷键相连而成的高聚物，是一种极易动员的葡萄糖贮存形式。糖是动物体的主要能源物质，提供能量是糖的重要生物学功能。糖分解代谢的中间代谢产物为体内其他含碳化合物，如氨基酸、脂肪酸、甘油、核苷酸等的合成提供重要碳源。

　　糖代谢包括分解代谢和合成代谢两个方面。糖的分解代谢的主要途径有糖原分解、糖的无氧氧化、糖的有氧氧化、磷酸戊糖途径等，糖的合成代谢途径有糖原合成、糖异生等。其中糖的消化吸收和糖的异生作用是动物体内糖的来源，血糖是糖在体内的运输形式，合成糖原是糖在动物体内的贮存方式，氧化分解是糖供给机体能量的代谢途径，糖在体内也可转变为其他非糖物质。

第一节　糖代谢概述

一、糖类

　　糖类是多羟基的醛、酮，或多羟基醛、酮的缩合物及其衍生物。如葡萄糖、果糖、乳糖、淀粉、壳多糖等，均属糖类。糖类是自然界最重要的生物分子之一。动物体不能由简单的二氧化碳自行合成糖类，必须从食物中摄取。动物吸入空气中的氧，将食物中的糖类经过一系列生物化学反应逐步分解为二氧化碳和水，同时释放机体活动所需要的能量。

大多数糖类物质仅由 C、H、O 三种元素组成，糖类广泛地存在于生物界，尤其是植物界。按干重计，糖类物质占动物体的 2% 以下，占细菌的 $10\% \sim 30\%$，占植物的 $85\% \sim 90\%$。糖类是生物体内非常重要的一类有机化合物，具有重要的生理作用，例如 D-葡萄糖是为机体生命活动提供所需能量的主要"燃料"分子；糖胺聚糖充当机体的结构成分，参与构成动物软骨；糖蛋白的糖链参与细胞的相互识别；糖在机体内还可以转变成其他的重要生物分子，如 L-氨基酸和核苷酸等。

糖类种类很多，可分为单糖、寡糖、多糖、复合糖四大类。

二、糖的生理功能

糖类广泛存在于动物体内，动物体从自然界摄取的物质中，除水以外，糖是最多的物质。糖具有多种重要的生理功能。

1. 氧化分解，供应能量

生命活动需要能量，动物体获得能量的方式是物质氧化。糖是动物体最主要的供能物质，动物机体所需要的能量 $50\% \sim 80\%$ 来自糖的氧化分解，每克糖彻底氧化可释放 16.7kJ 的能量，这些能量一部分以热能的形式散发出体外，用于维持体温；一部分转变为高能化合物（如 ATP）用于维持动物机体的正常生命活动。

2. 构成组织细胞的成分

糖普遍存在于动物各组织中，是构成组织细胞的成分。糖与蛋白质结合形成糖蛋白，与脂类结合形成糖脂，糖蛋白和糖脂都是生物膜的组成成分。核糖与脱氧核糖是组成核酸的成分，在脑、骨骼肌和其他许多组织细胞中还含有少量的鞘糖脂。此外，血浆蛋白（清蛋白除外）、抗体、有些酶和激素、细胞表面的一些受体等也含有糖，属糖蛋白。糖在分解过程中形成的中间产物还可以作为合成蛋白质、脂肪、核酸等物质所需的含碳骨架。

3. 其他供能

① 糖可以参与构成体内一些具有生理功能的物质，如免疫球蛋白、血型物质、部分激素及绝大部分凝血因子均属于糖蛋白，这些糖蛋白的生物学功能与其分子中的寡糖基密切相关。

② 糖在体内还可以转变为脂肪而贮存；转变为某些氨基酸供动物机体合成蛋白质；转变为糖醛酸参与生物转化反应。

三、糖代谢概况

糖是一类化学本质为多羟基醛或多羟基酮及其衍生物的有机化合物，在人体内糖的主要形式是葡萄糖及糖原。葡萄糖是糖在血液中的运输形式，在机体糖代谢中占据主要地位；糖原是葡萄糖的多聚体，包括肝糖原、肌糖原和肾糖原等，是糖在体内的贮存形式。葡萄糖与糖原都能在体内氧化提供能量，食物中的糖是机体中糖的主要来源，被人体摄入经消化成单糖吸收后，经血液运输到各组织细胞进行合成代谢和分解代谢。机体内糖的代谢途径主要有葡萄糖的无氧酵解、有氧氧化、磷酸戊糖途径、糖原合成与糖原分解、糖异生以及其他己糖代谢等。

食物中的糖主要是淀粉，另外包括一些双糖及单糖。多糖及双糖都必须经过酶的催化水解成单糖才能被吸收。

　　食物中的淀粉经唾液中的 α-淀粉酶作用，催化淀粉中 α-1,4-糖苷键的水解，产物是葡萄糖、麦芽糖、麦芽寡糖及糊精。由于食物在口腔中停留时间短，淀粉的主要消化部位在小肠。小肠中含有胰腺分泌的 α-淀粉酶，催化淀粉水解成麦芽糖、麦芽三糖、α-糊精和少量葡萄糖。在小肠黏膜刷状缘上，含有 α-糊精酶，此酶催化 α 糊精的 α-1,4-糖苷键及 α-1,6-糖苷键水解，使 α-糊精水解成葡萄糖；刷状缘上还有麦芽糖酶可将麦芽三糖及麦芽糖水解为葡萄糖。小肠黏膜还有蔗糖酶和乳糖酶，前者将蔗糖分解成葡萄糖和果糖，后者将乳糖分解成葡萄糖和半乳糖。

　　糖被消化成单糖后的主要吸收部位是小肠上段，己糖尤其是葡萄糖被小肠上皮细胞摄取是一个依赖 Na^+ 的耗能的主动摄取过程，有特定的载体参与：在小肠上皮细胞刷状缘上，存在着与细胞膜结合的 Na^+-葡萄糖联合转运体，当 Na^+ 经转运体顺浓度梯度进入小肠上皮细胞时，葡萄糖随 Na^+ 一起被移入细胞内，这时对葡萄糖而言是逆浓度梯度转运。这个过程的能量是由 Na^+ 的浓度梯度（化学势能）提供的，它足以将葡萄糖从低浓度转运到高浓度。当小肠上皮细胞内的葡萄糖浓度增高到一定程度，葡萄糖经小肠上皮细胞基底面单向葡萄糖转运体顺浓度梯度被动扩散到血液中。小肠上皮细胞内增多的 Na^+ 通过钠钾泵（Na^+-K^+-ATP 酶），利用 ATP 提供的能量，从基底面被泵出小肠上皮细胞外，进入血液，从而降低小肠上皮细胞内 Na^+ 浓度，维持刷状缘两侧 Na^+ 的浓度梯度，使葡萄糖能不断地被转运。

　　消化道吸收入血的各种单糖，经门静脉进入肝脏，在肝脏内的半乳糖、果糖、甘露糖等在酶的催化下可以转化为葡萄糖。肝脏中的葡萄糖一部分在肝中代谢，一部分进入血液。葡萄糖在肝中可合成肝糖原暂时贮存，也可分解供能，或可转变为其他物质（如脂肪、氨基酸等）。肝还是糖异生作用的主要场所，可将丙酸、氨基酸等转变为糖原。肝糖原可分解为葡萄糖进入血液，然后输送到各组织细胞，供全身利用。在肝外组织，如肌肉中葡萄糖可合成糖原贮存，也可分解供能，或可转变为其他物质（如脂肪、氨基酸等）。当摄入的能源物质过多时，糖就将转变为脂肪（主要场所是脂肪组织和肝）并贮存，作为能量贮备，这也是含糖丰富的饲料可使动物肥育的重要原因。葡萄糖在肝脏及肝外组织的代谢概况如图 5.1 所示。

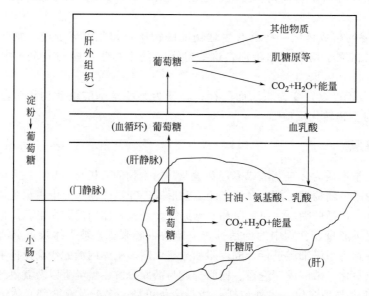

图 5.1　葡萄糖在肝脏及肝外组织的代谢概况

四、血糖及其调节

血液中所含的糖，除微量的半乳糖、果糖及其磷酸酯外，几乎全部是葡萄糖及少量葡萄糖磷酸酯。血糖主要是指血液中所含的葡萄糖。每种动物的血糖含量各不相同，但对每种动物而言血糖浓度是恒定的。血糖浓度的相对恒定，是通过神经、激素调节血糖的来源和去路而达到的。

1. 血糖的浓度及其变化

正常动物在安静空腹状态下，血糖浓度比较恒定，保持在一定的范围内。血糖的浓度受进食的影响，进食数小时内血糖浓度升高，在饥饿时血糖含量会逐渐降低，但在短时间不进食时，也能维持正常水平。家畜血糖浓度相对恒定具有重要的生理意义，因为血糖浓度的相对恒定，是保证细胞正常代谢、维持组织器官正常机能的重要条件之一。动物机体各组织细胞需要不断地从血液中摄取葡萄糖以满足生理活动的需要。如果血糖过低，就会引起葡萄糖进入各组织的量不足，造成各组织（首先是神经组织）机能障碍，出现低血糖症。

📖 案例 5.1

某养猪场刚出生三天的一窝仔猪，陆续出现吃奶减少，精神沉郁，站立不稳，消瘦等现象。临床检查仔猪皮肤冷湿、苍白，体温低。实验室检查血糖浓度下降到 100mg/L。根据临床症状同时结合实验室检查结果初步诊断为仔猪低血糖。

问题：为什么仔猪低血糖多发生于一周龄以内的仔猪。

分析：仔猪在出生后第一周内不能进行糖异生作用，如果在出生一周内没有获得足够的乳汁，就会因为饥饿导致糖原耗竭，从而出现仔猪低血糖。临床治疗通常采用补糖疗法。

2. 血糖的来源和去路

血糖的主要来源包括 4 条：

① 从食物中摄取，通过消化道吸收，这是血糖最主要的来源。

② 肝糖原逐渐分解为葡萄糖进入血液，这是空腹时血糖的直接来源。

③ 非糖物质如某些有机酸、丙酸、甘油、生糖氨基酸等通过肝的糖异生作用转变成葡萄糖或糖原，从而起到补充血糖的作用。

④ 其他单糖，如果糖、半乳糖等也可转变为葡萄糖以补充血糖。

血糖的去路有如下几条：

① 在组织中氧化分解供应机体能量。

② 在组织中合成糖原。

③ 转变为脂类和非必需氨基酸等非糖类物质。

④ 转变为其他糖及糖衍生物，如葡萄糖可转变成核糖、脱氧核糖、氨基糖等，以作为一些重要物质合成的原料。

⑤ 从尿中排出。尿中排出葡萄糖不是正常的去路。正常生理情况下，葡萄糖虽然通过肾小球滤过，但在肾小管中又几乎全部被吸收入血。只有在某些生理或病理情况下，血糖含量过高，超过了肾小管再吸收的能力（称为肾糖阈）时，一部分糖会从尿中排出，称为糖尿。

3. 血糖浓度的调节

动物血糖浓度的动态平衡是依靠血糖来源和去路的协调来维持的，血糖水平保持恒定是糖、脂肪、氨基酸代谢途径之间，肝、肌肉、脂肪组织之间相互协调的结果。当动物在采食后消化吸收期间，从肠道吸收大量葡萄糖，此时肝内糖原合成加强而分解减弱，肌肉中肌糖原合成和糖的分解也加强，肝、脂肪组织加速将糖转变为脂肪，氨基酸的糖异生作用则减弱，因而血糖暂时上升并且很快恢复正常。动物长距离和长时间奔跑达 2h以上，其肝糖原早已耗尽，但血糖仍可以保持在基本正常水平。此时肌肉内能量主要来自脂肪酸，而糖异生作用产生的葡萄糖用于保持血糖水平。动物长期饥饿时，血糖虽略低，但仍保持一定水平。这时血糖的来源主要靠糖的异生作用，原料首先是从肌肉蛋白质降解来的氨基酸，其次为甘油，以保证动物脑组织对能量的需求，其他组织的能量需求则通过脂肪酸氧化代谢获得。

当动物在血糖浓度偏高时血中葡萄糖能够送往去路，而当血糖浓度偏低时又能取自来源，这是由于神经、激素和血中葡萄糖自身的调节作用，改变了各组织细胞中糖代谢反应速率，从而调节了血糖浓度的结果。调节血糖浓度的主要激素有胰岛素、肾上腺素、糖皮质激素等，除胰岛素可降低血糖外，其他激素均可使血糖升高。激素对血糖的调节并非孤立地进行，而是既互相协同又互相制约的矛盾统一体。血糖浓度的自身调节与糖原合成、糖的分解代谢等直接相关，目前认为葡萄糖既是糖代谢反应的底物，又是血糖浓度和糖代谢的调节因子之一。正常动物体内存在一整套精细调节糖代谢的机制，在一次性摄入大量葡萄糖之后，血糖水平不会出现大的波动和持续升高。动物体对摄入的葡萄糖具有很大耐受能力的现象被称为耐糖现象，临床上做糖耐量试验可以帮助诊断某些糖代谢障碍性疾病。

血糖浓度相对的恒定具有重要的生理意义。体内各组织细胞活动所需能量大部分来自葡萄糖，血糖必须保持一定水平才能维持体内各器官和组织的需要。如果血糖含量过低，各组织得不到足够的葡萄糖供给能量，就会发生机能障碍。这一点对脑组织特别重要，这是由于脑组织不含糖原，而脑组织活动所需的能量除来自酮体外，必须有一部分来自血糖，以维持其正常的机能活动。可见，细胞内缺乏糖的供应，细胞功能就会发生紊乱，但血糖如果超过正常水平，不能被组织利用，则由尿排出。

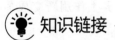 知识链接

糖尿病

糖尿病是由于胰岛素绝对或相对缺乏引起的以持续性高血糖和糖尿为主要症状的内分泌障碍性疾病，空腹血糖和糖耐量曲线都高于正常水平。胰岛素可以通过以下途径调节糖代谢：①促进肌肉、脂肪组织等处的靶细胞细胞膜载体将血液中的葡萄糖转运入细胞。②通过激活丙酮酸脱氢酶磷酸酶而使丙酮酸脱氢酶激活，加速丙酮酸氧化为乙酰辅酶 A，加快糖的有氧氧化。③通过抑制 PEP 羧激酶的合成以及减少糖异生的原料，抑制糖异生。④通过共价修饰增强磷酸二酯酶活性、降低 cAMP 水平、升高 cGMP 浓度，从而使糖原合成酶活性增加、磷酸化酶活性降低，加速糖原合成、抑制糖原分解。⑤抑制脂肪组织内的激素敏感性脂肪酶，减缓脂肪动员，使组织利用葡萄糖增加。

第二节　糖的分解代谢

一、糖的无氧分解

1. 糖无氧分解的概念

糖无氧分解是指细胞内的葡萄糖或糖原的葡萄糖单位在无氧或缺氧条件下，分解生成乳酸并释放少量能量的过程，又称糖酵解。阐明糖酵解途径过程的是 1940 年由 G. Embden，O. Meyerhof，J. K. Parnas 等人完成的，所以也称 EMP 途径。糖酵解的酶存在于胞液中，故糖酵解过程在胞液中进行。

糖的酵解反应

2. 糖酵解的过程

葡萄糖的无氧分解可分为 4 个阶段。

（1）由葡萄糖生成 1,6-二磷酸果糖　反应的第一步是葡萄糖的磷酸化，由葡萄糖激酶或己糖磷酸激酶催化，生成 6-磷酸葡萄糖。由葡萄糖转化为 6-磷酸葡萄糖过程不可逆，催化反应的酶是己糖激酶或葡萄糖激酶。所谓激酶是指催化磷酰基从 ATP 上转移到受体上的酶。己糖激酶可被 6-磷酸葡萄糖抑制来调节葡萄糖的分解速率，所以此酶是限速酶。葡萄糖激酶主要在肝脏中，对葡萄糖有专一性，并且不被 6-磷酸葡萄糖反馈抑制，此过程消耗 1 分子 ATP。

若是糖原降解，首先磷酸化生成 1-磷酸葡萄糖，肝脏中的 1-磷酸葡萄糖在磷酸葡萄糖变位酶的催化下，生成 6-磷酸葡萄糖，这个过程不需要消耗 ATP。

反应的第二步是 6-磷酸葡萄糖异构化为 6-磷酸果糖，由磷酸己糖异构化酶催化。

反应的第三步是 6-磷酸果糖由 ATP 磷酸化为 1,6-二磷酸果糖，此反应由磷酸果糖激酶催化，反应不可逆，并消耗 1 分子 ATP。

在此阶段中，己糖激酶和磷酸果糖激酶催化的反应均是不可逆反应，两种酶都属于别构酶类，Mg^{2+} 存在时，激酶才表现出活性。可以通过调节酶的活性来控制 EMP 途径的反应速率，因此也是限速酶。

CH$_2$OPO$_3$H$_2$　——磷酸己糖异构酶——→　H$_2$O$_3$PO—CH$_2$　CH$_2$OH

OH　H　　　　　　　　　　　　　　　　　　HO
OH　　　OH　　　　　　　　　　　　　　H　　OH
　　OH　　　　　　　　　　　　　　　　　OH　H

6-磷酸葡萄糖　　　　　　　　　　　　　6-磷酸果糖

己糖激酶
Mg
ATP ← ADP

HO—CH$_2$　CH$_2$OH
HO
H　　OH
OH　H

果糖

Mg ← ADP
己糖磷酸激酶
ATP
CH$_2$OH

OH　H
OH　　OH
H　　OH

葡萄糖

Mg
ATP
磷酸果糖激酶
ADP

H$_2$O$_3$PO—CH$_2$　CH$_2$OPO$_3$H$_2$
HO
OH

1,6-二磷酸果糖

（2）1,6-二磷酸果糖裂解为 2 分子三碳单位   1,6-二磷酸果糖在醛缩酶的作用下，裂解为磷酸二羟丙酮和 3-磷酸甘油醛，两者在磷酸丙糖异构酶作用下可以互变。由于 3-磷酸甘油醛不断地被氧化成 1,3-二磷酸甘油酸，促成磷酸二羟丙酮不断地转化为 3-磷酸甘油醛，故认为 1 分子葡萄糖可转变为 2 分子 3-磷酸甘油醛。

$$
\begin{array}{ccc}
\text{1,6-二磷酸果糖} & & \text{磷酸二羟丙酮} \quad \text{3-磷酸甘油醛}
\end{array}
$$

（3）丙酮酸的生成   从 3-磷酸甘油醛转变为丙酮酸是糖酵解途径释放能量的过程。首先 3-磷酸甘油醛脱氢和磷酸化生成 1,3-二磷酸甘油酸，催化此反应的酶是 3-磷酸甘油醛脱氢酶，脱下的氢由 NAD^+ 接受形成 $NADH+H^+$。在无氧条件下，$NADH+H^+$ 将用于丙酮酸的还原，在有氧条件下可进入呼吸链氧化。

反应中有能量产生，并吸收 1 分子无机磷酸生成 1 个高能磷酸键。随后在磷酸甘油醛激酶催化下，将此高能磷酸基转移给 ADP 生成 ATP。3-磷酸甘油酸再在磷酸甘油酸变位酶催化下磷酸基移位形成 2-磷酸甘油酸。反应如下：

$$
\begin{array}{cc}
\text{1,3-二磷酸甘油酸} & \text{3-磷酸甘油酸} \\
\text{3-磷酸甘油醛} & \text{2-磷酸甘油酸}
\end{array}
$$

这是糖酵解途径中第一个产生 ATP 的步骤，第二个 ATP 产生的步骤是由 2-磷酸甘油酸生成丙酮酸。首先 2-磷酸甘油酸脱水形成含有一个高能磷酸键的烯醇，此反应由烯醇化酶催化。然后在丙酮酸激酶的催化下，含有高能磷酸键的磷酸烯醇式丙酮酸将磷酸基转移至 ADP 生成 ATP。

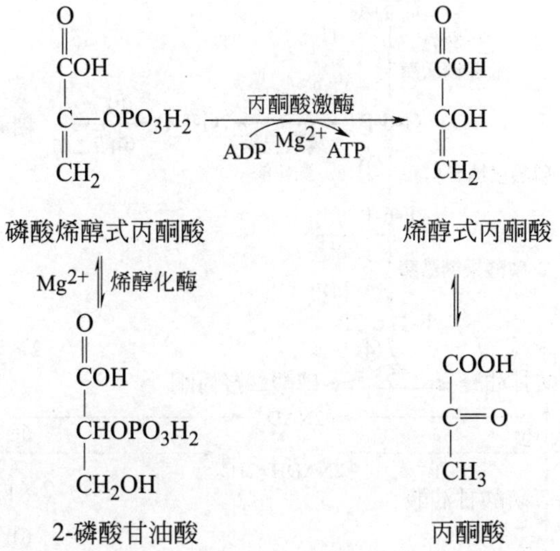

磷酸烯醇式丙酮酸 $\xrightarrow[\text{ADP} \quad \text{Mg}^{2+} \quad \text{ATP}]{\text{丙酮酸激酶}}$ 烯醇式丙酮酸

至此，从 3-磷酸甘油醛至丙酮酸生成 2 分子 ATP。因一分子葡萄糖生成 2 分子 3-磷酸甘油醛，所以一分子葡萄糖至丙酮酸共生成 4 分子 ATP。但在先前葡萄糖转变为 1,6-二磷酸果糖的反应中已消耗 2 分子 ATP，因此一分子葡萄糖至丙酮酸净生成 2 分子 ATP。

（4）丙酮酸还原为乳酸　丙酮酸在无氧条件下，由乳酸脱氢酶催化，还原为乳酸，所需的 $NADH+H^+$ 是 3-磷酸甘油醛脱氢反应中产生的。这是一步可逆反应，当氧充足时，乳酸又可脱氢氧化为丙酮酸，乳酸是糖酵解途径的最终产物。

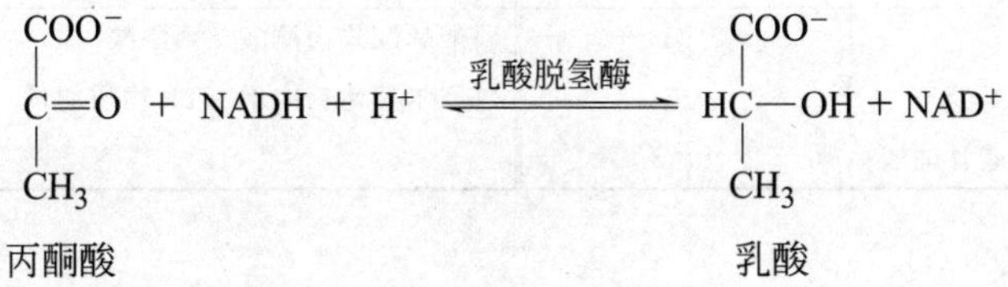

丙酮酸 $+ NADH + H^+ \xrightleftharpoons{\text{乳酸脱氢酶}}$ 乳酸 $+ NAD^+$

糖酵解的反应概况如图 5.2 所示。

3. 糖酵解的能量

从糖无氧分解的全部反应过程来看，由葡萄糖降解为丙酮酸有 3 步是不可逆反应，催化这 3 步反应的己糖激酶、磷酸果糖激酶和丙酮酸激酶，均是限速酶，调控糖酵解的反应速率，其中的磷酸果糖激酶是最关键的限速酶。

糖或糖原的一个葡萄糖单位，在糖无氧分解过程中可以生成 2mol 的乳酸。因此，当动物有机体剧烈活动（包括重度使役）时，肌肉和血液中的乳酸浓度会增高。

糖酵解过程中能量的生成较少，1mol 葡萄糖生成 2mol 乳酸过程中，可产生 4molATP。扣除第一阶段消耗的 2molATP，糖无氧分解过程 1mol 葡萄糖分解可净生成 2molATP。糖原的葡萄糖单位无氧分解生成乳酸，可净生成 3molATP。糖酵解的能量生成过程见表 5.1。

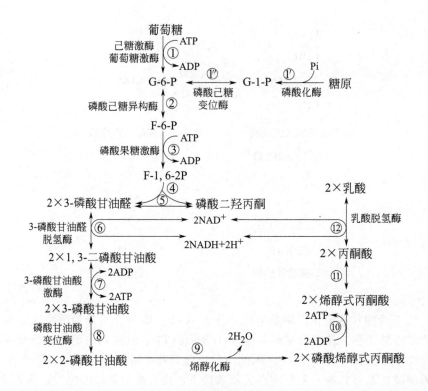

图 5.2　糖酵解的反应概况

表 5.1　1mol 葡萄糖糖酵解生成 ATP 的物质的量

反　应	ATP 物质的量的增减	反　应	ATP 物质的量的增减
葡萄糖→6-磷酸葡萄糖	−1	磷酸烯醇式丙酮酸→丙酮酸	1×2
6-磷酸果糖→1,6-二磷酸果糖	−1	每摩尔葡萄糖净增 ATP 物质的量	2
1,3-二磷酸甘油酸→3-磷酸甘油酸	1×2		

4. 糖酵解的生理意义

糖的无氧分解最主要的生理意义在于为动物机体迅速提供能量,这对肌肉收缩尤为重要。如机体缺氧或剧烈运动时,即使呼吸和循环加快,仍不足以满足体内糖完全氧化时对氧的大量需求。这时肌肉处于相对缺氧状态,糖的无氧分解过程随之加强,以补充运动所需的能量。因此在激烈运动后,血中乳酸浓度会成倍地升高。

少数组织,即使在有氧情况下,也要进行糖的无氧分解。例如,表皮中 50%～75% 的葡萄糖经酵解产生乳酸;视网膜、神经、睾丸、肾髓质、血细胞等组织代谢活动极为活跃,即使不缺氧也常由无氧分解提供部分能量;成熟的红细胞由于没有线粒体则完全依赖糖的无氧分解以获得能量。

在某些病理情况下,例如严重贫血、大量失血、休克等,由于循环障碍造成组织供氧不足,也会加强糖的无氧分解,产生的乳酸过多时还会引起酸中毒。

但是,从葡萄糖无氧分解途径获得的能量有限,在一般情况下,动物体大多数组织有充足供应的氧,主要进行的是糖的有氧分解供能。

💡 **知识链接**

巴斯德效应

法国科学家巴斯德发现酵母菌在无氧时进行生醇发酵，将其转移至有氧环境生醇发酵即被抑制，这种有氧氧化抑制生醇发酵的现象称为巴斯德效应，此效应也存在于人体组织中（如肌肉组织）。现在，人们将在厌氧型和需氧型能量代谢之间的转换过程总结为巴斯德效应。巴斯德效应可以用于指导酒精发酵：在酒精发酵初期，通氧使细胞生长，在发酵后期，转移至无氧环境下，使其糖酵解反应加快，发酵产物被大量累积，从而使酒精产量增高。

二、糖的有氧分解

（一）糖有氧分解的概念

葡萄糖在有氧的条件下，进行氧化分解，最后生成 CO_2、H_2O 及释放大量能量的过程，称为糖的有氧分解，又叫有氧氧化。糖的有氧分解是机体获取能量的主要途径，也是糖在体内氧化的主要方式。

（二）糖有氧分解的过程

糖的有氧分解实际上是无氧分解的继续。无氧时丙酮酸最后被还原成乳酸，有氧时丙酮酸则进一步氧化为 CO_2 和 H_2O。由葡萄糖生成丙酮酸的过程仍然在胞液中进行，而丙酮酸进一步氧化则要在线粒体内进行。所以，糖的有氧分解一共可划分为三个阶段。

① 葡萄糖氧化为丙酮酸（此阶段与糖酵解途径相同）；

② 丙酮酸氧化脱羧生成乙酰 CoA；

③ 三羧酸循环。

两途径可做比较如下：

$$葡萄糖 \rightarrow 丙酮酸 \begin{cases} (无氧条件下) \rightarrow 乳酸 \quad\quad (EMP) \\ (细胞液中) \\ (有氧条件下) \rightarrow 乙酰CoA \rightarrow 三羧酸循环 \ (有氧分解) \\ (进入线粒体) \end{cases}$$
（细胞液中）

1. 葡萄糖或糖原转变为丙酮酸阶段

这一阶段的反应过程和场所与糖无氧分解途径基本相同，只是 3-磷酸甘油醛脱氢产生的 $NADH+H^+$ 不用于还原丙酮酸，而是经穿梭作用进入线粒体，经呼吸链氧化生成水，并产生 ATP。

2. 丙酮酸氧化脱羧生成乙酰 CoA

丙酮酸在有氧条件下进入线粒体，由丙酮酸脱氢酶复合体催化，氧化脱羧生成乙酰 CoA。反应过程不可逆。

$$H_3C-\overset{\overset{\displaystyle O}{\|}}{C}-COOH + HSCoA \xrightarrow[\text{NAD}^+ \quad \text{NADH+H}^+]{\text{丙酮酸脱氢酶复合体}} H_3C-\overset{\overset{\displaystyle O}{\|}}{C}\sim SCoA + CO_2$$

丙酮酸　　　　　　　　　　　　　　　　　　　　　　乙酰CoA

丙酮酸脱氢酶复合体，也叫丙酮酸脱氢酶系，是由 3 种酶和 5 种辅酶或辅基组成，它们分别是丙酮酸脱氢酶（辅酶是 TPP^+）、硫辛酸乙酰基转移酶（辅酶是硫辛酸和 CoA）、二氢硫辛酸脱氢酶（辅酶是 NAD^+，还有 FAD 辅基）。多酶复合体的形成使其催化的反应效率及调控能力显著提高。催化过程如图 5.3 所示。

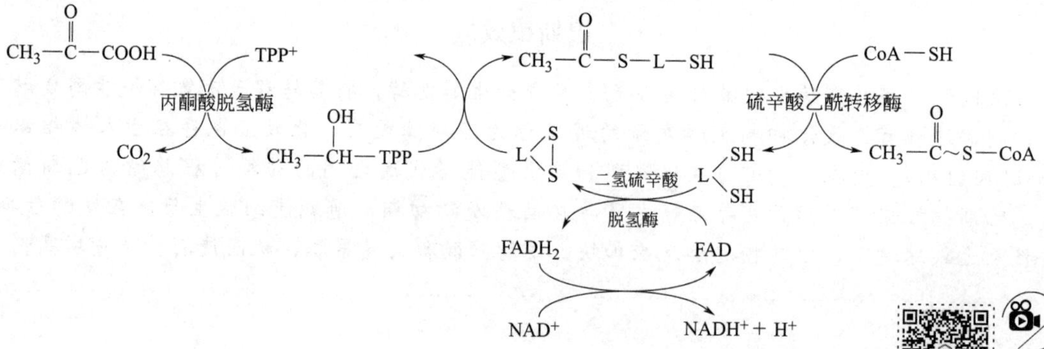

图 5.3　丙酮酸脱氢酶系的催化过程

3. 三羧酸循环

三羧酸循环又称 TCA 循环。它是由 Krebs 提出的，也叫 Krebs 循环。三羧酸循环在线粒体中进行，由乙酰 CoA 与草酰乙酸缩合生成含有 3 个羧基的柠檬酸开始，再经循环中 4 次脱氢和 2 次脱羧过程，最后重新生成草酰乙酸。每循环一次就有一个乙酰基被氧化分解，同时脱下的氢经呼吸链传递与氧结合生成 H_2O，放出大量的能量。三羧酸循环是糖代谢重要的反应过程，也是联系脂肪和蛋白质等物质代谢的枢纽，具体过程如下。

（1）乙酰 CoA 与草酰乙酸缩合生成柠檬酸　催化此反应的酶是柠檬酸合成酶。底物除乙酰 CoA 和草酰乙酸外，还要有水参加。反应所需能量由乙酰 CoA 中的高能硫酯键水解提供，反应不可逆。

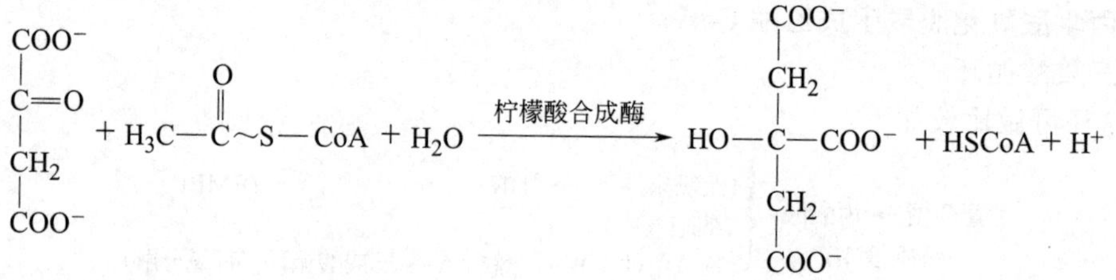

草酰乙酸　　　　　　　　　　　　　　　　　柠檬酸

（2）异柠檬酸的生成　柠檬酸在顺乌头酸酶的催化下，经脱水、加水 2 步反应过程，使柠檬酸异构化，生成异柠檬酸。

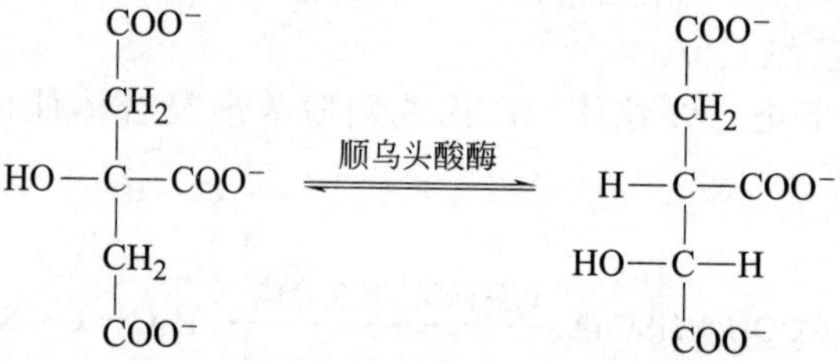

柠檬酸　　　　　　　　　　异柠檬酸

（3）异柠檬酸氧化脱羧生成 α-酮戊二酸　催化异柠檬酸脱氢、脱羧反应的酶是异柠檬酸脱氢酶。此步反应是三羧酸循环的第一次脱氢、脱羧反应。

$$\begin{array}{c} COO^- \\ | \\ CH_2 \\ | \\ H-C-COO^- \\ | \\ HO-C-H \\ | \\ COO^- \end{array} + NHAD^+ \xrightarrow{\text{异柠檬酸脱氢酶}} \begin{array}{c} COO^- \\ | \\ CH_2 \\ | \\ CH_2 \\ | \\ C=O \\ | \\ COO^- \end{array} + NADH + H^+ + CO_2$$

异柠檬酸　　　　　　　　　　　　　　　　　α-酮戊二酸

（4）α-酮戊二酸氧化脱羧生成琥珀酰 CoA　α-酮戊二酸在 α-酮戊二酸脱氢酶系的催化下，生成含有高能硫酯键的琥珀酰 CoA。这是三羧酸循环中的第二次脱氢、脱羧反应，不可逆。至此，进入三羧酸循环的乙酰基中的 2 个碳已全部被氧化成 CO_2。

$$\begin{array}{c} COO^- \\ | \\ CH_2 \\ | \\ CH_2 \\ | \\ C=O \\ | \\ COO^- \end{array} + NAD^+ + HSCoA \xrightarrow{\alpha\text{-酮戊二酸脱氢酶复合体}} \begin{array}{c} O \\ \| \\ C\sim S-CoA \\ | \\ CH_2 \\ | \\ CH_2 \\ | \\ COO^- \end{array} + NADH + H^+ + CO_2$$

α-酮戊二酸　　　　　　　　　　　　　　琥珀酰CoA

（5）琥珀酰 CoA 生成琥珀酸　琥珀酰 CoA 在琥珀酸硫激酶的催化下，分子中的高能硫酯键断开，使 GDP 磷酸化生成 GTP，同时生成琥珀酸。GTP 中的能量可以直接被利用，也可转移给 ADP 生成 ATP。此反应是三羧酸循环中唯一的底物磷酸化反应。

$$\begin{array}{c} O \\ \| \\ C\sim S-CoA \\ | \\ CH_2 \\ | \\ CH_2 \\ | \\ COO^- \end{array} + GDP + Pi \xrightarrow{\alpha\text{-琥珀酸硫激酶}} \begin{array}{c} COO^- \\ | \\ CH_2 \\ | \\ CH_2 \\ | \\ COO^- \end{array} + GTP + HSCoA$$

琥珀酰CoA　　　　　　　　　　　　　　　　琥珀酸

$$GTP + ADP \xrightarrow{\text{核苷二磷酸激酶}} GDP + ATP$$

（6）琥珀酸氧化生成延胡素酸　催化该反应的酶是琥珀酸脱氢酶，其辅基是 FAD。这是三羧酸循环中的第三次脱氢过程。

$$\begin{array}{c} COO^- \\ | \\ CH_2 \\ | \\ CH_2 \\ | \\ COO^- \end{array} \xrightarrow[FAD \quad FADH_2]{\text{琥珀酸脱氢酶}} \begin{array}{c} COO^- \\ | \\ CH \\ \| \\ HC \\ | \\ COO^- \end{array}$$

琥珀酸　　　　　　　　　　　　　　　　延胡索酸

（7）延胡索酸加水生成苹果酸　催化此反应的酶是延胡索酸酶。

$$
\begin{array}{ccc}
\begin{array}{c}
COO^- \\
| \\
CH \\
\parallel \\
HC \\
| \\
COO^-
\end{array}
+ H_2O
\xrightleftharpoons[\text{延胡索酸酶}]{}
\begin{array}{c}
COO^- \\
| \\
HO-C-H \\
| \\
CH_2 \\
| \\
COO^-
\end{array}
\\[2mm]
\text{延胡索酸} & & \text{苹果酸}
\end{array}
$$

（8）苹果酸脱氢生成草酰乙酸　苹果酸在苹果酸脱氢酶的催化下，脱氢氧化生成草酰乙酸。这是三羧酸循环第四次脱氢，辅酶为 NAD^+。生成的草酰乙酸可循环参加下轮的三羧酸循环。

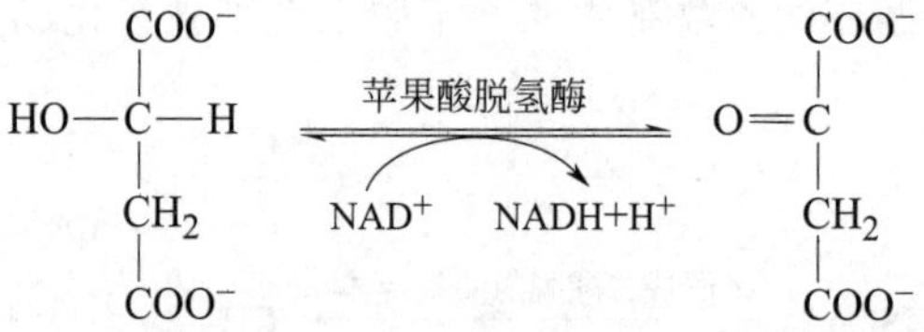

$$
\begin{array}{ccc}
\begin{array}{c}
COO^- \\
| \\
HO-C-H \\
| \\
CH_2 \\
| \\
COO^-
\end{array}
\xrightleftharpoons[NAD^+ \quad NADH+H^+]{\text{苹果酸脱氢酶}}
\begin{array}{c}
COO^- \\
| \\
O=C \\
| \\
CH_2 \\
| \\
COO^-
\end{array}
\\[2mm]
\text{苹果酸} & & \text{草酰乙酸}
\end{array}
$$

三羧酸循环反应及其过程分别见表 5.2 和图 5.4。

表 5.2　三羧酸循环反应

步骤	反　　应	酶	辅助因子
1	乙酰 CoA＋草酰乙酸＋H_2O ⟶ 柠檬酸＋HSCoA	柠檬酸合成酶	HSCoA
2	柠檬酸 ⇌ 顺乌头酸＋H_2O	乌头酸酶	Fe^{2+}
3	顺-乌头酸＋H_2O ⇌ 异柠檬酸	乌头酸酶	Fe^{2+}
4	异柠檬酸＋NAD^+ ⇌ α-酮戊二酸＋CO_2＋NADH＋H^+	异柠檬酸脱氢酶	NAD^+
5	α-酮戊二酸＋NAD^+＋HSCoA ⇌ 琥珀酰 CoA＋CO_2＋NADH＋H^+	α-酮戊二酸脱氢酶复合体	NAD^+ HSCoA TPP 硫辛酸 FAD
6	琥珀酰 CoA＋Pi＋GDP ⇌ 琥珀酸＋GTP＋HSCoA	琥珀酸硫激酶	HSCoA
7	琥珀酸＋FAD ⇌ 延胡索酸＋$FADH_2$	琥珀酸脱氢酶	FAD
8	延胡索酸＋H_2O ⇌ 苹果酸	延胡索酸酶	
9	L-苹果酸＋NAD^+ ⇌ 草酰乙酸＋NADH＋H^+	苹果酸脱氢酶	NAD^+

三羧酸循环的特点：

① 三羧酸循环的反应是在线粒体间质中进行的。乙酰 CoA 是胞液中糖的酵解与三羧酸循环之间的纽带。

② 循环中消耗了 2 分子 H_2O，一个用于柠檬酰 CoA 水解生成柠檬酸，另一个用于延胡索酸的水合作用。

③ 循环中共有 4 对 H 离开。其中 3 对 H 经 NADH 呼吸链传递，1 对 H 经 $FADH_2$ 呼吸链传递。每对 H 经 NADH 呼吸链传递产生 3molATP，经 FADH 呼吸链传递产生 2molATP。所以每一个乙酰 CoA 经三羧酸循环脱氢氧化共生成 11 个 ATP。再加上琥珀酰 CoA 经底物磷酸化直接生成 1molATP（GTP），整个循环共生成 12molATP。

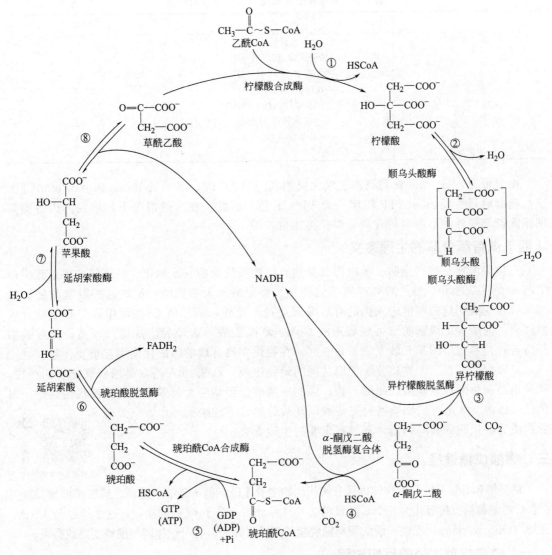

图 5.4   三羧酸循环的反应过程

④ 三羧酸循环不仅是葡萄糖生成 ATP 的主要途径，也是脂肪、氨基酸等最终氧化分解产生能量的共同途径。

⑤ 循环中的许多成分可以转变成其他物质。如琥珀酰 CoA 是卟啉分子中碳原子的主要来源；α-酮戊二酸和草酰乙酸可以氨基化为谷氨酸和天冬氨酸。反过来这些氨基酸脱氨后也生成循环中的成分。草酰乙酸还可以通过糖的异生作用生成糖。丙酸等低级脂肪酸可经琥珀酰 CoA、草酰乙酸等途径异生成糖。三羧酸循环不仅是糖、脂肪、蛋白质及其他有机物最终氧化分解的途径，也是这些物质相互转变、相互联系的枢纽。

⑥ 三羧酸循环虽然许多反应是可逆的，但少数反应不可逆，故三羧酸循环只能按单方向进行。

（三）糖有氧分解的能量

葡萄糖彻底氧化分解所释放的能量见表 5.3。

表 5.3　葡萄糖彻底氧化分解所释放的能量　　　　　　单位：mol

阶　段	反　应	ATP
第一阶段	两次耗能反应	-2
	两侧生成 ATP 的反应	2×2
	一次脱氢（$NADH+H^+$）	2×2 或 2×3
第二阶段	一次脱氢（$NADH+H^+$）	2×3
第三阶段	三次脱氢（$NADH+H^+$）	$2\times3\times3$
	一次脱氢（$FADH_2$）	2×2
	一次生成 ATP 的反应	2×1
净生成		36 或 38

由表可见，每 1mol 葡萄糖彻底氧化成 H_2O 和 CO_2 时，净生成 36mol 或者 38molATP。这与糖酵解只生成 2molATP 相比，大 18～19 倍。因此，在一般情况下，动物体内各组织细胞除红细胞外主要由糖的有氧分解获得能量。

（四）糖有氧分解的生理意义

三羧酸循环是糖、脂肪、蛋白质及其他有机物质代谢的联系枢纽。糖有氧分解过程中产生的 α-酮戊二酸和草酰乙酸可以氨基化转变为谷氨酸和天冬氨酸，反之这些氨基酸脱去氨基又可转变成相应的酮酸进入糖的有氧分解途径。此外，琥珀酰 CoA 可用以与甘氨酸合成血红素，丙酸等低级脂肪酸可经琥珀酰 CoA、草酰乙酸等途径异生成糖。因而，三羧酸循环将各种营养物质的相互转变联系在一起，在提供生物合成前体的代谢中起重要作用。

三羧酸循环是三大物质分解代谢共同的最终途径。乙酰 CoA 不仅是糖有氧分解的产物，同时也是脂肪酸和氨基酸代谢的产物，因此三羧酸循环是三大营养物质的最终代谢通路。据估计人体内 2/3 的有机物质通过三羧酸循环被分解，三羧酸循环作为三大营养物质分解代谢的共同归宿，其具有重要的生理意义。

三、磷酸戊糖途径

糖酵解和有氧分解是生物体内糖分解代谢的主要途径，但不是唯一途径。磷酸戊糖途径就是 6 个 C 的葡萄糖直接氧化为 5 个 C 的核糖，并且释放出一分子 CO_2 的途径，这个途径是 1931 年瓦博（Otto Warburg）发现 6-磷酸葡萄糖脱氢酶开始研究的。有时也称磷酸戊糖支路或旁路。

（一）磷酸戊糖途径的反应过程

磷酸戊糖途径是在细胞液中进行的，可以分为氧化和非氧化两个阶段。

1. 氧化阶段

在此阶段，从 6-磷酸葡萄糖开始，在 6-磷酸葡萄糖脱氢酶和 6-磷酸葡萄糖酸脱氢酶的催化下，经过 2 次脱氢氧化，生成磷酸戊糖、$NADPH+H^+$ 和 CO_2。具体过程如下。

（1）6-磷酸葡萄糖脱氢氧化　催化此反应的酶是 6-磷酸葡萄糖脱氢酶，辅酶是 $NADP^+$，产物是 6-磷酸葡萄糖内酯和 $NADPH+H^+$。

6-磷酸葡萄糖　　　　　　　　　　　　　　　　　6-磷酸葡萄糖内酯

（2）6-磷酸葡萄糖内酯水解　催化此反应的酶是内酯酶，产物是 6-磷酸葡萄糖酸。

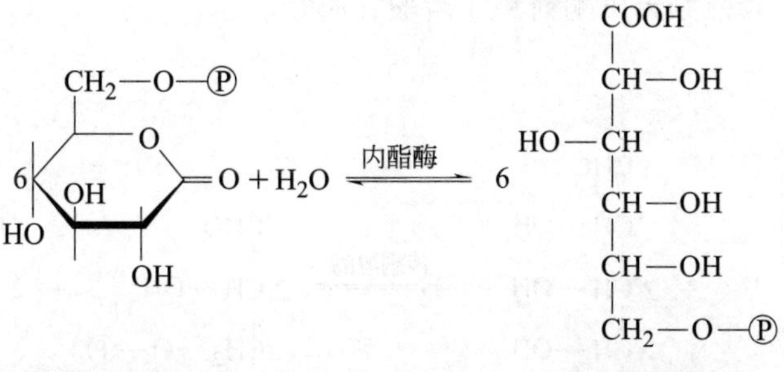

$$6\text{-磷酸葡萄糖内酯} + H_2O \underset{\text{内酯酶}}{\rightleftharpoons} 6\text{-磷酸葡萄糖酸}$$

6-磷酸葡萄糖内酯　　　　　　　　6-磷酸葡萄糖酸

（3）6-磷酸葡萄糖酸氧化脱羧　6-磷酸葡萄糖酸在 6-磷酸葡萄糖酸脱氢酶的催化下，脱氢脱羧生成 5-磷酸核酮糖、$NADPH + H^+$ 和 CO_2。

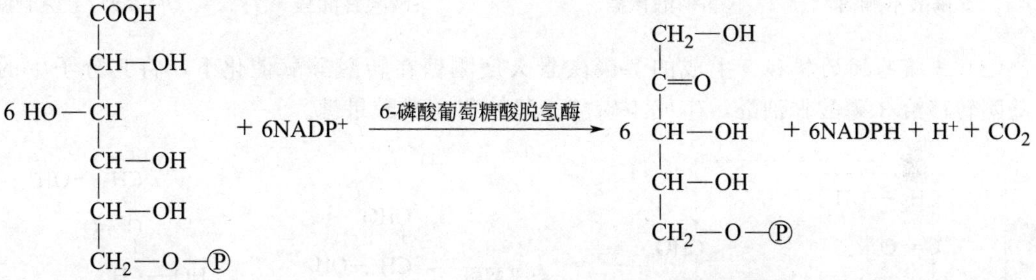

$$6\ \text{6-磷酸葡萄糖酸} + 6NADP^+ \xrightarrow{\text{6-磷酸葡萄糖酸脱氢酶}} 6\ \text{5-磷酸核酮糖} + 6NADPH + H^+ + CO_2$$

6-磷酸葡萄糖酸　　　　　　　　　　　　　5-磷酸核酮糖

（4）磷酸戊糖之间的异构化　5-磷酸核酮糖异构化生成两种异构体，即 5-磷酸木酮糖和 5-磷酸核糖。

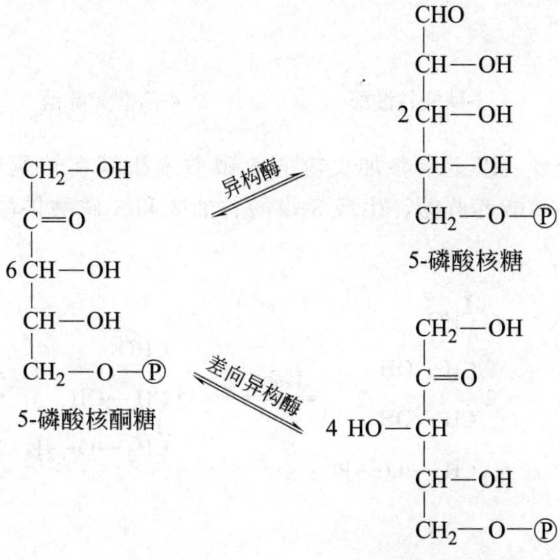

$$5\text{-磷酸核酮糖} \underset{\text{异构酶}}{\rightleftharpoons} 2\ \text{5-磷酸核糖}$$
$$5\text{-磷酸核酮糖} \underset{\text{差向异构酶}}{\rightleftharpoons} 4\ \text{5-磷酸木酮糖}$$

5-磷酸核酮糖　　　5-磷酸核糖

5-磷酸木酮糖

2. 非氧化阶段

此阶段反应的实质是基团的转移。反应由五碳糖开始，先后经过二碳酮醇基、三碳醛醇基、二碳酮醇基转移（简称二三二转移）使磷酸戊糖重排。最后又重新生成 6-磷酸果糖。

（1）**二碳基团的转移**　5-磷酸木酮糖在转酮醇酶的催化下，将分子中的二碳基团转移给 5-磷酸核糖，生成 7-磷酸景天庚酮糖和 3-磷酸甘油醛。

5-磷酸木酮糖　　　　5-磷酸核糖　　　　　3-磷酸甘油醛　　　　7-磷酸景天庚酮糖

（2）**三碳基团的转移**　生成的 7-磷酸景天庚酮糖在转醛醇酶催化下，将其分子中的三碳基团转移给 3-磷酸甘油醛，生成 4-磷酸赤藓糖和 6-磷酸果糖。

7-磷酸景天庚酮糖　　　3-磷酸甘油醛　　　　4-磷酸赤藓糖　　　　6-磷酸果糖

（3）**二碳基团的转移**　以上未参加反应的 5-磷酸木酮糖在转酮醇酶的催化下，将分子中的二碳基团转移给 4-磷酸赤藓糖，生成 3-磷酸甘油醛和 6-磷酸果糖。

5-磷酸木酮糖　　　　4-磷酸赤藓糖　　　　3-磷酸甘油醛　　　　6-磷酸果糖

（4）**2 个三碳糖的缩合**　以上各反应过程除生成 6-磷酸果糖以外，还有 3-磷酸甘油醛。一分子的 3-磷酸甘油醛可以转变磷酸二羟丙酮，再与另一分子的 3-磷酸甘油醛在醛缩酶作用下又可以生成 1,6-二磷酸果糖，进而转变为 6-磷酸果糖。

3-磷酸甘油醛　　　磷酸二羟丙酮　　　　　　　1,6-二磷酸果糖　　　　　　　6-磷酸果糖

反应总过程如图 5.5 所示。

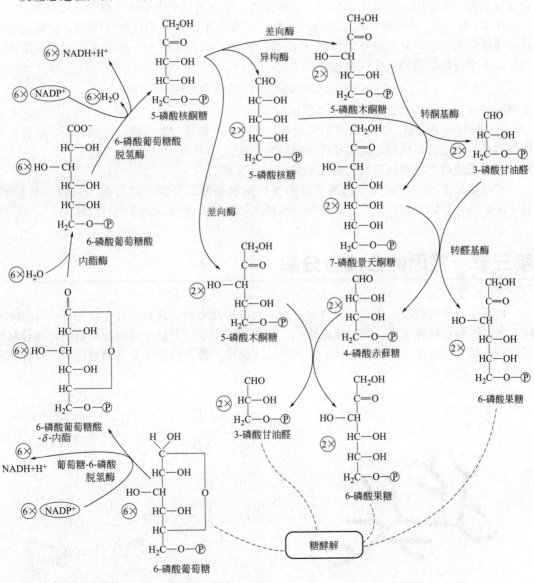

图 5.5　磷酸戊糖途径的反应总过程

（二）磷酸戊糖途径的调节

6-磷酸葡萄糖脱氢酶是磷酸戊糖途径的第一个酶，因而其活性决定 6-磷酸葡萄糖进入此途径的流量。早就发现摄取高碳水化合物饮食，尤其在饥饿后重饲时，肝内此酶含量明显增加，以适应脂肪酸合成的需要。但是 NADPH 能强烈抑制 6-磷酸葡萄糖脱氢酶的活性，所以磷酸戊糖途径的调节主要是受 NADPH/NADP$^+$ 比值的影响。当 NADPH/NADP$^+$ 比值升高磷酸戊糖途径被抑制，比值降低时激活。因此，磷酸戊糖途径的流量取决于对 NADPH 的需求。

（三）磷酸戊糖途径的生理意义

1. 途径中产生的 NADPH+ H$^+$ 是生物合成反应的供氢体

例如合成脂肪、胆固醇、类固醇激素都需要大量的 NADPH＋H$^+$ 提供氢，所以在脂类合成旺盛的脂肪组织、哺乳期乳腺、肾上腺皮质、睾丸等组织中磷酸戊糖途径比较活跃。

NADPH＋H$^+$ 是谷胱甘肽还原酶的辅酶，对维持还原型谷胱甘肽（GSH）的正常含量具有重要作用，它使氧化型谷胱甘肽（G—S—S—G）变为还原型，而后者能保护巯基酶活性，并对维持红细胞的完整性很重要。

$$G—S—S—G+NADPH＋H^+ \longrightarrow 2GSH+NADP^+$$

2. 葡萄糖在体内可由此途径生成 5-磷酸核糖

5-磷酸核糖是合成核酸和核苷酸的原料，又由于核酸参与蛋白质的生物合成，所以在损伤后修补、再生的组织中，此途径进行得比较活跃。

3. 磷酸戊糖途径与糖有氧分解及糖无氧分解相互联系

在此途径中最后生成的 6-磷酸果糖与 3-磷酸甘油醛都是糖有氧分解（或糖无氧分解）的中间产物，它们可进入糖的有氧分解（或糖无氧分解）途径进一步进行代谢。

第三节　糖原的合成与分解

糖原是由葡萄糖残基构成的含许多分支的大分子高聚物，其颗粒直径在 $100\sim400\mu m$ 之间，主要贮存肝脏和骨骼肌的细胞质中，如图 5.6 所示。肝脏中糖原浓度最高，而骨骼肌因肌肉数量大。因此，糖原贮藏最多。糖原是在机体的葡萄糖供应充足的情况下，一种极易被动员的贮存形式。

图 5.6　糖原的结构

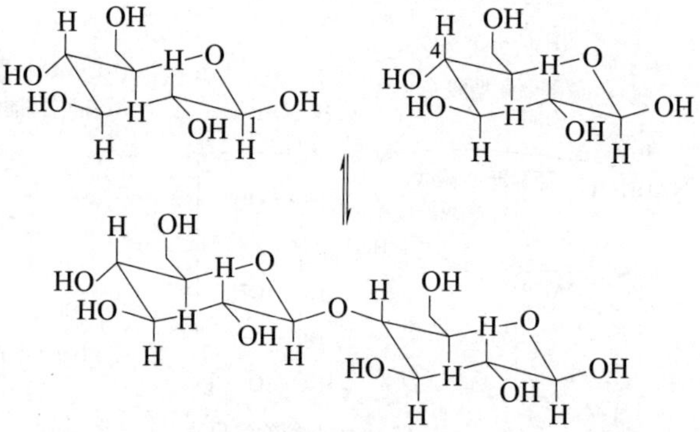

图 5.7　α-1, 4-糖苷键

糖原是由葡萄糖组成一种同多糖，在其分子结构中，绝大多数的葡萄糖单体通过 α-1,4-糖苷键相连，如图 5.7 所示；但在糖原分子分支的节点处，一个葡萄糖单体除了以 α-1,4-糖苷键和前后的葡萄糖单体连接外，还以 α-1,6-糖苷键和第三个葡萄糖单体连接，从而形成分支结构，如图 5.8 所示。

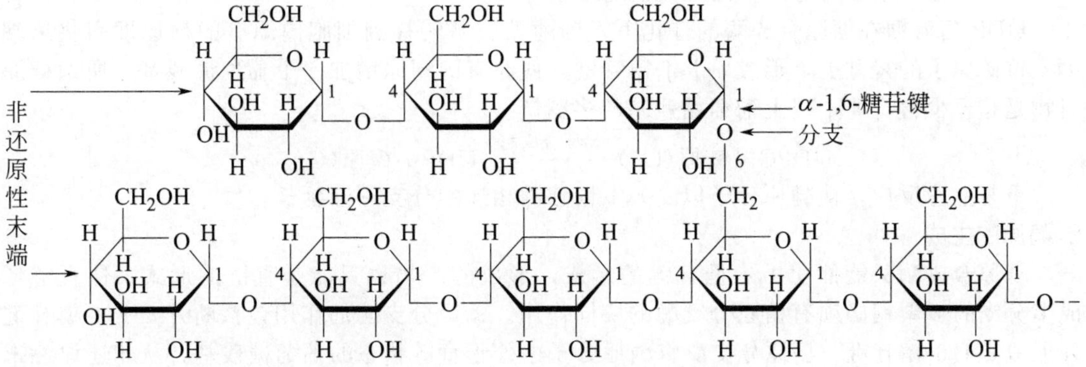

图 5.8　α-1,6-糖苷键和糖原的分支结构

一、糖原的合成

糖原合成不仅有利于葡萄糖的贮存，而且还可调节血糖浓度。糖原的合成过程是在细胞质中进行的，需要 5 种酶的催化：己糖激酶、磷酸葡萄糖变位酶、UDP-葡萄糖焦磷酸化酶、糖原合酶和糖原分支酶。具体反应如下。

1. 6-磷酸葡萄糖的生成

葡萄糖在 ATP 和 Mg^{2+} 存在下，经葡萄糖激酶或己糖激酶催化，生成 6-磷酸葡萄糖。

$$\text{葡萄糖} + \text{ATP} \xrightarrow[Mg^{2+}]{\text{己糖激酶}} \text{6-磷酸葡萄糖} + \text{ADP}$$

肝细胞中存在着上述两种酶来催化同一反应。这是因为己糖激酶受产物 6-磷酸葡萄糖的反馈抑制，即过多的 6-磷酸葡萄糖将降低己糖激酶的活性，所以依靠己糖激酶不可能贮藏很多糖原。而葡萄糖激酶不受产物的反馈抑制，当外源葡萄糖大量涌入肝细胞，己糖激酶已被自身催化生成的 6-磷酸葡萄糖抑制时，高浓度的葡萄糖启动了葡萄糖激酶，于是大量葡萄糖仍转化为 6-磷酸葡萄糖，这样就促进了肝糖原的大量合成。肌细胞中缺乏葡萄糖激酶，所以肌肉贮存糖原量较肝有限。

2. 1-磷酸葡萄糖的生成

在磷酸葡萄糖变位酶的催化下，6-磷酸葡萄糖转变成 1-磷酸葡萄糖。此步反应可逆，还需 Mg^{2+} 参加。

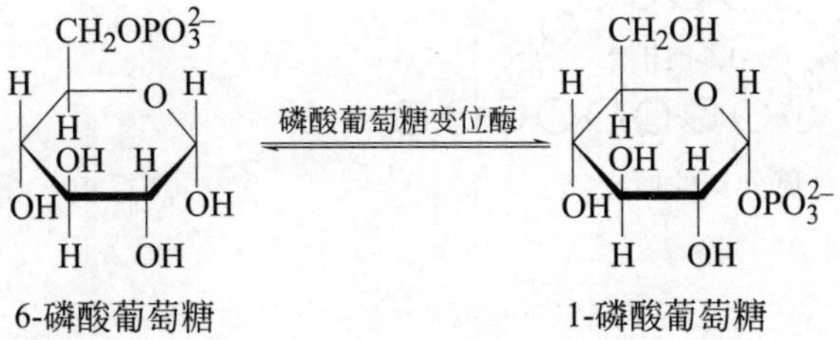

6-磷酸葡萄糖　　　　　　　　　1-磷酸葡萄糖

3. UDP-葡萄糖的生成

1-磷酸葡萄糖在 UDP-葡萄糖焦磷酸化酶的催化下与尿苷三磷酸（UTP）合成 UDP-葡

萄糖,同时释放焦磷酸(PPi),PPi 迅速被无机焦磷酸酶水解为无机磷酸分子,这个释放能量的过程使整个反应不可逆。形成的 UDP-葡萄糖可看作"活性葡萄糖",在体内作为糖原合成的葡萄糖供体。

$$1\text{-磷酸葡萄糖} + UTP \longrightarrow UDP\text{-葡萄糖} + PPi$$

4. α-1,4-糖苷键连接的葡萄糖聚合物的生成

UDP-葡萄糖在糖原合成酶的催化下将葡萄糖残基转移到细胞内原有的糖原即引物末端第 4 位碳原子的羟基上,形成 α-1,4-糖苷键,使原有的糖原增加一个葡萄糖残基。所谓糖原引物是指至少含有 4 个以上葡萄糖残基的多糖链。

$$UDPG + \text{糖原}(G_n) \xrightarrow{\text{糖原合成酶}} UDP + \text{糖原}(G_{n+1})$$

重复上述反应,使糖原分子以 α-1,4-糖苷键相连的分支逐渐延长。

5. 糖原的生成

糖原合成酶只能催化 1,4-糖苷键的形成,形成的产物也只能是直链的形式,使直链形成多分支的多聚糖必须有糖原分支酶的协同作用。糖原分支酶的作用包括断开 α-1,4-糖苷键并形成 α-1,6-糖苷键。糖原分支酶将糖原分子中处于直链状态的葡萄糖残基,从非还原性末端约 7 个葡萄糖残基的片段在 1,4-糖苷键处切断,然后转移到同一个或其他糖原分子比较靠内部的某个葡萄糖残基的第 6 位碳原子的羟基上形成 1,6-糖苷键。该酶所转移的 7 个葡萄糖残基的片段是从至少已经有 11 个葡萄糖残基的直链上断下的,而此片段被转移到的位置即形成新的分支点。此分支点必须与其他分支点至少有 4 个葡萄糖残基的距离,如图 5.9 所示。

糖原的高度分支一方面可增加分子的溶解度,另一方面将形成更多的非还原性末端,它们是糖原磷酸化酶和糖原合成酶的作用位点。所以,分支大大提高了糖原的分解与合成效率。

糖原合成总反应如图 5.10 所示。

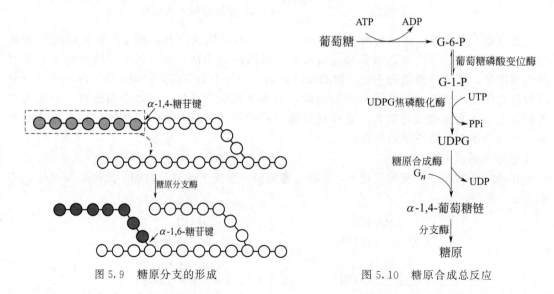

图 5.9　糖原分支的形成　　　　　　图 5.10　糖原合成总反应

二、糖原的分解

糖原分解的途径不同于合成途径。糖原分解的关键酶是磷酸化酶,它能作用于糖原的

α-1,4-糖苷键，使糖原分子从非还原端顺序地逐个移去葡萄糖残基，生成 1-磷酸葡萄糖，但其作用只限于糖原上的 α-1,4-糖苷键，当距分支点处剩下 4 个葡萄糖残基时，磷酸化酶不再催化此处的 α-1,4-糖苷键断开。

此后在寡聚葡萄糖转移酶的作用下，将剩下的 4 个葡萄糖残基中末端的三个相连的葡萄糖残基转移到另一条链非还原端使其延长，原来的支链上只剩下一个以 α-1,6-糖苷键连接的葡萄糖残基，再在脱支酶的作用下使剩下的一个葡萄糖残基水解生成游离的葡萄糖。由于磷酸化酶、转移酶和脱支酶的协同作用使糖原分子逐渐缩小，分支也逐步减少，最终糖原被分解成 1-磷酸葡萄糖和少量的游离的葡萄糖。

上述生成的 1-磷酸葡萄糖，在磷酸葡萄糖变位酶的催化下转变为 6-磷酸葡萄糖。

6-磷酸葡萄糖不能透过细胞膜，因此肝脏中的 6-磷酸葡萄糖在葡萄糖-6-磷酸酶的催化下，水解生成葡萄糖和磷酸，葡萄糖通过细胞膜进入血液，保证血糖的稳定；在肌肉中，肌糖原分解产生的 6-磷酸葡萄糖不能转变成葡萄糖，这是由于肌肉中缺乏葡萄糖-6-磷酸酶，所以 6-磷酸葡萄糖被降解，直接供给肌肉收缩与舒张所需的能量或生成乳酸再经糖异生作用生成葡萄糖。

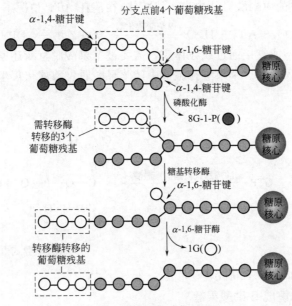

糖原的分解过程如图 5.11 所示。

图 5.11 糖原的分解过程

第四节　糖异生作用

一、糖异生作用的概念

由非糖物质生成糖的过程，称为糖异生作用。其发生部位主要在肝脏，占 90%，其次是肾，约占 10%，脑、骨骼肌或心肌中极少发生糖异生作用。广义的糖异生指所有的非糖物质，而生物体内发生糖异生作用的主要物质为甘油、乳酸和三羧酸循环的中间产物等，它们本身是或者可以转变为糖代谢的中间产物。

二、糖异生作用的途径

以乳酸为例介绍糖异生的反应途径。糖酵解过程是将葡萄糖转变为乳酸，而糖异生作用是将乳酸转变为葡萄糖。然而乳酸进行糖异生反应的过程并非完全是糖酵解的逆行，因为糖酵解过程虽然大部分反应都是可逆的，但仍有三个不可逆反应，糖异生作用必须绕过这三个不可逆反应。糖酵解中的这三个不可逆反应是：

$$葡萄糖 + ATP \longrightarrow 6\text{-}磷酸葡萄糖 + ADP$$
$$6\text{-}磷酸果糖 + ATP \longrightarrow 1,6\text{-}二磷酸果糖 + ADP$$
$$磷酸烯醇式丙酮酸 + ADP \longrightarrow 丙酮酸 + ATP$$

1. 丙酮酸转化为磷酸烯醇式丙酮酸（PEP）

首先，丙酮酸进入线粒体消耗一分子 ATP 被羧化为草酰乙酸，再由草酰乙酸消耗高能键脱羧并磷酸化生成磷酸烯醇式丙酮酸。

催化第一个反应的酶是丙酮酸羧化酶，它存在于线粒体内，而糖异生作用的其他酶则存在于胞液中，所以胞液中的丙酮酸必须先进入线粒体，在消耗 ATP 情况下，被羧化成草酰乙酸。

$$丙酮酸 + CO_2 + ATP + H_2O \xrightarrow{丙酮酸羧化酶} 草酸乙酸 + ADP + Pi + 2H^+$$

生成的草酰乙酸不能直接通过线粒体膜，需要被苹果酸脱氢酶还原为苹果酸，苹果酸被载体运过线粒体膜进入胞液。苹果酸在胞液中经苹果酸脱氢酶催化再生成草酰乙酸进行上述第二个反应。

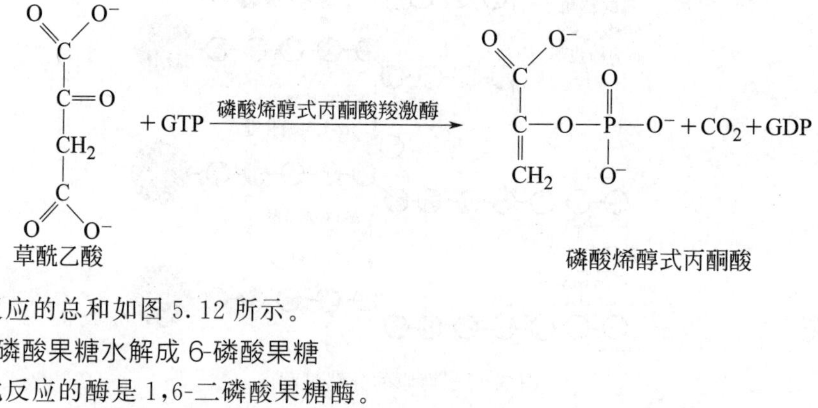

两步反应的总和如图 5.12 所示。

2. 1,6-二磷酸果糖水解成 6-磷酸果糖

催化此反应的酶是 1,6-二磷酸果糖酶。

$$1,6\text{-}二磷酸果糖 + H_2O \xrightarrow{1,6\text{-}二磷酸果糖酶} 6\text{-}磷酸葡萄糖 + Pi$$

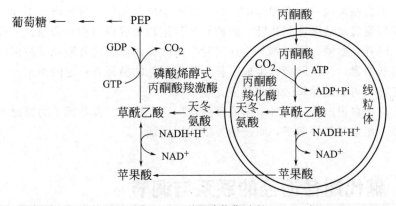

图 5.12　丙酮酸羧化过程

3. 6-磷酸葡萄糖水解成葡萄糖

催化此反应的酶是-6-磷酸葡萄糖酶。

$$H_2O+6\text{-磷酸葡萄糖} \xrightarrow{\text{6-磷酸葡萄糖酶}} \text{葡萄糖}+Pi$$

上述 3 步由不同酶催化的逆向反应，绕过了糖无氧分解中 3 步不可逆的反应，这样就解决了糖异生作用的途径问题。糖异生作用的全过程如图 5.13 所示。

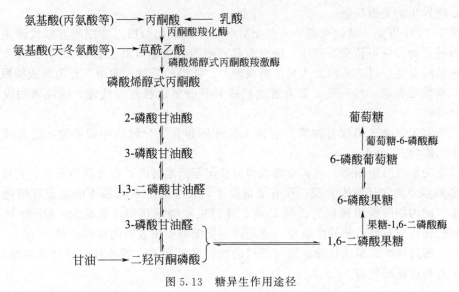

图 5.13　糖异生作用途径

三、糖异生作用的生理意义

1. 由非糖物质合成糖以保持血糖浓度的相对恒定

这种功能可从两方面来理解。一方面，当动物处在空腹或饥饿情况下，依靠糖异生作用生成糖，维持血糖的正常含量，保证动物体细胞从血中取得必要的糖；另一方面，草食动物体内的糖主要是靠糖异生而来的（特别是丙酸的生糖作用），若用质量低下的饲料喂养乳牛，由于糖异生前体物质缺乏，糖异生将迅速下降，不但影响乳的产量，有时还会引起酮病。

2. 糖异生作用有利于乳酸的利用

在动物安静状态下并且乳酸产生甚少时，这种作用表现不太明显。但在某些生理或病理情况下，例如家畜在重役（或剧烈运动）时，肌肉中糖的无氧分解加剧，引起肌糖原大量分解为乳酸，乳酸通过血液循环到达肝，经糖异生作用转变成糖原和葡萄糖，生成的葡萄糖又可进入血液，以补充血糖。可见糖异生作用对于清除体内多余的乳酸使其被再利用，防止发生由乳酸引起酸中毒，保证肝糖原生成，补充肌肉消耗的糖都有一定的作用。

3. 通过糖异生作用可协助氨基酸代谢转变为糖

实验证明，进食蛋白质后，肝中糖原含量增加。在禁食、营养低下的情况下，由于组织蛋白分解加强，血浆氨基酸增多，而使糖异生作用活跃。

第五节   糖代谢各途径的联系与调节

一、糖代谢各途径的联系

糖在动物体内的主要代谢途径有：糖原的分解与合成、糖的无氧分解、糖的有氧分解、糖异生作用、磷酸戊糖途径等。其中有释放能量（产生 ATP）的分解代谢，也有消耗能量（利用 ATP）的合成代谢。这些代谢途径的生理作用不同，但又通过共同的代谢中间产物互相联系和互相影响，构成一个整体。现将糖代谢各个途径总结如图 5.14 所示。图中①、②、③、④是糖异生的关键反应。

从图 5.14 中可见，糖代谢的第一个交汇点是 6-磷酸葡萄糖，它把所有糖代谢途径都沟通了。通过它葡萄糖可转变为糖原，糖原亦可转变为葡萄糖（肝、肾）。而且由各种非糖物质异生成糖时都要经过它再转变为葡萄糖或糖原。在糖的分解代谢中，葡萄糖或糖原也是先转变为 6-磷酸葡萄糖，然后经无氧分解途径或有氧分解途径进行代谢，或经磷酸戊糖途径进行转化分解。

第二个交汇点是 3-磷酸甘油醛，它是无氧分解和有氧分解的中间产物，也是磷酸戊糖途径的中间产物。

第三个交汇点是丙酮酸。当葡萄糖或糖原分解至丙酮酸时，在无氧情况下，它接受由甘油醛-3-磷酸脱下的氢还原为乳酸；在有氧情况下，甘油醛-3-磷酸脱下的氢经呼吸链与氧结合生成水，而丙酮酸脱羧氧化为乙酰 CoA，通过三羧酸循环彻底氧化为 CO_2 和 H_2O。另外，丙酮酸还可经草酰乙酸异生成糖，它是许多非糖物质生成糖的必经途径。

此外，通过磷酸戊糖途径使戊糖与己糖的代谢联系起来，而各种己糖与葡萄糖的互变，又沟通了各种己糖的代谢。

二、糖代谢各途径的调节

糖原的分解与合成不是简单的可逆反应，而是分别通过两条途径进行，这样就便于进行精细调节。当糖原合成途径活跃时，分解途径则被抑制，才能有效地合成糖原，否则反之。这种分解与合成分别通过两条途径进行的现象，是生物体内的普遍规律。糖原分解途径中的磷酸化酶和糖原合成途径中的糖原合酶都是催化不可逆反应的关键酶。这两个酶分别是二条代谢途径的调节酶，其活性决定不同途径的代谢速率，从而影响糖原代谢的方向。

糖的无氧分解途径中，丙酮酸转化为乳酸时称为酵解，丙酮酸转化为乙醇、乙酸时称为发酵。糖无氧分解中大多数反应是可逆的，这些可逆反应的方向、速率由底物和产物的浓度控制。在糖无氧分解途径中，己糖激酶（葡萄糖激酶）、磷酸果糖激酶和丙酮酸

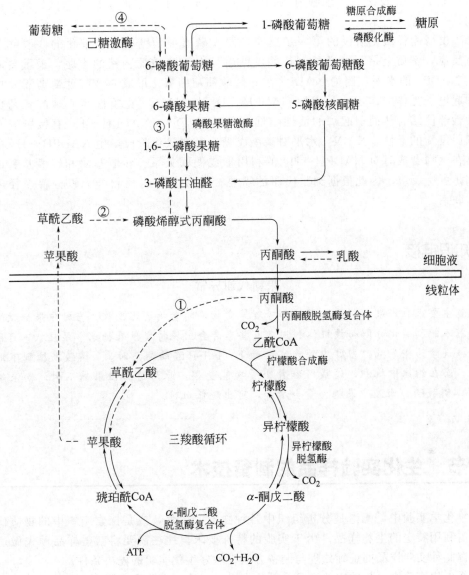

图 5.14 糖代谢各个途径的联系
①—丙酮酸羧化酶；②—磷酸烯醇式丙酮酸羧激酶；
③—果糖二磷酸酶；④—6-磷酸葡萄糖脱氢酶（肝，肾）

激酶分别催化的 3 个反应是不可逆的，是糖无氧分解途径流量的 3 个调节点，分别受变构效应剂和激素的调节。糖无氧分解途径与糖异生途径是方向相反的两条代谢途径。如从丙酮酸进行有效的糖异生，就必须抑制无氧分解途径，以防止葡萄糖又重新分解成丙酮酸，否则亦反之。

糖的有氧分解是机体获取能量的主要方式，有氧分解全过程中许多酶的活性都受细胞内 ATP/ADP 或 ATP/AMP 的影响。当细胞消耗 ATP 以致 ATP 水平降低，ADP 和 AMP 浓度升高时，磷酸果糖激酶、丙酮酸激酶、丙酮酸脱氢酶复合体以及三羧酸循环中的异柠檬酸脱氢酶、α-酮戊二酸脱氢酶复合体甚至氧化磷酸化等均被激活，从而加速有氧分解，补充 ATP。反之，当细胞内 ATP 含量丰富时，上述酶的活性均降低，氧化磷酸化亦减弱。

磷酸戊糖途径氧化阶段的第一步反应，即 6-磷酸葡萄糖脱氢酶催化的 6-磷酸葡萄糖的脱氢反应，实质上是不可逆的。磷酸戊糖途径中 6-磷酸葡萄糖的去路，最重要的调控因子是 $NADP^+$ 的水平，因为 $NADP^+$ 在 6-磷酸葡萄糖氧化形成 6-磷酸葡萄糖酸-δ-内酯的反应中起电子受体的作用。形成的 $NADPH+H^+$ 与 $NADP^+$ 竞争性与 6-磷酸葡萄糖脱氢酶的活性部位结合从而引起酶的活性降低，所以 $NADP^+/NADPH+H^+$ 直接影响 6-磷酸葡萄糖脱氢酶的活性。$NADP^+$ 水平对磷酸戊糖途径在氧化阶段产生 $NADPH+H^+$ 的速率和机体在生物合成时对 $NADPH+H^+$ 的利用形成偶联关系。转酮基酶和转醛基酶催化的反应都是可逆反应。因此根据细胞代谢的需要，磷酸戊糖途径和糖无氧分解途径可灵活地相互联系。

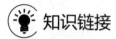 知识链接 ···

果糖代谢异常

果糖主要来自水果、蔬菜、蔗糖和蜂蜜等食物，随食物消化吸收。当肝中果糖激酶缺乏时，果糖不能磷酸化分解而被机体利用，有些患者会出现特发性果糖尿，无症状，可因尿糖阳性而被误诊为糖尿病；当肝中缺乏醛缩酶 B（F-1-P 醛缩酶）时，1-磷酸果糖则不能进一步代谢，而在组织中堆积，造成肝和肾小管功能受损，此为遗传性果糖不耐；如果缺乏果糖-1,6-二磷酸酶，血液中果糖含量会增加，可出现低血糖。

···

第六节　生化实验样品的制备技术

生物化学实验中，无论是分析组织中各种物质的含量，或是探索组织中的物质代谢过程，皆需利用特定的生物样品。由于实验的特殊要求，往往需要将获得样品预先做适当处理，掌握此种实验样品的正确处理与制备方法是做好生化实验的先决条件。

动物生化实验中，最常用的样品是动物全血、血清、血浆及无蛋白血滤液；有时也采用尿液做实验；组织样品则常用肝、肾、胰、胃黏膜、肌肉等组织制成组织糜、组织匀浆、组织切片、组织浸出液等，以用于各种生化实验。

一、血液样品

1. 全血的制备

测定用的血液多由静脉采集，一般在饲喂前空腹采取。在血液取出后，迅速盛于含有抗凝剂的试管内，同时轻轻摇动，使血液与抗凝剂充分混合，以免形成凝血块。常用的抗凝剂有草酸盐、柠檬酸盐、氟化钠、肝素等。一般情况下，用廉价草酸盐即可，但在测定血钙时不适用。氟化钠可作为测定血糖时的良好抗凝剂，因其兼有抑制糖酵解作用，以免血糖分解。但氟化钠也能抑制脲酶，故用脲酶测定尿素时不能用。肝素虽较好，但价格贵，尚不能普遍应用。

2. 血浆的制备

抗凝后的全血静置或在离心机中离心（2000r/min，10min），血细胞下沉，上清液即为血浆。

3. 血清的制备

收集不加抗凝剂的血液，在室温下5～20min即自行凝固，通常经3h，血块收缩分出血清。血浆与血清成分基本相似，只是血清不含纤维蛋白。

4. 无蛋白血滤液的制备

生化分析要避免蛋白质的干扰，常将其中的蛋白质沉淀而除去。分析血液成分时，也常除去蛋白质，制成无蛋白血滤液。常用的血液蛋白质沉淀法有钨酸法、三氯醋酸法和氢氧化锌法，可根据不同的需要加以选择，现常用钨酸法。

钨酸法制备无蛋白血滤液的原理为钨酸钠与硫酸作用，生成钨酸，可使血红蛋白等凝固、沉淀，离心或过滤除去沉淀，即得无蛋白滤液。

$$Na_2WO_4 + H_2SO_4 \longrightarrow H_2WO_4 + Na_2SO_4$$

二、尿液样品

一般定性实验只需收集一次尿液，但一天之中各次排出尿液的成分随食物、饮水及生理变化等的影响而有很大差异，因此定量测量尿液中各种成分皆应收集24h尿液混合后取样。收集的尿液如不能立即进行实验，则应置于冷处保存。必要时可在收集的尿液中加入防腐剂，如甲苯、盐酸等，通常每升尿中约加入5mL甲苯或5mL盐酸即可。

三、组织样品

离体不久的组织，在适宜的温度及pH等条件下，可以进行一定程度的物质代谢。因此，在生物化学实验中，常利用离体组织研究各种物质代谢的途径与酶系的作用，也可以从组织中提取各种代谢物质或酶进行研究。但是各种组织器官离体过久后，都要发生变化。例如，组织中的某些酶在久置后会发生变性而失活，有些组织成分如糖原、ATP等，甚至在动物死亡数分钟至十几分钟内，其含量即有明显的降低。因此，利用离体组织作代谢研究或作为提取材料时，都必须迅速将它取出，并尽快地进行提取或测定。

（1）组织糜　将组织用剪刀迅速剪碎，或用绞肉机绞成糜状即可。

（2）组织匀浆　新鲜组织称取质量后剪碎，加入适当的匀浆制备液，用高速电动匀浆器或用玻璃匀浆管打碎组织。

（3）组织浸出液　将上法制成的组织匀浆加以离心，其上清液即为组织浸出液。

第七节　糖类的化学检测技术

糖类包括单糖、寡糖和多糖等。其中单糖和某些寡糖具有游离羰基，称为还原糖；多糖和蔗糖等则无还原性，称为非还原糖。

糖类的化学检测主要是利用游离羰基的还原性与试剂（氧化剂）进行氧化还原反应而测定的；非还原糖必须转化为还原糖才能进行测定。

糖类的化学检测中最常用的试剂是斐林试剂。斐林试剂一般由A、B两液组成，其中斐林溶液A为硫酸铜溶液，斐林溶液B为氢氧化钠和酒石酸钾钠溶液。A、B两液混合时，硫酸铜与氢氧化钠反应，生成氢氧化铜沉淀：$2NaOH + CuSO_4 \Longrightarrow Cu(OH)_2 \downarrow + Na_2SO_4$。所生成的氢氧化铜沉淀与酒石酸钾钠反应，生成可溶性的酒石酸钾钠铜。

$$Cu(OH)_2 + \begin{matrix} COOK \\ | \\ CHOH \\ | \\ CHOH \\ | \\ COONa \end{matrix} \Longrightarrow \begin{matrix} COOK \\ | \\ CHO \\ \\ CHO \\ | \\ COONa \end{matrix} Cu + 2H_2O$$

酒石酸钾钠铜是一种氧化剂，可与还原糖的游离羰基发生氧化还原反应，可用来进行糖的测定。

本章小结

糖是动物体最重要的能源和碳源物质。糖经过消化系统进入肝脏，再通过血液循环运输到各器官和组织中去利用。机体内糖的代谢途径主要有葡萄糖的无氧酵解、有氧氧化、磷酸戊糖途径、糖原合成与糖原分解、糖异生等。

糖无氧酵解是指细胞内的葡萄糖在无氧或缺氧条件下，分解生成乳酸并释放少量能量的过程，此过程在胞液中进行，1mol 葡萄糖分解可净生成 2molATP。

葡萄糖在有氧的条件下进行氧化分解，最后生成 CO_2、H_2O 及释放大量能量的过程，称为糖的有氧氧化。糖的有氧氧化一共可划分为三个阶段，其中三羧酸循环不仅是葡萄糖生成 ATP 的主要途径，也是脂肪、氨基酸等最终氧化分解产生能量的共同途径。每 1mol 葡萄糖彻底氧化净生成 36molATP 或者 38molATP。

磷酸戊糖途径就是 6 个 C 的葡萄糖直接氧化为 5 个 C 的核糖，并且释放出一分子 CO_2 的途径。

糖原是由葡萄糖组成的一种同多糖，糖原的合成和分解是多步酶促反应，对维持血糖的稳定起到重要作用。

由非糖物质生成糖的过程，称为糖异生作用。糖异生反应的过程并非完全是糖酵解的逆行，糖异生作用必须绕过糖酵解过程的三个不可逆反应。糖异生作用主要维持血糖恒定和清除产生的大量乳酸。

复习思考题

一、名词解释

三羧酸循环　糖异生作用　糖的有氧氧化　血糖

二、填空题

1.糖原是一种由葡萄糖残基构成的大分子高聚物，主要贮存在动物体_____和_____的细胞质中。

2.动物体内糖的分解代谢主要_____、_____和_____三种途径。

3.动物体内分泌的激素在神经系统的控制下，调节血糖浓度；其中肾上腺素和肾上腺皮质激素等可使血糖浓度升高，而只有_____可使其浓度降低。

三、简答题

1.简述糖酵解作用的过程和生理意义。

2.葡萄糖分解为丙酮酸各反应过程中，有氧和无氧条件有何区别？调控部位、氧化部位及底物磷酸化部位如何？

3.何为三羧酸循环？写出反应过程，并标示四次脱氢反应的过程及辅酶。

4.糖酵解和有氧分解分别能产生多少 ATP？一次三羧酸循环能产生多少 ATP？

5.写出乳酸异生成葡萄糖的过程。

6.以葡萄糖为原料怎样合成糖原？

第六章
脂类代谢

 ## 知识目标

- 了解脂类的概念及分类，熟悉脂类的消化与吸收；
- 熟悉甘油三酯的氧化供能，掌握脂肪酸 β-氧化过程；
- 掌握酮体的概念，熟悉其生成和利用及生理意义；
- 掌握脂肪合成的原料、基本过程；
- 了解类脂的代谢。

能力目标

- 掌握脂类的化学检测及含量测定；
- 掌握酮体的测定方法。

第一节 脂类概述

一、脂类的概念

脂类是脂肪和类脂的总称。脂肪又叫三酰甘油，是由一分子甘油和三分子脂肪酸缩合而成；类脂主要包括磷脂、糖脂、胆固醇及其酯和脂肪酸。它们都不溶于水，易溶于醇、醚、苯等脂溶性溶剂。

脂类广泛存在于动物体内。根据脂类在体内的分布，可将其分为两种类型即贮存脂和组织脂。贮存脂主要是中性脂肪，分布在动物的皮下结缔组织、肠系膜、大网膜及肾周围等处，称这些贮存脂肪的组织为脂库。脂库的含量占动物体重的 10%～20%，并随机体的营养状况而变动。组织脂主要由类脂组成，生物体所有的组织细胞内都有分布，是构成细胞膜系统（质膜和细胞器膜）的成分，其含量一般不受营养条件的影响，比较稳定。

二、脂类的生理功能

1. 脂肪是动物体氧化供能和贮存能量的最佳形式

脂肪和糖一样都是动物体内的能源物质，每克脂肪氧化可以释放出 38.9kJ 的能量，而每克葡萄糖氧化只释放 16.7kJ 能量。同等质量的脂肪所能产生的能量是糖的 2 倍多，而且脂肪是疏水的，贮存脂肪并不伴有水的贮存，糖原是亲水性的，贮存糖原也就贮存了水。1g 脂肪只占 1.2mL 的体积，为糖原所占用体积的 1/4，这样在单位体积内可以贮存较多的能量，提高了贮能的效率。因此，脂肪是人和高等动物体内贮存能量的主要形式。当机体摄入糖和脂类等能源物质超过了其所需的消耗量时，就以脂肪的形式贮存起来；当摄入的能源物质不能满足生理活动需要时，则动用体内贮存的脂肪氧化供能。因此，动物体贮存脂肪的含量会随营养状况的改变而变化。

2. 类脂是构成组织细胞的重要成分

磷脂、糖脂、胆固醇等是构成生物细胞膜系统的主要成分。细胞的膜系统包括细胞膜和细胞器膜，主要由磷脂、糖脂、胆固醇与蛋白质结合而成的脂蛋白构成。膜系统能维持细胞的完整，把细胞内部空间分隔成不同的区域，提高了生化反应的效率。因此，细胞膜系统的完整性是细胞进行正常生理活动的重要保证。

此外，类脂还是神经髓鞘的重要成分，有绝缘作用，对神经兴奋的定向传导有重要意义。胆固醇可转化为胆汁酸、维生素 D_3、肾上腺皮质激素和性激素等多种生物活性分子；磷脂中的磷脂酰肌醇磷酸在细胞信息传递过程中起重要作用。

3. 提供必需脂肪酸

脂类具有多方面的功能，是动物体不可缺乏的物质。动物机体可以用糖和氨基酸合成绝大部分的脂类分子，但是由于动物机体缺乏 Δ^9 以上的脱饱和酶，不能合成对其生理活动十分重要的多不饱和脂肪酸，如亚油酸（$18:2$，$\Delta^{9,12}$）、亚麻酸（$18:3$，$\Delta^{9,12,15}$）和花生四烯酸（$20:4$，$\Delta^{5,8,11,14}$），必须从食物中摄取，这类不饱和脂肪酸称为必需脂肪酸。植物和微生物能够合成必需脂肪酸。必需脂肪酸是维持机体生长发育和皮肤正常代谢所必需的，食物营养中如果缺乏必需脂肪酸，动物会出现生长缓慢，皮肤鳞屑多、变薄，毛发稀疏等症状。反刍动物如牛、羊的瘤胃中的微生物能合成这些必需脂肪酸，因此无需由饲料专门供给。植物种子中的脂肪主要含不饱和脂肪酸，因此呈液态；动物组织脂肪含饱和脂肪酸较多，呈固态。必需脂肪酸是组成细胞膜磷脂、胆固醇脂和血浆脂蛋白的重要成分，二十碳多烯酸如花生四烯酸可以衍生出前列腺素、血栓素和白三烯等多种生物活性物质。这些生物活性物质几乎参与了细胞所有的代谢调节活动，与炎症、过敏反应、免疫、心血管疾病等病理过程有关。

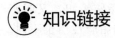 知识链接 ··

共轭亚油酸

共轭亚油酸（CLA）是必需脂肪酸亚油酸的异构体，是一类具有共轭双键的十八碳二烯脂肪酸的总称。CLA 广泛存在于动、植物与人体的一些组织中，主要存在于反刍动物乳汁和脂肪组织中，如牛乳含共轭亚油酸 4～17mg/kg，羊肉含共轭亚油酸 12mg/kg。CLA 具有较强的生物学活性，对人体和动物健康起着许多积极的作用。CLA 可作为动物的饲料添加剂，提高饲料利用率，提高动物产品品质；同时，作为饲料添加剂的 CLA，可从饲料中转移到动物产品（肉、蛋、奶等）中，从而通过食物链为人类提供 CLA，对人体起保健作用。

4. 保护机体组织

脂肪不易导热，皮下的脂肪组织可以防止热量散失，从而保持体温的恒定。内脏周围的脂肪组织有软垫作用，能缓冲外界的机械压力，有固定和保护内脏器官的作用。

5. 促进脂溶性维生素吸收

脂溶性维生素如维生素 A、维生素 D、维生素 E、维生素 K 等只有溶于食物中的脂肪中，才能被动物机体充分吸收。食物中长期缺脂肪会导致脂溶性维生素的吸收障碍，引起脂溶性维生素不足或缺乏。

三、脂类的消化和吸收

食物中的脂类主要有脂肪和少量的磷脂、胆固醇和胆固醇酯等，这些脂类消化的主要场所在小肠上段。因口腔无脂肪酶，不能消化脂肪；胃内虽含少量脂肪酶，但是胃液酸性较强，pH 不适宜，故脂肪在胃内也几乎不被消化。在小肠上段有胰液及胆汁的流入，胆汁中含胆汁酸盐，是较强的乳化剂，能乳化脂肪及胆固醇酯等，增加酶与脂类物质的接触，有利于脂类的消化。胰液中含有胰脂肪酶、磷脂酶、胆固醇酯酶及辅脂酶等。胰脂肪酶先水解甘油三酯的第 1 位酯键，再水解第 3 位酯键，产生 β-甘油一酯并释出两分子脂肪酸。磷脂酶 A_2 在胰液中以酶原形式存在，进入小肠后被胰蛋白酶激活，它催化磷脂的第二位酯键水解，生成溶血磷脂及一分子脂肪酸。胆固醇酯酶作用于胆固醇酯，使之水解为自由胆固醇及脂肪酸。辅脂酶吸引并将胰脂肪酶固定在油相表面，这样才能使胰脂肪酶发挥作用，催化油相内的甘油三酯水解。

在胆汁酸盐、胰脂肪酶、辅脂酶等协同作用时，尚需 Ca^{2+} 参加才能使酶的脂解活性充分发挥。经上述消化作用后，各种消化产物，如甘油一酯、脂肪酸、胆固醇及溶血磷脂等可与胆汁酸盐混合成水溶性的混合微团。这种微团体积小、极性大，促进肠黏膜细胞对它们的吸收。脂类的消化产物被吸收后，其中短链脂肪酸和甘油经门静脉入肝，在肝内合成体脂肪。甘油一酯、甘油二酯和长链脂肪酸等在肠黏膜上皮细胞内又重新合成脂肪，然后与磷脂、胆固醇、载脂蛋白质共同形成乳糜微粒，经淋巴管进入血液循环，输送到各组织细胞中。

四、脂肪的贮存、动员和运输

（一）脂肪在体内的贮存

动物体的皮下结缔组织、肠系膜、大网膜等处都能贮存脂肪，称为脂肪组织，又叫脂库。由于食物来源、环境条件、生活习性等不同，不同种类的动物贮存的脂肪性质也不同。同一种动物如果喂饲不同的饲料，贮脂的性质也会改变。

随着社会发展，人们生活水平逐步提高，宠物的待遇也得到了相应提升，这就带来了一个新的疾病——宠物肥胖症。按照国际标准，犬和猫一般超过正常体重 10% 以上即被视为肥胖。其表现为皮下脂肪层增厚，尤其是腹下和躯体两侧，体态丰满浑圆，走路摇摆，反应迟钝，不愿活动。肥胖可对宠物造成诸多危害。如食欲亢进或减退，易疲劳，容易和主人失去亲和力；极易罹患心脏病、糖尿病等疾患。

（二）脂肪的动员

脂肪是动物机体内的重要贮能物质，它不断地自我更新。当机体需要能量时，贮存在脂肪细胞中的脂肪被水解为游离脂肪酸和甘油而释放入血液，被其他组织氧化利用，这一过程称为脂肪的动员。在脂肪的动员过程中，激素敏感脂肪酶起了决定性的作用。它是脂肪分解的限速酶，其活性受到多种激素的调控。在禁食、饥饿或交感神经兴奋时，肾上腺素、去甲肾上腺素、胰高血糖素等激素分泌增加，促进脂肪分解，这些激素称为脂解激素。相反，胰岛素等则抑制脂肪酶的活性，促进脂肪的贮存。正常情况，机体在胰岛素和胰高血糖素等的作用下，脂肪的贮存与动员是动态平衡的，并且贮存和动员是处于不断的更新状态中。

$$\underset{\begin{array}{c}CH_2-O-\overset{\displaystyle O}{\overset{\|}{C}}-R\\R-\overset{\displaystyle O}{\overset{\|}{C}}-O-CH\\CH_2-O-\overset{\displaystyle O}{\overset{\|}{C}}-R\end{array}}{}+3H_2O \xrightarrow{\text{激素敏感脂肪酶}} \underset{\begin{array}{c}CH_2-OH\\HO-CH\\CH_2-OH\end{array}}{}+3R-\overset{\displaystyle O}{\overset{\|}{C}}-OH$$

（三）脂类的运输

脂类在动物体内的转运比较复杂，无论是从肠道吸收的脂类，或是机体自身组织合成的脂类，都要通过血液在体内转运，被输送到适当的组织中去利用、贮存或者转变。由于脂类不溶于水，因此不能以游离的形式运输，而必须以某种方式与蛋白质结合起来才能在血浆中转运。除了游离脂肪酸是和血浆清蛋白结合起来，形成可溶性复合体运输以外，其余的都是以血浆脂蛋白的形式运输的。

1. 血脂

血脂是指血浆中所含的脂质，包括脂肪、磷脂、胆固醇及其酯和游离脂肪酸。磷脂中主要为卵磷脂，约占70%；脑磷脂和鞘磷脂分别占10%和25%左右。血中醇型胆固醇约占总胆固醇的1/3，酯型胆固醇占2/3。血脂的来源有外源性的，即从饲料中摄取并经消化道吸收进入血浆中；还有内源性的，即由肝、脂肪组织等合成后释放入血浆中。血脂的去路是氧化供能、进入脂库贮存、构成生物膜、转变为其他物质。正常情况下，血脂的来源和去路保持平衡状态。但血脂的含量会随机体生理状态不同而改变，动物品种、年龄、饲养状况、性别等都可以影响血脂的组成和水平。

2. 血浆脂蛋白的分类

因脂蛋白所含脂类的种类、数量以及载脂蛋白的质量不同，不同的血浆脂蛋白表现出密度、颗粒大小、电荷、电泳行为和免疫原性不同，常采

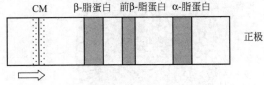

图6.1　血浆脂蛋白琼脂糖凝胶电泳图谱

用电泳或超速离心的方法将其分开。利用醋酸纤维素膜、琼脂糖或聚丙烯酰胺凝胶作为电泳支持物，血浆脂蛋白在电场中可按其表面所携带电荷不同，以不同的速度泳动。图6.1为血浆脂蛋白在琼脂糖凝胶上电泳的图谱。电泳结果分出四种脂蛋白，由乳糜微粒（CM）起，β-脂蛋白、前β-脂蛋白和α-脂蛋白的泳动速率依次增加。乳糜微粒（CM）在电泳结束时基本仍在原点不动。

另外，由于各种脂蛋白所含脂质与蛋白质的比例差异，利用密度梯度超速离心技术，也可以把血浆脂蛋白分开。根据其密度由小到大可分为乳糜微粒（CM）、极低密度脂蛋白（VLDL）、低密度脂蛋白（LDL）和高密度脂蛋白（HDL）四类，分别相当于电泳分离到的乳糜微粒（CM）、前β-脂蛋白、β-脂蛋白和α-脂蛋白。此外，还有中密度脂蛋白（IDL），它是VLDL在血浆中的代谢物。

3. 血浆脂蛋白的主要功能

（1）**乳糜微粒（CM）** 甘油三酯在消化道中被脂肪酶消化后，吸收进入小肠黏膜细胞再合成脂肪，并与吸收和合成的磷脂、胆固醇一起，由载脂蛋白包裹形成 CM。CM 含有大量的脂肪，而磷脂、胆固醇和载脂蛋白含量较少。新生 CM 通过淋巴管道进入血液，随着血液循环运到肌肉、心和脂肪等组织，并黏附在微血管的内皮细胞表面。细胞表面的脂蛋白脂肪酶，可在数分钟内就能使 CM 中的甘油三酯水解。水解释放出的脂肪酸可被肌肉、心和脂肪组织摄取利用。随着绝大部分甘油三酯的水解从载脂蛋白脱离开，CM 不断变小，成为富含胆固醇酯的 CM 残余，进入循环系统，然后被肝细胞吸收代谢。CM 是运输外源甘油三酯和胆固醇酯的脂蛋白形式。

（2）**极低密度脂蛋白（VLDL）** VLDL 主要由肝脏合成，其主要成分也是脂肪。VLDL 是肝内合成的脂肪、磷脂、胆固醇与载脂蛋白结合形成脂蛋白，运到肝外组织去贮存或利用。此外，小肠黏膜细胞也可以合成少量的 VLDL。VLDL 中的脂肪在肝外组织中的释放机制与 CM 相同。随着 VLDL 中的甘油三酯不断被脂蛋白脂肪酶水解，VLDL 的颗粒逐渐变小，密度增加，载脂蛋白的相对含量增加而转变为中密度脂蛋白（IDL）。一部分 IDL 被肝细胞摄取代谢，其余 IDL 中的甘油三酯被脂蛋白脂肪酶进一步水解，绝大部分载脂蛋白都脱离，最后转变为低密度脂蛋白（LDL）。所以 VLDL 是转运内源性脂肪的主要形式。

（3）**低密度脂蛋白（LDL）** LDL 是由 VLDL 转变来的。LDL 富含胆固醇和胆固醇酯，因此它是向组织转运肝脏合成的内源性胆固醇的主要形式。各种组织，如肾上腺皮质、睾丸、卵巢包括肝脏本身都能摄取和代谢 LDL。研究发现，这些组织细胞表面具有特异的 LDL 受体，LDL 受体基因缺陷是引起家族性高胆固醇血症的重要原因。其纯合子患者血浆胆固醇酯高达 $600 \sim 800 \mathrm{mg/dL}$，患者常在 20 岁前就有典型的冠心病症状。

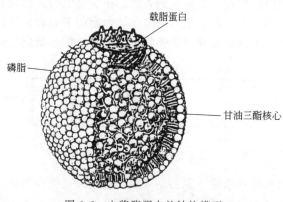

图 6.2 血浆脂蛋白的结构模型

载脂蛋白

磷脂

甘油三酯核心

（4）**高密度脂蛋白（HDL）** HDL 的合成主要在肝脏，也可在小肠。CM 和 VLDL 中的脂肪水解时也能形成 HDL。HDL 的作用与 LDL 基本相反。它是机体胆固醇的"清扫机"，负责把胆固醇运回肝脏代谢转变。成熟的 HDL 可能首先与肝细胞膜的 HDL 受体结合，然后被肝细胞摄取，其中的胆固醇可以合成胆汁酸或直接排出体外。上述 4 类脂蛋白的分类、性质、组成及主要功能见表 6.1。除了血浆中的游离脂肪酸与清蛋白结合成复合物运输以外，其他的脂类都以脂蛋白的形式运输。虽然不溶于水的脂类在水中时呈乳浊液状，但脂蛋白是可溶于水的，故血浆在正常情况下仍是清亮透明的。血浆脂蛋白主要有载脂蛋白、甘油三酯、磷脂、胆固醇及其酯等成分。不同种类的血浆脂蛋白都具有大致相似的球状结构，如图 6.2 所示。它们以非极性的脂类为核心，颗粒表面覆盖极性分子基团，即疏水的脂肪、胆固醇酯和磷脂的脂肪酸链处于球的内核中，而兼有极性与非极性基团的载脂蛋白、磷脂和胆固醇的亲水基团则以单分子层覆盖于脂蛋白的球表面，因而疏水的脂质可以在血浆的水相中运输。

表 6.1　血浆脂蛋白的分类、性质、组成及主要功能

密度分类法	电泳分类法	化学组成/%				合成部位	主要生理功能
		蛋白质	脂肪	胆固醇	磷脂		
乳糜微粒（CM）	乳糜微粒（原点）	0.5～2	80～95	1～4	5～7	小肠黏膜细胞	转运外源性脂肪至脂肪组织和肝脏
极低密度脂蛋白（VLDL）	前β-脂蛋白	5～10	50～70	10～15	10～15	肝细胞	转运内源性脂肪，从肝脏运到其他组织
低密度脂蛋白（LDL）	β-脂蛋白	20～25	10	45～50	20	血浆	转运内源性胆固醇，从肝脏运到其他组织
高密度脂蛋白（HDL）	α-脂蛋白	45～50	5	20	25	肝、肠、血浆	将胆固醇运回肝脏进行代谢转变

 知识链接 ···

高脂血症

　　高脂血症是指血浆中胆固醇和/或甘油三酯水平升高。由于血脂在血中以脂蛋白形式运输，实际上高脂血症也可认为是高脂蛋白血症。原发性高脂血症多是由遗传缺陷所致。目前已发现有相当一部分患者存在单个或多个遗传基因缺陷，如参与脂蛋白代谢的关键酶如脂蛋白脂肪酶（LPL）和卵磷脂胆固醇酰基转移酶（LCAT），载脂蛋白如 Apo A I 、Apo B、Apo C II 、Apo E 以及脂蛋白受体如 LDLR 等基因缺陷。也可以由后天的饮食习惯、生活方式或其他自然环境因素引起。

···

第二节　脂肪代谢

一、脂肪的分解代谢

（一）脂肪的水解

脂肪的水解

　　无论是消化吸收的脂肪还是体内贮存或新合成的脂肪，都能分解供能。分解的第一步就是把脂肪水解为甘油和脂肪酸，在脂肪酶的催化下，先经过甘油二酯和甘油一酯的中间阶段，最后生成甘油和脂肪酸。由于脂肪组织中甘油激酶活性很低，生成的甘油需运送到其他组织利用；脂肪酸则部分在脂肪组织中氧化分解，大部分进入血液与清蛋白结合成复合物运输，在肝和其他组织中氧化分解，或者重新合成脂肪。

```
CH2O—C—R¹                  CH2OH                    CH2OH                     CH2OH
      ‖                                                                      
O                           │                        │                         │
CHO—C—R²   脂肪酶   →   CHOCOR²   脂肪酶   →   CHOCOR²   脂肪酶   →   CHOH
      ‖         H2O  R¹COOH              H2O  R³COOH               H2O  R²COOH
O                           │                        │                         │
CH2O—C—R³                  CH2OCOR³                 CH2OH                     CH2OH

   脂肪                     甘油二酯                  甘油一酯                    甘油
```

（二）甘油的代谢

　　甘油溶于水，可直接经血液运送到肝、肾、肠等组织利用。在甘油激酶的催化下，消耗

ATP，生成 α-磷酸甘油，然后再脱氢生成磷酸二羟丙酮，可进一步沿糖的分解途径生成 CO_2 和 H_2O 或沿糖异生途径转变成葡萄糖或糖原。

　　甘油的代谢途径如图 6.3 所示。可见，甘油和糖的代谢关系非常密切，糖和甘油可以互相转变。

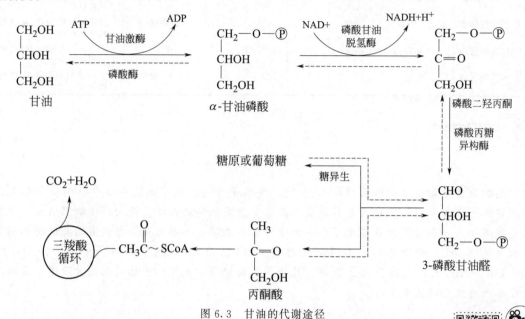

图 6.3　甘油的代谢途径

（三）脂肪酸的分解代谢

　　除脑组织和成熟红细胞外，机体的许多组织均能氧化分解脂肪酸，但在肝及肌肉组织中最活跃。组织细胞既可从血液中摄取脂肪酸，也可通过自身水解脂肪而得到，在供氧充足的条件下脂肪酸可氧化分解生成 CO_2 和 H_2O，同时释放出大量能量供机体利用。在体内，脂肪酸的氧化有多种形式，其中最主要的氧化方式是 β-氧化，其氧化过程是从羧基端 β-碳原子开始，碳链逐次断裂，每次产生一个二碳化合物，即乙酰 CoA，所以称为脂肪酸的 β-氧化。

1.脂肪酸的 β-氧化作用

　　脂肪酸的 β-氧化作用指脂肪酸在酶的催化下，碳链上的 α-碳原子和 β-碳原子之间的键断裂，使 β-碳原子氧化成羧基，生成一分子的乙酰 CoA 和比原来少 2 个碳原子的脂酰 CoA 的过程。催化脂肪酸 β-氧化的酶系在线粒体中，所以脂肪酸 β-氧化过程是在线粒体中进行。

　　（1）脂肪酸的活化　脂肪酸是常态分子，化学性质比较稳定，要想让它氧化分解，必须先转变为活化分子即脂酰 CoA，这一反应在胞液中进行。脂肪酸的活化是由线粒体外的脂酰 CoA 合成酶（相当于硫激酶）催化，有 CoA 和 ATP 参与。此反应活化 1mol 脂肪酸消耗 2 个高能键，相当于消耗 2mol 的 ATP。

$$脂肪酸+HS\!-\!CoA \xrightarrow[\substack{ATP \quad AMP+PPi}]{脂酰CoA合成酶 \atop Mg^{2+}} 脂酰\!\sim\!S\!-\!CoA$$

　　（2）脂酰 CoA 进入线粒体　活化后的脂酰 CoA 必须进入线粒体内才能进行 β-氧化，但是长链脂肪酸和脂酰 CoA 都不能直接穿过线粒体的内膜，必须由肉毒碱携带才能进入线粒体。肉毒碱是一种小分子的脂酰基载体，已知在线粒体内膜两侧存在肉毒碱脂酰转移酶 I 和转移酶Ⅱ，二者是一种同工酶，它们催化脂酰基在肉毒碱和 CoA 之间的转移反应，使脂基进入线粒体基质中，如图 6.4 所示。

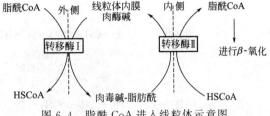

图 6.4　脂酰 CoA 进入线粒体示意图

在位于线粒体内膜外侧面的转移酶Ⅰ催化下，脂酰 CoA 转化为脂酰基肉毒碱，脂酰基肉毒碱通过膜上载体的作用，转运至膜内侧，继而在转移酶Ⅱ催化下脂酰基从肉毒碱转移至基质内的 CoA 上，重新转变为脂酰 CoA，肉毒碱则在转移酶的作用下回到内膜外侧可进行下一轮的转运。通过这一反应使胞液中的脂酰基进入线粒体基质内。

脂酰 CoA 进入线粒体是脂肪酸 β-氧化的主要限速步骤，肉毒碱脂酰转移酶Ⅰ是其限速酶。当机体需要脂肪酸分解供能时，肉毒碱脂酰转移酶Ⅰ的活性增强，脂肪酸氧化增强；脂肪合成时，丙二酸单酰 CoA 的增加则抑制这个酶的活性。

（3）脂肪酸 β-氧化过程　这一过程包括 4 步连续的酶促反应，即脱氢、加水、再脱氢和硫解，最终生成 1mol 乙酰 CoA 和一个少 2 个碳的脂酰 CoA。反应过程如下。

① 脱氢　在脂酰 CoA 脱氢酶的催化下，脂酰 CoA 的 α-、β-碳原子上各脱去 1 个氢原子，生成 Δ^2-反烯脂酰 CoA，脱下的 2 个氢原子使该酶的辅基 FAD 还原成 $FADH_2$。

$$RCH_2CH_2 \overset{O}{\underset{}{-C}} \sim SCoA \xrightarrow[\text{脂酰CoA脱氢酶}]{FAD \quad FADH_2} R-\underset{\beta}{CH}=\underset{\alpha}{CH} \overset{O}{\underset{}{-C}} \sim SCoA$$

Δ^2-反烯脂酰CoA

② 加水　Δ^2-反烯脂酰 CoA 在 Δ^2-反烯脂酰 CoA 水合酶的催化下，消耗一分子水，生成 β-羟脂酰 CoA。

$$R-\underset{\beta}{CH}=\underset{\alpha}{CH}\overset{O}{\underset{}{-C}} \sim SCoA \xrightarrow{\text{水合酶}} R-\underset{\beta}{\overset{OH}{\underset{}{CH}}}-CH_2 \overset{O}{\underset{}{-C}} \sim SCoA$$

Δ^2-反烯脂酰CoA　　　　　　　β-羟脂酰CoA

③ 再脱氢　β-羟脂酰 CoA 在 β-羟脂酰 CoA 脱氢酶的催化下，脱去 2 个氢原子而生成 β-酮脂酰 CoA。脱下的 2 个氢使辅酶 NAD^+ 还原成 NADH。

$$R-\underset{\beta}{\overset{OH}{\underset{}{CH}}}-CH_2 \overset{O}{\underset{}{-C}} \sim SCoA \xrightarrow[\text{β-羟脂酰CoA脱氢酶}]{NAD^+ \quad NADH+H^+} R-\underset{\beta}{\overset{O}{\underset{}{C}}}-CH_2 \overset{O}{\underset{}{-C}} \sim SCoA$$

β-羟脂酰CoA　　　　　　　　　　　β-酮脂酰CoA

④ 硫解　β-酮脂酰 CoA 在 β-酮脂酰 CoA 硫解酶的催化下，加 HSCoA 分解，α 与 β 碳原子间结合键断裂，生成 1 分子乙酰 CoA 和 1 分子比原来少两个碳原子的脂酰 CoA。

$$R-\underset{\beta}{\overset{O}{\underset{}{C}}}-CH_2 \overset{O}{\underset{}{-C}} \sim SCoA + HSCoA \xrightarrow{\text{硫解酶}} R-\overset{O}{\underset{}{C}} \sim SCoA + CH_3-\overset{O}{\underset{}{C}} \sim SCoA$$

β-酮脂酰CoA

脂酰 CoA 经过脱氢、加水、再脱氢和硫解四步反应，生成比原来少 2 个碳原子的脂酰 CoA 和 1 分子乙酰 CoA 的过程，称为一次 β-氧化过程。新生成的脂酰 CoA 可再经过脱氢、加水、再脱氢、硫解的反应，继续循环氧化，碳链逐渐变短，对于偶数碳的饱和脂肪酸来说，最终将全部分解为乙酰 CoA，如图 6.5 所示。

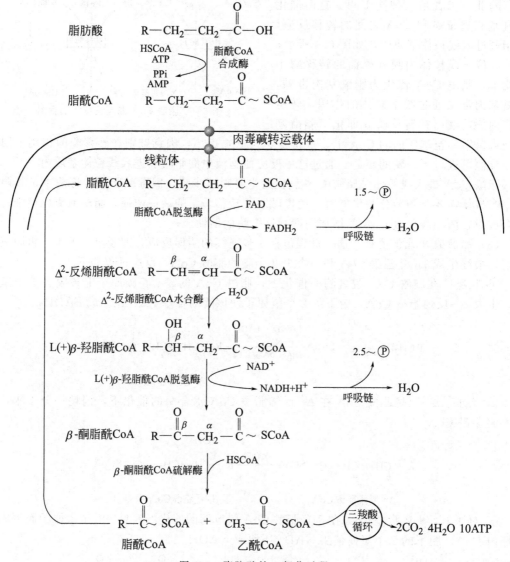

图 6.5　脂肪酸的 β-氧化过程

（4）乙酰 CoA 进一步代谢去路　脂肪酸经 β-氧化生成的产物乙酰 CoA 和糖氧化的中间产物乙酰 CoA 一样，可进入三羧酸循环彻底氧化成 CO_2 和 H_2O，并释放出能量，也可转变成其他代谢中间产物，也可参加合成代谢。

综上所述，脂肪酸 β-氧化作用有四个要点：①脂肪酸仅需一次活化，其代价是消耗 1 个 ATP 分子的两个高能键，其活化酶在线粒体外；②在线粒体外活化的长链脂酰 CoA 需经肉毒碱携带进入线粒体；③所有脂肪酸 β-氧化的酶都是线粒体酶；④ β-氧化过程包括脱氢、加水、再脱氢和硫解四个重复步骤。最终 1 分子脂肪酸变成许多分子乙酰 CoA。生成的乙酰 CoA 可以进入三羧酸循环，氧化成 CO_2 和 H_2O，也可以参加其他合成代谢。

（5）脂肪酸氧化的能量生成　以棕榈酸为例来说明其彻底氧化分解产能的情况。由于每进行一次 β-氧化可生成乙酰 CoA、$FADH_2$ 和 $NADH+H^+$ 各 1mol。棕榈酸是十六碳的饱和脂肪酸，共需经过 7 次 β-氧化过程，其总反应如下：

棕榈酰～SCoA＋7HSCoA＋7FAD＋7NAD$^+$＋7H$_2$O $\longrightarrow$ 8 乙酰 CoA＋7FADH$_2$＋7NADH＋H$^+$

① 棕榈酸活化生成脂酰 CoA　消耗 2 个高能键（－2ATP）。

② 线粒体内 β-氧化反应过程　每经过一次 β-氧化有 1mol 的 FADH$_2$ 和 NADH＋H$^+$ 生成，十六碳脂酰 CoA 需经 7 次 β-氧化，总共生成 7molFADH$_2$ 和 7molNADH＋H$^+$，这些氢要经呼吸链传递给氧生成水，释放 $7\times(2+3)=35$molATP。

③ 乙酰 CoA 彻底氧化　十六碳脂酰 CoA 经 7 次 β-氧化后总共生成 8mol 乙酰 CoA，全部进入三羧循环，共生成 $8\times12=96$molATP。

动画扫
扫
酮体的生成

④ 总能量　1mol 棕榈酸彻底氧化后可净生成 $-2+35+96=129$molATP。

2. 酮体的生成和利用

在正常情况下，脂肪酸在肝外组织如心肌、骨骼肌、肾脏等组织中能彻底氧化成二氧化碳和水，但在肝细胞中氧化则很不完全，因肝细胞中具有活性较强的合成酮体的酶系，能使 β-氧化反应生成的乙酰 CoA 转变为乙酰乙酸、β-羟丁酸和丙酮，这三种中间产物统称为酮体。酮体易于运输，肝生成的酮体要运到肝外组织中利用。

（1）酮体的生成　酮体生成的部位在肝细胞线粒体内。除肝脏外，肾脏也能生成少量的酮体。酮体合成的原料为脂肪酸 β-氧化生成的乙酰 CoA。其合成过程为两分子乙酰 CoA 在硫解

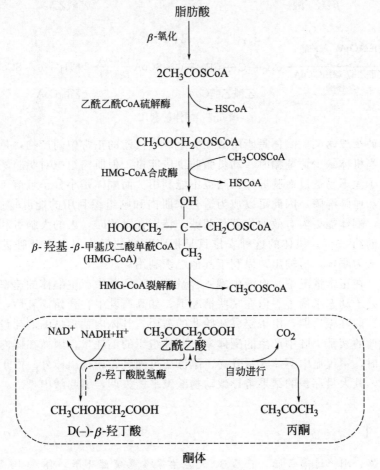

图 6.6　酮体的生成过程

酶催化下缩合成一分子乙酰乙酰 CoA，乙酰乙酰 CoA 再与一分子乙酰 CoA 缩合成 β-羟基-β-甲基戊二酸单酰 CoA(HMG-CoA)，催化这一反应的酶为 HMG-CoA 合成酶（此酶为限速酶），HMG-CoA 再经裂解酶催化分解成乙酰乙酸和乙酰 CoA，乙酰乙酸在 β-羟丁酸还原酶的催化下加氢还原成 β-羟丁酸，或自发脱羧而生成丙酮，酮体的生成过程如图 6.6 所示。

（2）酮体的利用　肝脏中有活力很强的生成酮体的酶，但缺少利用酮体的酶。肝外组织有活性很强的利用酮体的酶，能够氧化酮体供能。酮体在肝内线粒体基质生成后可迅速渗透入血液循环输送到肝外组织。在肾脏、心肌、骨骼肌等组织中起主要作用的是乙酰乙酸-琥珀酰 CoA 转移酶，在脑组织中利用酮体的酶主要是乙酰乙酸硫激酶。在乙酰乙酸-琥珀酰 CoA 转移酶的催化下乙酰乙酸与琥珀酰 CoA 反应生成乙酰乙酰 CoA。乙酰乙酰 CoA 在硫解酶的作用下生成 2 分子乙酰 CoA，然后进入三羧酸循环彻底氧化成二氧化碳和水，并释出能量，如图 6.7 所示。其中的 β-羟丁酸由 β-羟丁酸脱氢酶（其辅酶为 NAD^+）催化，生成乙酰乙酸再沿上述途径氧化。少量丙酮可以转变为丙酮酸或乳酸后再进一步代谢，丙酮具有挥发性，当血液中酮体含量急剧升高时，可以从肺中直接呼出。

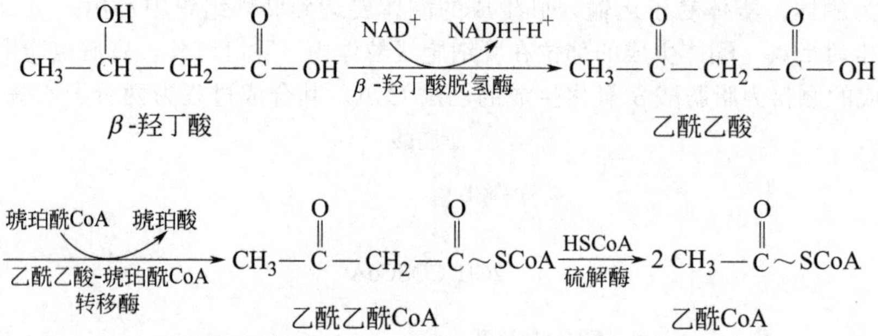

图 6.7　酮体的利用

（3）酮体的生理意义　酮体是脂肪酸在肝组织中代谢的正常中间产物，是肝脏输出能源的一种形式。当机体缺少葡萄糖时，动员脂肪供应能量，但肌肉组织对脂肪酸的利用能力有限，脂肪酸分子大不易透过血脑屏障大脑也不能利用。而酮体是小分子且溶于水，能通过肌肉毛细血管壁和血脑屏障，因此可以成为适合于肌肉和脑组织利用的能源物质。由此可见，与脂肪酸相比，酮体能更为有效地代替葡萄糖。特别在饥饿时，人的大脑可利用酮体代替其所需葡萄糖量的约 25%。机体的这种安排只是把脂肪酸的氧化集中在肝脏进行，在那里把它先“消化”成为酮体，再输出，以利于其他组织利用。

（4）酮病　在正常情况下，血液中酮体含量很少。肝脏中产生酮体的速率和肝外组织分解酮体的速率处于动态平衡中。但在某些情况下，如高产乳牛在开始泌乳后，以及绵羊（尤其是双胎绵羊）的妊娠后期，由于泌乳和胎儿的需要，其体内葡萄糖的消耗量很大，造成体内糖与脂类代谢的紊乱。肝中产生的酮体多于肝外组织的消耗量，因而在体内积存容易引起酮病。患酮病时，不仅血中酮体含量升高，酮体还可随乳、尿排出体外。由于酮体主要成分是酸性的物质，其大量存积的结果常导致动物酸碱平衡失调，引起酸中毒。

📖 案例 6.1

某奶牛 7 岁，刚产过第 5 胎，产后 30 天左右采食量突然下降，体温 40.5℃，心率 100 次/min，精神沉郁，产奶量也随之减少，乳汁有烂苹果味。尿浅黄色，水样，易形成泡沫。

根据发病时间，结合临床症状判断该牛发生了奶牛酮病。

问题：反刍动物可以将乙酸、丙酸、丁酸三种挥发性脂肪酸中哪种经过糖异生转化为葡萄糖？

分析：反刍动物与非反刍动物不同，葡萄糖主要由丙酸通过糖异生途径转化而来。凡是造成瘤胃生成丙酸减少的因素，都可能使血糖浓度下降。当血糖浓度下降时，脂肪发生分解生成甘油和脂肪酸，甘油可作为生糖物质转化为葡萄糖以弥补血糖的不足，而脂肪酸则进入血液最终形成大量酮体。该病治疗需静注葡萄糖。

3. 丙酸的代谢

动物体内的脂肪酸绝大多数含有偶数碳原子，但也有含奇数碳原子的脂肪酸。例如纤维素在反刍动物瘤胃中发酵产生挥发性低级脂肪酸，主要是乙酸（70%），其次是丙酸（20%）和丁酸（10%）。其中丙酸是奇数碳原子的脂肪酸。此外，许多氨基酸脱氨后也生成奇数碳原子脂肪酸。长链奇数碳原子的脂肪酸在开始分解时也和偶数碳原子脂肪酸一样，每经过一次 β-氧化切下来 2 个碳原子，当分解到只剩下末端 3 个碳原子时，即丙酰 CoA 时，就不再进行 β-氧化，而是被羧化成甲基丙二酸单酰 CoA，然后在变位酶的作用下转变成琥珀酰 CoA，可进入三羧酸循环继续进行分解代谢，也可通过糖异生作用异生为糖。丙酸的代谢对于牛羊等反刍动物非常重要。现已知反刍动物体内的葡萄糖，约有 50% 来自丙酸的糖异生作用。丙酸的代谢过程如图 6.8 所示。

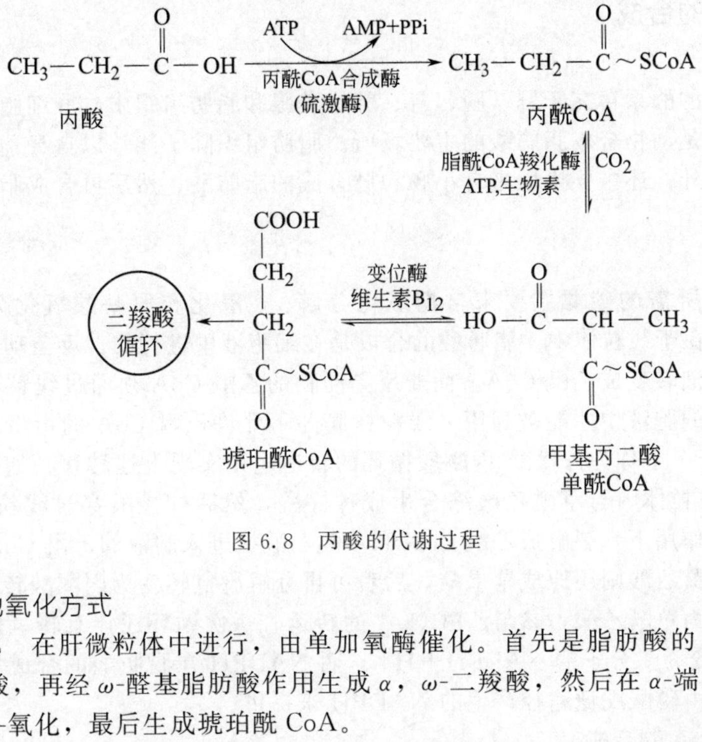

图 6.8 丙酸的代谢过程

4. 脂肪酸的其他氧化方式

（1）ω-氧化　在肝微粒体中进行，由单加氧酶催化。首先是脂肪酸的 ω-碳原子羟化生成 ω-羟基脂肪酸，再经 ω-醛基脂肪酸作用生成 α，ω-二羧酸，然后在 α-端或 ω-端活化，进入线粒体进行 β-氧化，最后生成琥珀酰 CoA。

（2）α-氧化　脂肪酸在微粒体中由单加氧酶和脱羧酶催化生成 α-羟基脂肪酸或少一个碳原子的脂肪酸的过程为脂肪酸的 α-氧化。α-氧化主要在脑组织内发生，因而 α-氧化障碍多引起神经症状。

二、脂肪的合成代谢

动物体内的脂肪在分解供能的同时也在不断地合成,特别是家畜的育肥阶段,体内脂肪的合成代谢比较旺盛。动物的许多组织都能合成脂肪,最主要的合成部位是肝脏和脂肪组织。高等动物合成脂肪所需要的前体是 α-磷酸甘油和脂酰 CoA。它们主要由糖分解的中间产物乙酰 CoA 和磷酸二羟丙酮转化而来,所以糖能转化为脂肪。同时蛋白质中的大多数氨基酸也可以转化为脂肪。

（一）α-磷酸甘油的合成

α-磷酸甘油有两个来源:一是由糖分解途径的中间物磷酸二羟丙酮在 α-磷酸甘油脱氢酶的催化下还原生成;二是体内游离的甘油在甘油激酶(肝)的催化下消耗 ATP,可转变为 α-磷酸甘油。肝、肾、哺乳期乳腺及小肠黏膜富含甘油激酶,而肌肉和脂肪组织细胞内这种激酶的活性很低,因而不能利用游离的甘油来合成脂肪。

$$\text{葡萄糖} \dashrightarrow \text{磷酸二羟丙酮} \xrightarrow[\alpha\text{-磷酸甘油脱氢酶}]{\overset{\text{NADH+H}^+ \quad \text{NAD}^+}{\curvearrowright}} \alpha\text{-磷酸甘油}$$

$$\text{甘油+ATP} \xrightarrow{\text{甘油激酶}} \alpha\text{-磷酸甘油+ADP}$$

（二）脂肪酸的合成

1. 合成场所

脂肪酸合成的酶系存在于肝、脑、肾、肺、乳腺和脂肪组织中。肝细胞,其次是脂肪细胞的微粒体部位是动物合成脂肪酸的主要场所。脂肪组织除了能够以自身葡萄糖为原料合成脂肪酸和脂肪以外,还主要摄取来自小肠和肝合成的脂肪酸,然后再合成脂肪,成为贮存脂肪的仓库。

2. 合成原料

脂肪酸合成所需的碳源主要来自糖氧化分解、β-氧化和氨基酸氧化分解产生的乙酰CoA,它们都存在于线粒体中。脂肪酸的合成是在细胞液中进行的,反刍动物吸收的乙酸可以直接进入细胞液转变成乙酰 CoA,而非反刍动物的乙酰 CoA 须通过线粒体膜从线粒体内转移到线粒体外的胞液中才能被利用。线粒体膜并不允许乙酰 CoA 的衍生物自由通过,乙酰 CoA 需借助于一个称为柠檬酸-丙酮酸循环的转运途径实现上述转移,如图 6.9 所示。乙酰 CoA 首先在线粒体内与草酰乙酸缩合生成柠檬酸,然后柠檬酸穿过线粒体膜进入胞液,在柠檬酸裂解酶作用下,裂解成乙酰 CoA 和草酰乙酸。进入胞液的乙酰 CoA 即可用于脂肪酸的合成,而草酰乙酸则还原成苹果酸,后者可再分解脱氢转变为丙酮酸转入线粒体,在线粒体中再羧化成为草酰乙酸,参与乙酰 CoA 的转运。每次循环还伴有转氢作用把 1 分子的NADH+H$^+$ 转变为 1 分子的 NADPH+H$^+$。而 NADPH 在脂肪酸的合成反应中可提供氢源,不足的部分由磷酸戊糖途径产生的 NADPH 来提供。

3. 丙二酸单酰 CoA 的合成

以乙酰 CoA 为原料合成脂肪酸时,并不是这些二碳单位的简单缩合,除了起始的一分子乙酰 CoA 以外,其他的乙酰 CoA 必须先羧化成丙二酸单酰 CoA,丙二酸单酰 CoA 相当于乙酰 CoA 的活化形式。

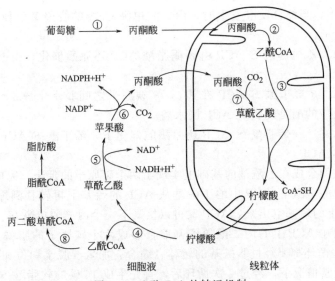

图 6.9　乙酰 CoA 的转运机制

$$CH_3-\overset{\overset{\displaystyle O}{\|}}{C}\sim SCoA+CO_2 \xrightarrow[\substack{乙酰CoA羧化酶\\生物素}]{\text{ATP}\quad\text{ADP+Pi}} HO-\overset{\overset{\displaystyle O}{\|}}{C}-CH_2-\overset{\overset{\displaystyle O}{\|}}{C}\sim SCoA$$

乙酰CoA　　　　　　　　　　　　　　　　　　　　丙二酸单酰CoA

　　此步反应不可逆，乙酰 CoA 羧化酶是脂肪酸合成的限速酶，存在于胞液中，生物素是其辅基，柠檬酸是其激活剂。

4.脂肪酸生物合成过程

　　参与脂肪酸合成的酶有 7 种，都以没有酶活性的脂酰基载体蛋白（ACP）为中心构成一个多酶复合体。ACP 分子中含有类似于辅酶 A 分子上的巯基，为酰基载体，携带着脂肪酸合成过程中的各个中间产物从一个酶的活性部位转移至另一个酶的活性部位，如图 6.10 所示。

　　（1）合成的起始　乙酰 CoA 的乙酰基首先与 ACP 巯基相连，生成乙酰载体蛋白。催化此反应的酶是乙酰 CoA-ACP 酰基转移酶，简称乙酰转移酶。但乙酰基并不留在 ACP 巯基上，而是很快转移到另一个酶，即 β-酮脂酰 ACP 合成酶（简称缩合酶）的活性中心半胱氨酸巯基上，成为乙酰-S-缩合酶，ACP 的巯基则空出来。

　　（2）丙二酸单酰基转移反应　在 ACP-丙二酸单酰 CoA 转移酶的催化下，丙二酸单酰基脱离 CoA 转移到已空出的 ACP 巯基上，形成丙二酸单酰-S-ACP。

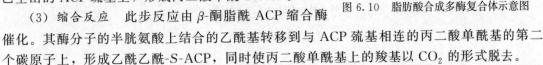

图 6.10　脂肪酸合成多酶复合体示意图

　　（3）缩合反应　此步反应由 β-酮脂酰 ACP 缩合酶催化。其酶分子的半胱氨酸上结合的乙酰基转移到与 ACP 巯基相连的丙二酸单酰基的第二个碳原子上，形成乙酰乙酰-S-ACP，同时使丙二酸单酰基上的羧基以 CO_2 的形式脱去。

　　实际上，反应中所释放出的 CO_2 来自乙酰 CoA 羧化形成丙二酸单酰 CoA 时所利用的 CO_2，其碳原子并未掺入到正在合成的脂肪酸中去。脂肪酸合成过程中，先把二碳的乙酰 CoA 羧化成三碳的丙二酸单酰 CoA，是因为羧化反应利用了 ATP 供给的能量并贮存在丙二酸单酰 CoA 分子中，当缩合反应发生时，丙二酸单酰 CoA 的脱羧又可释放出能量来利用，使反应容易进行。

（4）加氢反应　乙酰乙酰-S-ACP 由 β-酮脂酰 ACP 还原酶催化，由 NADPH 还原形成 β-羟丁酰-S-ACP。

（5）脱水反应　β-羟丁酰-S-ACP 在其 α，β 碳原子之间脱水生成 α，β-反式烯丁酰-S-ACP，催化这一反应的酶是羟脂酰-ACP 脱水酶。

（6）再加氢反应　在烯脂酰-S-ACP 还原酶的催化下，烯丁酰-S-ACP 被 NADPH 再一次还原成为丁酰-S-ACP。

至此，脂肪酸的合成在乙酰基的基础上实现了两个碳原子的延长，完成了脂肪酸合成的第一轮反应。生成的丁酰-S-ACP 中的丁酰基从 ACP 的巯基上再转移到缩合酶的半胱氨酸巯基上，把 ACP 上的巯基空出来，ACP 又可以接受下一个丙二酸单酰基。连接在缩合酶上的丁酰基再与连接在 ACP 上的丙二酸单酰基缩合形成六个碳原子的脂酰-S-ACP 衍生物和释放出 CO_2，每次循环都要经过脂酰基的转移、缩合、加氢、脱水和再加氢，如图 6.11 所示。生物体内，通常情况下，经过 7 次循环后，首先生成 16 碳的软脂酰-S-ACP，然后经过

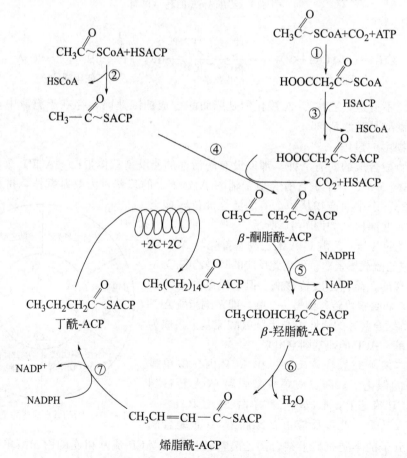

图 6.11　饱和脂肪酸的合成过程

①—乙酰CoA羧化酶；②—乙酰CoA-ACP转酰酶；③—丙二酸单酰CoA-ACP转酰酶；④—β-酮脂酰ACP合成酶(缩合酶)；

⑤—β-酮脂酰ACP还原酶；⑥—β-羟脂酰ACP脱水酶；⑦—烯脂酰ACP还原酶

加工生成机体所需的各种脂肪酸。

（7）水解或硫解反应　生成的软脂酰-S-ACP 可以在硫酯酶作用下水解释放出软脂酸，或者由硫解酶催化把软脂酰基从 ACP 上转移到 CoA 上，生成软脂酰 CoA。

综上所述，软脂酸生物合成的总反应可归纳如下：

$$CH_3COSCoA + 7HOOC—CH_2—COSCoA + 14NADPH + 14H^+ \longrightarrow$$

乙酰 CoA　　　　丙二酸单酰 CoA

$$CH_3(CH_2)_{14}COOH + 7CO_2 + 8CoA—SH + 14NADP^+ + 6H_2O$$

软脂酸

需要特别提示的是：①软脂酸合成中所需的氢原子须由还原辅酶Ⅱ（NADPH）供给。从总反应式可见，每生成 1 分子软脂酸需要 14 分子的 NADPH。在乙酰 CoA 从线粒体转运至胞液内的过程中，每转运 1 分子的乙酰 CoA，能把 1 分子 NADH 转变为 1 分子 NADPH。而生成 1 分子软脂酸须转运 8 分子乙酰 CoA，从而伴有 8 分子可供脂肪酸合成利用的 NADPH 的生成。其余的 6 分子 NADPH 则由磷酸戊糖途径提供。由此可见，糖代谢为脂肪酸的合成提供了包括乙酰 CoA 和 NADPH 等全部的原料。②机体脂肪酸合成酶系合成的终产物为 16 个碳的软脂酸，碳链要进一步延长和双键的添加（只能合成带一个双键的脂肪酸），则由存在于线粒体和微粒体内的酶系催化完成。

（8）饱和脂肪酸碳链延长途径　脂肪酸碳链延长可在滑面内质网和线粒体中经脂肪酸延长酶系催化完成，如图 6.12 所示。

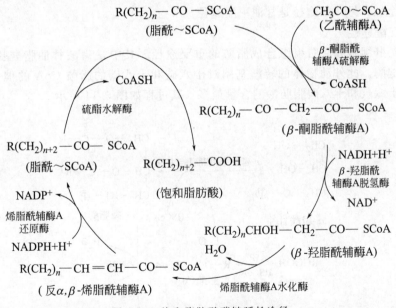

图 6.12　饱和脂肪酸碳链延长途径

在内质网中，碳链延长以丙二酸单酰 CoA 为碳源，与胞质中脂肪酸合成过程基本相同，但催化反应的酶系不同，且不需 ACP 为载体进行反应。

在线粒体，碳链延长的碳源是乙酰 CoA，与脂肪酸 β-氧化的逆反应相似，仅烯脂酰 CoA 还原酶的辅酶为 NADPH+H$^+$。

（9）不饱和脂肪酸的合成　不饱和脂肪酸的生物合成主要包括氧化脱氢和 β-氧化生成羟酸后再脱水 2 种途径。

① 氧化脱氢途径　这个途径主要在脂肪酸的第 9 位和第 10 位碳脱氢，例如硬脂酸由脂酰脱饱和酶催化即生成油酸。

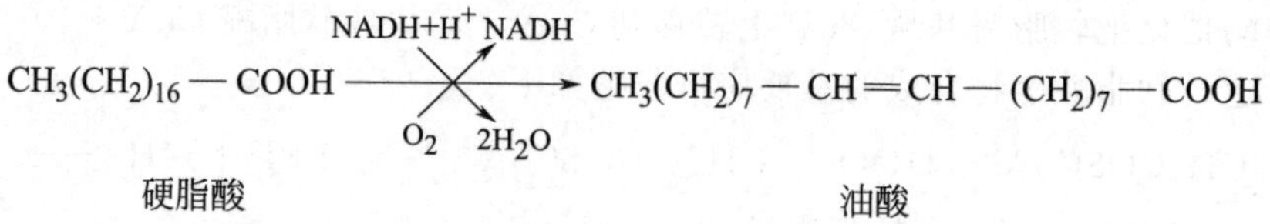

$$CH_3(CH_2)_{16}-COOH \xrightarrow[\substack{O_2 \quad 2H_2O}]{NADH+H^+ \quad NADH} CH_3(CH_2)_7-CH=CH-(CH_2)_7-COOH$$

硬脂酸　　　　　　　　　　　　　　　　　　　　油酸

② β-氧化、脱水途径　如图 6.13 所示。

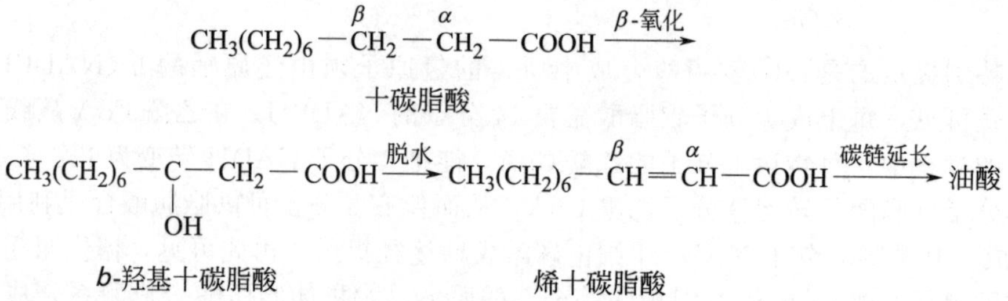

$$CH_3(CH_2)_6 - \overset{\beta}{CH_2} - \overset{\alpha}{CH_2} - COOH \xrightarrow{\beta\text{-氧化}}$$

十碳脂酸

$$CH_3(CH_2)_6 - \underset{\underset{OH}{|}}{C} - CH_2 - COOH \xrightarrow{脱水} CH_3(CH_2)_6 - \overset{\beta}{CH} = \overset{\alpha}{CH} - COOH \xrightarrow{碳链延长} 油酸$$

b-羟基十碳脂酸　　　　　　　　　　烯十碳脂酸

图 6.13　不饱和脂肪酸生成途径

（三）脂肪的合成

哺乳动物的脂肪合成场所是以肝、脂肪组织及小肠为主，因在这些组织细胞中的内质网、线粒体及胞液处有合成甘油三酯的酶。动物体内脂肪的合成有两条途径：一条途径是甘油磷酸二酯途径，另一条途径是甘油一酯途径。

1. 甘油磷酸二酯途径

此途径是肝细胞和脂肪组织合成脂肪的重要途径。其中 α-磷酸甘油脂酰基转移酶是脂肪合成的关键酶。此外动物体的转酰基酶对十六碳和十八碳的脂酰 CoA 的催化活力最强，所以脂肪中十六碳和十八碳脂肪酸的含量最多。其过程如图 6.14 所示。

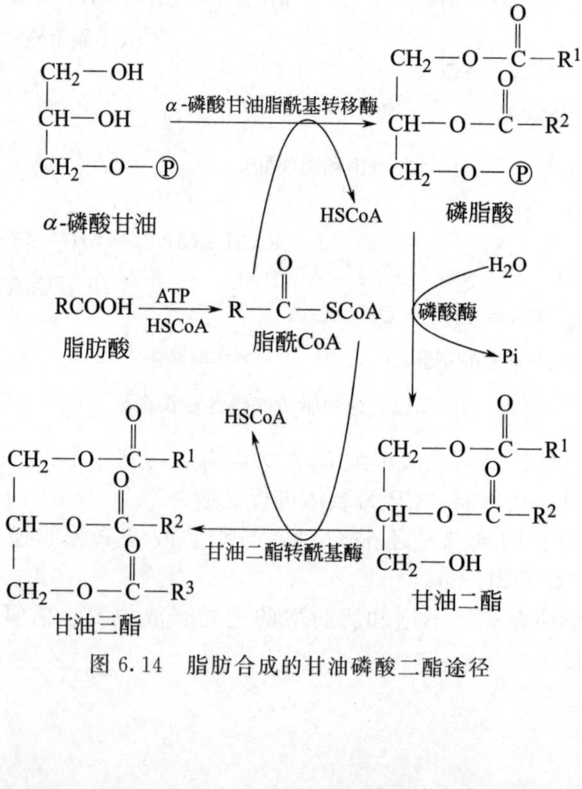

图 6.14　脂肪合成的甘油磷酸二酯途径

2. 甘油一酯途径

在小肠黏膜上皮内，消化吸收的甘油一酯可作为合成脂肪的前体来合成脂肪。其过程如图 6.15 所示。

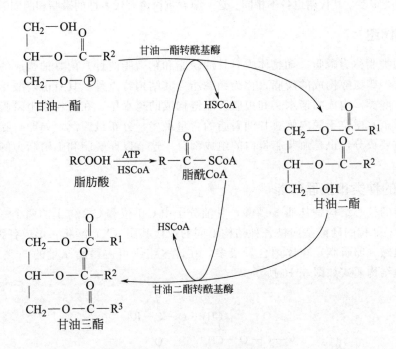

图 6.15　脂肪合成的甘油一酯途径

💡 知识链接 ··

脂肪肝

脂肪肝指由于各种原因引起的肝细胞内脂肪堆积过多的病变。正常肝内脂肪占肝重的 3%～4%，如果脂肪含量超过肝重的 5% 即为脂肪肝，严重者脂肪含量可达 40%～50%，脂肪肝的脂类主要是甘油三酯。脂肪肝是由于肝脏在脂类物质消化吸收、氧化分解、合成及运输等代谢过程中，因代谢失衡而致。主要是因为肝内脂肪来源过剩，肝内脂肪的来源分为两类，一类是外源性，一类是内源性。当机体摄入大量的外源性脂肪，如高脂低糖、高热量食物及乙醇饮食，导致外源性脂肪增加，体内游离脂肪酸（FFA）释放增加，长期累计，肝细胞内脂肪蓄积。当机体处于禁食、饥饿、交感神经兴奋时，肾上腺素、去甲肾上腺素、胰高血糖素增加，促进 cAMP 合成，激活依赖 cAMP 的蛋白激酶 A（PKA），使甘油三酯脂肪酶活化，促进体内脂肪动员，从而使体内已储存的脂肪水解成大量的 FFA 入血至肝细胞内，导致内源性脂肪进入肝脏，由于 PKA 激活，使乙酰 CoA 磷酸化后活性降低，减弱肝内脂肪释放入血，长期累积，引起肝内脂肪储积。

··

第三节　类脂代谢

类脂的种类很多，其代谢也各不相同。这一节着重讨论有代表性的磷脂和胆固醇的代谢。

一、磷脂的代谢

含磷酸的类脂称为磷脂。动物体内有甘油磷脂和鞘磷脂两种，由甘油构成的磷脂称为甘油磷脂；由神经鞘氨醇构成的磷脂，称为鞘磷脂。其结构特点是：具有由磷酸相连的取代基团（含氨碱或醇类）构成的亲水头和由脂肪酸链构成的疏水尾。在生物膜中磷脂的亲水头位于膜表面，而疏水尾位于膜内侧。甘油磷脂的含量最多，分布最广泛，如卵磷脂和脑磷脂是细胞结构的重要成分，也是血浆脂蛋白的组成部分。这节以卵磷脂和脑磷脂为例讨论甘油磷脂的代谢。

（一）磷脂的种类和生理功能

甘油磷脂的核心结构是甘油-3-磷酸，甘油分子中 C-1 位和 C-2 位上的两个—OH 都被脂肪酸所酯化，C-3 位的磷酸基团被各种结构不同的取代基团（X）酯化，形成各种甘油磷脂，其中磷脂酰胆碱（卵磷脂）在体内含量最多，在许多组织可占磷脂总量的 50%。甘油磷脂的主要种类和结构通式如图 6.16 所示。

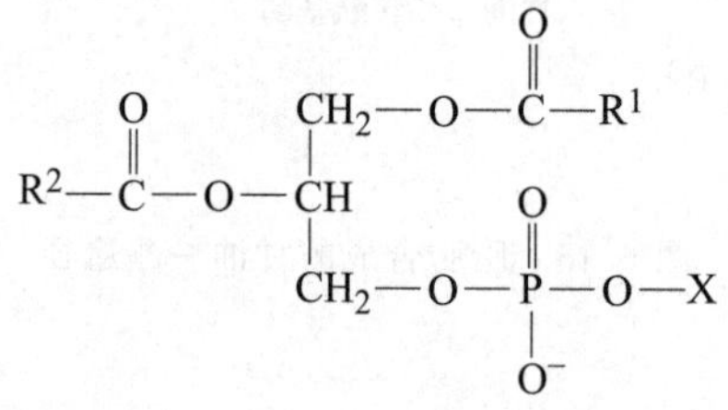

R^1＝饱和脂肪酸基　R^2＝不饱和脂肪酸基　X＝H，磷脂酸
X＝胆碱，卵磷脂　X＝乙醇胺，脑磷脂

图 6.16　甘油磷脂的主要种类和结构通式

甘油磷脂由于取代基团不同又可以分为许多类，其中重要的有：

胆碱＋磷脂酸——→磷脂酰胆碱又称卵磷脂

乙醇胺＋磷脂酸——→磷脂酰乙醇胺又称脑磷脂

丝氨酸＋磷脂酸——→磷脂酰丝氨酸

甘油＋磷脂酸——→磷脂酰甘油

肌醇＋磷脂酸——→磷脂酰肌醇

此外，还有心磷脂是由甘油的 C-1 和 C-3 与两分子磷脂酸结合而成。心磷脂是线粒体内膜和细菌膜的重要成分，而且是唯一具有抗原性的磷脂分子。

甘油磷脂生理功能简述如下。

1.磷脂是构成生物膜的重要组成部分

甘油磷脂是生物膜中含量最多的脂类成分。具有亲水头部和疏水尾部的磷脂（还包括糖脂、胆固醇）双分子层是生物膜的基本结构，亲水头部朝向膜两侧表面，疏水尾部朝向膜的核心，含胆碱的磷脂如磷脂酰胆碱主要分布在膜的外侧面，而含氨基的磷脂如磷脂酰丝氨酸和磷脂酰乙醇胺主要分布于膜内侧面。它们组成了不连续的流动双分子层作为镶嵌膜蛋白的基质，为各种大小不同的分子提供进出膜的通透性屏障。

2. 磷脂是血浆脂蛋白的重要组分

磷脂和蛋白质一起位于脂蛋白的表面，以其亲水的部分朝向表面，把疏水的非极性分子脂肪、胆固醇酯等包裹在颗粒的核心部分。肝、肠等组织是合成磷脂的最活跃部位，形成脂蛋白 CM 和 VLDL，对运输外源性和内源性脂肪和胆固醇起着重要作用。

3. 磷脂是必需脂肪酸的贮存库

存在于膜结构中的甘油磷脂分子上 C-2 位的脂酰基多为不饱和脂肪酸，其中亚油酸、亚麻酸和花生四烯酸为必需脂肪酸。如前列腺素等的生物合成首先靠磷脂酶 A_2 的作用将花生四烯酸从贮存库磷脂膜上水解下来。

4. 二软脂酰磷脂酰胆碱是肺表面活性物质

肺组织能合成和分泌一种特殊的磷脂酰胆碱，其 C-1 和 C-3 位均是饱和软脂酰基，此物质是用软脂酰基取代磷脂酰胆碱 C-2 位的不饱和脂酰基而生成。它是肺表面活性物质的主要成分（占 50％～60％），在肺泡里保持表面张力，可防止气体呼出时肺泡塌陷。这种磷脂在新生儿和动物分娩前不久合成，早产时可由于这种肺表面活性物质合成和分泌的缺陷而患呼吸困难综合征。

5. 血小板激活因子是一种磷脂酰胆碱

血小板激活因子是一种特殊的磷脂酰胆碱，甘油的 C-1 位以醚键连接一个 18 碳烷基，C-2 位连接一个乙酰基。它是一种激素，具有极强的生物活性，对肝、平滑肌、心、子宫及肺有多种作用，可以显著降低血压。另外，在炎症和变态反应的发生过程中也起着重要的作用。

（二）甘油磷脂的合成

动物机体各组织细胞的内质网中均有合成磷脂的酶系，故各组织均可合成磷脂，但在肝、肾、肠等组织中磷脂的合成最为活跃。合成的原料是二脂酰甘油、胆碱、乙醇胺、丝氨酸等，还需要 ATP 和 CTP 提供能量。

二脂酰甘油的合成与脂肪相似，胆碱可由食物提供或以丝氨酸及蛋氨酸为原料在体内合成。丝氨酸主要由食物提供，乙醇胺可由丝氨酸脱羧基生成，乙醇胺在酶作用下由 S-腺苷蛋氨酸获得 3 个甲基（甲基移换反应中需要叶酸和维生素 B_{12} 参加）即可生成胆碱。无论是乙醇胺或者是胆碱在掺入到脑磷脂或卵磷脂分子中之前，都须进一步活化，生成 CDP-乙醇胺和 CDP-胆碱。然后，CDP-乙醇胺和 CDP-胆碱再与二脂酰甘油反应，生成磷脂酰乙醇胺和磷脂酰胆碱，或由磷脂酰乙醇胺甲基化而生成磷脂酰胆碱。几种甘油磷脂的合成过程相似，磷脂酰胆碱和磷脂酰乙醇胺（脑磷脂）的合成过程如图 6.17 所示。

（三）甘油磷脂的分解

水解甘油磷脂的酶类称为磷脂酶，主要有磷脂酶 A_1、磷脂酶 A_2、磷脂酶 B、磷脂酶 C 和磷脂酶 D，它们作用于甘油磷脂分子中不同的酯键。磷脂酶 A_1、磷脂酶 A_2 分别作用于甘油磷脂的 1、2 位酯键，产生溶血磷脂 2 和溶血磷脂 1。溶血磷脂是一类具有较强表面活性的物质，能使红细胞膜和其他细胞膜破坏引起溶血或细胞坏死。蛇毒中，磷脂酶 A_2 的活性相当高，故被蛇咬后会发生溶血作用。溶血磷脂 2 和溶血磷脂 1 又可分别在磷脂酶 B_2（即溶血磷脂酶 2）和磷脂酶 B_1（即溶血磷脂酶 1）的作用下，水解脱去脂酰基生成不具有溶血性的甘油磷脂-X。磷脂酶 C 可以特异地水解甘油磷酸-X 中甘油的第 3 位磷酸酯键，产物是甘油二酯和磷酸胆胺或磷酸胆碱。而磷脂酶 D 可以水解磷酸与胆碱之间的酯键，生成磷脂

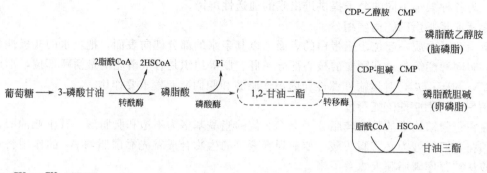

图 6.17　甘油磷脂的合成

酸及胆碱。甘油磷脂的分解代谢过程如图 6.18 所示。

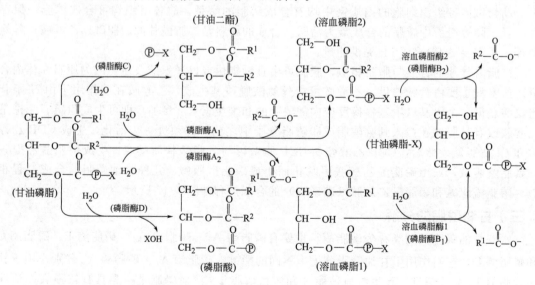

图 6.18　甘油磷脂的分解

分解产生的脂肪酸和甘油，可氧化分解为二氧化碳和水，或再参加新的物质合成；磷酸参加有机磷酸化合物的合成或生成无机磷酸盐；胆碱可转变为胆胺、氨基酸等有机物质进行代谢。

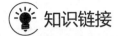 **知识链接**

DHA

DHA，二十二碳六烯酸，俗称脑黄金，是人体一种非常重要的多不饱和脂肪酸，是神经系统细胞生长及维持的一种主要元素，是大脑和视网膜的重要构成成分，在人体大脑皮质中含量高达 20%，在眼睛视网膜中所占比例最大，约占 50%，对胎儿、婴儿智力和视力发育至关重要。DHA 主要来自深海鱼及藻类，母乳尤其是初乳中含量丰富。必需脂肪酸 α-亚麻酸 ω3 在人体内可以转化为 DHA，各种食用植物油如橄榄油、核桃油、麻油等中含 α-亚麻酸 ω3 较多，可作为人们获取 DHA 的主要来源。

二、胆固醇的合成代谢及转化

胆固醇是人及动物机体中一种以环戊烷多氢菲为母核的固醇类化合物，最早从动物胆石中分离得到，故得此名。胆固醇中 27 个碳原子构成的烃核及侧链，都是非极性的，但 C_3 位上的羟基是极性的，故仍具有两性分子的特点和性质。它是细胞膜的重要组分之一，又是动物合成胆汁酸、类固醇激素和维生素 D_3 等生理活性物质的前体。

（一）胆固醇的合成

机体的各种组织都能合成胆固醇，其中以肝脏和小肠合成作用最强，其他组织如皮肤、肾上腺、脾脏、肠黏膜乃至动脉管壁也有合成胆固醇的能力。胆固醇合成酶系存在于胞液的内质网膜，乙酰 CoA 是其合成原料，NADPH 提供还原氢，ATP 提供能量。胆固醇的生物合成途径比较复杂，包括近 30 步的酶促反应，可概括为以下三个阶段。

1. 甲羟戊酸的生成

2 分子乙酰 CoA 在胞液的硫解酶作用下，缩合成乙酰乙酰 CoA，然后在 β-羟基-β-甲基戊二酸单酰 CoA 合成酶催化下，再与 1 分子乙酰 CoA 缩合成 β-羟基-β-甲基戊二酸单酰 CoA（HMG-CoA）。HMG-CoA 是合成胆固醇和酮体共同的中间产物，它在肝线粒体中裂解生成酮体，但在细胞液中，在 HMG-CoA 还原酶催化下，由 NADPH 供氢，还原转生成甲羟戊酸（MVA）。HMG-CoA 还原酶是胆固醇生物合成的限速酶，它的活性和合成受到多种因子的严格调控。

2. 鲨烯的生成

6C 的 MVA 在 ATP 供能及一系列酶的作用下，进行焦磷酸化、脱羧，转变成 5C 的异戊烯焦磷酸（IPP）。异戊烯焦磷酸可以异构成二甲丙烯焦磷酸（DPP）。然后由三分子上述的 5C 焦磷酸化合物（2 分子 IPP 和 1 分子 DPP）缩合成 15C 的焦磷酸法尼酯（FPP）。2 分子 15C 的焦磷酸法尼酯再经缩合和还原，转变成 30C 的鲨烯。鲨烯是一个多烯烃，具有与胆固醇母核相近似的结构。

3. 胆固醇的生成

鲨烯进入内质网，经单加氧酶、环化酶作用，形成羊毛固醇，后者再经氧化、脱羧、还原等反应，生成 27C 的胆固醇。

胆固醇合成的反应过程如图 6.19 所示。

（二）胆固醇的生物转化

机体能够进行胆固醇的合成代谢，但胆固醇不是能量物质，机体不能将胆固醇彻底氧化

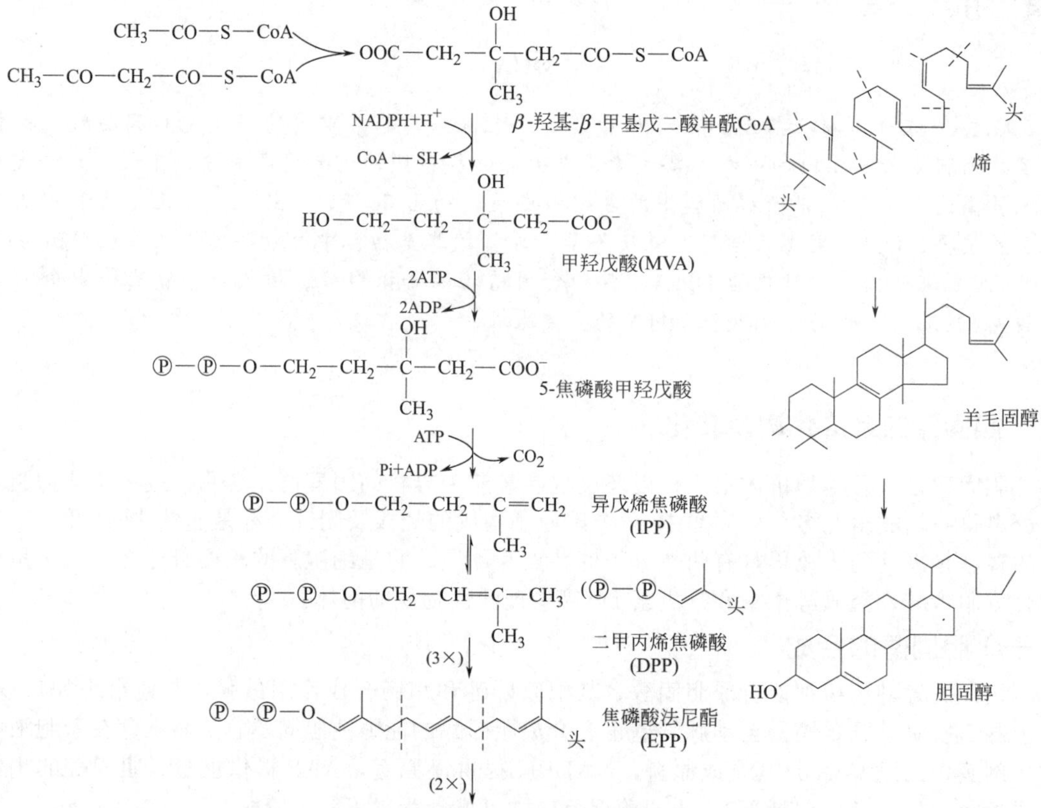

图 6.19　胆固醇合成的反应过程

分解为 CO_2 和 H_2O 来提供能量，而只能将胆固醇转变为其他含环戊烷多氢菲母核的化合物。胆固醇通过生物转变，发挥着重要的生理功能。

① 血液中胆固醇的一部分运送到组织，构成细胞膜的组成成分。

② 胆固醇可以转化成维生素 D_3。胆固醇经修饰后转变为 7-脱氢胆固醇，后者在紫外线照射下，在人及动物皮下转变为维生素 D_3。植物中含有的麦角固醇也有类似的性质，在紫外线照射下，可以转变为维生素 D_2。家畜放牧接受日光浴和饲喂干草都是其获得维生素 D 的来源。

③ 胆固醇在肝细胞中经羟化酶作用可被氧化为胆酸，胆酸再与甘氨酸、牛磺酸等结合成甘氨胆酸、牛磺胆酸等并以胆酸盐的形式随胆汁由胆道排入小肠。由于其分子结构的特点，胆汁酸盐是一种强表面活性剂，可促进脂类和脂溶性维生素在消化道中的吸收。

④ 胆固醇在肾上腺皮质细胞线粒体中可转变成肾上腺皮质激素；在睾丸间质细胞内可以直接以血浆胆固醇为原料合成睾酮等雄激素；在卵巢的卵泡内膜细胞及黄体内它是分泌腺合成孕酮和雌二醇等类固醇激素的原料。

胆固醇在动物体内的生物转变如图 6.20 所示。

（三）胆固醇的排泄

体内大部分胆固醇在肝内转变为胆汁酸，以胆汁酸盐的形式随胆汁排出，这是胆固醇排泄的主要途径。还有一部分胆固醇可在胆汁酸盐的作用下形成混合微团而"溶"于胆汁内直接随胆汁排入肠道。进入肠道的胆固醇可随同食物胆固醇被吸收，未被吸收的胆固醇可以原型或经肠菌还原为类固醇后随粪便排出，胆固醇在体内的转运如图 6.21 所示。

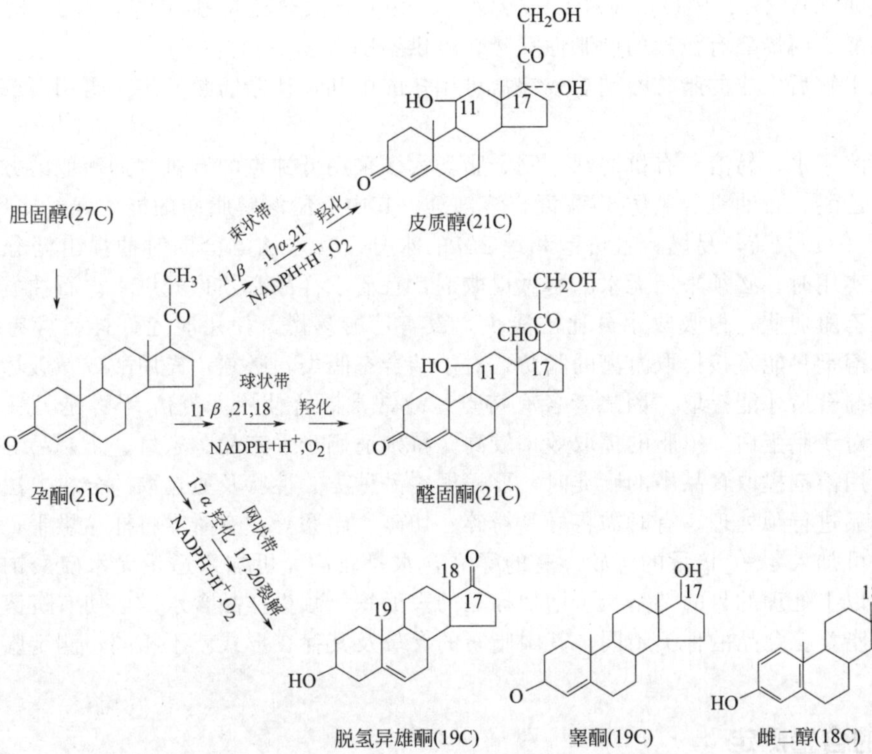

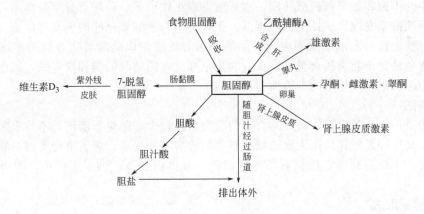

图 6.20　胆固醇的生物转变

图 6.21　胆固醇在体内的转运

第四节　脂类的化学检测技术

一、脂类的化学检测

　　中性脂肪是由甘油和高级脂肪酸构成的甘油酯，在酸、碱或酶的作用下易被水解。当用碱水解时，产物为甘油和脂肪酸钠盐或钾盐，此过程即为皂化作用。脂肪水解后生成的甘油与脱水剂（如 $KHSO_4$、P_2O_5、$CaCl_2$ 或无水 Na_2SO_4）共热或单独加热至 450℃ 时，则脱水生成丙烯醛。丙烯醛有强烈的刺激性臭味，可供鉴别。

脂肪碱水解后生成的脂肪酸钠盐或钾盐可用盐酸中和，使脂肪酸析出，再用石蕊试纸检验其酸性。

脂类不溶于水，易溶于有机溶剂。测定脂类大多采用低沸点的有机溶剂萃取的方法。常用的溶剂有乙醚、石油醚、氯仿-甲醇混合溶剂等。其中乙醚溶解脂肪的能力强，应用最多，但它沸点低（34.6℃），易燃，且可饱和约 2% 的水分。含水乙醚会同时抽提出糖分等非脂成分，所以实用时，必须采用无水乙醚做提取剂，且要求样品必须预先烘干。石油醚溶解脂肪的能力比乙醚弱些，但吸收水分比乙醚少，没有乙醚易燃，使用时允许样品含有微量水分，这两种溶剂只能直接提取游离的脂肪，对于结合态脂类，必须预先用酸或碱破坏脂类和非脂成分的结合后才能提取。因二者各有特点，故常常混合使用。氯仿-甲醇是另一种有效的溶剂，它对于脂蛋白、磷脂的提取效率较高，特别适用于水产品、家禽、蛋制品等食品脂肪的提取。用溶剂提取食品中的脂类时，要根据食品种类、性状及所选取的分析方法，在测定之前对样品进行预处理。有时需将样品粉碎、切碎、碾磨等；有时需将样品烘干；有的样品易结块，可加入 4～6 倍量的海砂；有的样品含水量较高，可加入适量无水硫酸钠，使样品成粒状。以上处理的目的都是为了增加样品的表面积，减少样品含水量，使有机溶剂更有效地提取出脂类。食品的种类不同，其中脂肪的含量及其存在形式就不相同，测定脂肪的方法也就不同。

二、脂类的含量测定

1. 香草醛法

血清中的不饱和脂类与硫酸作用，水解后生成正碳离子。磷酸与香草醛作用，产生芳香族磷酸酯，使醛基变成反应性增强的羰基。正碳离子与磷酸香草酯的羰基起反应，生成红色的醌类化合物。在一定浓度范围内，脂类的含量与反应生成的醌类化合物的量成正比。所以，可用比色法测定脂类的含量。该反应的显色强度与脂肪酸的饱和度有关，因此，利用比色法测定脂类含量时，结果的准确性与选用的参考标准物有关。

2. 索氏提取法

本方法适用于脂类含量较高，结合态的脂类含量较少，能烘干磨细，不易吸湿结块的样品的测定。其原理是把样品用无水乙醚或石油醚等溶剂抽提后，蒸去溶剂所得的物质即为脂肪或粗脂肪。主要是利用索氏提取器进行回流，收集粗脂肪，烘干后称重，即得出脂肪的含量。

3. 氯仿-甲醇提取法

该法简称 CM 法，其原理是：将试样分散于氯仿-甲醇混合溶液中，在水浴中轻微沸腾，氯仿、甲醇和试样中的水分形成三种成分的溶剂，可把包括结合态脂类在内的全部脂类提取出来。经过滤除去非脂成分，回收溶剂，残留的脂类用石油醚提取，蒸馏除去石油醚后定量。本法适合于结合态脂类，特别是磷脂含量高的样品，如鱼、贝类，肉、禽、蛋及其制品，大豆及其制品（发酵大豆类制品除外）等。对这类样品，用索氏提取法测定时，脂蛋白、磷脂等结合态脂类不能被完全提取出来；用酸水解法测定时，又会使磷脂分解而损失。但在有一定水分存在下，用极性的甲醇和非极性的氯仿混合液（简称 CM 混合液）却能有效地提取出结合态脂类。本法对高水分试样的测定更为有效，对于干燥试样，可先在试样中加入一定量的水，使组织膨润，再用 CM 混合液提取。

三、酮体测定

酮体生成的原料是脂肪酸氧化后生成的乙酰 CoA，催化酮体生成的酶系存在于肝细胞线粒体中。因此将脂肪酸作为底物，与肝细胞匀浆物保温后可生成酮体。

在碱性溶液中，碘与丙酮反应可生成碘仿（CH_3I）。向样品中加入已知量的碘，使其与丙酮充分反应后，再用硫代硫酸钠滴定反应中剩余的碘即可计算出丙酮消耗的碘量。由于消耗的碘量与丙酮的量成一定的比例关系，所以可求出以丙酮为代表的酮体的含量。另外在测定血清和尿中的酮体时，最常用的是硝普盐半定量试验。乙酰乙酸和丙酮与硝普盐（亚硝基铁氰化钠）在碱性条件下可生成紫色化合物，生成量与酮体的含量成正比。

本章小结

动物体内的脂类包括脂肪和类脂，它们在体内具有重要的生理功能，在血液中以血浆脂蛋白的形式进行运输。当需要脂肪提供能量时，脂库中的脂肪被水解为甘油和脂肪酸称为脂肪动员。甘油转变为 α-磷酸甘油，然后再脱氢生成磷酸二羟丙酮，可以沿糖分解途径进一步分解，或经糖异生途径转变为葡萄糖或糖原。脂肪酸活化为脂酰 CoA 后，在肉毒碱携带下进入线粒体，经过脱氢、加水、再脱氢和硫解四步反应，生成比原来少 2 个碳原子的脂酰 CoA 和 1 分子乙酰 CoA，称为一次 β-氧化过程。脂酰 CoA 经过多次 β-氧化，全部转变为乙酰 CoA（奇数碳原子脂肪酸还包括 1 分子丙酸）。在肌肉等组织中，乙酰 CoA 经三羧酸循环彻底氧化分解为 CO_2 和 H_2O，并释放出能量；在肝脏中乙酰 CoA 则转变为酮体，HMG-CoA 合成酶是此反应途径的限速酶。肝脏中产生的酮体须运到肝外组织中利用，如果酮体的产生量大于消耗量，就会产生酮病。脂肪合成的直接原料是 α-磷酸甘油和脂酰 CoA。α-磷酸甘油可来自糖代谢的中间产物磷酸二羟丙酮；脂肪酸合成时以乙酰 CoA 为原料，乙酰 CoA 羧化酶是脂肪酸合成的限速酶。脂肪酸是在胞液中合成，线粒体中的乙酰辅酶 A 通过柠檬酸-丙酮酸循环转运入胞液，由 NADPH 供氢，在脂肪酸多酶体系催化下合成软脂酸，合成反应不是 β-氧化的逆过程，二者之间有根本区别。动物体内脂肪的合成有两条途径：一条途径是甘油磷酸二酯途径；另一条途径是甘油一酯途径。甘油磷脂在合成时需要甘油、脂肪酸（包括必需脂肪酸）、磷酸盐、胆碱或胆胺、ATP 和 GTP 等。胆固醇合成的原料是乙酰 CoA，经复杂反应生成胆固醇，HMGCoA 还原酶是该反应的限速酶。

复习思考题

一、名词解释

β-氧化　酮体　血脂　血浆脂蛋白

二、填空题

1.脂类是＿＿＿＿和＿＿＿＿总称，从化学上来看，脂肪是＿＿＿＿和＿＿＿＿缩合而成的化合酯。

2.动物体内胆固醇的主要来源是＿＿＿＿和＿＿＿＿，机体合成胆固醇的主要原料是＿＿＿＿，＿＿＿＿是合成胆固醇的主要场所，体内大部分胆固醇在肝脏内形成＿＿＿＿随胆汁排出体外。

3.酮体包括_____、_____和_____，它是由脂肪酸在动物的_____中发生不彻底氧化生成的，供_____利用。当动物体内酮体的生成量大于消耗量时，会产生_____病。

4.血浆中的脂类统称为_____，脂类的运输必须以_____形式进行，在动物体内将外源性脂肪运送至肝脏的是_____。

5.所有高等动物脂肪酸的合成都要以乙酰 CoA 为原料，在非反刍动物中，乙酰 CoA 主要来自_____，也有少量来自_____，不足的 NADPH 则来自_____。

三、选择题

1.脂肪酸 β-氧化的酶促反应顺序为（   ）。

A.脱氢、脱水、加水、硫解　　　　　　　　B.脱氢、加水、再脱氢、硫解

C.脱氢、脱水、再脱氢、硫解　　　　　　　D.加水、脱氢、硫解、再脱氢

2.脂肪大量动员在肝脏内生成乙酰 CoA 主要转变为（   ）。

A. 葡萄糖　　　　　B.酮体　　　　　　　C.胆固醇　　　　　　D. 草酰乙酸

3.脂肪酸合成需要的 $NADPH+H^+$ 可以由（   ）来提供。

A. TCA　　　　　B. β-氧化　　　　C.磷酸戊糖途径　　　D. 以上都不是

4.胆固醇运送至肝脏进行代谢的脂蛋白是（   ）。

A.乳糜微粒　　　B.极低密度脂蛋白　　C.低密度脂蛋白　　　D.高密度脂蛋白

四、简答题

1.简述脂类在动物体内动员和运输过程。

2.试说明丙酸代谢对反刍动物的重大意义。

3.试比较软脂酸的合成与 β-氧化的主要区别。

第七章
蛋白质的酶促降解和氨基酸代谢

 知识目标

- 了解蛋白质的营养价值和蛋白质的降解过程，熟悉蛋白质的消化与吸收；
- 掌握氨基酸的一般分解代谢过程；
- 掌握鸟氨酸循环及氨的一般代谢去路；
- 掌握氨基酸的脱羧基作用，了解一些重要的胺类物质的生理功能；
- 了解其他重要氨基酸的代谢及非必需氨基酸的合成代谢。

能力目标

- 掌握分配色谱法的一般原理；
- 掌握氨基酸色谱分离技术。

蛋白质是生命活动的基础物质，体内的大多数蛋白质均不断地进行分解与合成代谢。由于蛋白质在体内首先分解为氨基酸后才能进行进一步的代谢，因此作为构成蛋白质分子基本单位的氨基酸的代谢就成为蛋白质代谢的中心内容。

第一节　概述

一、蛋白质的生理作用

蛋白质是生命的物质基础，在生命活动中起着重要的作用。从动物的物质组成来看，蛋白质约占动物体干重的一半，在肝、脾、肌肉等组织甚至高达该器官干重的 $80\% \sim 84\%$。更重要的是，蛋白质的结构复杂，种类繁多，是建造一切细胞、组织和器官的基本材料。为了维持生存和正常生长，动物必须从食物中不断地摄入蛋白质。饲料蛋白质对于畜禽的必要性不能被其他营养物质，如糖类和脂类所代替。蛋白质在动物体内的生理作用主要有四个方面。

1. 维持生长、发育、组织的修补和更新以及生产的需要

蛋白质是细胞的主要组成部分，动物体内的蛋白质不断地自我更新，饲料必须提供

足够数量和一定质量的蛋白质，才能维持组织细胞生长和增殖的需要。例如幼畜的生长发育，怀孕母畜胎儿的发育等，都必须摄入丰富的蛋白质才能维持其正常生长。另外母畜泌乳，母禽产蛋也会丢失掉大量蛋白质；动物因受伤或手术，失血和毛发脱落等也造成机体蛋白质的损失，都须通过摄入蛋白质加以补充。动物机体中的结构蛋白质在完成一定的生理功能之后便要分解，尽管原有蛋白质分解后生成的氨基酸还能用于新蛋白质的合成，但由于部分氨基酸的损耗，还有部分氨基酸转化成其他的含氮小分子，因此畜禽仍须从饲料中获得蛋白质。可见，维持动物的生长、发育、组织的更新与修补及生产的需要，是蛋白质的主要作用。

2. 转变为生理活性物质

食物中的蛋白质在消化道中被蛋白酶水解成氨基酸而吸收进入体内，这些称为外源性氨基酸。它们除了可以合成组织细胞的结构蛋白以外，还用以合成多种激素、酶类、转运蛋白、凝血因子和抗体等具有各种生理功能的大分子。还有一些种类的氨基酸可以转变成具有多种生物活性的含氮小分子，如儿茶酚胺类激素、谷胱甘肽、嘌呤嘧啶、卟啉等，在动物机体的代谢活动中发挥重要作用。以上功能是其他营养物质不能替代的。

3. 氧化分解供能

蛋白质在体内也可以氧化供能。每克蛋白质可氧化分解产生 17.2kJ 的能量，与 1g 葡萄糖相当。但在正常状况下，这不是蛋白质的主要生理功能，因为用蛋白质氧化供能对于动物机体来说是不经济的，这种功能可由饲料中的糖和脂肪来承担。

4. 转变为糖或脂肪

蛋白质的水解产物氨基酸可进一步代谢。氨基酸脱掉氨基后产生的 α-酮酸可转变成糖或者脂肪。

二、氮平衡

为了维持动物的正常生长和发育，就必须由饲料中获得足够量的蛋白质。要想了解动物由饲料摄入的蛋白质是否能满足机体生理活动的需要，须进行氮平衡测定。氮平衡是反映动物摄入氮和排出氮之间的关系以衡量机体蛋白质代谢概况的指标。测定动物体每日由饲料中食入的含氮量和每日排出体外的尿和粪，以及乳、蛋等中的含氮量，并比较食入氮和排出氮的平衡情况，称为氮平衡测定。如前所述，一般蛋白质的含氮量平均在 16％左右，因此测得样品的含氮量乘以 6.25（或除以 16％），可以反映饲料中蛋白质的大致含量。动物主要以尿和粪排出含氮物质。尿中的排氮量代表体内蛋白质的分解量，而粪中的排氮量代表未吸收的蛋白质量。测定氮平衡的结果可有以下三种情况。

1. 氮总平衡

氮总平衡即摄入的氮量与排出的氮量相等。这表明动物合成蛋白质的量与分解的量相等，体内蛋白质维持相对平衡。多见于正常成年动物（不包括孕畜）。

2. 氮的正平衡

氮的正平衡即摄入的氮量多于排出的氮量。这意味着动物体内蛋白质的合成量多于分解量，称为蛋白质（或氮）在体内沉积。多见于幼畜和妊娠母畜，此外，疾病恢复期和伤口愈合期的动物也属于此种情况。

3. 氮的负平衡

氮的负平衡即排出的氮量多于摄入的氮量。这表示动物体内蛋白质的分解量多于合成量，体内蛋白质的总量在减少。多见于疾病、饥饿和营养不良等情况，说明动物由饲料摄入的蛋白质不足。

　　由于蛋白质饲料通常价格较高，从经济效益出发，为了既能使动物正常生长和生产，又不浪费饲料，在动物生产实践中，人们要考虑给动物饲喂蛋白质的最低需要量。对于成年动物来说，在糖和脂肪这类能源物质充分供应的条件下，为了维持其氮的总平衡，至少必须摄入的蛋白质的量，称为蛋白质的最低需要量。氮平衡是制定机体对蛋白质最低需要量的依据。对成年动物，蛋白质摄入量至少应维持在氮总平衡；对幼畜、妊娠母畜则应维持氮正平衡。为了保证畜禽的健康，一般日粮中蛋白质的含量都应比最低需要量稍高一些。

三、必需氨基酸与蛋白质的生物学价值

1. 必需氨基酸

　　动物合成其组织蛋白质时，所用到的氨基酸有 20 种。这 20 种氨基酸从营养上可以分为"必需"和"非必需"两类。所谓必需氨基酸是指动物体内不能合成，或合成速率太慢，不能满足机体的需要，必须由饲料中供给的氨基酸；所谓非必需氨基酸，是指动物体内能由其他物质合成，不一定要由饲料供给的氨基酸。对于生长的动物来说，有 10 种氨基酸是必需氨基酸，即赖氨酸、色氨酸、甲硫氨酸、苯丙氨酸、亮氨酸、异亮氨酸、缬氨酸、苏氨酸、组氨酸和精氨酸。其中组氨酸和精氨酸虽然在体内也能合成，但合成的量不足，长期缺乏也可使动物造成氮的负平衡，须从饲料中补充获得。此外，鸡生长还需要甘氨酸。对于成年反刍动物来说，由于瘤胃中的微生物能够利用饲料中的含氮物质合成各种必需氨基酸，它们可以被畜体直接吸收利用，所以反刍动物对必需氨基酸的需求不像其他动物那样重要。

2. 蛋白质的生物学价值

　　动物必须同时利用种类齐全、比例合适的必需氨基酸才能顺利合成其组织蛋白，如果饲料蛋白中缺乏一种或几种必需氨基酸，那么组织蛋白质的合成就不能顺利进行，其他必需氨基酸也不能被利用，引起体内蛋白质合成的障碍。如果饲料蛋白所含必需氨基酸的种类齐全，但其中有一种或几种含量偏低，其比例不符合组织蛋白质合成的需要，那么合成组织蛋白时，只能进行到这一氨基酸用完为止，其他必需氨基酸的利用率也会同时降低。这就涉及蛋白质的生物学价值问题，所谓蛋白质的生物学价值是指饲料蛋白质被动物机体合成组织蛋白质的利用率。即：

$$蛋白质的生物学价值 = \frac{氮的保留量}{氮的吸收量} \times 100\%$$

　　由此可见，饲料蛋白质的氨基酸组成与动物机体的蛋白质组成越相近，其生物学价值就越高。蛋白质生物学价值的高低，决定于其所含必需氨基酸的种类、含量及比例是否与动物体内蛋白质的情况相接近。越接近的利用率越高，其营养价值越高，越不接近的利用率越低，其营养价值越低。一般来说，动物蛋白质的生物学价值优于植物蛋白质。

　　在动物饲养中，为了提高饲料蛋白的生物学价值，常把几种生物学价值较低的蛋白质饲料按一定比例混合使用，使必需氨基酸的种类、含量和比例接近动物体的需要，可以互相补充，称为饲料蛋白质的互补作用。例如，谷类蛋白质含赖氨酸较少，而含色氨酸较多，有些豆类蛋白质含赖氨酸较多，而含色氨酸较少。当把它们单独喂给动物时，生物学价值都比较低，但如果把这两种饲料混合使用即可取长补短，提高其生物学价值。

第二节　蛋白质的酶促降解

一、蛋白质水解酶

无论是动物从饲料中摄取的蛋白质，还是动植物组织中已经老化的蛋白质，在蛋白质更新过程中必须先降解为小分子的氨基酸才能被重新利用。蛋白质的酶促降解就是指蛋白质在酶的作用下，多肽链的肽键水解断开，最后生成 α-氨基酸的过程。

能催化水解蛋白质分子肽键的酶，称为蛋白质水解酶。根据酶所作用底物的特性及其作用方式不同，蛋白质水解酶可分为蛋白酶和外肽酶两大类。

1. 蛋白酶

蛋白酶是指作用于多肽链内部的肽键，将蛋白质或高级多肽水解为小分子多肽的酶，又称肽链内切酶或内肽酶，例如动物消化道中的胃蛋白酶、胰蛋白酶、糜蛋白酶和弹性蛋白酶等。这些酶对蛋白质的类型没有专一性，所有蛋白质都可以被种类不多的肽链内切酶水解，而生成大小不等的多肽片段。但是它们都不能水解分子末端的肽键。

2. 外肽酶

外肽酶指能从多肽链的一端水解肽键，每次切下一个氨基酸或一个二肽的酶，又称肽链端切酶。根据酶作用的专一性不同，这类酶可又分为不同类型，其中只能从多肽链的游离氨基末端（N 端）连续地切下单个氨基酸或二肽的酶称为氨肽酶；只能从多肽链的游离羧基末端（C 端）连续地切下单个氨基酸或二肽的酶称为羧肽酶；只能把二肽水解为氨基酸的酶称为二肽酶。

上述蛋白质水解酶相互协调反复作用，最终将蛋白质或多肽水解为各种氨基酸的混合物。蛋白质降解的大致过程可表示为：

$$\text{蛋白质} \xrightarrow{\text{内肽酶}} \text{多肽} \xrightarrow{\text{外肽酶}} \begin{cases} \text{氨基酸} \\ \text{二肽} \xrightarrow{\text{二肽酶}} \text{氨基酸} \end{cases}$$

二、蛋白质的消化和吸收

饲料中蛋白质的消化和吸收是动物机体氨基酸的主要来源。蛋白质的化学性消化始于胃，首先在胃蛋白酶的作用下，初步水解为胨和脒，以及少量氨基酸。这些胨、脒和未被水解的蛋白质进入小肠，小肠中蛋白质的消化主要靠胰酶来完成。蛋白质在胰液中的肽链内切酶（胰蛋白酶、糜蛋白酶、弹性蛋白酶等）和肽链端切酶（羧肽酶 A、羧肽酶 B 等）的作用下，被逐步水解为氨基酸和寡肽。寡肽的水解是在小肠黏膜的细胞内，在氨肽酶和羧肽酶的作用下分解为氨基酸和二肽，二肽再被二肽酶最终分解为氨基酸。氨基酸的吸收主要在小肠中进行，是主动转运过程，需要消耗能量，属于逆浓度梯度转运，需要氨基酸载体和钠泵参与。吸收后的氨基酸经门静脉进入肝脏，再通过血液循环运送到全身组织进行代谢。

另外，在消化过程中，总有一小部分蛋白质和多肽未被消化。这些物质在大肠内被腐败细菌分解，产生胺、酚、吲哚、硫化氢等有毒物质，也会产生一些低级脂肪酸、维生素等有用的物质。一般情况下，腐败产物大部分随粪便排出，少量可被肠黏膜吸收后经肝脏解毒。当严重胃肠疾病时，如肠梗阻，由于肠腔阻塞，肠内容物在肠道滞留时间过长，腐败产物增多，大量的腐败产物被吸收，在肝内解毒不完全，则引起自体中毒。

三、氨基酸代谢概况

动物机体内氨基酸的来源有两个：一是饲料蛋白质在消化道中被蛋白酶水解吸收后进入血液循环运到全身各组织，称为外源性氨基酸；二是机体结构蛋白被组织蛋白酶水解产生的氨基酸和由其他物质合成的（非必需氨基酸），称为内源性氨基酸。外源性氨基酸和内源性氨基酸共同组成了动物机体的氨基酸代谢库，参与代谢活动。它们只是来源不同，在代谢上没有区别。氨基酸代谢库通常以游离氨基酸的总量来计算，机体没有专门的组织器官来贮存。但由于氨基酸不能自由通过细胞膜，所以它们在体内的分布也是不均匀的。例如，肌肉中的氨基酸占其总代谢库的50%以上，肝占10%，肾占4%，血浆占1%～6%。由于肝、肾的体积较小，它们所含游离氨基酸的浓度较高，氨基酸的代谢也很旺盛。

氨基酸的主要去向是合成蛋白质和多肽。此外，也可以转变成多种含氮生理活性物质，如嘌呤碱、嘧啶碱、卟啉和儿茶酚胺类激素等。多余的氨基酸通常用于分解供能。氨基酸分解时，在大多数情况下是首先脱去氨基生成氨和相应的α-酮酸。氨在动物体内是有毒物质，氨可转变成尿素、尿酸排出体外，还可以合成其他的含氮物质（包括非必需氨基酸、谷氨酰胺等），少量的氨可直接随尿排出。而生成的α-酮酸则可以再转变为氨基酸，或是彻底分解为二氧化碳和水并释放出能量，或是转变为糖或脂肪在体内贮存，这是氨基酸分解的主要途径。在少数情况下，氨基酸也可以脱去羧基生成二氧化碳和胺，胺在体内可在胺氧化酶的作用下，进一步分解生成氨和相应的醛和酸。氨基酸的代谢概况总结如图7.1所示。

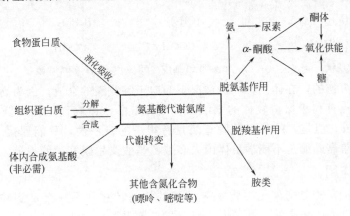

图 7.1　氨基酸的代谢概况

第三节　氨基酸的一般分解代谢

一、氨基酸的脱氨基作用

脱氨基作用是指在酶的催化下，氨基酸脱掉氨基生成氨和α-酮酸的过程，动物的脱氨基作用主要在肝和肾中进行。20种氨基酸其结构各不相同，脱氨基的方式也不相同，但归纳起来，其主要方式有氧化脱氨基作用、转氨基作用和联合脱氨基作用。多数氨基酸以联合脱氨基作用脱去氨基。

氨基酸代谢病即氨基酸病或称为氨基酸尿症，可分为两大类：一类是酶缺陷使氨基酸分解代谢阻滞另一类是氨基酸吸收转运系统缺陷。在 Rosenberg 和 Scriver 列举的 48 种遗传性氨基酸病中至少有一半有明显的神经系统异常，其他 20 种氨基酸病导致氨基酸的肾脏转运缺陷，后者可导致继发性神经系统损害。

（一）氧化脱氨基作用

氧化脱氨基作用是指氨基酸在酶的作用下，先脱氢形成亚氨基酸，进而与水作用生成 α-酮酸和氨的过程。其反应式如下：

动画扫一扫
氧化脱氨基

$$R-\underset{\underset{NH_2}{|}}{CH}-COOH \xrightarrow[\text{酶}]{-2H} R-\underset{\underset{NH}{\parallel}}{C}-COOH \xrightarrow{+H_2O} R-\underset{\underset{O}{\parallel}}{C}-COOH+NH_3$$

氨基酸　　　　　　　　亚氨基酸　　　　　　　　α-酮酸

已知在动物体内有 L-氨基酸氧化酶、D-氨基酸氧化酶和 L-谷氨酸脱氢酶等催化氨基酸的氧化脱氨基反应。L-氨基酸氧化酶的辅基是 FMN，催化 L-氨基酸的氧化脱氨基作用，但在动物体内分布不广，活性不强；D-氨基酸氧化酶以 FAD 为辅基，在动物体内分布广，活性也强，但动物体内的氨基酸绝大多数是 L-型的，D-型的很少，故这两类氨基酸氧化酶在氨基酸代谢中的作用都不大。

L-谷氨酸脱氢酶广泛存在于肝、肾和脑等组织中，是一种不需氧的脱氢酶，有较强的活性，催化 L-谷氨酸氧化脱氨生成 α-酮戊二酸，其辅酶是 NAD^+ 或 $NADP^+$，反应式为：

$$\underset{\underset{\underset{\underset{COOH}{|}}{(CH_2)_2}}{|}}{\underset{\underset{NH_2}{|}}{CH}-COOH} \underset{\text{L-谷氨酸脱氢酶}}{\overset{NAD^+ \quad NADHH^+}{\rightleftharpoons}} \underset{\underset{\underset{\underset{COOH}{|}}{(CH_2)_2}}{|}}{\underset{\underset{NH}{\parallel}}{C}-COOH} \overset{H_2O}{\rightleftharpoons} \underset{\underset{\underset{\underset{COOH}{|}}{(CH_2)_2}}{|}}{\underset{\underset{O}{\parallel}}{C}-COOH} + NH_3$$

L-谷氨酸　　　　　　　α-亚氨基戊二酸　　　　　　α-酮戊二酸

以上反应是可逆的，在体内，一般情况下倾向于谷氨酸的合成，因为高浓度氨对机体有害，此反应平衡点有利于保持较低的氨浓度。当谷氨酸浓度高而氨浓度低时，反应有利于 α-酮戊二酸的生成。但是，L-谷氨酸脱氢酶具有很高的专一性，只能催化 L-谷氨酸的氧化脱氨作用。所以单靠此酶是不能满足体内大多数氨基酸发生脱氨基的需求。

（二）转氨基作用

转氨基作用指在转氨酶催化下将 α-氨基酸的氨基转移到另一个 α-酮酸的酮基的位置上，生成相应的 α-酮酸和一种新的 α-氨基酸的过程。

动画扫一扫
转氨基作用

体内绝大多数氨基酸可通过转氨基作用脱氨。参与蛋白质合成的 20 种 α-氨基酸中，除甘氨酸、赖氨酸、苏氨酸和脯氨酸不参加转氨基作用，其余均可由特异的转氨酶催化参加转氨基作用。转氨基作用最重要的氨基受体是 α-酮戊二酸，产生谷氨酸作为新生成氨基酸，而对作为氨基供体的氨基酸要求并不严格。其反应通式如下：

$$H-\underset{\underset{COOH}{|}}{\overset{\overset{R^1}{|}}{C}}-NH_2 + \underset{\underset{COOH}{|}}{\overset{\overset{R^2}{|}}{C}}=O \xrightarrow{\text{转氨酶}} \underset{\underset{COOH}{|}}{\overset{\overset{R^1}{|}}{C}}=O + H-\underset{\underset{COOH}{|}}{\overset{\overset{R^2}{|}}{C}}-NH_2$$

上述转氨基反应是可逆的，因此转氨基作用也是体内某些氨基酸（非必需氨基酸）合成的重要途径。动物体内存在多种转氨酶，但大多数转氨酶都需要以 α-酮戊二酸为特异的氨基受体，下面举两个重要的转氨酶，谷草转氨酶（GOT）和谷丙转氨酶（GPT）催化的氨基酸的转氨基反应：

$$\alpha\text{-酮戊二酸}+\text{天冬氨酸} \underset{}{\overset{\text{GOT}}{\rightleftharpoons}} \text{谷氨酸}+\text{草酰乙酸}$$

$$\alpha\text{-酮戊二酸}+\text{丙氨酸} \underset{}{\overset{\text{GPT}}{\rightleftharpoons}} \text{谷氨酸}+\text{丙酮酸}$$

习惯上依据其可逆反应称呼这两个酶。在正常情况下，上述转氨酶主要存在于细胞中，而血清中的活性很低，在各组织器官中，又以心脏和肝脏中的活性为最高。当这些组织细胞受损或细胞膜破裂时，可有大量的转氨酶进入血液，于是血清中的转氨酶活性升高。因此可根据血清中转氨酶的活性变化判断这些组织器官的功能状况。所有转氨酶的辅酶都是磷酸吡哆醛和磷酸吡哆胺。

转氨基作用的生理意义十分重要。通过转氨基作用可以调节体内非必需氨基酸的种类和数量，以满足体内蛋白质合成时对非必需氨基酸的需求。另外，转氨基作用还是联合脱氨基作用的重要组成部分，从而加速了体内氨的转变和运输，沟通了机体的糖代谢、脂代谢和氨基酸代谢的互相联系。

肝功能是多方面的，同时也是非常复杂的，反映肝功能的试验已达 700 余种，新的试验还在不断地发展和建立。反映肝细胞损伤的试验包括血清酶类及血清铁等，以血清酶检测常用，如谷丙转氨酶（ALT）、谷草转氨酶（AST）、碱性磷酸酶（ACP）、γ-谷氨酰转肽酶（γ-GT）等。临床表明，各种酶试验中，以 ALT、AST 能敏感地提示肝细胞损伤及其损伤程度，反应急性肝细胞损伤以 ALT 最敏感，反映其损伤程度则 AST 较敏感。在急性肝炎恢复期，虽然 ALT 正常而 γ-GT 持续升高，提示肝炎慢性化。慢性肝炎 γ-GT 持续不降常提示病变活动。

（三）联合脱氨基作用

转氨基作用虽然在体内普遍进行，但仅仅是氨基的转移，并未彻底脱去氨基。氧化脱氨基作用虽然能把氨基酸的氨基真正脱掉，但又只有谷氨酸脱氢酶活跃，即只能催化谷氨酸氧化脱氨，这两者都不能满足机体脱氨基的需要。体内大多数的氨基酸是通过联合脱氨基作用脱去氨基，联合脱氨基作用是指通过转氨基作用和氧化脱氨基作用两种方式联合起来进行的脱氨基作用。联合脱氨基作用主要有两大反应途径。

1. 由 L-谷氨酸脱氢酶和转氨酶联合催化的脱氨基作用

即各种氨基酸先与 α-酮戊二酸进行转氨基反应，将其氨基转移给 α-酮戊二酸生成谷氨酸，其本身转变为相应的 α-酮酸。然后谷氨酸再在 L-谷氨酸脱氢酶的催化下，脱掉氨基，生成氨和 α-酮戊二酸。其总的结果是氨基酸脱去了氨基转变为相应的 α-酮酸和释放出氨。而 α-酮戊二酸没有被消耗可继续参加转氨基作用。其反应过程如图 7.2 所示。

上述的联合脱氨基作用是可逆的过程，主要在肝、肾、脑等组织中进行，它也是体内合成非必需氨基酸的重要途径。

2. 嘌呤核苷酸循环与转氨基作用联合进行的脱氨基作用

在骨骼肌和心肌中，还存在另一种形式的联合脱氨基作用，称为嘌呤核苷酸循环。骨骼肌和心肌组织中 L-谷氨酸脱氢酶的活性很低，因而不能通过上述形式的联合脱氨反应脱氨。但骨骼肌和心肌中含丰富的腺苷酸脱氨酶，能催化腺苷酸加水、脱氨生成次黄嘌呤核苷酸（IMP）。氨基酸经过两次转氨作用可将 α-氨基转移至草酰乙酸生成天冬氨酸。天冬氨酸又可将此氨基转移到次黄嘌呤核苷酸上生成腺嘌呤核苷酸（通过中间化合物腺苷酸代琥珀酸）。腺嘌呤核苷酸又可被脱氨酶水解再转变为次黄嘌呤核苷酸并脱去氨基。其反应途径如图 7.3 所示。

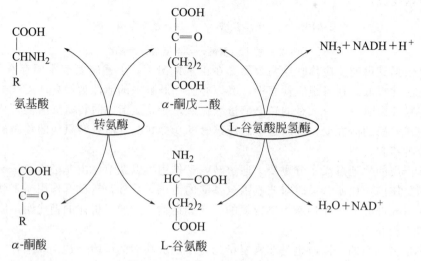

图 7.2　联合脱氨基作用的反应途径

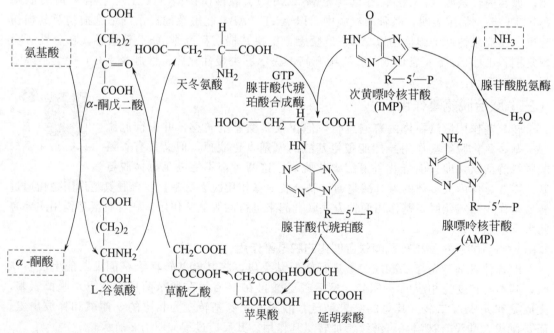

图 7.3　嘌呤核苷酸循环途径

　　这种形式的联合脱氨是不可逆的,因而不能通过其逆过程合成非必需氨基酸。这一代谢途径不仅把氨基酸代谢与糖代谢、脂代谢联系起来,而且也把氨基酸代谢与核苷酸代谢联系起来。

二、氨的代谢

（一）动物体内氨的来源与去路

　　无论是动物体内脱氨基作用产生的氨还是由消化道吸收的氨,对机体都是一种有毒物质,特别是脑组织对氨尤为敏感,血氨的升高,可能引起脑功能紊乱,血液中 1% 的氨就可引起中枢神经系统中毒。正常情况下，机体是不会发生氨堆积现象的，这是因为体内有一整套除去氨的代谢机构，使血液中氨的来源和去路保持恒定。

1. 血氨的来源

① 在畜禽体内氨的主要来源是氨基酸的脱氨基作用；

② 嘌呤、嘧啶的分解也生成氨；

③ 在肌肉和中枢神经组织中，有相当量的氨是腺苷酸脱氨产生的；

④ 还有从消化道吸收的一些氨，其中有的是在消化道细菌作用下，由未被吸收的氨基酸脱氨基作用产生的，有的来源于饲料，如氨化秸秆和尿素（可被消化道中细菌脲酶分解后释放出氨）；

⑤ 血液中的谷氨酰胺流经肾脏时，可被肾小管上皮细胞中的谷氨酰胺酶分解生成谷氨酸和氨，这部分氨主要在肾小管中与 H^+ 结合生成 NH_4^+ 并与钠离子交换，用以调节体内酸碱平衡，最后以铵盐的形式排出体外。

2. 血氨的去路

① 在肝脏合成为尿素，随尿排出；

② 家禽类及部分昆虫类动物主要是合成尿酸排出；

③ 可以通过脱氨基过程的逆反应与 α-酮酸再形成氨基酸，还参与嘌呤、嘧啶等重要含氮化合物的合成；

④ 氨可以在动物体内形成无毒的谷氨酰胺，它既是合成蛋白质所需的氨基酸，又是体内运输氨和贮存氨的方式；

⑤ 氨也可以直接随尿排出。

氨的来源与去路如图 7.4 所示。

图 7.4 氨的来源与去路

（二）氨的转运

过量的氨对机体是有毒的。氨的解毒部位主要在肝脏，体内各组织中产生的氨需要被运输到肝脏进行解毒，主要有以下两种方式。

1. 谷氨酰胺转运氨的作用

氨的转运主要是通过谷氨酰胺，它主要从脑、肌肉等组织向肝或肾转运氨。氨与谷氨酸在组织中谷氨酰胺合成酶的催化下生成谷氨酰胺，并由血液运送到肝和肾，再经谷氨酰胺酶水解成谷氨酸和氨。谷氨酰胺的合成与分解是由不同的酶催化的不可逆反应，其合成需要 ATP 和 Mg^{2+} 参与，并消耗能量。

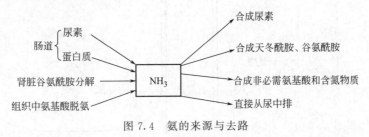

　　谷氨酰胺是中性无毒物质，易通过细胞膜，是体内迅速解除氨毒的一种方式，也是氨的贮藏及运输形式。有些组织如大脑等所产生的氨，首先是形成谷氨酰胺以解毒，然后随血液运至其他组织中进一步代谢，例如运至肝中的谷氨酰胺将氨释出以合成尿素；运至肾中将氨释出，直接随尿排出，以及在各种组织中把氨用于合成氨基酸和嘌呤、嘧啶等含氮物质。

　　已知在肾小管上皮细胞中有谷氨酰胺酶，当体内酸过多时，谷氨酰胺酶活性增高，谷氨酰胺分解加快，氨的生成与排出增多。排出的 NH_3 可与尿液中的 H^+ 中和生成 NH_4^+，以降低尿中的 H^+ 浓度，使 H^+ 不断从肾小管细胞排出，从而有利于维持动物机体的酸碱平衡。

2. 丙氨酸-葡萄糖循环

　　肌肉可利用丙氨酸将氨运送到肝脏。肌肉中的氨基酸经转氨基作用将氨基转给丙酮酸生成丙氨酸，丙氨酸经血液运到肝脏。在肝中通过联合脱氨基作用释放出氨，用于尿素的形成。经过转氨基作用产生的丙酮酸经糖异生途径生成葡萄糖。形成的葡萄糖由血液又回到肌肉，又沿糖分解途径转变成丙酮酸，后者再接受氨基而生成丙氨酸。丙氨酸和葡萄糖反复地在肌肉和肝脏之间进行氨的转运，称之为丙氨酸-葡萄糖循环，反应过程如图 7.5 所示。

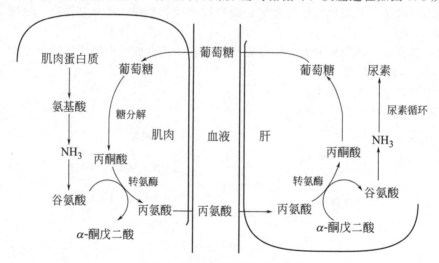

图 7.5　丙氨酸-葡萄糖循环途径

　　通过这个循环，一方面使肌肉中的氨以无毒的丙氨酸形式运输到肝脏，另一方面，肝脏又为肌肉提供了生成丙酮酸的葡萄糖。

（三）尿素的生成

　　在哺乳动物体内氨的主要去路是合成尿素排出体外，肝脏是哺乳动物合成尿素的主要器官。其他组织，如肾、脑等也能合成尿素，但合成的能力都很弱。肾脏是尿素排泄的主要器官。氨转变为尿素是一个循环反应过程，这个过程是从鸟氨酸开始，中间生成瓜氨酸、精氨酸，最后精氨酸水解生成尿素和鸟氨酸，形成了一个循环，所以称这一过程为鸟氨酸循环。鸟氨酸循环又称尿素循环。

鸟氨酸循环

动画扫一扫

　　现将尿素生成的循环反应过程叙述如下。

1. 氨甲酰磷酸的生成

　　在 Mg^+、N-乙酰谷氨酸（AGA）存在时，氨、二氧化碳和 ATP 在氨甲酰磷酸合成酶 I（存在于肝细胞线粒体内）的催化下，生成氨甲酰磷酸。

$$CO_2 + NH_3 + H_2O + 2ATP \xrightarrow[Mg^{2+},\ N\text{-}乙酰谷氨酸]{氨甲酰磷酸合成酶 I} H_2N-\overset{\overset{O}{\|}}{C}-O\sim ℗ + 2ADP + Pi$$

氨甲酰磷酸

2. 瓜氨酸的生成

在线粒体内，由氨甲酰基转移酶催化，氨甲酰磷酸将其氨甲酰基转移给鸟氨酸，释出磷酸，生成瓜氨酸：

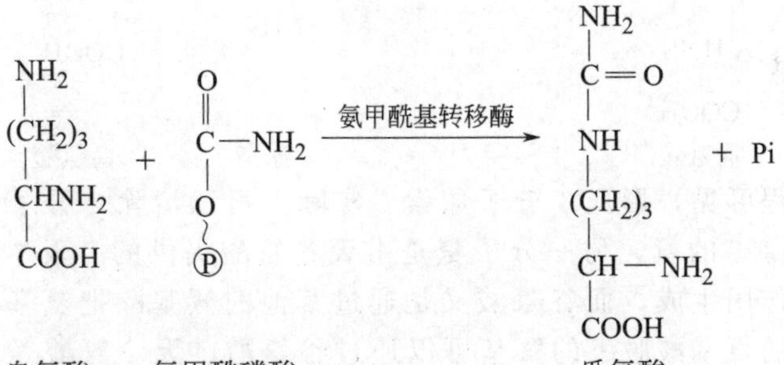

鸟氨酸　　氨甲酰磷酸　　　　　　　　瓜氨酸

反应中的鸟氨酸是在细胞液中生成的，通过线粒体膜上特异的转运系统转移至线粒体内。

3. 精氨酸的生成

生成的瓜氨酸从线粒体内转入细胞液中，由精氨酸代琥珀酸合成酶催化，瓜氨酸的脲基与天冬氨酸的氨基缩合形成精氨酸代琥珀酸。该酶需要 ATP 提供能量（消耗两个高能磷酸键）及 Mg^{2+} 的参与，反应如下：

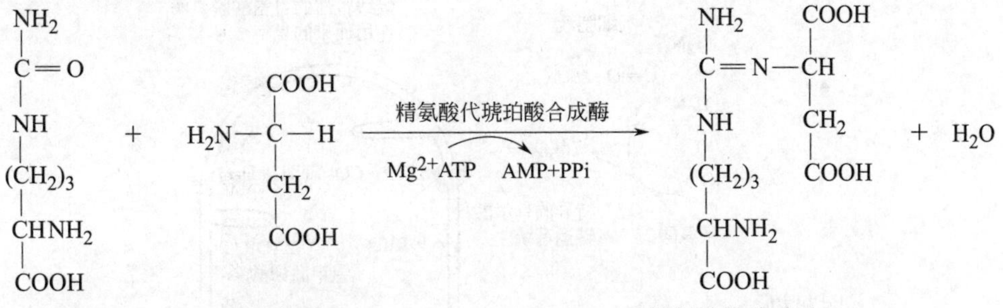

瓜氨酸　　　　　天冬氨酸　　　　　　　精氨酸代琥珀酸

然后，精氨酸代琥珀酸在精氨酸代琥珀酸裂解酶的催化下分解为精氨酸及延胡索酸：

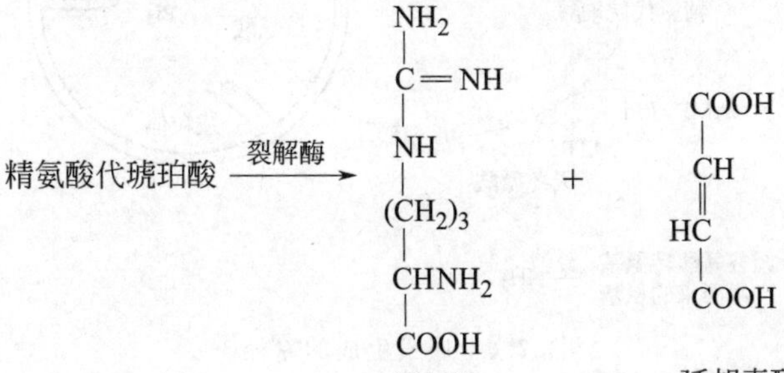

精氨酸　　　　　延胡索酸

4. 精氨酸的水解

在精氨酸酶的催化下精氨酸水解生成尿素和鸟氨酸。精氨酸酶存在于哺乳动物体内，尤其在肝脏中有很高的活性。尿素可以经过血液送至肾脏，再随尿排出体外，鸟氨酸则可经特异的转运系统进入线粒体再与氨甲酰磷酸反应合成瓜氨酸，重复上述循环过程。精氨酸的水解反应如下：

$$
\begin{array}{c}
NH_2 \\
| \\
C = NH \\
| \\
NH \\
| \\
(CH_2)_3 \\
| \\
CHNH_2 \\
| \\
COOH \\
\text{精氨酸}
\end{array}
\quad + \quad H_2O \quad \xrightarrow{\text{精氨酸酶}} \quad
\begin{array}{c}
NH_2 \\
| \\
C = O \\
| \\
NH_2 \\
\text{尿素}
\end{array}
\quad + \quad
\begin{array}{c}
NH_2 \\
| \\
(CH_2)_3 \\
| \\
CHNH_2 \\
| \\
COOH \\
\text{鸟氨酸}
\end{array}
$$

从整个反应过程可见，形成 1 分子尿素，实际上可以清除 2 分子氨和 1 分子二氧化碳。其中一分子是游离的氨，另一分子氨是由天冬氨酸提供的。天冬氨酸可由草酰乙酸与谷氨酸经转氨基作用生成，而谷氨酸又是通过其他的氨基酸把氨基转移给 α-酮戊二酸生成的。所以其他的氨基酸脱下的氨基可以通过谷氨酸、天冬氨酸等中间产物最终合成尿素。上述反应中的延胡索酸可以经过三羧酸循环的中间步骤转变成草酰乙酸，草酰乙酸再与谷氨酸进行转氨基反应，重新生成天冬氨酸。由此就把尿素循环和三羧酸循环密切联系在一起。

尿素循环是一个消耗能量的过程，每生成 1 分子尿素，消耗了 3 分子 ATP 中 4 个高能磷酸键，即 3 个 ATP 水解生成 2 个 ADP，2 个 Pi，1 个 AMP 和 PPi。尿素生成的总途径如图 7.6 所示。

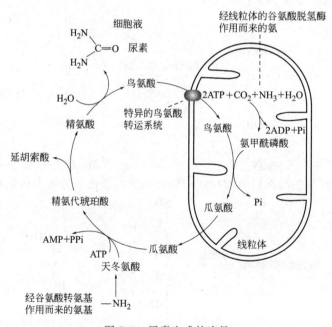

图 7.6　尿素生成的途径

肝脏为氨解毒的关键脏器，通过将氨转变为无毒且水溶性高的尿素，随尿液排出体外而解毒。当肝功能严重受损时，肝内尿素合成能力降低，氨在体内大量堆积，导致血中氨的含量升高。当氨进入脑组织后，在脑细胞中，α-酮戊二酸与氨结合生成谷氨酸，谷氨酸再与氨生成谷氨酰胺。这样会使大脑细胞中 α-酮戊二酸含量下降，从而影响细胞中三羧酸循环的速率，进一步会影响 ATP 的生成，引起大脑功能障碍，严重时可引起昏迷，这就是肝昏迷的氨中毒。

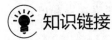 **知识链接** ......

精氨酸

L-精氨酸（L-Arg）在动物体内有重要的生物学作用，在蛋白质、多胺和一氧化氮（NO）等的合成中都起着重要作用，能促进氮储留，增强生殖机能、免疫力，促进细胞分裂、伤口复原和激素分泌等一系列生物学过程，因此，L-Arg 被誉为"神奇分子"，在动物生产中，如哺乳仔猪饲粮中添加 N-乙酰谷氨酸（N-acetylglutamate，NAG），是促进肠组织合成 L-Arg 的一种有效方式，进而提高饲粮氨基酸合成蛋白质的利用率。

（四）尿酸的生成和排出

家禽体内氨的去路和哺乳动物有共同之处，也有不同之处。氨在家禽体内也可以合成谷氨酰胺以及用于其他一些氨基酸和含氮物质的合成，但不能合成尿素，而是把体内大部分的氨通过合成尿酸排出体外。其过程是首先利用氨基酸提供的氨基合成嘌呤，再由嘌呤分解产生出尿酸。尿酸在水溶液中溶解度很低，以白色粉状的尿酸盐从尿中析出。

三、α-酮酸的代谢

氨基酸经联合脱氨基作用或其他的脱氨基作用之后，生成相应的 α-酮酸。这些 α-酮酸的代谢途径虽各不相同，但总有以下三种去路。

1. 生成非必需氨基酸

α-酮酸可以通过转氨基作用和联合脱氨基作用的可逆过程而氨基化，生成其相应的氨基酸。这也是动物体内非必需氨基酸的主要生成方式。而与必需氨基酸相对应的 α-酮酸不能在体内合成，所以必需氨基酸依赖于食物的供应。

2. 转变为糖和脂肪

在动物体内，α-酮酸可以转变成糖和脂类。这是利用不同的氨基酸饲养人工诱发糖尿病的动物所得出的结论。绝大多数氨基酸可以使受试实验动物尿中的葡萄糖增加，少数使尿中葡萄糖和酮体增加。只有亮氨酸仅使尿中的酮体排量增加。由此，把在动物体内可以转变成葡萄糖的氨基酸称为生糖氨基酸，包括丙氨酸、丝氨酸、甘氨酸、半胱氨酸、苏氨酸、天冬氨酸、天冬酰胺、蛋氨酸、谷氨酸、谷氨酰胺、缬氨酸、精氨酸、脯氨酸和组氨酸。能转变成酮体的称为生酮氨基酸，包括亮氨酸和赖氨酸。两者都能生成的称为生糖兼生酮氨基酸，包括色氨酸、苯丙氨酸、酪氨酸、赖氨酸和异亮氨酸。

在动物体内，糖是可以转变成脂肪的，因此生糖氨基酸也必然能转变为脂肪。生酮氨基酸转变为酮体后，酮体可转变为乙酰 CoA，然后进一步转变成脂酰 CoA，再与 α-磷酸甘油合成脂肪。所需的 α-磷酸甘油由生糖氨基酸或葡萄糖提供。由于乙酰 CoA 在体内不能转变为糖，所以生酮氨基酸是不能异生成糖的。除了完全生酮的亮氨酸和赖氨酸以外，其余的氨基酸脱去氨基后的代谢物是三羧酸循环的中间产物和丙酮酸，它们能沿着糖异生途径，转变成磷酸烯醇式丙酮酸，然后再转变成葡萄糖。

3. 生成二氧化碳和水

氨基酸脱氨基后生成的 α-酮酸，可以沿一定的途径转变为糖代谢的中间产物，其中有的转变为丙酮酸，有的转变为乙酰 CoA，也有的转变为三羧酸循环的中间产物，最终都能通过三羧酸循环彻底氧化成二氧化碳和水，并提供能量，这是 α-酮酸的重要代谢去路。从图 7.7 可以清楚地看到氨基酸脱去氨基后形成的"碳骨架"如何与糖代谢联系在一起以及它们的代谢去向。

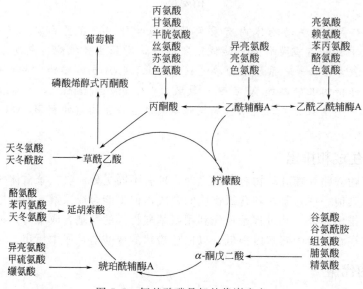

图 7.7　氨基酸碳骨架的代谢去向

综上可见，氨基酸的代谢与糖和脂肪的代谢密切相关。氨基酸可转变成糖和脂肪；糖也可转变成脂肪及多数非必需氨基酸的碳架部分；三羧酸循环是物质代谢的总枢纽，通过它可使糖、脂肪酸和氨基酸完全氧化，也可使其彼此相互转变，构成一个完整的代谢体系。

四、氨基酸的脱羧基作用

部分氨基酸可在脱羧酶的催化下，脱去羧基产生二氧化碳和相应的胺，这一过程称为氨基酸的脱羧基作用。氨基酸脱羧基作用的一般反应如下：

$$\begin{array}{c} COOH \\ | \\ H-C-NH_2 \\ | \\ R \end{array} \xrightarrow[\text{磷酸吡哆醛}]{\text{脱羧酶}} RCH_2NH_2 + CO_2$$

脱羧酶的辅酶也是磷酸吡哆醛。氨基酸的脱羧基作用在其分解代谢中不是主要的途径，在动物体内只有很少量的氨基酸首先通过脱羧作用进行代谢，但产生的胺一部分可生成一些具有重要生理活性的胺类物质。重要的胺类物质有以下几种。

1. γ-氨基丁酸（GABA）

γ-氨基丁酸由谷氨酸脱羧基生成，催化此反应的酶是 L-谷氨酸脱羧酶。此酶在脑、肾组织中活性很高，所以脑中 GABA 含量较高。

$$\underset{\text{L-谷氨酸}}{\begin{array}{c} COOH \\ | \\ (CH_2)_2 \\ | \\ CHNH_2 \\ | \\ COOH \end{array}} \xrightarrow{\text{L-谷氨酸脱羧酶}} \underset{\gamma\text{-氨基丁酸}}{\begin{array}{c} CH_2-COOH \\ | \\ (CH_2)_2 \\ | \\ NH_2 \end{array}} + CO_2$$

GABA 是一种仅见于中枢神经系统的抑制性神经递质，对中枢神经元有普遍性抑制作用。在脊髓，作用于突触前神经末梢，减少兴奋性递质的释放，从而引起突触前抑制，在脑则引起突触后抑制。临床上对于惊厥和妊娠呕吐的病人常常使用维生素 B_6 治疗，其机理就在于提高脑组织内谷氨酸脱羧酶的活性，使 GABA 生成增多，增强中枢抑制作用。

💡 **知识链接** ··

γ-氨基丁酸的应用

γ-氨基丁酸是一种具有天然活性的非蛋白质功能性氨基酸，是研究较为深入的一种重要的抑制性神经递质，介导神经系统快速抑制作用，参与多种代谢活动，具有很高的生理活性。γ-氨基丁酸20世纪90年代起作为营养补充剂流行于日本、欧美。可用于肝昏迷及脑代谢障碍，还可抗精神不安，是对抗抑郁焦虑，改善情绪，缓解压力，促进睡眠，提高脑活动，解毒醒酒的一种纯天然物质。也被称为天然的"百忧解""大脑天然镇静剂""快乐元素""正能量营养素"。此外，酸枣仁的有效成分不仅可以增加 γ-氨基丁酸受体的表达，还可影响钙调蛋白对钙离子的转换，拮抗大脑中的兴奋性神经递质谷氨酸，从而改善睡眠。

··

2. 组胺

组胺是由组氨酸脱羧生成。组胺主要由肥大细胞产生并贮存，在肝、肺、乳腺、肌肉及胃黏膜中含量较高。组胺是一种强烈的血管舒张剂，能增加毛细血管的通透性，还可引起血压下降和局部水肿。组胺的释放与过敏反应症状密切相关。组胺可刺激胃蛋白酶和胃酸的分泌，所以常用它作胃分泌功能的研究。

3. 5-羟色胺

色氨酸在脑中首先由色氨酸羟化酶催化生成 5-羟色氨酸，再经脱羧酶作用生成 5-羟色胺。5-羟色胺在神经组织中有重要的功能，目前已肯定中枢神经系统有 5-羟色胺神经元。5-羟色胺可使大部分交感神经节前神经元兴奋，而使副交感节前神经元抑制。其他组织如小肠、血小板、乳腺细胞中也有 5-羟色胺，具有强烈的血管收缩作用。

4. 牛磺酸

体内牛磺酸主要由半胱氨酸脱羧生成。半胱氨酸先氧化生成磺酸丙氨酸，再由磺酸丙氨酸脱羧酶催化脱去羧基，生成牛磺酸。牛磺酸是结合胆汁酸的重要组成成分。

💡 **知识链接** ··

牛磺酸

牛磺酸又称 β-氨基乙磺酸，1827 年从牛的胆汁中分离出来，故称牛磺酸。牛磺酸对人体具有非常重要的生物学功能。牛磺酸能保护心肌细胞，增强心脏的功能，增强免疫力，强肝利胆，促进脂类物质的消化吸收，增强抗氧化物作用，尤其对婴幼儿的大脑发育和视网膜的发育更为重要。例如，猫以及夜行猫头鹰之所以要捕食老鼠，主要是由于老鼠体内含有丰富的牛磺酸，多食老鼠可保持其锐利的视觉。若婴幼儿缺乏牛磺酸，会发生视网膜功能紊乱。长期静脉营养输液的病人，若输液中没有牛磺酸，会使病人视网膜电流图发生变化，只有补充大剂量的牛磺酸才能纠正。

5. 多胺

鸟氨酸在鸟氨酸脱羧酶催化下可生成腐胺，S-腺苷蛋氨酸（SAM）在 SAM 脱羧酶催化下脱羧生成 S-腺苷-3-甲硫基丙胺。在精脒合成酶催化下将 S-腺苷-3-甲硫基丙胺的丙基移到腐胺分子上合成精脒，再在精胺合成酶催化下，又将另一分子 S-腺苷-3-甲硫基丙胺的丙胺基转移到精脒分子上，最终合成了精胺。腐胺、精脒和精胺总称为多胺或聚胺。

多胺存在于精液及细胞核糖体中，是调节细胞生长的重要物质，多胺分子带有较多正电荷，能与带负电荷的 DNA 及 RNA 结合，稳定其结构，促进核酸及蛋白质的合成。在生长旺盛的组织如胚胎、再生肝及癌组织中，多胺含量升高。所以可将利用血或尿中多胺含量作为肿瘤诊断的辅助指标。

动物机体中一些胺类的来源及功能见表7.1。

表 7.1 动物机体中一些胺类的来源及功能

来源	胺类	功能
谷氨酸	γ-氨基丁酸	抑制性神经递质
半胱氨酸→磺基丙氨酸	牛磺酸	形成牛磺胆汁酸
组氨酸	组胺	血管舒张剂,促进胃液分泌
色氨酸→5-羟色氨酸	5-羟色胺	抑制性神经递质,具有缩血管作用
鸟氨酸、精氨酸	腐胺、精胺等	促进细胞增殖

绝大多数胺类对动物是有毒的。但体内广泛存在的胺氧化酶能将这些胺类氧化脱氨成相应醛类，醛再经醛氧化酶催化，氧化成羧酸，从而避免胺类在体内蓄积。胺氧化酶和醛氧化酶都属于需氧脱氢酶类，它们的辅基都是 FAD，脱氢产物为 H_2O_2，后者可被过氧化氢酶迅速分解为 H_2O 和 O_2，或被过氧化物酶转化利用。

第四节　个别氨基酸代谢

前面所述的是氨基酸的一般代谢过程，事实上各种氨基酸还有其特殊的代谢途径，在本节中介绍一些重要的能生成特殊生理活性物质的氨基酸的代谢。

一、提供一碳基团的氨基酸代谢

某些氨基酸在代谢过程中能产生含有一个碳原子的有机基团，称为一碳基团。这些一碳基团可经过转移参与生物合成过程，有重要的生理功能。常见的一碳基团有甲基（—CH_3）、亚甲基（—CH_2—）、甲酰基（—CHO）、亚氨甲基（—CH =NH）、甲炔基（—CH =）

等，它们并不游离存在，而是被一碳基团转移酶的辅酶四氢叶酸（FH_4）携带进行代谢和转运。一碳基团往往与四氢叶酸分子中 N-5、N-10 位相连，并可以通过氧化还原反应过程相互转变，如图 7.8 所示。

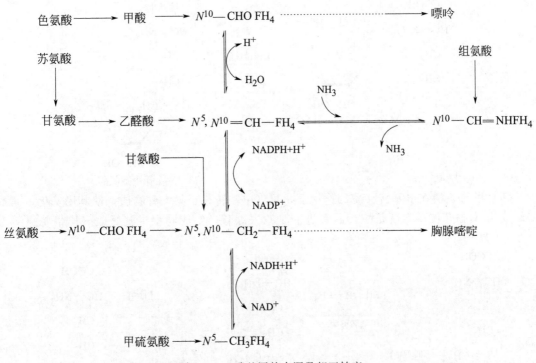

图 7.8　一碳基团的来源及相互转变

一碳基团的生理功能主要有以下两个方面。①合成重要的含氮物质。一碳基团是合成嘌呤和嘧啶的原料，在核酸的生物合成过程中有重要作用。如 N^5, N^{10} ＝CH—FH_4 直接提供甲基用于脱氧核苷酸 dUMP 向 dTMP 的转化。N^{10}—CHO—FH_4 和 N^5, N^{10} ＝CH—FH_4 分别参与嘌呤碱中两个碳原子、三个碳原子的合成。因为一碳基团是合成核酸的原料，所以一碳基团的代谢与细胞的增殖、组织生长和机体发育等重要过程密切相关。如果一碳基团代谢障碍会引起巨幼红细胞性贫血。某些药物如磺胺药和氨甲蝶呤（抗癌药物）均能干扰一碳基团的正常转运来抑制核酸的合成，从而达到抑制细菌和肿瘤细胞生长的作用。②提供甲基。体内许多具有重要生理功能的化合物如肾上腺素、胆碱、胆酸等的合成都需要甲基化反应，可由 S-腺苷蛋氨酸提供甲基；而 N^5-甲基四氢叶酸充当甲基的间接供体，以供重新生成蛋氨酸。

二、含硫氨基酸代谢

含硫氨基酸有甲硫氨酸（蛋氨酸）、半胱氨酸和胱氨酸 3 种，蛋氨酸可以转变为半胱氨酸和胱氨酸，半胱氨酸和胱氨酸也可以相互转变，但在体内两者都不能转变为蛋氨酸，所以蛋氨酸是必需氨基酸。

（一）甲硫氨酸代谢

1. 甲硫氨酸与转甲基作用

甲硫氨酸是一种含有 S-甲基的必需氨基酸。它是动物机体中最重要的甲基直接供给体，参与肾上腺素、肌酸、胆碱、肉碱的合成和核酸甲基化过程。但是在它转移甲基前，首先要腺苷化，转变成 S-腺苷甲硫氨酸（SAM）。此反应由甲硫氨酸腺苷转移酶催化。SAM 中的甲基是高度活化的，称为活性甲基。

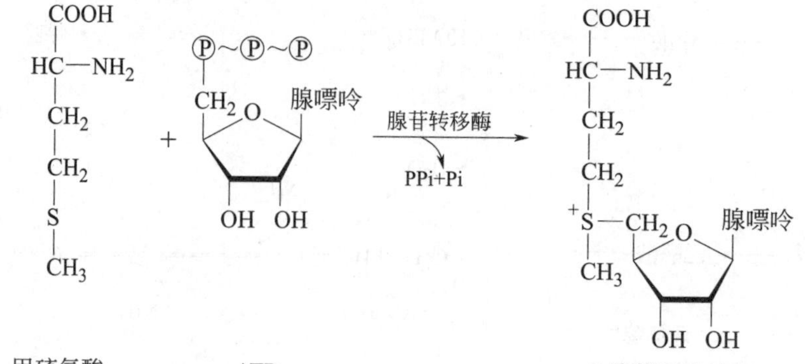

甲硫氨酸　　　　　　ATP　　　　　　　　　　S-腺苷甲硫氨酸

活性甲硫氨酸在甲基转移酶的作用下，可将甲基转移至另一种物质，使其甲基化，而本身转变为 S-腺苷同型半胱氨酸，后者进一步脱去腺苷，生成同型半胱氨酸（比半胱氨酸多一个—CH_2—）。

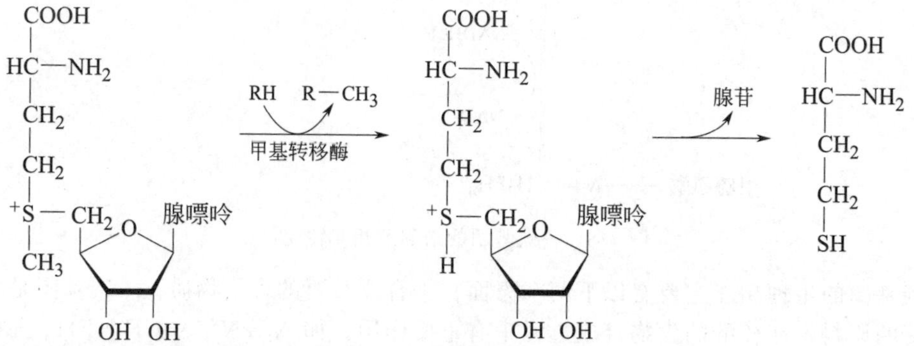

S-腺苷甲硫氨酸　　　　　　　　S-腺苷同型半胱氨酸　　　　　　同型半胱氨酸

据统计，体内有 50 多种物质需要 SAM 提供甲基，生成甲基化合物。甲基化作用是重要的代谢反应，具有广泛的生理意义（包括 DNA 与 RNA 的甲基化），而 SAM 则是体内最重要的甲基直接供给体。

2. 甲硫氨酸循环

甲硫氨酸在体内最主要的分解代谢途径是通过上述转甲基作用而提供甲基，与此同时产生的 S-腺苷同型半胱氨酸（SAH）进一步转变成同型半胱氨酸。同型半胱氨酸可以接受 N^5-甲基四氢叶酸提供的甲基，重新生成甲硫氨酸，形成一个循环过程，称为甲硫氨酸循环，如图 7.9 所示。此循环的生理意义在于甲硫氨酸分子中甲基可间接通过 N^5—CH_3—FH_4 由其他非必需氨基酸提供，以防甲硫氨酸的大量消耗。

尽管此循环可以生成甲硫氨酸，但体内不能合成同型半胱氨酸，它只能由甲硫氨酸转变而来，所以实际上体内仍然不能合成甲硫氨酸，必须由食物供给。

（二）半胱氨酸和胱氨酸的代谢

1. 代谢过程

体内半胱氨酸含有巯基（—SH），而胱氨酸含有二硫键（—S—S—），二者可以相互转化。半胱氨酸在体内分解时，有以下几条途径：①直接脱去巯基和氨基，生成丙酮酸、

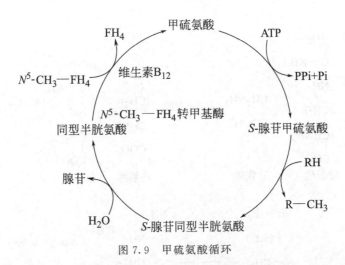

图 7.9　甲硫氨酸循环

NH_3 和 H_2S。H_2S 再经氧化而生成 H_2SO_4；②巯基氧化成亚磺基，然后脱去氨基和亚磺基，最后生成丙酮酸和亚硫酸，后者经氧化后可变为硫酸；③半胱氨酸的另一代谢产物是牛磺酸，它是胆汁酸的组成成分，胆汁酸盐有助于促进脂类的消化吸收；④半胱氨酸也是合成谷胱甘肽的原料。

2. 硫酸的代谢

半胱氨酸是体内硫酸根的主要来源。产生的硫酸根一部分以无机盐形式随尿排出，另一部分经 ATP 活化生成活性硫酸根，即 $3'$-磷酸腺苷-$5'$-磷酸硫酸（PAPS），PAPS 的性质比较活泼，可使某些物质形成硫酸酯。例如，类固醇激素可形成硫酸酯而被灭活，一些外源性酚类化合物也可以通过形成硫酸酯而排出体外。这些反应在肝脏生物转化作用中有重要意义。

（三）肌酸和肌酐的合成

肌酸即甲基胍乙酸，存在于动物的肌肉、脑和血液，特别在骨骼肌中含量高。既可游离存在，也可以磷酸化形式存在，后者称为磷酸肌酸。肌酸和磷酸肌酸在贮存和转移磷酸键能中起作用，是能量贮存、利用的重要化合物。

参与肌酸生物合成的氨基酸有甘氨酸、精氨酸和甲硫氨酸。甘氨酸为骨架，精氨酸提供脒基，甲硫氨酸提供甲基，如图 7.10 所示。

肝是合成肌酸的主要器官。在肌酸激酶（CPK）催化下，肌酸转变成磷酸肌酸，并贮存 ATP 的高能磷酸键。肌肉所含的肌酸，主要以磷酸肌酸的形式存在，是肌肉收缩的一种能量贮备形式。磷酸肌酸在心肌、骨骼肌及大脑中含量丰富。当肌肉收缩消耗 ATP 时，磷酸肌酸可将其磷酸基及时地转给 ADP，再生成 ATP。

肌酸和磷酸肌酸代谢的终产物是肌酐。肌酐主要在肌肉中通过磷酸肌酸的非酶促反应而生成，可随尿排出体外。肌酐的生成量与骨骼肌中肌酸、磷酸肌酸的储量成正比。而后者的贮存量又与骨骼肌的量成正比。肾严重病变时，肌酐排泄受阻，血中肌酸酐浓度升高。

（四）谷胱甘肽的合成

谷胱甘肽是由谷氨酸、半胱氨酸和甘氨酸所组成的三肽，它的生物合成不需要编码的 RNA，已证明与一个称之为"γ-谷氨酰基循环"的氨基酸转运系统相联系，如图 7.11 所示。

从图 7.11 中可见，谷胱甘肽把氨基酸从细胞外转到细胞内，是由这个三肽中的 γ-谷氨酰基来担当的，半胱氨酰甘氨酸部分在转运过程中从三肽上断裂，并分解为半胱氨酸和甘氨酸。在被转运氨基酸从 γ-谷氨酰基上释放之后，三者再重新合成谷胱甘肽。少数氨基酸如

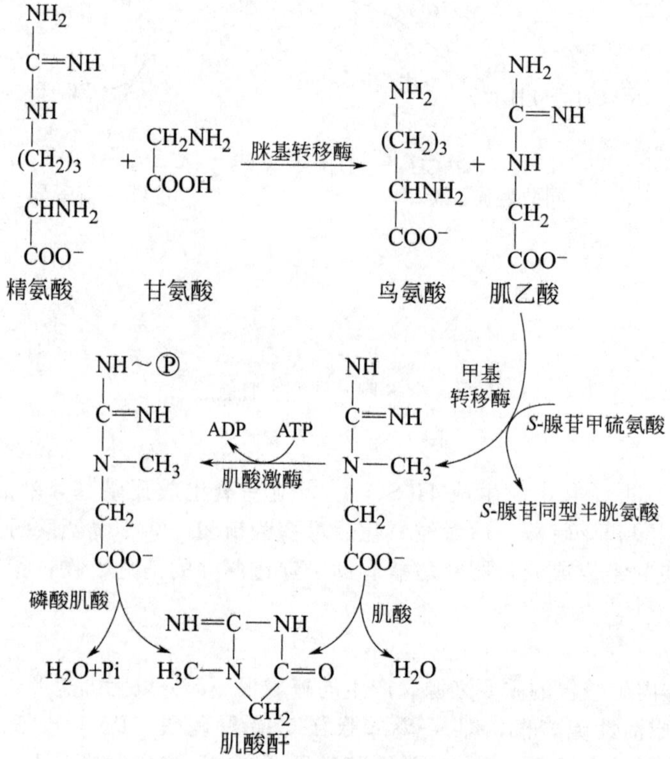

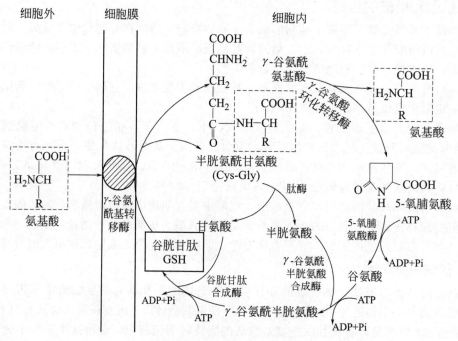

图 7.10　肌酸的生物合成

图 7.11　γ-谷氨酰基循环

脯氨酸等的转运可能通过其他的转运系统。γ-谷氨酰基循环的酶系广泛存在于肠黏膜细胞、肾小管和脑组织中。

谷胱甘肽分子上的活性基团是半胱氨酸的巯基。它有氧化态与还原态两种形式，由谷胱甘肽还原酶催化其互相转变，辅酶是 $NADP^+$。

$$2GSH \xrightleftharpoons[+2H]{-2H} GSSG$$

还原型　　　氧化型
谷胱甘肽　　谷胱甘肽

还原型的谷胱甘肽在细胞中的浓度远高于氧化型（约 $100:1$）。其主要功能是保护含有功能巯基的酶和使蛋白质不易被氧化，保持红细胞膜的完整性，防止亚铁血红蛋白（可携带 O_2）氧化成高铁血红蛋白（不能携带 O_2 的），还可以结合药物、毒物，促进它们的生物转化，消除过氧化物和自由基对细胞的损害作用。

三、芳香族氨基酸的代谢转变

芳香族氨基酸的代谢转变对动物和人类的健康与代谢活动十分重要，包括苯丙氨酸、酪氨酸和色氨酸。

（一）苯丙氨酸转变为酪氨酸

苯丙氨酸可在体内由苯丙氨酸羟化酶催化下，羟化为酪氨酸后再进一步代谢，但酪氨酸不能转变为苯丙氨酸。苯丙氨酸羟化酶是一种加氧酶，其辅酶为四氢生物蝶呤，催化反应不可逆。

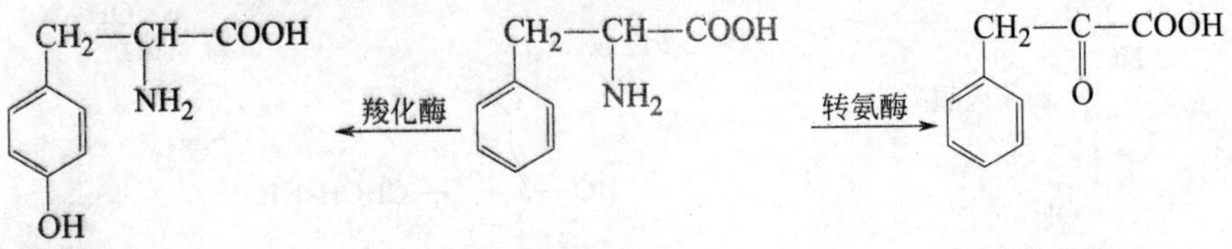

酪氨酸　　　　　　　　　苯丙氨酸　　　　　　　　苯丙酮酸

（二）酪氨酸代谢

酪氨酸在体内可进一步代谢转化成许多重要的生理活性物质，如多巴胺、去甲肾上腺素、肾上腺素、甲状腺素、黑色素等。

1. 转变为儿茶酚胺

酪氨酸经酪氨酸羟化酶的作用，生成 3,4-二羟苯丙氨酸（DOPA，多巴），进一步在多巴脱羧酶的催化下，转变为多巴胺。多巴胺是一种大脑神经递质。在肾上腺髓质中，多巴胺的 β-碳原子羟化，生成去甲肾上腺素，进而在甲基转移酶的作用下，由 S-腺苷甲硫氨酸提供甲基转变为肾上腺素。多巴胺、去甲肾上腺素、肾上腺素都是有儿茶酚结构的胺类物质，所以统称为儿茶酚胺，它们都是小分子的含氮激素。

2. 合成黑色素

在黑色素细胞中，多巴又可以被氧化、脱羧生成吲哚醌。皮肤黑色素就是吲哚醌的聚合物。

3. 分解成延胡索酸及乙酰乙酸进一步代谢

酪氨酸经转氨基作用，转化为对羟基苯丙酮酸，接着进一步氧化脱羧生成尿黑酸。尿黑酸经其氧化酶作用可再转变为延胡索酸和乙酰乙酸。延胡索酸可进入三羧酸循环参与糖代谢，乙酰乙酸可进入脂肪代谢途径。

苯丙氨酸和酪氨酸的代谢如图 7.12 所示。

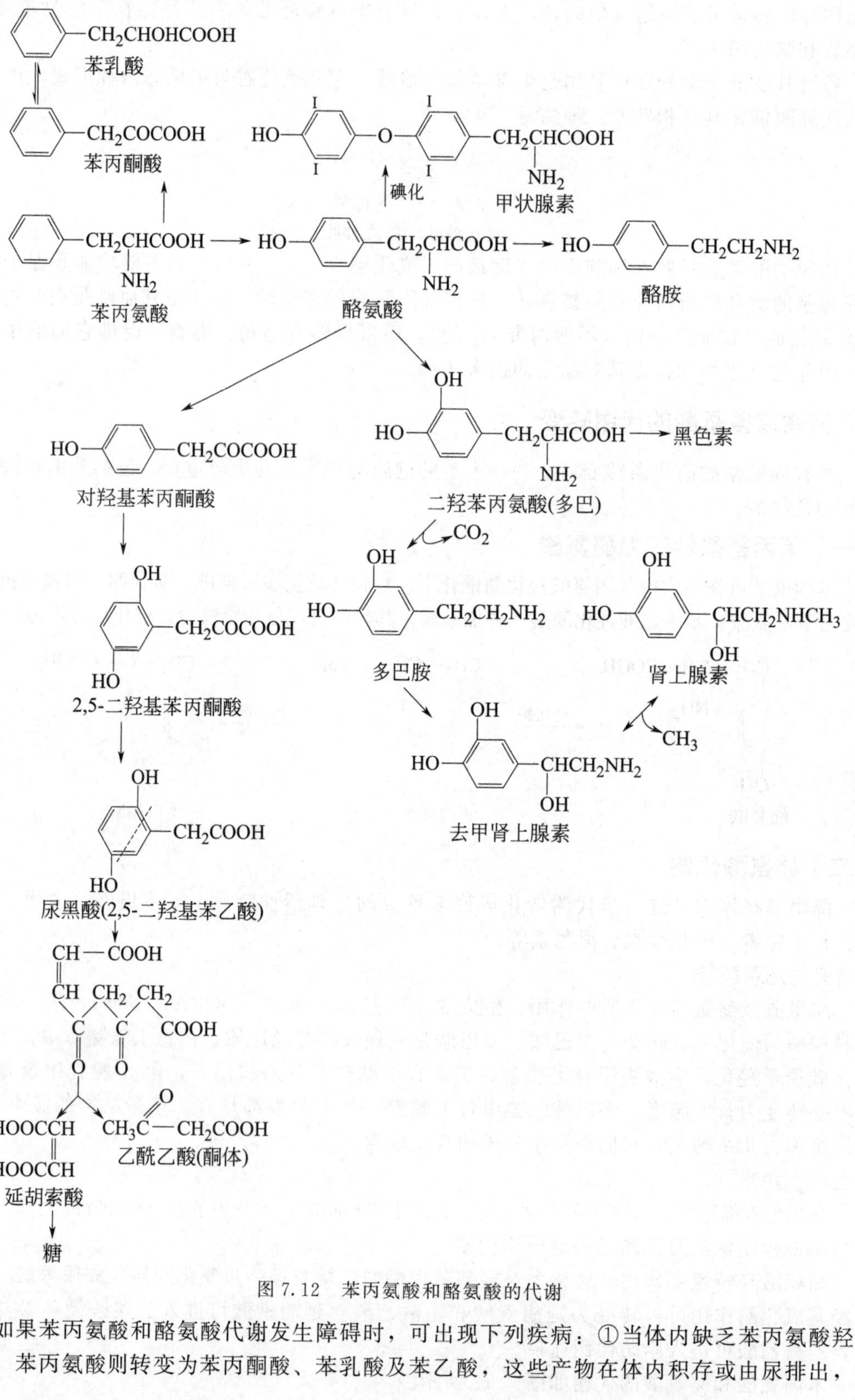

图 7.12　苯丙氨酸和酪氨酸的代谢

　　如果苯丙氨酸和酪氨酸代谢发生障碍时，可出现下列疾病：①当体内缺乏苯丙氨酸羟化酶时，苯丙氨酸则转变为苯丙酮酸、苯乳酸及苯乙酸，这些产物在体内积存或由尿排出，引起苯丙酮酸尿症，这是一种先天性代谢病，苯丙酮酸的堆积可严重损害神经系统，造成患儿智力发育障碍，在患者发病早期，如能控制其摄入的苯丙氨酸含量可有助于治疗。②如果人体先天性缺乏酪氨酸酶，则黑色素合成障碍，皮肤、毛发等发白，称为白化病。③当尿黑酸酶缺陷时，尿黑酸的进一步分解受阻，可出现尿黑酸症，也是一种人类遗传病。

（三）色氨酸代谢

色氨酸在体内有多种代谢途径。一方面，可氧化脱羧生成 5-羟色胺，它是一种神经递质。另一方面，还可通过色氨酸加氧酶作用，降解代谢转变成丙氨酸和乙酰乙酸，因此色氨酸也是生糖兼生酮氨基酸。此外，色氨酸还能合成少量的尼克酸（维生素 B_5），这是体内合成维生素的一个特例，但机体自身合成的尼克酸远不能满足机体的需要。色氨酸的代谢如图7.13 所示。

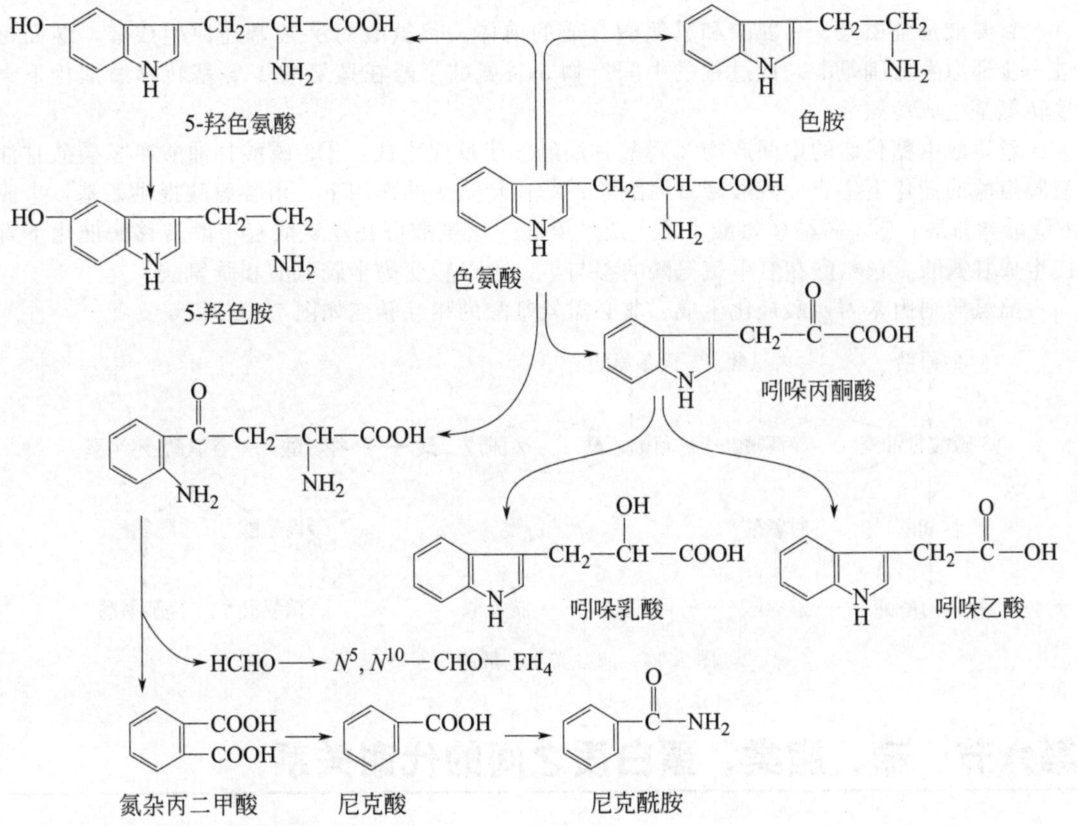

图 7.13　色氨酸的代谢

第五节　非必需氨基酸的合成代谢

α-酮酸在体内可通过氨基化生成氨基酸。但有些 α-酮酸不能由糖或脂肪等其他物质生成，只能由其相应的氨基酸生成，这样生成的氨基酸并不能净增加该种氨基酸的量，必须由食物供给，因此是必需氨基酸。只有通过糖或脂肪等其他物质氧化合成的 α-酮酸，它们再经氨基化后生成相应的氨基酸，才可净增加氨基酸的量，这样的氨基酸不一定需要从食物中获得，因而是非必需氨基酸。

机体内的非必需氨基酸可通过如下方式合成。

一、由 α-酮酸氨基化生成

糖代谢生成的 α-酮酸，可以经过转氨或联合脱氨基作用的逆过程合成氨基酸。如在转氨酶催化下，丙酮酸、草酰乙酸和 α-酮戊二酸可分别转化为丙氨酸、天冬氨酸和谷氨酸。天冬酰胺和谷氨酰胺分别由天冬氨酸和谷氨酸经氨基化反应生成，天冬酰胺由天冬酰胺合成酶催化合成，利用谷氨酰胺提供氨基，消耗 ATP 生成 AMP 和 PPi；谷氨酰胺合成酶催化谷氨酰胺合成，NH_3 为供体，反应中消耗 ATP 生成 ADP 和 Pi。

二、由氨基酸之间转变生成

谷氨酸是脯氨酸、鸟氨酸和精氨酸合成的前体。谷氨酸的 γ-羧基还原生成醛，继而可进一步还原生成脯氨酸。此过程的中间产物 5-谷氨酸半醛在鸟氨酸-δ-氨基转移酶催化下直接转氨基生成鸟氨酸。

丝氨酸由糖代谢的中间产物 3-磷酸甘油经 3 步反应生成：①3-磷酸甘油酸在 3-磷酸甘油酸脱氢酶的催化下生成—磷酸羟基丙酮酸；②在转氨酶的作用下，由谷氨酸提供氨基，生成3-磷酸丝氨酸；③3-磷酸丝氨酸水解生成丝氨酸。丝氨酸可在丝氨酸羟甲酰转移酶催化下直接生成甘氨酸。丝氨酸在有甲硫氨酸的参与下，可以转变为半胱氨酸和胱氨酸。

酪氨酸则由苯丙氨酸羟化生成。非必需氨基酸的相互转变如图 7.14 所示。

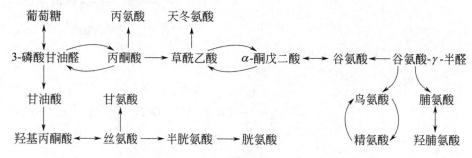

图 7.14　非必需氨基酸的相互转变

第六节　糖、脂类、蛋白质之间的代谢关系

动物有机体的新陈代谢是一个完整而统一的过程，各种物质的代谢过程是密切联系和相互影响的，主要表现在各种代谢的中间产物可以相互转变。蛋白质是机体主要的结构物质和功能物质，糖的氧化分解是机体获得能量的主要来源，脂肪是机体能量的贮存形式。蛋白质和脂类代谢进行的程度取决于糖代谢进行的程度；当糖和脂类不足时，蛋白质的分解就增强，当糖多时又可以减少脂类的消耗。

在一定条件下，可以通过共同的中间产物如丙酮酸、乙酰 CoA、草酰乙酸及 α-酮酸等相互转变；可以通过三羧酸循环被彻底氧化分解为二氧化碳、水，并释放出能量。同时由于各自的生理功能不相同，在氧化供能方面以糖和脂肪为主，现将糖、蛋白质、脂类的代谢关系概述如下。

一、相互联系

1. 蛋白质代谢和糖代谢的相互联系

组成蛋白质的 20 种氨基酸，许多是生糖氨基酸，其脱掉氨基后生成的 α-酮酸在体内可以异生为糖，因此蛋白质在体内可以转变成糖。

糖代谢途中产生的 α-酮酸，例如丙酮酸、α-酮戊二酸、草酰乙酸等经过氨基化和转氨基作用，可以生成许多非必需氨基酸，可以用来合成蛋白质。但是必需氨基酸在体内不能合成，这是因为机体不能合成与它们相对应的 α-酮酸。而蛋白质分子都是生物大分子，既有非必需氨基酸又有必需氨基酸，所以不能用糖来代替饲料中蛋白质的供应。相反，蛋白质在一定程度上可以代替糖，但蛋白质在体内的分解代谢要先脱掉氨基，排除氨毒，产生的 α-酮酸再异生为糖，来提供能量利用，这对动物机体来说又是不经济的。

2. 糖、脂类的相互转变

动物体内糖转化为脂类的代谢很普遍。例如，动物育肥时，饲料中的成分是以糖为主，说明动物机体能将糖转变为脂肪。

糖分解代谢的中间产物乙酰辅酶 A 是合成脂肪酸和胆固醇的重要原料，糖分解的另一种产物磷酸二羟丙酮又是生成甘油的前体；另外，脂肪酸和胆固醇合成所需要的 NADPH 是由磷酸戊糖途径供给的。可见，动物体内可以用糖合成脂肪和胆固醇。但是必需脂肪酸是不能在体内合成的，也即糖不能在动物体内合成必需脂肪酸，所以，食物中糖不能完全代替脂类的供给，特别是必需脂肪酸的供给。

动物体内脂肪转变为糖的作用是有限的。脂肪中的甘油可以通过磷酸化和脱氢氧化生成磷酸二羟丙酮，磷酸二羟丙酮再沿糖异生途径转变为糖。但脂肪中大部分是脂肪酸，脂肪酸分解产生的乙酰辅酶 A 不能逆向转变为丙酮酸，通常是进入三羧酸循环，被彻底地氧化成 CO_2 和 H_2O；在肝脏中乙酰辅酶 A 是合成为酮体被输出利用；或是用于脂肪酸的重新合成。乙酰辅酶 A 要生成糖，必须经过三羧酸循环生成草酰乙酸转变成糖。但此时要消耗一分子草酰乙酸，故不能净生成糖，而奇数碳代谢产生的丙酰 CoA 可以异生成糖。

3. 蛋白质与脂类代谢的联系

蛋白质可以转变成各种脂类。蛋白质分解生成的各种氨基酸，无论是生糖氨基酸，还是生酮氨基酸都能生成乙酰辅酶 A，而乙酰辅酶 A 是合成脂肪和胆固醇的原料。此外，某些氨基酸还是合成磷脂的原料。

脂肪中的甘油可以转变成糖，因而可同糖一样转变为各种非必需氨基酸，但脂肪中的甘油只占很少一部分。由脂肪酸转变成氨基酸是受限制的，因为脂肪酸分解产生的乙酰辅酶 A 虽然可以进入三羧酸循环产生 α-酮戊二酸，α-酮戊二酸可通过氨基化而生成谷氨酸，但必须有草酰乙酸参与。而草酰乙酸只能由糖和甘油生成，可以说脂肪酸只能与其他物质配合才能合成氨基酸。所以动物机体几乎不用脂肪来合成蛋白质。

总之，糖、脂类、蛋白质等代谢以三羧酸循环为枢纽，彼此都相互影响、相互联系和相互转化，其相互转化关系如图 7.15 所示。

二、相互影响

糖、脂类和蛋白质代谢之间的互相影响是多方面的，而主要表现在分解供能上。在正常情况下，动物生理活动所需要的能量主要靠糖分解供给，其次是脂肪。而蛋白质则主要用于合成组织蛋白、酶、激素等某些生理活性物质，从而满足动物生长、发育和组织更新修补的

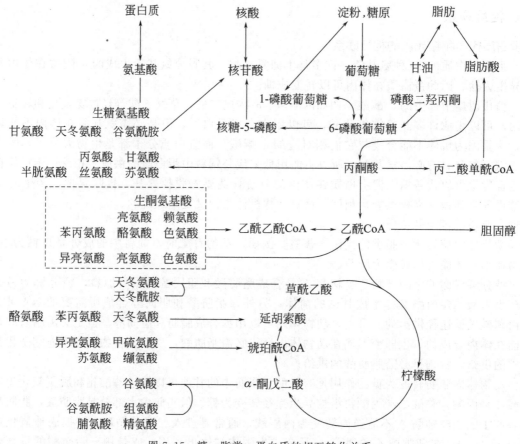

图 7.15　糖、脂类、蛋白质的相互转化关系

需要。所以当饲料中糖的供应充足时，机体脂肪动员减少，蛋白质也主要用于合成代谢；若饲料中糖的供应超过机体需要量时，因为糖不是动物机体能量的贮存形式，机体合成糖原贮存的量很少，糖会转化为脂肪，脂肪是动物机体内能量的贮存形式；相反饲料中糖类缺乏或长期饥饿时，机体就会动用脂肪来分解供能，同时，酮体生成量增加，甚至造成酮中毒。另外糖异生的主要原料为氨基酸，当糖类和脂肪都不足时，为了维持机体的血糖浓度，氨基酸分解加强，甚至动用组织蛋白。由上可知，动物的氧化供能物质以糖和脂肪为主，而糖氧化分解释放的能量是动物机体获得能量的主要来源，因此动物饲料中富含供能物质显得尤为重要。

第七节　氨基酸色谱技术简介

一、分配色谱法的一般原理

在分析化学领域，当人们广泛地试用吸附剂进行色谱分析的时候，液-液萃取分离在金属分离上已经得以广泛应用。这种方法是马丁和辛格在 1941 年发明的，这种方法是用硅胶吸附水，水重为硅胶自身重量的 50％，再装成柱体，然后将氨基酸混合物的溶液加到柱体上，这时用含少量丁醇的氯仿进行色谱分离。这种方法可以使氨基酸分离，这一方法迅速兴起，人们称为分配法。这种方法的原理是利用了被分离物质在两相中分配系数的差别。

在上述试验中，硅胶被马丁和辛格称作载体，它在分配色谱中只起负担固定液的作用，基本上呈惰性。吸着在硅胶印的液体，被称为静止相；氯仿液被称作流动相。马丁在1941年的论文中，发表了这一方法的理论根据。

分配层法在试验中克服了吸附色谱法遇到的困难。比如，脂肪酸和多元醇等极性物质强烈地被一般吸附剂吸附，即使利用洗脱能力极强的液体进行洗脱也无济于事，因而不能用吸附色谱法将它们分离出来。而分配色谱法则很容易将这些脂肪酸一类的极性物质分离出来。因此，这一方法在极性有机混合物的分离上迅速得到了广泛的应用，取得了良好的效果。这一方法一般以水、稀硫酸、甲醇等极性溶剂作为静止相，以非极性或弱极性物质作为流动相。1948年，摩尔和斯坦思用分配色谱法从淀粉中分离了一些氨基酸。呼伍等人在同年用纤维素柱分离了糖类。

后来，在试验中，马丁发现在水蒸气饱和的空气中，滤纸吸附约22％的水分之后，也可以在分配色谱法中用作静止相的支撑物，这是1944年的事情。由此，形成了分配色谱法中重要的一支——纸色谱法。这种方法很快应用到对酚类、脂肪酸、氨基酸、染料、糖类、甾类化合物、肽类以及蛋白质、核糖等复杂有机物的分析上，成为生物化学中最重要的分离和分析方法之一。在无机物质的分析纸上分析法至今仍然只作为一种辅助手段。

分配色谱法的出现，使分析化学又多一只"手"，它对于复杂有机物及无机物的分析都相当有效。

二、氨基酸色谱技术

1. 纸色谱法分离氨基酸

纸色谱法是生物化学上分离、鉴定氨基酸混合物的常用技术，可用于蛋白质的氨基酸成分的定性鉴定和定量测定。纸色谱法是用滤纸作为惰性支持物的分配色谱法，纸色谱所用展开剂大多由有机溶剂和水组成。其中滤纸纤维素上吸附的水是固定相，展开用的有机溶剂是流动相。因为滤纸纤维与水的亲和力强，与有机溶剂的亲和力弱，因此在展开时，水是固定相，有机溶剂是流动相。在色谱分离时，将样品点在距滤纸一端2～3cm的某一处，该点称为原点；然后在密闭容器中展开剂沿滤纸的一个方向进行展开，溶剂由下向上移动的称上行法；由上向下移动的称下行法。这样混合氨基酸在两相中不断分配，由于分配系数不同，即不同的氨基酸在相同的溶剂中溶解度不同，氨基酸随流动相移动的速率就不同，所以利用在滤纸上迁移速率不同分离氨基酸，结果它们分布在滤纸的不同位置上而形成距原点距离不等的色谱斑点。物质被分离后在纸色谱图谱上的位置可用比移值（rate of flow，R_f）来表示。所谓R_f，是指在纸分离中，从原点至氨基酸停留点（又称为色谱斑点）中心的距离（X）与原点至溶剂前沿的距离（Y）的比值：即原点到色谱斑点中心的距离/原点到溶液前沿的距离。

R_f值的大小与物质的结构、性质、溶剂系统、色谱滤纸的质量和色谱分离温度等因素有关。在一定条件下，某种物质的R_f值是常数。

2. 薄层色谱法分离氨基酸

薄层色谱法是将固体支持物在玻璃板上均匀地铺成薄层，把要分析的氨基酸样品加到薄层上，然后用合适的溶剂展开，可以达到分离、鉴定各种氨基酸的目的。作为固体支持物的材料主要有吸附剂，如氧化铝G和硅胶G，它们能够将氨基酸密集到表面上，当用展开剂展开时氨基酸就会受到吸附与解吸附两种作用力，由于各种氨基酸的结构与性质的差异，它们在薄层板上移动的速率不同而得以分离,经显色后可以对氨基酸进行定性、定量鉴定。

3. 氨基酸离子交换色谱

离子交换色谱是以离子交换剂为固定相,依据流动相中的组分离子与交换剂上的平衡离子进行可逆交换时的结合力大小的差别而进行分离的一种色谱分离方法。离子交换色谱是目前生物化学领域中常用的一种色谱分离方法,广泛应用于各种生化物质如氨基酸、蛋白、糖类、核苷酸等的分离纯化。

离子交换色谱是通过带电的溶质分子与离子交换色谱介质中可交换离子进行交换而达到分离纯化的方法,也可以认为是蛋白质分子中带电的氨基酸与带相反电荷的介质的骨架相互作用而达到分离纯化的方法。

各种氨基酸分子结构不同,有不同的等电点。在同一 pH 溶液内带的电荷不同,它们与离子交换树脂的亲和力不同,因此,可依据亲和力从小到大的顺序被洗脱下来,达到分离各种氨基酸的目的。

本章小结

动物饲料中的蛋白质经消化水解为各种氨基酸而被吸收,动物体内结构蛋白质不断降解为氨基酸,外源性与内源性氨基酸共同构成"氨基酸代谢库",参与体内代谢。氨基酸具有重要的生理功能,除主要作为合成蛋白质的原料外,还可转变为核苷酸、某些激素、神经递质等含氮物质。动物体内氨基酸主要来自饲料蛋白质的消化吸收。氨基酸经脱氨基作用,生成氨及相应的 α-酮酸,这是氨基酸的主要分解途径。氨基酸的脱氨基作用主要有三种方式:即氧化脱氨基作用、转氨基作用和联合脱氨基作用,其中转氨基与 L-谷氨酸氧化脱氨基的联合脱氨基作用,是体内大多数氨基酸脱氨的主要方式。由于这个过程可逆,因此也是体内合成非必需氨基酸的重要途径。α-酮酸是氨基酸的碳架,除部分可接受氨基再合成氨基酸外,其余的可经过不同代谢途径,转变成丙酮酸或三羧酸循环中的某一中间产物,如草酰乙酸、延胡索酸、琥珀酸单酰辅酶 A、α-酮戊二酸等,通过它们可以转变成糖,也可继续氧化,最终生成 CO_2、H_2O 并释放能量,因此,氨基酸也是能源物质。有些 α-酮酸则可转变成乙酰酶 A 而形成脂类。可见,在体内氨基酸、糖及脂类代谢有着广泛的联系。氨是有毒物质,体内的氨可以通过丙氨酸、谷氨酰胺等形式转运到肝脏,大部分经鸟氨酸循环合成尿素排出体外。尿素合成是一个重要的代谢过程,并受到多种因素的调节,肝功能严重损伤时,可产生高氨血症和肝昏迷。体内小部分氨在肾脏以铵盐形式随尿排出。此外,氨基酸也可经脱羧基作用生成 CO_2 和相应的胺。有些胺在体内是重要的生理活性物质。

复习思考题

一、名词解释

转氨基作用　联合脱氨基作用　必需氨基酸　鸟氨酸循环　一碳基团

二、选择题

1. 氨基酸代谢过程中产生的 α-酮酸去路不包括 (　　)。

A. 氨基酸化生成非必需氨基酸　　　　B. 转化为糖和脂肪

C. 生成二氧化碳和水　　　　　　　　D. 氨基化生成必需氨基酸

2.生物体内大多数氨基酸脱去氨基生成 α-酮酸是通过（　　）作用完成的。

A. 氧化脱氨基　　　　B. 还原脱氨基　　　　C. 联合脱氨基　　　　D. 转氨基

3.陆生哺乳动物氨基酸经脱氨基作用产生的氨最后通过生成（　　）排出体外。

A. 尿酸　　　　　　　B. 尿素　　　　　　　C. 氨　　　　　　　　D. 谷氨酰胺

4.鸟氨酸循环中，最后水解生成尿素的氨基酸是（　　）。

A. 鸟氨酸　　　　　　B. 精氨酸　　　　　　C. 天冬氨酸　　　　　D. 瓜氨酸

5.下列不属于必需氨基酸的是（　　）。

A. 亮氨酸　　　　　　B. 甲硫氨酸　　　　　C. 赖氨酸　　　　　　D. 丙氨酸

三、简答题

1.体内脱氨基作用的方式有哪几种？其中哪一种方式最重要？

2.简述血氨的来源与去路。

3.嘌呤核苷酸循环脱氨基作用是怎么进行的？

第八章
核酸的酶促降解及核苷酸代谢

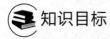 知识目标

- 熟悉核酸降解的过程；
- 掌握核酸酶的作用及核苷酸的分解代谢过程；
- 了解核苷酸的从头合成过程。

知识目标

- 核酸的提取和纯化技术；
- 核酸含量的检测技术。

　　核苷酸是遗传大分子脱氧核糖核酸与核糖核酸的基本组成单位，核酸代谢与核苷酸代谢密切相关。

　　核苷酸是一类在代谢上极为重要的物质，几乎参与了细胞的所有生化过程，具有多种生物学功能：①它是核酸生物合成的原料；②体内能量的利用形式，ATP 是细胞的主要能量形式，此外，GTP、UTP、CTP 也均可以提供能量；③参与代谢和生理调节，如 cAMP 和 cGMP 是许多种细胞膜受体激素作用的第二信使；④辅酶（FAD、NAD$^+$、CoA 等）的组成成分；⑤多种活化中间代谢物的载体，如 UDP-葡萄糖和 CDP-二脂酰甘油分别是糖原和磷脂合成的活性原料。

　　畜禽虽然可以通过消化饲料获得核苷酸，但这些核苷酸很少被机体直接利用，而主要是利用氨基酸等作为原料在体内从头合成，其次是利用体内的游离碱基或核苷进行补救合成。

第一节　核酸的降解

　　核酸分解的第一步是水解核苷酸之间的磷酸二酯键，在高等动物中都有作用于磷酸二酯键的核酸酶。不同来源的核酸酶，其专一性、作用方式都有所不同。有些核酸酶只能作用于 RNA，称为核糖核酸酶，有些核酸酶只能作用于 DNA，称为脱氧核糖核酸酶，有些核酸酶专一性较低，既能作用于 RNA 也能作用于 DNA，因此统称为核酸酶。根据核酸酶作用的

位置不同，又可将核酸酶分为核酸外切酶和核酸内切酶。

一、核酸外切酶

有些核酸酶能从 DNA 或 RNA 链的一端逐个水解下单核苷酸，所以称为核酸外切酶。核酸外切酶从 3′ 端开始逐个水解核苷酸，称为 3′→5′ 外切酶，如蛇毒磷酸二酯酶，水解产物为 5′-核苷酸；核酸外切酶从 5′ 端开始逐个水解核苷酸，称为 5′→3′ 外切酶，如牛脾磷酸二酯酶，水解产物为 3′-核苷酸。

二、核酸内切酶

核酸内切酶催化水解多核苷酸内部的磷酸二酯键。有些核酸内切酶仅水解 5′-磷酸二酯键，把磷酸基团留在 3′ 位置上，称为 5′-内切酶；而有些仅水解 3′-磷酸二酯键，把磷酸基团留在 5′ 位置上，称为 3′-内切酶，还有一些核酸内切酶对磷酸酯键一侧的碱基有专一要求。

20 世纪 70 年代，在细菌中陆续发现了一类核酸内切酶，能专一性地识别并水解双链 DNA 上的特异核苷酸顺序，称为限制性核酸内切酶。当外源 DNA 侵入细菌后，限制性内切酶可将其水解切成片段，从而限制了外源 DNA 在细菌细胞内的表达，而细菌本身的 DNA 由于在该特异核苷酸顺序处被甲基化酶修饰，不被水解，从而得到保护。

近年来，限制性核酸内切酶的研究和应用发展很快，目前已提纯的限制性核酸内切酶有 100 多种，许多已成为基因工程研究中必不可少的工具酶。

三、核苷酸的降解

核酸经核酸酶的作用降解后产生的核苷酸还可以进一步分解。核苷酸可在核苷酸酶或磷酸单酯酶的催化下，水解为核苷和磷酸。

核苷又可在核苷水解酶和核苷磷酸化酶的作用下，分解为碱基、戊糖或 1-磷酸戊糖。

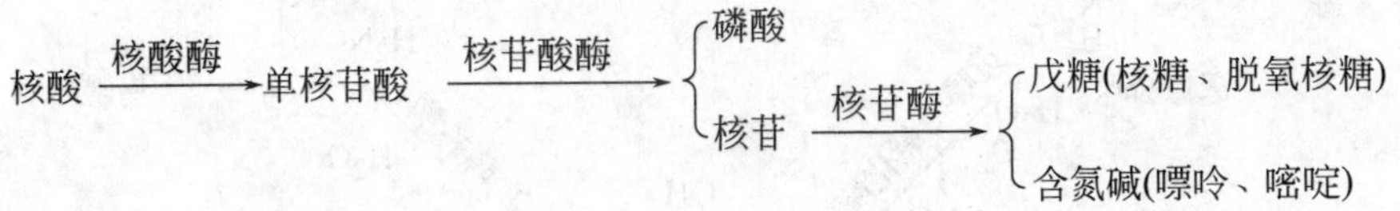

$$核酸 \xrightarrow{核酸酶} 单核苷酸 \xrightarrow{核苷酸酶} \begin{cases} 磷酸 \\ 核苷 \end{cases} \xrightarrow{核苷酶} \begin{cases} 戊糖(核糖、脱氧核糖) \\ 含氮碱(嘌呤、嘧啶) \end{cases}$$

核酸降解产生的戊糖可经戊糖途径进一步代谢，也可在磷酸核糖变位酶的催化下转变为 5-磷酸核糖，成为合成 5-磷酸核糖焦磷酸的原料。碱基可参加补救合成途径，也可进一步分解代谢。

第二节　核苷酸的分解代谢

一、嘌呤核苷酸的分解代谢

嘌呤核苷酸可以在核苷酸酶的催化下，脱去磷酸成为嘌呤核苷，嘌呤核苷在嘌呤核苷磷酸化酶（PNP）的催化下转变为嘌呤。嘌呤核苷及嘌呤又可经水解、脱氨及氧化作用生成尿酸，如图 8.1 所示。

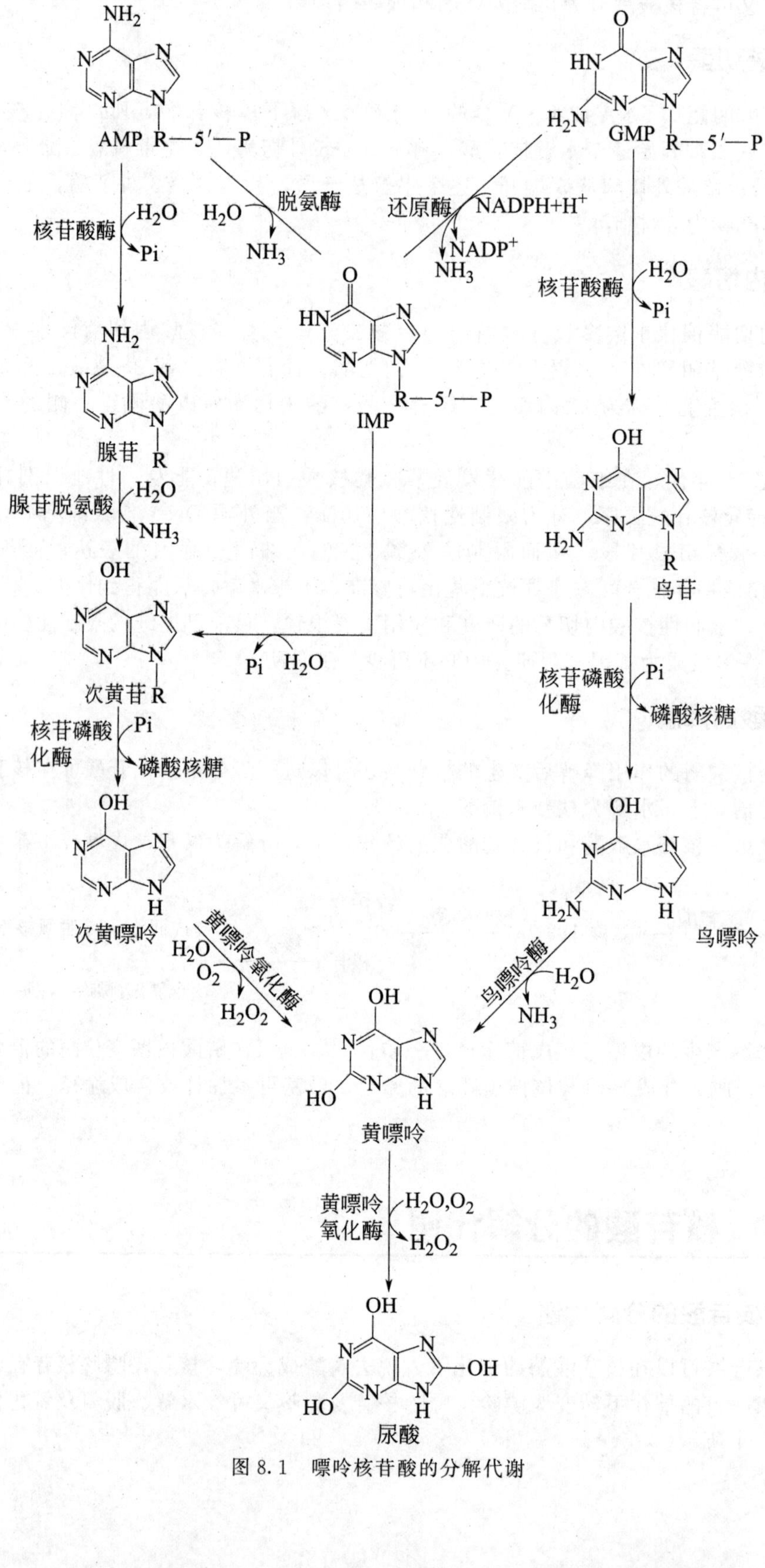

图 8.1 嘌呤核苷酸的分解代谢

　　在哺乳动物中，腺苷和脱氧腺苷不能由 PNP 分解，而是在核苷和核苷酸水平上分别由腺苷脱氨酶和腺苷酸脱氨酶催化脱氨生成次黄嘌呤核苷或次黄嘌呤核苷酸。它们再经水解成次黄嘌呤，并在黄嘌呤氧化酶的催化下逐步氧化为黄嘌呤和尿酸。

　　体内嘌呤核苷酸的分解代谢主要在肝脏、小肠及肾脏中进行。正常生理情况下，嘌呤合成与分解处于相对平衡状态，所以尿酸的生成与排泄也较恒定。当体内核酸大量分解（白血病、恶性肿瘤等）或摄入高嘌呤食物时，血中尿酸水平升高，当超过一定量时，尿酸盐将过饱合而形成结晶，沉积于关节、软组织、软骨等处，从而导致关节炎、尿路结石，临床上称为痛风症。常用别嘌呤醇治疗痛风症。

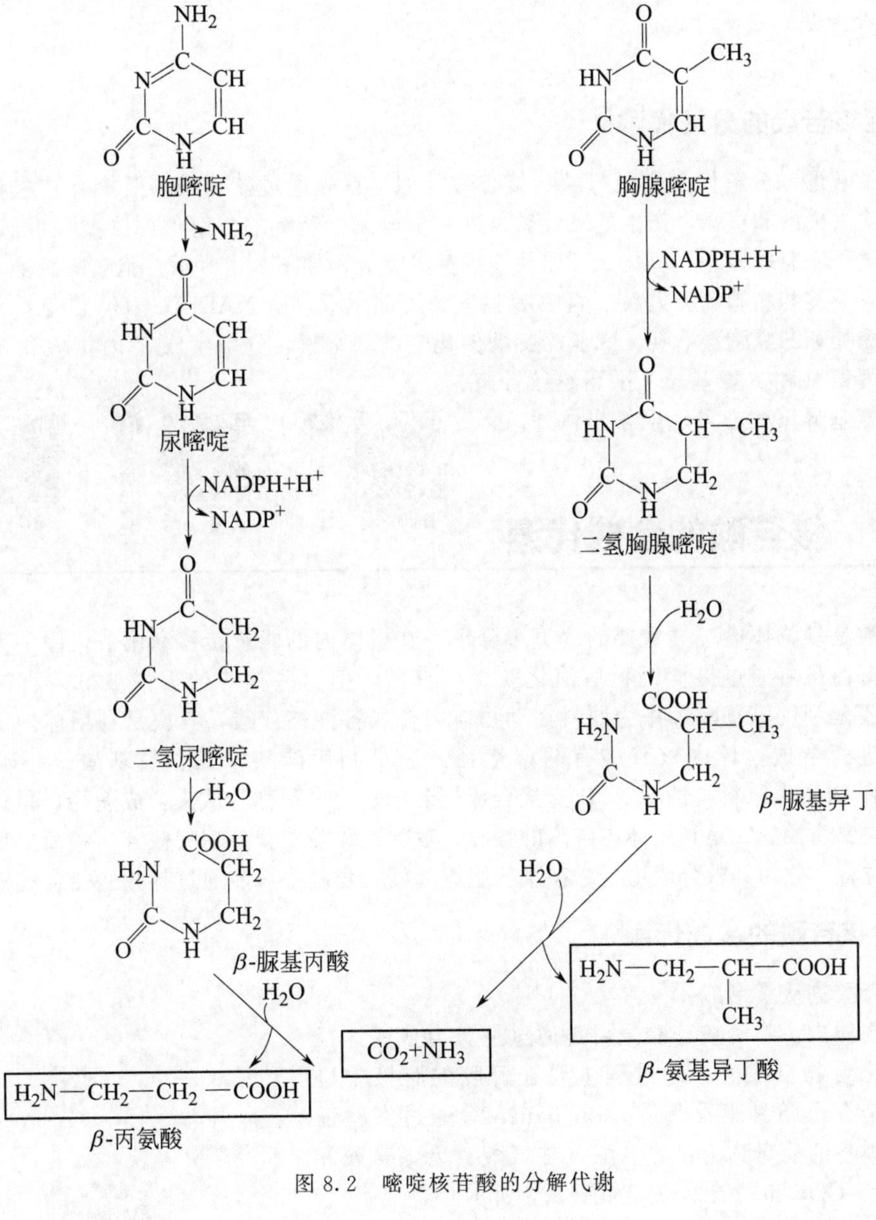

图 8.2　嘧啶核苷酸的分解代谢

📖 **案例 8.1**

　　某鸡场一部分鸡表现精神萎靡、食欲不振，消瘦、贫血、鸡冠萎缩，苍白，粪便稀薄，含大量白色淀粉样物质。剖检病死鸡可见肾肿大，色苍白，肾小管变粗。少数鸡脚趾和腿部关节炎性肿胀和跛行、瘫痪。根据典型临床症状诊断该病为家禽痛风。

　　问题：家禽为什么只能生成尿酸不能生成尿素？

　　分析：正常情况下，家禽由于肝脏缺乏尿素合成酶——精氨酸酶，而不能将氨转变成尿素，只能通过嘌呤核苷酸合成与分解途径，以生成尿酸的形式而排泄。所以当禽类饲料中蛋白质含量过多，或肾脏功能损伤，尿酸排泄障碍时，体内就会大量蓄积尿酸，形成痛风。该病没有特效疗法，防重于治。

二、嘧啶核苷酸的分解代谢

　　嘧啶核苷酸的分解代谢途径与嘌呤核苷酸相似。首先通过核苷酸酶及核苷磷酸化酶的作用，分别除去磷酸和核糖，产生的嘧啶碱再进一步分解。嘧啶的分解代谢主要在肝脏中进行，分解代谢过程中有脱氨基、氧化、还原及脱羧基等反应，如图 8.2 所示。胞嘧啶脱氨基转变为尿嘧啶。尿嘧啶和胸腺嘧啶先在二氢嘧啶脱氢酶的催化下，由 $NADPH+H^+$ 供氢，分别还原为二氢尿嘧啶和二氢胸腺嘧啶。二氢嘧啶酶催化嘧啶环水解，分别生成 β-丙氨酸和 β-氨基异丁酸。β-丙氨酸和 β-氨基异丁酸可继续分解代谢，β-氨基异丁酸亦可随尿排出体外。

核苷的形成　　　核苷酸的形成　　　多磷核苷酸的生成

第三节　核苷酸的合成代谢

　　核苷酸是动物体内一类重要的含氮小分子，在机体内的能量转移和调节代谢中发挥了重要作用。畜禽虽可通过摄食饲料后消化获得核苷酸，但这些核苷酸很少被机体直接吸收利用，主要还是利用氨基酸等作为原料在动物体内合成各种核苷酸，其次是利用体内的游离碱基或核苷进行合成。体内核苷酸有两条途径：一是利用磷酸核糖、氨基酸、一碳单位及 CO_2 等简单物质为原料，消耗 ATP 直接合成核苷酸，此过程称为从头合成途径，是体内合成核苷酸的主要途径。二是利用体内游离的嘌呤、嘧啶或嘌呤核苷与嘧啶核苷，经简单反应合成核苷酸的过程，称为补救合成途径。在某些组织如脑、骨髓中只能通过补救途径合成核苷酸。

一、嘌呤核苷酸的合成代谢

1. 嘌呤核苷酸的从头合成

　　在动物体内，嘌呤核苷酸主要是通过从头合成的途径由小分子化合物合成的。此过程主要在肝脏的胞液中进行，其次是在小肠黏膜及胸腺。Buchanan 等通过实验证实了合成嘌呤的前身物为：氨基酸（甘氨酸、天冬氨酸和谷氨酰胺）、CO_2 和一碳单位，如图 8.3 所示。

　　嘌呤核苷酸的从头合成可分为两个阶段：首先合成次

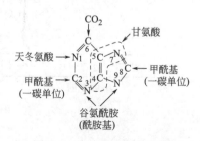

图 8.3　合成嘌呤的前身物

黄嘌呤核苷酸（IMP）；然后通过不同途径分别生成核苷酸（AMP）和鸟苷酸（GMP）。

第一阶段是合成 IMP，嘌呤核苷酸合成的起始物为 $5'$-磷酸核糖，是磷酸戊糖途径代谢产物，由磷酸核糖焦磷酸激酶催化，与 ATP 反应生成 $5'$-磷酸核糖-$1'$-焦磷酸（PRPP），反应如下。

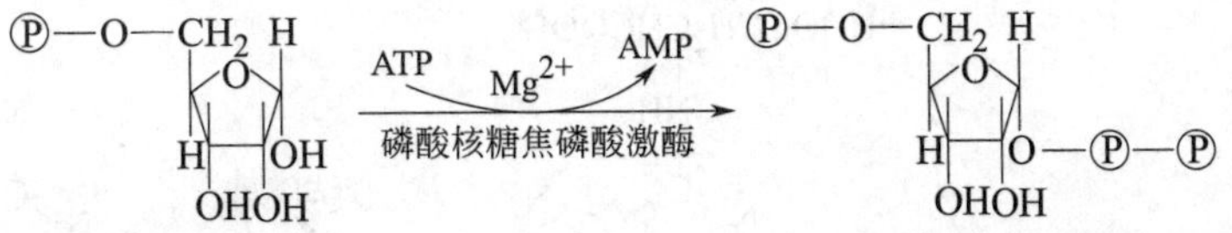

$5'$-磷酸核糖(R-$5'$-P)　　　　　　　　　　　　　　　　$5'$-磷酸核糖-$1'$-焦磷酸(PRPP)

此步反应是核苷酸合成代谢的关键步骤。PRPP 再经过多步反应，在多种酶的催化下，由 ATP 提供能量，先后与谷氨酰胺、甘氨酸、一碳单位、CO_2、天冬氨酸等反应，最终合成 IMP，如图 8.4 所示。IMP 虽不是核酸的主要组成成分，但它是嘌呤核苷酸合成的重要中间产物。

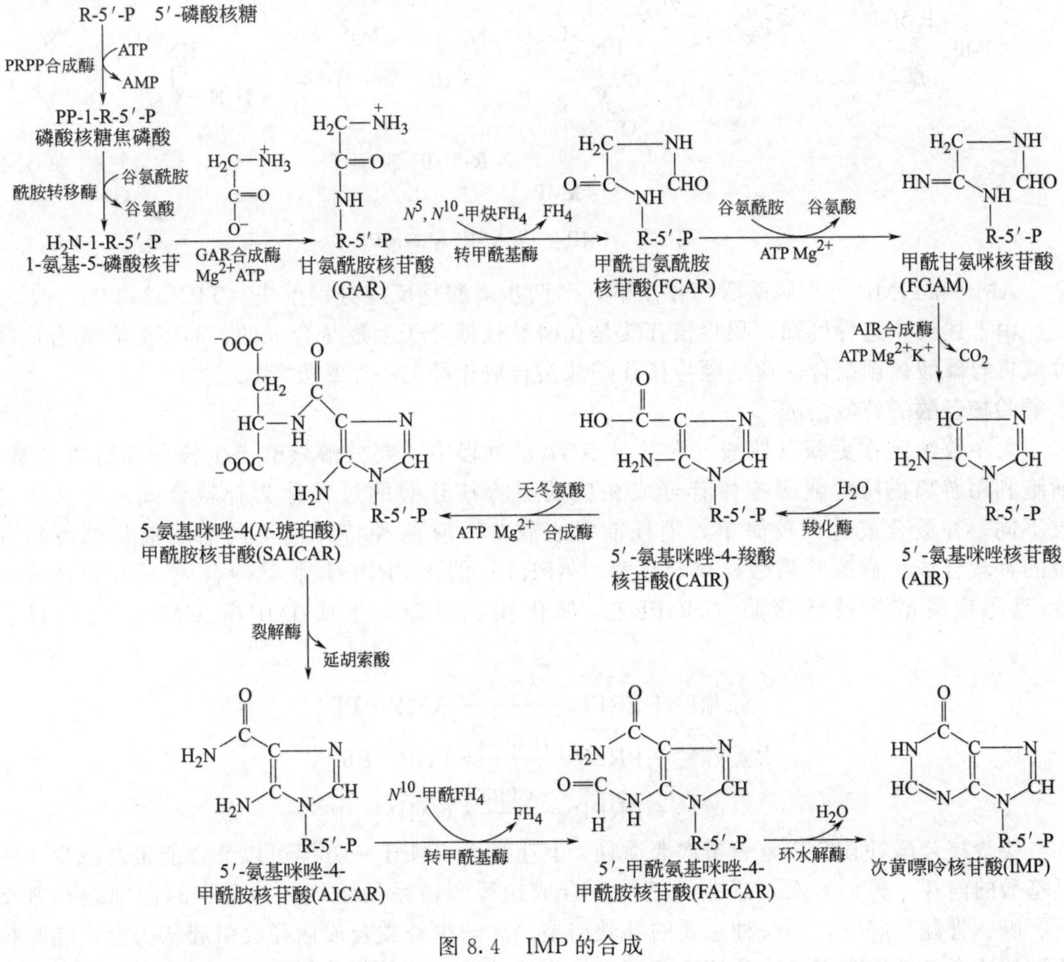

图 8.4　IMP 的合成

第二阶段是由 IMP 生成 AMP 和 GMP。上述反应生成的 IMP 并不在细胞内堆积，而是迅速转变为 AMP 和 GMP，如图 8.5 所示。

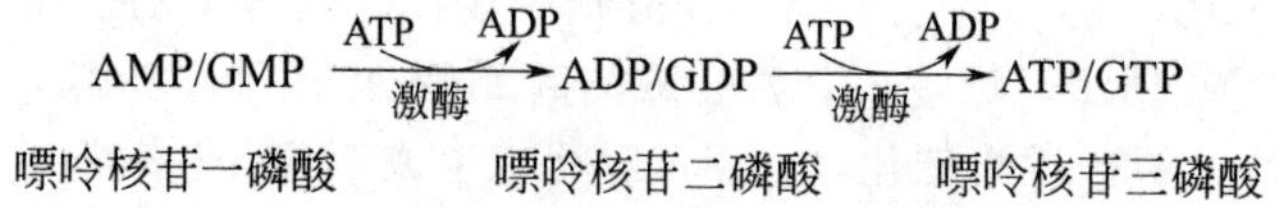

$$AMP/GMP \xrightarrow[\text{激酶}]{ATP \quad ADP} ADP/GDP \xrightarrow[\text{激酶}]{ATP \quad ADP} ATP/GTP$$

嘌呤核苷一磷酸　　　　　嘌呤核苷二磷酸　　　　嘌呤核苷三磷酸

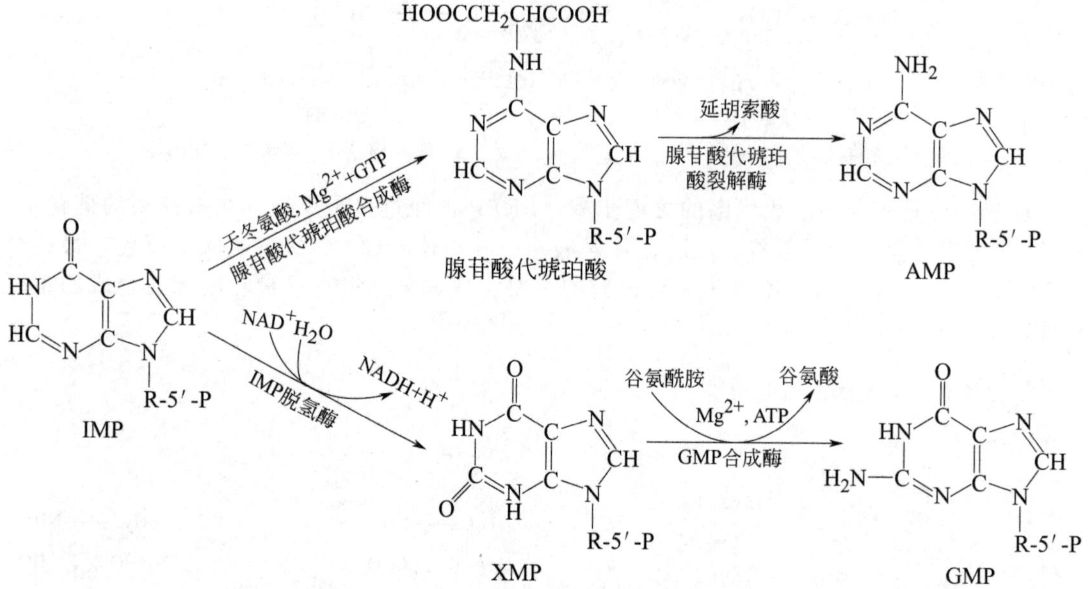

图 8.5　IMP 生成 AMP 和 GMP

AMP 和 GMP 可在磷酸激酶作用下，经两步磷酸化反应分别生成 ATP 和 GTP。

由上述反应过程可知，嘌呤核苷酸是在磷酸核糖分子上逐步合成的，而不是首先合成嘌呤碱再与磷酸核糖结合。这是嘌呤核苷酸从头合成途径的一个重要特点。

2. 嘌呤核苷酸的补救合成

大多数细胞在更新其核酸（尤其是 RNA）过程中，要分解核酸产生核苷和游离碱基。细胞利用游离的嘌呤或嘌呤核苷合成相应的嘌呤核苷酸的过程称为补救合成。与从头合成不同，补救合成过程较简单，消耗能量也较少。有两种特异性不同的酶催化嘌呤核苷酸的补救合成：腺嘌呤磷酸核糖转移酶（APRT）催化 PRPP 与腺嘌呤合成 AMP，次黄嘌呤/鸟嘌呤磷酸核糖转移酶（HGPRT）催化相似反应，生成 IMP 和 GMP，反应过程如下：

$$腺嘌呤 + PRPP \xrightarrow{APRT} AMP + PPi$$

$$次黄嘌呤 + PRPP \xrightarrow{HGPRT} IMP + PPi$$

$$鸟嘌呤 + PRPP \xrightarrow{HGPRT} GMP + PPi$$

嘌呤核苷酸补救合成是一条次要途径。其生理意义在于一方面可以节省能量及减少一些氨基酸的消耗；另一方面对某些缺乏从头合成途径酶体系的组织，如动物的白细胞和血小板、脑、骨髓、脾等，是一种重要的补救措施。如缺少补救合成途径会引起从头合成嘌呤核苷酸的速度增加，会因嘌呤分解增多而大量积累尿酸，导致肾结石和痛风，临床上常用别嘌呤醇（次黄嘌呤结构类似物）治疗痛风症。

二、嘧啶核苷酸的合成代谢

1. 嘧啶核苷酸的从头合成

与嘌呤核苷酸合成相比，嘧啶核苷酸的从头合成较简单，同位素示踪证明，嘧啶环的合成原料来自天冬氨酸、CO_2 和谷氨酰胺，如图 8.6 所示。

嘧啶核苷酸合成的起初物质并非 PRPP，而是先合成一个嘧啶环骨架，再与 PRPP 结合形成嘧啶核苷酸。合成可分为三个阶段：首先以 CO_2 和谷氨酰胺为原料合成氨基甲酰磷酸，然后氨基甲酰磷酸和天冬氨酸缩合生成氨基甲酰天冬氨酸，氨基甲酰天冬氨酸经过脱水、脱氢形成乳清酸，最后乳清酸接受 PRPP 的 5-磷酸核糖生成乳清酸核苷酸（OMP），并进一步脱羧生成尿嘧啶核苷酸（UMP）。上述尿嘧啶核苷酸的从头合成主要在肝脏中进行，反应过程如图 8.7 所示。

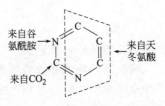

图 8.6　嘧啶环的合成原料

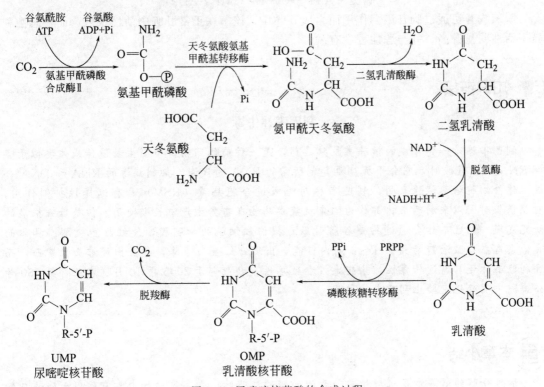

图 8.7　尿嘧啶核苷酸的合成过程

UMP 生成后，可由激酶催化和 ATP 提供高能磷酸键而生成 UDP 和 UTP。

而 CTP 的生成则需在 CTP 合成酶催化下，消耗 1 分子 ATP，使 UTP 从谷氨酰胺接受氨基而形成：

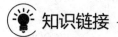

$$\text{UTP（尿嘧啶核苷三磷酸）} \xrightarrow[\text{ATP Mg}^{2+}]{\text{CTP 合成酶}} \text{胞嘧啶核苷三磷酸}$$

谷氨酰胺　谷氨酸

2. 嘧啶核苷酸的补救合成

嘧啶核苷酸的补救合成是利用细胞中现成的嘧啶和 PRPP 在嘧啶磷酸核糖转移酶的催化下合成嘧啶核苷酸的过程。嘧啶包括尿嘧啶、胸腺嘧啶和乳清酸，不包括胞嘧啶。

$$\text{嘧啶} + \text{PRPP} \xrightarrow{\text{嘧啶磷酸核糖转移酶}} \text{嘧啶核苷一磷酸} + \text{PPi}$$

尿苷激酶也是一种补救合成酶，它催化的反应是：

$$\text{嘧啶} + \text{ATP} \xrightarrow{\text{尿苷激酶}} \text{UMP} + \text{ADP}$$

脱氧胸苷可通过胸苷激酶作用而生成 dTMP。该酶在正常肝脏中活性很低，而在恶性肿瘤中活性明显升高，并与恶性程度有关。

💡 知识链接

利巴韦林中毒

利巴韦林是一种合成的核苷类抗病毒药，是一种前体药物，当微生物遗传载体类似于嘌呤 RNA 的核苷酸时，它会干扰病毒复制所需的 RNA 的代谢，抑制病毒的 RNA 和 DNA 合成。体外细胞培养试验表明，利巴韦林对呼吸道合胞病毒（RSV）具有选择性抑制作用，所以很长时间以来利巴韦林都作为临床抗病毒药物在畜禽生产中长期使用。但是后来很多的研究发现，利巴韦林会通过抑制谷胱甘肽，损伤红细胞的细胞膜，使红细胞裂解。具体而言，患畜在口服治疗后最初 1～2 周内可能会出现血红蛋白下降，甚至出现溶血性贫血。而且利巴韦林还具有遗传毒性、生殖毒性和致癌性。农业部于 2005 年 10 月《农业部第 560 号公告》中明确规定禁止利巴韦林兽用。

🗒 本章小结

核酸分解的第一步是水解核苷酸之间的磷酸二酯键，在高等动物中都有作用于磷酸二酯键的核酸酶。核酸经核酸酶的作用降解后产生的核苷酸还可以进一步分解，核苷酸可在核苷酸酶或磷酸单酯酶的催化下，水解为核苷和磷酸，核苷又可在核苷水解酶和核苷磷酸化酶的作用下，分解为碱基、戊糖或 1-磷酸戊糖。嘌呤在不同种类动物中分解代谢的终产物不同。嘧啶分解后产生的 β-氨基酸可随尿排出或进一步代谢。核苷酸是合成核酸的原料，也参与能量代谢、代谢调节等过程。体内的核苷酸主要由机体细胞自身合成。食物来源的嘌呤、嘧啶极少被机体利用。体内嘌呤核苷酸的合成有两条途径。从头合成的原料是磷酸核糖、氨基酸、一碳单位和 CO_2。在 PRPP 的基础上经过一系列酶促反应，逐步形成嘌呤环。补救合成实际上是现成嘌呤或嘌呤核苷的重新利用。机体也可以从头合成嘧啶核苷酸，但不同的是先合成嘧啶环，再磷酸核糖化生成核苷酸。嘧啶核苷酸的从头合成受反馈调控。

复习思考题

一、名词解释

限制性核酸内切酶　　从头合成途径　　补救合成途径

二、填空题

1.核酸降解的最终产物是＿＿＿＿＿＿＿、＿＿＿＿＿＿＿、＿＿＿＿＿＿。

2.体内嘌呤核苷酸的分解代谢主要在＿＿＿＿＿＿＿、＿＿＿＿＿＿＿及＿＿＿＿＿＿中进行，嘧啶的分解代谢主要在＿＿＿＿＿＿中进行。

3.嘌呤核苷酸的从头合成主要在＿＿＿＿＿＿中进行，可分为两个阶段：首先合成＿＿＿＿＿＿；然后通过不同途径分别生成＿＿＿＿＿和＿＿＿＿＿＿。

4.嘌呤核苷酸补救合成的生理意义在于＿＿＿＿＿＿＿＿＿＿＿＿＿。

三、问答题

1.何谓核酸内切酶与核酸外切酶？它们有何功能？

2.何谓 PRPP？在核酸生物合成中其功用如何？

3.动物体内核苷酸的合成有哪些途径？

第九章
核酸与蛋白质的生物合成

📚 知识目标

- 熟悉 DNA 复制的酶类，蛋白质生物合成体系；
- 掌握 DNA 的半保留复制过程，蛋白质生物合成过程；
- 了解 DNA 的损伤和修复，RNA 的逆转录。

遗传学实验已经证实，DNA 是生物遗传信息的携带者，并且可以进行自我复制，这就保证了亲代细胞的遗传信息可以正确地传递到子代细胞中。但是，要完整地表现出生命活动的特征，细胞还必须以 DNA 为模板合成 RNA，再以 RNA 为模板指导合成各种蛋白质，最后由这些蛋白质表现出生命活动的特征。上述遗传信息的传递方向，构成了分子遗传学的中心法则。后来的两个重要发现又完善了这个法则，一是发现某些病毒的遗传物质是 RNA，它们是通过 RNA 的复制遗传的，二是发现某些 RNA 病毒可以合成 DNA，也就是将遗传信息由 RNA 传递给 DNA。遗传学的中心法则如图 9.1 所示。

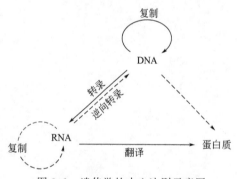

图 9.1　遗传学的中心法则示意图

第一节　DNA 的生物合成

一、 DNA 的复制

（一） DNA 的复制方式——半保留复制

1953 年沃森（Watson）和克里克（Crick）提出 DNA 分子的双螺旋结构模型的同时就提出了 DNA 的复制是半保留复制，即 DNA 在进行复制时，首先碱基间氢键断裂，两链解旋后分开，以每条链作为模板合成新的互补链，这样，每个子代分子的一条链来自亲代 DNA，另一条是新合成的，并且新合成的子代 DNA 分子和亲代是完全一致的。这种复制方式称为半保留复制，如图 9.2 所示。半保留复制是双链 DNA 分子普遍的复制方式。

　　1958年梅塞尔森（Meselson）和斯塔尔（Stahl）利用同位素^{15}N标记大肠杆菌DNA，用实验证明了DNA的半保留复制。后来用多种原核生物和真核生物的DNA做了类似的实验，都证实了DNA的半保留复制方式，如图9.3所示。

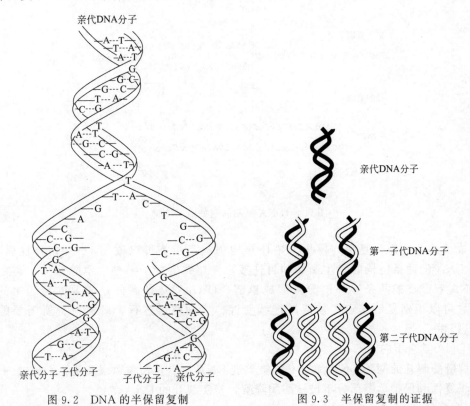

图 9.2　DNA 的半保留复制　　　　图 9.3　半保留复制的证据

（二）　DNA 复制的起始点和方向

　　无论是原核生物还是真核生物，DNA 复制都是起始于一个特定的位点，称为起点。细胞中基因组 DNA 具有复制起点并能独立进行复制的单位称为复制子。原核生物的染色体只有一个复制起始点，因此是单复制子。复制一旦起始，必须使得整个基因组复制完成才可终止。在起点处 DNA 双螺旋的两条链分开，DNA 分别以两条链为模板复制新的 DNA，在复制的部分同时进行解链与合成，结果形成一个分叉，称为复制叉或生长点。大多数 DNA 从起始点向两侧复制，即有两个复制叉，也有一些复制是单向的，只形成一个复制叉，如图9.4所示。

复制的起始

动画扫一扫

　　真核生物有多个起始点，因此是多复制子。

（三）参与 DNA 复制的酶类和蛋白因子

　　DNA 的复制过程非常复杂，包括超螺旋和双螺旋的解旋，复制的起始，链的延长和复制终止等，需要很多酶和蛋白质因子的参与其中。如大肠杆菌的 DNA 复制过程需要有 DNA 聚合酶等 20 多种不同的酶和蛋白质因子的参与，每种酶和蛋白质因子都发挥不同的作用。比较重要的有 DNA 聚合酶、解旋酶、拓扑异构酶、引物酶和连接酶等。

1. 拓扑异构酶和解旋酶

　　在细胞核中 DNA 是以超螺旋结构存在的，在复制时 DNA 的超螺旋和双螺旋必须解

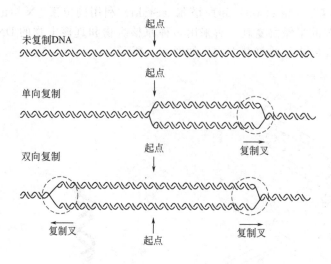

图 9.4 DNA 复制的起始点和方向

除，形成单链才能作为复制的模板。拓扑异构酶就是一类可以改变 DNA 拓扑性质的酶，它能使 DNA 的两条链同时发生断裂和再连接，使超螺旋分子松弛，消除张力。再由解旋酶使 DNA 双螺旋的两条互补链分开形成单链，DNA 双链的解开还需要参与起始的蛋白因子，它可以识别复制起点，使双链连续变性，启动解链过程，解链过程所需要的能量由 ATP 提供。

2. 单链 DNA 结合蛋白

被解链酶解开的两条 DNA 单链必须被单链 DNA 结合蛋白覆盖以避免再形成链内氢键，从而阻止复性和保护单链部分不被核酸酶降解，稳定解开的 DNA 单链。

3. DNA 聚合酶

DNA 聚合酶是以 DNA 为模板，催化底物合成 DNA 的酶类，在所有的生物中都存在，在原核生物和真核生物中都发现了多种 DNA 聚合酶，它们的作用方式基本相同。①依赖模板和底物，即要有打开的 DNA 单链为模板，有 4 种脱氧的核苷-$5'$-三磷酸（dATP、dGTP、dTTP、dCTP）为底物时，此酶才有活性。②只能将脱氧核苷酸添加到已存在的 DNA 或 RNA 链的 $3'$-羟基上。③既有 $5'\rightarrow3'$ 聚合酶的活性，又有 $3'\rightarrow5'$ 外切酶的活性。在 DNA 的复制中，DNA 聚合酶以三磷酸脱氧核苷为底物，按碱基互补原则，将脱氧核苷酸加到 DNA 链末端 $3'$-羟基上，形成 $3',5'$-磷酸二酯键，同时三磷酸脱氧核苷脱下焦磷酸。焦磷酸水解放出能量，促进 DNA 复制反应的进行。这样的反应重复进行，DNA 链就沿 $5'$ 至 $3'$ 的方向延长，如图 9.5 所示。

引物是 DNA 合成所必需的，是 DNA 新链合成的起始，与 DNA 模板链互补的 RNA 片段。引物上含有末端 $3'$-羟基，可与脱氧核苷酸的磷酸结合。因此，DNA 复制时只能在引物上沿 $5'\rightarrow3'$ 的方向延长脱氧核苷酸链。按照碱基互补原则，只有新进入的脱氧核苷酸的碱基与模板链的碱基互补时，才能在该酶的催化下形成 $3',5'$-磷酸二酯键。因此，在 DNA 聚合酶的催化下，模板 DNA 的两条链都能复制。

在大肠杆菌中共有三种不同的 DNA 聚合酶，分别称为 DNA 聚合酶Ⅰ、Ⅱ、Ⅲ。其中 DNA 聚合酶Ⅰ具有以下功能：①能沿 $5'\rightarrow3'$ 的方向延长脱氧核苷酸链；②具有 $3'\rightarrow5'$ 外切酶活性，能及时从 $3'$ 末端切除错配连接的核苷酸，保证 DNA 复制的准确性；③具有 $5'\rightarrow3'$

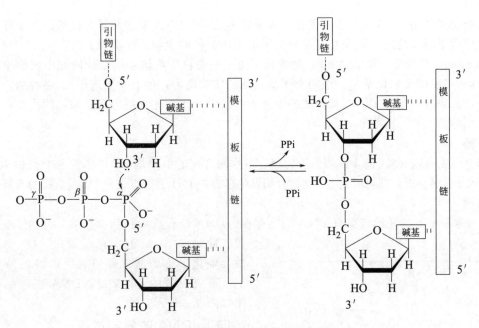

图 9.5 DNA 聚合酶的催化作用

外切酶活性，能从 5′末端切除 RNA 引物，在 DNA 的损伤修复中起重要作用。DNA 聚合酶Ⅱ的活力比 DNA 聚合酶Ⅰ高，除具有 5′→3′聚合酶活性外，也有 3′→5′外切酶活性，但无 5′→3′外切酶活性，它也不是主要的复制酶，而是一种修复酶。DNA 聚合酶Ⅲ被认为是真正的 DNA 复制酶，它组成复杂，具有很强的催化活性、忠实性和持续性，与 DNA 聚合酶Ⅱ一样，DNA 聚合酶Ⅲ具有 5′→3′聚合酶活性外，也有 3′→5′外切酶活性，但无 5′→3′外切酶活性。三种 DNA 聚合酶的性质比较见表 9.1。

表 9.1　大肠杆菌 DNA 聚合酶的性质比较

项　目	DNA 聚合酶Ⅰ	DNA 聚合酶Ⅱ	DNA 聚合酶Ⅲ
不同种类亚基数目	1	≥7	≥10
分子量	103000	88000	900000
5′→3′核酸聚合酶活性	有	有	有
3′→5′核酸外切酶活性	有	有	有
5′→3′核酸外切酶活性	有	无	无
聚合速率/(个核苷酸/min)	1000～1200	2400	15000～60000
持续合成能力	3～200	1500	≥500000
功能	切除引物,修复	修复	复制

　　真核生物也有多种 DNA 聚合酶，从哺乳动物细胞中分离出 5 种 DNA 聚合酶，分别以 α、β、γ、δ、ε 来命名。它们的性质与大肠杆菌中的 DNA 聚合酶基本相同，其中 DNA 的复制主要由 DNA 聚合酶 α 和 DNA 聚合酶 δ 共同完成。DNA 聚合酶 α 合成 RNA 引物，DNA 聚合酶 δ 复制 DNA 链。

　　1955 年，A. Komberg 发现了 DNA 聚合酶，在此之前他与他的导师发现了 RNA 聚合酶，共享 1959 年的诺贝尔生理学或医学奖。在获奖 10 年之后，人们才知道，他所发现的酶是 DNA 聚合酶Ⅰ，在 DNA 复制中起校读和填补空隙的作用。在细胞内执行复制任务的是另一种新发现的酶——DNA 聚合酶Ⅲ。非常有趣的是，DNA 聚合酶Ⅲ是他的二儿子在哥伦比亚大学读书时发现的，他现在是加州大学旧金山分校的生物化学教授。

Komberg 家族是"科学之家"，他的长子由于在真核生物转录酶结构研究中成绩卓越获得了 2006 年的诺贝尔化学奖，他的妻子也是他的实验助手，他们共发现了 30 多种酶，对酶的研究情有独钟，他写了一本自传式的引人入胜的普及生物化学特别是酶知识的作品，书名就叫《酶的情人》。

4. 引物酶

用于合成引物 RNA 的合成酶为引物酶，引物酶合成的引物是长 5～10 个核苷酸的 RNA，一旦 RNA 引物合成，就可以由 DNA 聚合酶Ⅲ在它的 $3'$-OH 上继续催化 DNA 新链的合成。

5. 连接酶

在 DNA 复制的开始需要有 RNA 引物存在，DNA 链合成后引物被切除，并被 DNA 替代。此时 DNA 链上仍存在缺口，DNA 连接酶会催化形成磷酸二酯键，将断裂的缺口连上，形成完整的 DNA 链，DNA 连接酶的作用如图 9.6 所示。

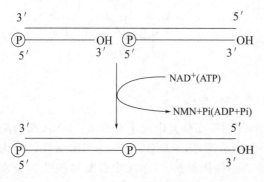

图 9.6 DNA 连接酶的作用

（四） DNA 的复制过程

DNA 的复制过程可人为地分成三个阶段：第一阶段是复制的起始，这个阶段包括起始与引物的形成；第二阶段是 DNA 链的延伸，包括前导链和随从链的形成和切除 RNA 引物后填补其留下的空缺；第三阶段是 DNA 链的终止，主要是连接 DNA 片段形成完整的 DNA 分子。

1. 复制的起点

（1）DNA 双螺旋的解开 DNA 的复制有特定的起始位点。首先能识别 DNA 起点的蛋白质与 DNA 结合，然后 DNA 拓扑异构酶和解旋酶与 DNA 结合，它们松弛 DNA 超螺旋结构，解开一小段双链形成复制叉。为了使解链后的 DNA 单链不再重新生成螺旋，需要有单链结合蛋白参与，单链结合蛋白使解旋后的两条 DNA 链稳定。

（2）RNA 引物的合成 当两股单链暴露出足够数量的碱基对时，引物酶以单链 DNA 为模板，以 4 种核糖核苷酸为原料，按 $5'{\rightarrow}3'$ 方向在解旋后的 DNA 链上合成 RNA 引物，形成的 RNA 引物，为 DNA 链的合成提供了连接脱氧核苷酸的 $3'$-OH 末端。

2. DNA 链的延伸

（1）半不连续复制 DNA 的复制是半不连续复制，亲代 DNA 的两条链各自为模板进行复制。DNA 聚合酶在合成子链 DNA 时只能沿着 $5'{\rightarrow}3'$ 方向复制延伸，不能沿 $3'{\rightarrow}5'$ 方向合成。而任何 DNA 双螺旋又都是由走向相反的两条链构成，也即两条模板链一条走向是 $5'{\rightarrow}3'$，另一条是 $3'{\rightarrow}5'$。这样 $3'{\rightarrow}5'$ 模板链符合酶的要求，可以连续合成子链，而 $5'{\rightarrow}3'$ 模板链的合成则无法解释。为了解决这个矛盾，1968 年冈崎提出了半不连续复制假说，他认为复制时复制叉向前移动，两条 DNA 单链分别作为模板合成新链。$3'{\rightarrow}5'$ 模板链合成的新链是 $5'{\rightarrow}3'$ 方向，是连续的，称为前导链；而 $5'{\rightarrow}3'$ 模板链合成的新链是不连续的 DNA 片段，复制时先合成一些约 1000 个核苷酸的片段（称为冈崎片段）暂时存在于复制叉周围，随着复制的进行，水解掉 RNA 引物，由 DNA 聚合酶催化填补空缺，最后由 DNA 连接酶把这些片段再连成一条子代 DNA 链。冈崎片段的合成方向也是 $5'{\rightarrow}3'$，但它与复制叉前进的方向相反，是倒退着合成的，由多个冈崎片段连接而成的这条新的子代链，称为滞后链。

在一个复制叉内，两条新链的合成都是按照 $5'→3'$ 方向进行的，前导链是连续合成的，而滞后链合成的是不连续的冈崎片段，DNA 的这种复制方式称为半不连续复制，如图 9.7 所示。

（2）RNA 引物的切除　滞后链的合成是以冈崎片段的形式进行的，每个冈崎片段的合成也需要 RNA 引物，延长方向与前导链相反。滞后链的每个冈崎片段合成一旦完成，其 RNA 引物就被除去，通过 DNA 聚合酶合成 DNA 取而代之。

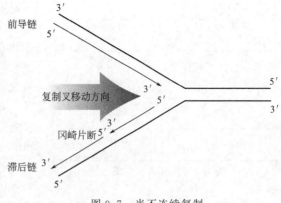

图 9.7　半不连续复制

3. DNA 链的终止

在细菌环状 DNA 复制的最后，会遇到起终止作用的特殊核苷酸系列，这时 DNA 的复制就终止。引物被切除并且空隙也已修复的冈崎片段由 DNA 连接酶封闭缺口，把小片段连接成完整的子代链，其 $5'$ 最末端的 RNA 引物被切除后可借助于另半圈 DNA 链向前延伸来填补，最后可在 DNA 连接酶的作用下首尾相连，形成完整的基因组基因。真核生物复制的终止不能像原核生物那样填补 $5'$ 末端的空缺，从而会使 $5'$ 末端序列缩短，可通过形成端粒结构来填补 $5'$ 末端的空缺。DNA 复制的过程如图 9.8 所示。

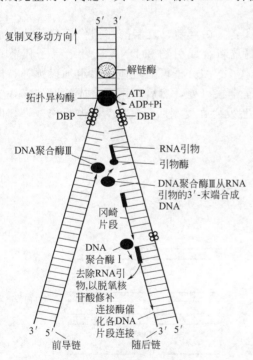

图 9.8　DNA 复制过程

二、 DNA 的损伤和修复

（一） DNA 的损伤

DNA 是遗传信息的携带者，在细胞中，维持 DNA 信息的完整性是细胞必须遵守的准则。DNA 在复制过程中可能产生错配，某些生物因素如 DNA 重组、病毒整合和物理化学因素如紫外线、电离辐射、化学诱变剂等都会造成 DNA 局部结构和功能的破坏，受到破坏的可能是 DNA 的碱基、核糖或是磷酸二酯键，损伤的结果是引起遗传信息的改变导致生物突变甚至死亡。

（二） DNA 的修复

在长期的进化过程中，生物体获得了一种自我保护功能，可以通过不同的途径使损伤的 DNA 得以修复。细胞内含有一系列具备修复功能的酶系统，能切除 DNA 上的损伤，恢复 DNA 的正常螺旋结构。

DNA 损伤的修复有多种方式，如光复活、切除修复、重组修复、SOS 修复等。

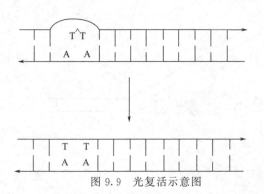

图 9.9　光复活示意图

1. 光复活

DNA 分子中同一条链上两个相邻的嘧啶核苷酸在紫外线的照射下可以共价连接生成嘧啶二聚体（TT）。嘧啶二聚体的形成影响了 DNA 的双螺旋结构，使其复制和转录功能都受到阻碍。光复活的机制是可见光激活了光复活酶，它能分解由于紫外线照射而形成的嘧啶二聚体，如图 9.9 所示。

2. 切除修复

切除修复是指在一系列酶的作用下，将 DNA 分子中受损伤部分切除，并以完整的那一条链为模板，合成出切除的部分，使 DNA 恢复正常结构的过程。其修复过程包括 4 个步骤：一是识别损伤部位，切断 DNA 单链；二是切除损伤部位；三是在缺口处修复合成；四是将新合成的 DNA 链与原来的链连接，如图 9.10 所示。

切除修复是一种比较普遍的功能，它并不局限于某种特殊原因造成的损伤，而能一般地识别 DNA 双螺旋结构的改变，对遭受破坏而呈现不正常结构的部分加以去除，这种功能对于保护遗传物质 DNA 具有重要的意义。

3. 重组修复

DNA 复制时尚未修复的损伤可以先复制再修复。在复制时复制酶在损伤部位无法合成子代 DNA，它跳过损伤部位，在下一个相应位置重新合成引物和 DNA 链，结果子代链在损伤对应处留下缺口。这种遗传信息有缺损的子代 DNA 分子可通过遗传重组加以弥补，即从同源 DNA 的母链上相应核苷酸序列片段移至子链缺口处，然后利用再合成的序列来补上母链的空缺，此过程称为重组修复。因为修复过程发生在复制后，又称为复制后修复，如图 9.11 所示。

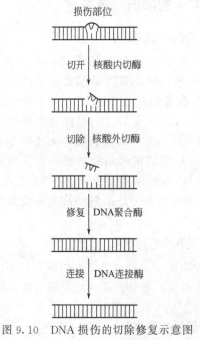

图 9.10　DNA 损伤的切除修复示意图

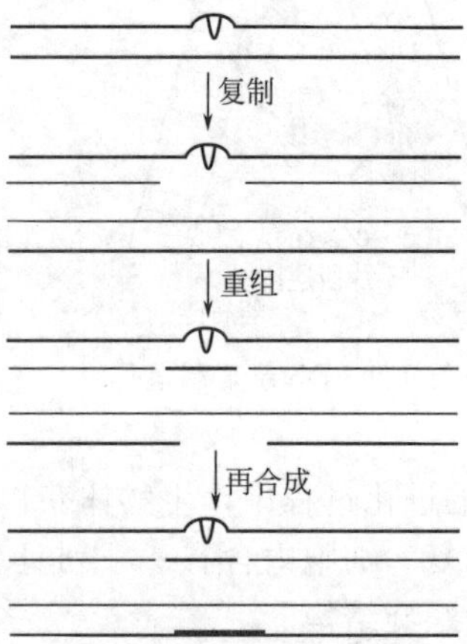

图 9.11　重组修复

4. SOS 修复

SOS 修复指 DNA 受到严重损伤、细胞处于危急状态时所诱导的一种 DNA 修复方式，由于 SOS 修复反应是细胞受到损伤或复制系统受到抑制的紧急情况下，为求得生存而出现的应急修复效应，故修复结果只是能维持基因组的完整性，提高细胞的生成率，但留下的错误较多，又称倾错性修复。

三、RNA 指导下的 DNA 合成

遗传信息除可以由 DNA 复制进行传递外，也可以由 RNA 传递给 DNA，比如某些 RNA 病毒和个别 DNA 病毒。病毒逆转录酶催化 RNA 指导合成 DNA，即以病毒 RNA 为模板，以 dNTP 为底物，合成含有病毒全部遗传信息的 DNA 的过程称为逆向转录或反转录。

逆转录酶是一种依赖 RNA 的 DNA 聚合酶，它兼有三种酶的活力：①它利用 RNA 为模板合成出一条互补的 DNA 链，形成 RNA-DNA 杂交分子；②水解 RNA-DNA 杂交链中的 RNA；③以 DNA 为模板合成 DNA。

逆转录酶催化合成方向也是 $5' \rightarrow 3'$，并需要 RNA 为引物。当致癌病毒进入宿主细胞后，在细胞液中脱去外壳，逆转录酶利用病毒 RNA 为模板，合成一条互补 DNA 链，形成 RNA-DNA 杂交分子，然后逆转录酶将 RNA 水解掉，再以新的 DNA 为模板，合成另一条互补的 DNA 链，形成双链 DNA 分子，如图 9.12 所示。

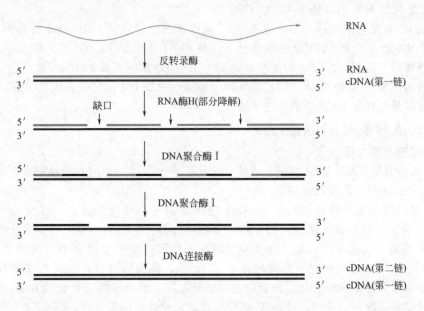

图 9.12　逆转录合成 DNA

新合成的双链 DNA 分子可以进入宿主细胞的细胞核并整合到细胞的染色体 DNA 中，与宿主细胞 DNA 一起复制传递给子代。在某些条件下潜伏的 DNA 可以活跃起来，转录出病毒 RNA 而使病毒繁殖，在另一些条件下它也可以引起宿主细胞发生癌变。

💡 知识链接 ···

基　因

今天 DNA 已经是家喻户晓，每个细胞的 DNA 都含有复制生命的全部密码。DNA 是个庞大的分子，印出来有 75490 页报纸之长，即使每天花 8 小时研读，也要 30 年才能读完。在自然界，除了一部分的病毒之外，几乎所有的生物，包括人类、动物、植物、微生物，都受制于其 DNA。学者正在利用生物科技了解基因的功能，以求借其功能来改善人们的健康，或进一步改变并引导基因来塑造更健康的身体。为此，1990 年，人类基因组计划开始实施，并于 2003 年基本完成测序工作。截至 2014 年 2 月 14 日，已经有 12889 种生物的基因组完成测序。目前，基因组研究已经进入后基因组时代。

第二节　RNA 的生物合成

一、转录

生命有机体要将遗传信息传递给子代，并在子代中表现出生命活动的特征，只进行 DNA 的复制是不够的，还必须以 DNA

转录起始　　转录延伸　　转录终止

为模板，在 RNA 聚合酶的作用下合成 RNA，从而使遗传信息从 DNA 分子转移到 RNA 分子上，即在 DNA 指导的 RNA 聚合酶的催化下，按照 dT-A、dA-U、dG-C、dC-G 的配对原则，以四种核糖核苷三磷酸（NTP）为原料，合成一条与 DNA 链互补的 RNA 链，这一过程称为转录。转录的产物是 RNA 前体，它们必须经过转录后的加工才能转变为成熟的 RNA，具有生物活性，转录是生物界 RNA 合成的主要方式。

（一）　DNA 转录为 RNA 的特点

1. RNA 合成的方向为 $5'\rightarrow3'$

与 DNA 的合成一样，RNA 新链合成的方向也是 $5'\rightarrow3'$，新加入的核苷酸都在 $3'$ 末端延长。

2. DNA 双链中只有一条被转录成 RNA

RNA 链的转录有选择性，起始于 DNA 模板链的一个特定的起点，并在另一个终点处终止，此转录区域称为转录单位。一个转录单位可以是一个基因，也可以是多个基因。基因是遗传物质的最小功能单位，相当于 DNA 的一个片段。在转录过程中，两个互补的 DNA 链作用不同，一个作为模板负责指导转录合成 RNA，称为模板链；另一个是非模板链，或称编码链，在转录中起调节作用。模板链与编码链互补，模板链转录合成的 RNA 的碱基顺序与编码链的碱基顺序是一致的，只是 T 被 U 取代。需要注意的是，DNA 分子上的模板链和编码链是相对的，如某一基因以这条链为模板链，而另一基因则可能在该 DNA 分子的其他部位以另一条链为模板链。由于转录仅以一条 DNA 链的某区段为模板，因而称为不对称转录。

3. RNA 的生物合成是一个酶促反应过程

参与该过程的酶主要是 RNA 聚合酶，以双链 DNA 的一条链或单链 DNA 为模板，按照碱基配对的原则，将四种核糖核苷酸以 $3',5'$-磷酸二酯键的方式聚合起来，催化合成与模板互补的 RNA。

4. 转录不需引物

绝大多数新合成的 RNA 链的 5′末端是 pppG 或 pppA，说明转录起始的第一个底物是 GTP 或 ATP。并且转录不需要引物引导，这与 DNA 的复制不同。

（二） RNA 聚合酶

1. 原核生物 RNA 聚合酶

催化 RNA 生物合成的酶称为 RNA 聚合酶。原核生物 RNA 聚合酶由五个亚基组成 $\alpha_2\beta\beta'\sigma$，其中 σ 的结合不牢固，可以随时从全酶上脱落下来，剩余的部分 $\alpha_2\beta\beta'$ 称为核心酶。核心酶负责 RNA 链的延长，σ 亚基的作用是识别起始位点并使 RNA 聚合酶能稳定地结合到启动子上。

2. 真核生物 RNA 聚合酶

真核生物 RNA 聚合酶有三种。RNA 聚合酶 Ⅰ 位于核仁内，负责合成 28S、18S、5.8SrRNA。RNA 聚合酶 Ⅱ 分布于核基质中，转录蛋白质编码基因中的 mRNA，并转录大部分参与 mRNA 加工过程的核内小 RNA（snRNA）。RNA 聚合酶 Ⅲ 也分布于核基质中，负责转录 tRNA、5SRNA 等。

（三）转录的过程

转录过程可分为三个阶段：转录的起始、RNA 链的延伸和转录的终止。

1. 转录的起始

在 σ 亚基的帮助下，RNA 聚合酶识别并结合到启动子上。启动子是 DNA 分子中可以与 RNA 聚合酶特异结合的部位。一般包括 RNA 聚合酶的识别位点、结合位点、转录起始位点。大肠杆菌的 RNA 聚合酶与 DNA 模板链结合分三步：①RNA 聚合酶的 σ 亚基辨认启动子的识别位点；②酶与启动子以"关闭"复合体的形式即双螺旋形式结合；③RNA 聚合酶覆盖的部分 DNA 双链打开形成转录泡（图 9.13），进入转录起始位点，开始合成 RNA。

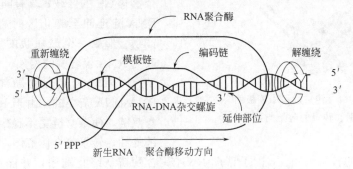

图 9.13　RNA 延伸过程中的转录泡示意图

转录起始不需引物，第一个核苷酸总是 GTP 或 ATP，GTP 更常见。转录空泡不是 RNA 聚合酶覆盖的全部 DNA 双链解开，只是由覆盖酶的部分双链解开。合成 RNA 的第一个核苷酸和进入的第二个核苷酸在 RNA 聚合酶的催化下形成 3′,5′-磷酸二酯键，第一个核苷酸保留 NTP 状态，进入的第二个核苷酸末端有游离羟基，可供后面加入 NTP 延长 RNA 链。常把"RNA 聚合酶全酶-DNA 模板-NTPNMP-OH"称为转录起始复合物，起始复合物的形成标志起始的结束。

2. RNA 链的延伸

起始复合物形成后，σ 亚基从启动子处脱落并循环使用。核心酶沿 DNA 模板链 3′→5′ 方向移动，以 NTP 为原料和能量，按照模板链的碱基顺序和碱基配对原则，核苷酸间通过 3′,5′-磷酸二酯键生成核糖核酸链（RNA），RNA 的合成方向为 5′→3′。模板链与新生成的

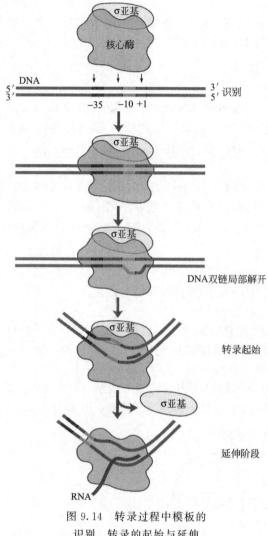

图 9.14　转录过程中模板的
识别、转录的起始与延伸

RNA 链是反向平行的。

在整个 RNA 链的延伸过程中，转录泡的大小保持不变，即在核心酶向前移动时，前面的双螺旋逐渐打开，转录过后的 RNA 链与模板链之间形成的 RNA-DNA 杂交链呈疏松的状态，使 RNA 链很容易脱离 DNA，RNA 脱离后 DNA 重新形成双螺旋，双螺旋的打开和重新形成速度相同，直至转录结束。

有关转录过程中模板的识别、转录的起始与延伸如图 9.14 所示。

3. 转录的终止

原核生物转录终止过程包括：RNA 链延长的停止，新生 RNA 链释放，RNA 聚合酶从 DNA 上释放，当 RNA 聚合酶沿 DNA 模板移动到基因 3′端的终止序列时，转录就停止了，原核生物基因转录终止方式有两种：不依赖 ρ 因子的终止和依赖 ρ 因子的终止。

不依赖 ρ 因子的转录终止：这种终止子通常有一个富含 AT 的区域和一个或多个富含 GC 的区域，具有回文对称序列。当 RNA 链延伸至终止区时，转录出的 RNA 产物会形成一个鼓槌状的发夹结构，可以改变 RNA 聚合酶的构象，使酶不再向下移动。同时转录复合物局部存在不稳定的 RNA-DNA 杂交链，由于 RNA 分子形成自身双链，使杂交链更不稳定，促使 DNA 双链复性，转录复合体解体，转录终止。

依赖 ρ 因子的转录终止：ρ 因子帮助 RNA 聚合酶辨认终止顺序，并停止转录，随后利用 ATP 放出的能量将 RNA 链从酶和模板中释放。

二、 RNA 的转录后加工

转录后的 RNA 链，必须经过一系列变化，包括链的断裂和化学改造过程，才能转变为成熟的 mRNA、rRNA 和 tRNA，称为 RNA 的成熟或转录后加工过程。

（一）原核生物中 RNA 的加工

1. mRNA 的加工

原核生物的 mRNA 不需要或很少需要加工，许多甚至在转录结束前即开始翻译，即转录与翻译是偶联在一起的。

2. rRNA 的加工

rRNA 的加工过程是以核糖体颗粒的形式进行的，即 rRNA 前体合成后先与蛋白质结合，形成新生核糖体颗粒，而后再经过一系列的加工过程，形成有功能的核糖体。

rRNA 基因首先转录为一个 30S rRNA 前体，再切割成 16S rRNA、23S rRNA 和 5S rRNA，其中，16S rRNA 和 23S rRNA 需甲基化，5S rRNA 不需甲基化。

3. tRNA 的加工

原核生物 tRNA 也是先合成一个 tRNA 前体，如果前体中含有 2 及以上 tRNA 分子，则首先剪切成单个 tRNA 分子，再由外切酶从 5′端切去前导顺序，从 3′端切去附加顺序。若 3′端本身无 CCA 序列的，则要在切除附加序列后由酶催化在 tRNA 的 3′端加上—CCA-OH。最后通过各种不同的修饰酶进行修饰，形成成熟的 tRNA 分子。

（二）真核生物中 RNA 的加工

1. mRNA 的加工

真核生物的 mRNA 前体在细胞核内合成，而且大多数基因是不连续的，都被不表达的内含子分隔成为断裂基因，因此，必须对转录产生的初级产物进行加工和修饰才能变为成熟的 mRNA，其加工过程包括首、尾修饰、剪接及甲基化等。

（1）在 5′端形成称为"帽"的特殊结构　原始转录的 RNA5′端为三磷酸嘌呤核苷，转录起始后不久从 5′端三磷酸脱去一个磷酸，然后与 GTP 反应生成 5′,5′-三磷酸相连的键，并释放出焦磷酸，最后由 S-腺苷甲硫氨酸进行甲基化产生所谓的帽子结构。5′端帽子可能参与 mRNA 与核糖体的结合，在翻译过程中起识别作用，保护 mRNA 免受核酸外切酶的破坏。

（2）在核苷酸链的 3′端形成一段多聚核苷酸（polyA）尾　大多数真核生物 mRNA 的 3′端通常都有 20～200 个连续排列的腺苷酸残基，称为 polyA 尾巴。polyA 顺序不是由 DNA 编码，而是转录后在核内加上去的，反应由多聚腺苷酸聚合酶催化，以带 3′-OH 基的 RNA 为受体，聚合而成。

（3）mRNA 的剪接　在 mRNA 前体中将在成熟 mRNA 中出现的编码序列称为外显子，把那些将外显子间隔开而不在成熟 mRNA 出现的序列称为内含子。去掉这些内含子使外显子拼接形成连续序列是基因表达调控的一个重要环节。

（4）mRNA 内部甲基化　真核生物 mRNA 分子内往往有一些甲基化的碱基，主要是 N^6-甲基腺嘌呤。

2. rRNA 的加工

在转录过程中先形成一个 45S 前体，45S 的前体 rRNA 由核酸酶降解形成 18S rRNA、28S rRNA 和 5.8S rRNA。再进行化学修饰，主要是核糖的甲基化。

3. tRNA 的加工

真核细胞 tRNA 前体的加工与原核生物类似，加工的方式大致如下：切除前体两端多余的序列；在 3′末端加上 CCA 序列；修饰，主要为甲基化修饰。

三、RNA 的复制

在某些生物中，RNA 是其遗传信息的基本携带者，并能通过复制合成出相同的 RNA 而传递遗传信息，例如脊髓灰质炎病毒和大肠杆菌 Qβ 噬菌体等。当它们进入宿主细胞后，会产生一种特殊的 RNA 复制酶，这种酶叫 RNA 指导的 RNA 聚合酶。在病毒 RNA 指导下合成新的 RNA，称为 RNA 的复制。

RNA 复制酶以 RNA 为模板，在有 4 种核苷三磷酸和 Mg^{2+} 存在时合成出与模板相同的 RNA。RNA 复制酶的模板特异性很高，它只识别病毒自身的 RNA，对宿主细胞和其他与病毒无关的 RNA 均无反应。当噬菌体 Qβ 的 RNA 侵入大肠杆菌细胞后，其 RNA 本身即为

mRNA，可以直接进行与病毒繁殖有关的蛋白质的合成。通常将具有 mRNA 功能的链称为正链，而它的互补链为负链。噬菌体 Qβ 的 RNA 为正链，它进入宿主细胞后首先合成复制酶，然后在复制酶的催化下以正链为模板合成负链 RNA，合成结束后，酶以负链为模板合成正链 RNA，进行病毒的装配。

蛋白质合成过程

第三节　蛋白质的生物合成

　　蛋白质是生命活动的重要物质基础，要不断地进行代谢和更新。生物体生命活动的每一个过程都有蛋白质的参与，蛋白质的生物合成是生命现象的主要内容。

　　经过转录，DNA 的遗传信息转移到了 mRNA 分子的核苷酸排列顺序中，但 mRNA 也不能直接表现出生命活动的特征，必须进一步将这些信息转变为具有特定氨基酸序列的蛋白质，才能最终表现出生命活动的特征。

　　在细胞中，以 mRNA 为"模板"，在核糖体、tRNA 和多种蛋白因子的共同作用下，将 mRNA 分子的核苷酸序列转变为氨基酸序列的过程称为翻译。转录和翻译统称为基因表达。

一、　RNA 在蛋白质生物合成中的作用

　　mRNA 是合成蛋白质的模板，tRNA 是运载各种氨基酸的特异工具，核糖体是蛋白质合成的场所，促使肽链生成。各种氨基酸在各自的运载工具（tRNA）携带下，按照模板 mRNA 的要求，在 mRNA 与多个核糖体组成的多聚核糖体上有秩序地依次相互连接，以肽键结合，生成具有一定氨基酸排列顺序的蛋白质。

　　DNA 指导不同 mRNA 的合成。mRNA 不同，氨基酸在其肽链上的顺序也不同，生成的蛋白质也就各不相同，也就是说，mRNA 的核苷酸排列顺序决定着由它指导合成的蛋白质多肽链中氨基酸的排列顺序。

（一）　mRNA 与遗传密码

1. mRNA

　　mRNA 是单链线性分子，由 400～1000 个核苷酸组成。mRNA 把从细胞核内 DNA 中转录出来的遗传信息带到细胞质中的核糖体上，以此为模板合成蛋白质。

　　mRNA 起着传递遗传信息的作用，所以称为信使核糖核酸。

2. 遗传密码

　　已知组成 mRNA 的核苷酸有 4 种，组成蛋白质的氨基酸有 20 种。那么 mRNA 是如何指导氨基酸以正确的顺序连接起来呢？现已证明 mRNA 分子中每 3 个相邻的核苷酸编码一个特定的氨基酸。编码一个特定氨基酸的三联体核苷酸称为三联体密码子（简称密码子）。遗传密码是指 mRNA 中的核苷酸排列顺序与蛋白质中的氨基酸排列顺序的关系。

　　遗传密码是编码在核酸分子上，由 $5'→3'$ 方向编码、不重叠、无标点的三联体密码子。在这些密码子中，UAA、UAG、UGA 为终止密码子，不代表任何氨基酸。其余 61 个密码子编码 20 种氨基酸，其中 AUG 既是甲硫氨酸的密码子，也是"起始"密码。密码子的翻译从 $5'$ 末端的起始密码子开始，按一定的读码框架连续进行，直到遇到终止密码子为止。由于起始密码也是甲硫氨酸的密码，所以，蛋白质合成的第一个氨基酸一般为甲硫氨酸。各种密码子代表的氨基酸见表 9.2。

表 9.2　遗传密码

5′-末端碱基	中间碱基				3′-末端碱基
	U	C	A	G	
U	苯丙氨酸	丝氨酸	酪氨酸	半胱氨酸	U
	苯丙氨酸	丝氨酸	酪氨酸	半胱氨酸	C
	亮氨酸	丝氨酸	终止密码子	终止密码子	A
	亮氨酸	丝氨酸	终止密码子	色氨酸	G
C	亮氨酸	脯氨酸	组氨酸	精氨酸	U
	亮氨酸	脯氨酸	组氨酸	精氨酸	C
	亮氨酸	脯氨酸	谷氨酰胺	精氨酸	A
	亮氨酸	脯氨酸	谷氨酰胺	精氨酸	G
A	异亮氨酸	苏氨酸	天冬酰胺	丝氨酸	U
	异亮氨酸	苏氨酸	天冬酰胺	丝氨酸	C
	异亮氨酸	苏氨酸	赖氨酸	精氨酸	A
	蛋氨酸(起始密码)	苏氨酸	赖氨酸	精氨酸	G
G	缬氨酸	丙氨酸	天冬氨酸	甘氨酸	U
	缬氨酸	丙氨酸	天冬氨酸	甘氨酸	C
	缬氨酸	丙氨酸	谷氨酸	甘氨酸	A
	缬氨酸	丙氨酸	谷氨酸	甘氨酸	G

　　遗传密码的特点具有一些共同的特性，主要表现为简并性、连续性、通用性。

　　(1) 简并性　密码子共有 64 个，除 UAA、UAG、UGA 不编码氨基酸外，其余 61 个密码子负责编码 20 种氨基酸。因此，出现了同一种氨基酸有两个或多个密码子编码的现象，称为密码子的简并性。同一种氨基酸的不同密码子称为同义密码子。在所有氨基酸中只有色氨酸和甲硫氨酸仅有一个密码子，而其他氨基酸都有多个密码子。

　　简并性使得那些即使密码子中碱基被改变，仍然能编码原来氨基酸的可能性大为提高。密码的简并也使 DNA 分子上碱基组成有较大余地的变动，同义密码子的前两位碱基是相同的，只有第三位的碱基不同。如 GGU、GGC、GGA 和 GGG 都是甘氨酸的密码子。所以密码子的专一性取决于前两位碱基，第三位碱基起的作用有限。即使第三个碱基发生变化，也能保证翻译出正确的蛋白质，这对保持物种的稳定、减少有害突变有重要意义。

　　(2) 连续性　遗传密码在 mRNA 中是连续排列的，相邻两个密码子之间没有任何核苷酸间隔。在合成蛋白质的多肽链时，同一个密码子中的核苷酸不会被重复阅读，从起始密码 AUG 开始，一个密码接一个密码连续地进行翻译，直到出现终止密码为止。

　　(3) 通用性　密码的通用性指各种高等和低等生物，包括病毒、细菌和真核生物，基本上共用一套遗传密码。它充分证明生物界是起源于共同的祖先，也是当前基因工程中能将一种生物的基因转移到另一种生物中去表达的原因。

　　密码的通用性也不是绝对的，例如，在人的线粒体中，AUA 和 AUG 都是甲硫氨酸的密码；UGA 不是终止密码而是色氨酸的密码；AGA 和 AGG 编码终止密码而不是编码精氨酸。

　　20 世纪中叶，人们已经知道 DNA 是遗传信息的携带分子，并通过 RNA 控制蛋白质的生物合成。此后，一些科学家即开始从不同角度去破译遗传密码。

　　M. W. Nirenbreg 等人推断出 64 个三联体密码子，并解读第一个"象形文字"——UUU 代表苯丙氨酸。其后，他们又证明 CCC、AAA 分代表脯氨酸和赖氨酸。另外，H. G. Khorana 等确定了半胱氨酸、缬氨酸等密码子。tRNA 发现者之一的 R. W. Holley 成功地制备了一种纯的 tRNA，标志着有生物学活性的核酸的化学结构的确定。经过多位科学家不到 5 年的共同努力，于 1966 年确定了 64 个密码子的意义，在现代生物学研究史上写下了最激动人心的篇章。Nirenbreg、Khorana、Holley 这三位美国科学家因此共同荣获 1968 年诺贝尔生理或医学奖。

（二）　tRNA 的作用

转运 RNA（tRNA）主要功能是识别 mRNA 上的密码子和携带密码子所编码的氨基酸，并将其转移到核糖体中用于蛋白质的合成。每种 tRNA 都特异地携带一种氨基酸，并利用其反密码子根据碱基配对的原则来识别 mRNA 上的密码子。在 tRNA 链的反密码环上，由 3 个特定的碱基组成一个反密码子，反密码子与密码子的方向相反。由反密码子按照碱基配对原则识别 mRNA 链上的密码子，如图 9.15 所示。

（三）　rRNA 与核糖体

rRNA 和蛋白质结合成核糖体蛋白，简称核糖体，是蛋白质合成的场所，能识别参与多肽链的启动、延伸和终止的各种因子，结合并移动含有遗传信息的 mRNA。核糖体由大、小两个亚基组成。原核细胞核糖体为 70S 核糖体，由 50S 和 30S 两个亚基组成，如图 9.16 所示；真核细胞核糖体为 80S 核糖体，由 60S 和 40S 两个亚基组成。小亚基有供 mRNA 附着的部位，可以容纳两个密码的位置。大亚基有供 tRNA 结合的两个位点，一个叫作 P 位点，是 tRNA 携带多肽链占据的位点，又称肽酰基位点；另一个叫作 A 位点，为 tRNA 携带氨基酸占据的位点，又称氨酰基位点。

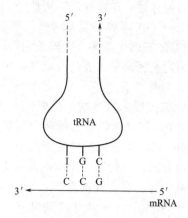

图 9.15　mRNA 上的密码子与
tRNA 上的反密码子配对

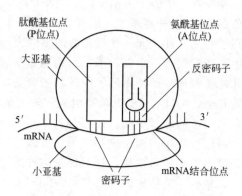

图 9.16　大肠杆菌 70S 核糖体的结构

二、蛋白质的生物合成过程

蛋白质生物合成的机制要比 DNA 复制和转录复杂得多。它需要大约 300 种生物大分子参与，其中包括 tRNA、mRNA、核糖体、ATP、GTP、可溶性蛋白质因子等。

蛋白质的生物合成过程是按照 mRNA 上密码子的排列顺序，肽链从 N 端向 C 端逐渐延伸的过程，大致分为四个阶段：①氨基酸的激活；②肽链合成的起始；③肽链的延伸；④肽链合成的终止与释放。

下面以原核生物为例介绍蛋白质的生物合成过程。

（一）氨基酸的激活

氨基酸在掺入肽链之前均由特异的酶来激活，这种酶叫作氨酰-tRNA 合成酶，不同的氨基酸由不同的酶催化。在此酶的作用下，氨基酸被活化且转移到 tRNA 分子上。激活反应分两步进行：首先，在氨酰-tRNA 合成酶的催化下，氨基酸与 ATP 反应，生成氨酰-AMP 和酶的复合物。然后氨酰-AMP-酶复合物再将氨酰基转移到相应的 tRNA 3′末端腺苷酸的核糖残基 3′位或 2′位羟基上去，生成氨酰-tRNA。

$$
\underset{\substack{|\\ NH_2}}{R-CH}-\overset{\overset{O}{\|}}{C}-OH + ATP + 酶 \xrightarrow{Mg^{2+}} \underset{\substack{|\\ NH_2}}{R-CH}-\overset{\overset{O}{\|}}{C}-AMP—酶 + PPi
$$

氨基酸　　　　　　　　　　　　　　氨酰-AMP-酶复合物　焦磷酸

$$
\underset{\substack{|\\ NH_2}}{R-CH}-\overset{\overset{O}{\|}}{C}-AMP—酶 + tRNA \xrightarrow{酶} \underset{\substack{|\\ NH_2}}{R-CH}-\overset{\overset{O}{\|}}{C}-tRNA + AMP + 酶
$$

氨酰-AMP-酶复合物　　　　　　　　氨酰-tRNA

　　氨基酸一旦与 tRNA 形成氨酰-tRNA 后，tRNA 由自身的反密码子与 mRNA 分子上的密码子相识别，把所携带的氨基酸送到肽链的一定位置上。

　　氨酰-tRNA 合成酶具有极高的专一性，即每种氨基酸只由一个专一的氨酰 tRNA 合成酶催化。对应于合成蛋白质的 20 种氨基酸，在大多数细胞中每一种氨基酸只含有一种与之对应的氨酰 tRNA 合成酶。每一种氨酰 tRNA 合成酶既能识别相应的氨基酸，又能识别与此氨基酸相对应的一个或多个 tRNA 分子，从而保证了蛋白质合成的正确性。

动画扫一扫

起始复合物的生成

（二）肽链合成的起始

　　蛋白质合成起始包括 mRNA、核糖体的 30S 亚基与甲酰甲硫氨酰-tRNA 结合形成 30S 复合物，接着进一步形成 70S 复合物。此过程需要起始因子的参与，起始因子（IF）是与起始复合物形成有关的所有蛋白质因子。真核生物的起始因子目前已发现有十几种，用 eIF 表示（eIF-1、eIF-2、eIF-3、eIF-4A、eIF-4B）。原核生物的起始因子主要有 IF-1、IF-2、IF-3。

　　起始复合物的形成首先是 30S 亚基在起始因子 IF-1、IF-2、IF-3 作用下与 mRNA 相结合，IF-3 的作用是促使 mRNA 与 30S 亚基结合并防止 50S 亚基与 30S 亚基在没有 mRNA 的情况下结合，IF-1、IF-2 的作用是促使 fMet-tRNA 与 mRNA-30S 亚基复合体的结合。30S 起始复合体形成后便于 50S 亚基结合形成完整的蛋白质合成起始复合物。起始因子全部离开核糖体，在此过程中结合的 GTP 水解成 GDP，放出能量。在起始复合物中，fMet-tRNA 结合在肽酰 tRNA 位点上（P 位点），空的氨酰 tRNA 位点（A 位点）可以接受由 tRNA 转运的氨基酸。蛋白质合成的起始过程如图 9.17 所示。

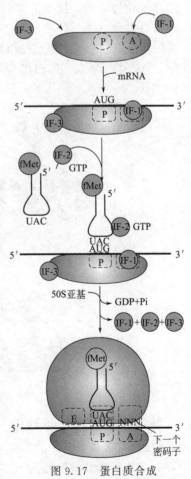

图 9.17　蛋白质合成
起始过程示意图

（三）肽链的延伸

从 70S 起始复合物形成到肽链合成终止前的过程，称为肽链的延伸。需要有延长因子（EF）参加并消耗 GTP，原核细胞的延长因子主要有 EF-Tu、EF-Ts、EF-G 等。延伸过程分为进位、转肽、脱落和移位四个步骤。

1. 进位

肽链延伸阶段的第一步是氨酰-tRNA 进入 A 位。在延长因子 EF-Tu、EF-Ts 和 GTP 作用下，氨酰-tRNA 识别起始复合物中 A 位点上 mRNA 的密码子，并且结合到 A 位点上。

2. 转肽

当氨酰-tRNA 占据 A 位后，P 位上的 fMet-tRNA 将其活化的甲酰甲硫氨酸部分转移到 A 位的氨酰-tRNA 的氨基上，形成肽键，此过程由肽酰转移酶催化。经过转肽后，原来结合在 P 位的 tRNA 成为无负荷的 tRNA。

3. 脱落

转肽后，P 位上无负荷的 tRNA 脱落，并移出核糖体，空出 P 位点。

4. 移位

核糖体沿着 mRNA 链 5′→3′方向移动一个密码子位置，使肽酰-tRNA 的 A 位移到 P 位，此时 A 位置空出，接受下一个氨酰-tRNA。移位过程需要延长因子 EF-G 推动，同时需要消耗 GTP。

蛋白质合成中，多肽链上每增加一个氨基酸都要按进位、转肽、脱落、移位四个步骤依次进行。每一个循环，多肽链增加一个氨基酸，直到肽链合成终止。肽链合成的延伸过程如图 9.18 所示。

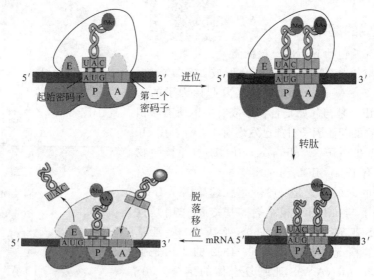

图 9.18　肽链合成延伸过程示意图

（四）肽链合成的终止与释放

终止反应包含两个事件：①在 mRNA 上识别终止密码子 UAA、UAG 及 UGA；②水解所合成肽链与 tRNA 间的酯键，从而释放出新生的蛋白质。

当肽链延长到遗传信息规定的长度时，mRNA 上的终止密码子出现在核糖体的 A 位上，此时，各种氨酰-tRNA 都不能进位，只有一种特殊的蛋白质因子——终止因子（又称释放因子，RF）能识别终止密码子，并结合到 A 位上。此时，大亚基上的肽酰转移酶由于构象发生改变（变构），使肽酰转移酶活性转变为水解酶活性，即肽酰转移酶不再起转肽作用，而变成催化 P 位上的 tRNA 脱落。

肽链合成终止后，在核糖体释放因子（RRF）的作用下，核糖体解离成两个亚基并与 mRNA 分离，最后 mRNA、脱酰基的 tRNA 和释放因子离开核糖体，至此，多肽链的合成完毕，如图 9.19 所示。

肽链起始、延伸、终止过程又统称为核糖体循环，核糖体循环实际上就是蛋白质合成的翻译过程。

蛋白质的合成是消耗能量的过程。每个氨基酸的活化形成氨酰-tRNA 需要消耗两个高能磷酸键，肽链的延长阶段消耗两个 GTP。因此，形成一个肽键需要消耗 4 个高能磷酸键。如果氨基酸活化形成错误的氨酰-tRNA，水解改正还需要消耗 ATP。

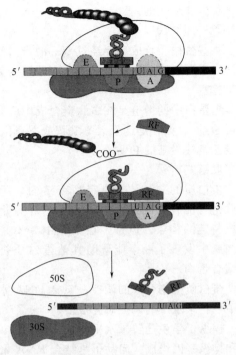

图 9.19　多肽合成的终止

三、多肽链合成后的加工

刚合成出来的多肽链多数是没有生物活性的，要经过多种方式的加工修饰才能转变为具有一定活性的蛋白质，这一过程称为翻译后的加工。

不同蛋白质的加工过程不同，常见的加工方式有以下几种。

1. N 端甲酰基或 N 端氨基酸的除去

原核细胞蛋白质合成的起始氨基酸是甲酰甲硫氨酸，经去甲酰基酶水解除去 N 端的甲酰基，然后在氨肽酶的作用下再切去一个或多个 N 端的氨基酸。

现在还不很清楚原核细胞中这种加工是发生在肽链合成过程中还是在肽链合成后。真核细胞中 N 端的甲硫氨酸常常在肽链的其他部位还未完全合成时就已经水解下来。

2. 信号肽的切除

某些蛋白质在合成过程中，在新生肽链的 N 端有一段信号肽（15～30 个氨基酸残基），它由具有高度疏水性的氨基酸组成，这种强的疏水性有利于多肽链穿过内质网膜，当多肽链穿过内质网膜，进入内质网腔后，立即被信号肽酶作用，将信号肽除去。

3. 二硫键的形成

mRNA 中没有胱氨酸的密码子，胱氨酸中的二硫键是通过两个半胱氨酸—SH 的氧化形成的，肽链内或肽链间都可形成二硫键，二硫键对维持蛋白质的空间构象起了很重要的作用。

4. 氨基酸的修饰

有些氨基酸如羟脯氨酸、羟赖氨酸等没有对应的密码子，这些氨基酸是在肽链合成后，在羟化酶的催化下，使氨基酸发生羟化而形成的，如胶原蛋白中的羟脯氨酸和羟赖氨酸就是以这种方式形成的。

5. 切除一段肽段

某些蛋白质合成后要经过专一的蛋白酶水解，切除一段肽段后，才能显示出生物活性。如胰岛素原变为胰岛素，胰蛋白酶原转变为胰蛋白酶等。

6. 加糖基

糖蛋白中的糖链是在多肽链合成中或合成后通过共价键连接到相关的肽段上。糖链的糖基可通过 N-糖苷键连于天冬酰胺或谷氨酰胺基的 N 原子上，也可通过 O-糖苷键连于丝氨酸或苏氨酸羟基的 O 原子上。

7. 多肽链的折叠

蛋白质的一级结构决定高级结构，所以合成后的多肽链能自动折叠。许多蛋白质的多肽链可能在合成过程中就已经开始折叠，并非一定要从核糖体上脱下来以后，才折叠形成特定的构象。但是，在细胞中并不是所有的蛋白质合成后都能自动折叠，现已在多种细胞中发现了一个能帮助其他蛋白质折叠的蛋白质，该种蛋白质称为分子伴侣或多肽链结合蛋白。

蛋白质生物合成的调控，包括 DNA 水平、转录水平、转录后水平和翻译水平的调控，其中以转录水平的调控研究最多。

操纵子学说是转录水平调控的经典学说。操纵子是由一组结构基因，加上其上游的启动子和操纵基因组成。启动子是结合 RNA 聚合酶的部位，操纵基因是结合阻遏物的部位，位于启动子与结构基因之间，它是 RNA 聚合酶能否通过的开关，在操纵子的上游还存在调节基因，调节基因是通过调节阻遏蛋白的合成来控制操纵基因的开关。

当大肠埃希菌在以乳糖为唯一碳源的培养基中生长时，乳糖作为诱导物与阻遏蛋白结合，并使阻遏蛋白发生变构，使之失去与操纵基因结合的活性。这种由诱导物开放基因的调控方法，称为诱导作用。

📖 本章小结

遗传信息的传递是依据中心法则进行的，DNA 是生物遗传信息的携带者，并且可以进行自我复制，这就保证了亲代细胞的遗传信息可以正确地传递到子代细胞中。但是，要完整地表现出生命活动的特征，细胞还必须以 DNA 为模板合成 RNA，再以 RNA 为模板指导合成各种蛋白质，最后由这些蛋白质表现出生命活动的特征。

复制具有半保留性，DNA 的复制过程非常复杂，包括超螺旋和双螺旋的解旋，复制的起始，链的延长和复制终止等，需要很多酶和蛋白质因子的参与其中，比较重要的有 DNA 聚合酶、解旋酶、拓扑异构酶、引物酶和连接酶等。DNA 的复制过程可分成三个阶段：第一是复制的起始阶段，这个阶段包括起始与引物的形成；第二是 DNA 链的延伸阶段，包括前导链和随从链的形成和切除 RNA 引物后填补其留下的空缺；第三是 DNA 链的终止阶段，主要是连接 DNA 片段形成完整的 DNA 分子。

在 DNA 指导的 RNA 聚合酶的催化下，以 DNA 为模板合成 RNA 链的过程称为转录。转录是不对称的，不需要引物，作为模板的链称为模板链，另一个是非模板链，或称编码链。转录过程可分为三个阶段：转录的起始、RNA 链的延伸和转录的终止。转录后的 RNA 链，必须经过一系列变化，包括链的断裂和化学改造过程，才能转变为成熟的 RNA。

在细胞中，以 mRNA 为"模板"，在核糖体、tRNA 和多种蛋白因子的共同作用下，将

mRNA 分子的核苷酸序列转变为氨基酸序列的过程称为翻译。转录和翻译统称为基因表达。蛋白质的生物合成过程是按照 mRNA 上密码子的排列顺序，肽链从 N 端向 C 端逐渐延伸的过程，大致分为四个阶段：①氨基酸的激活；②肽链合成的起始；③肽链的延伸；④肽链合成的终止和释放。刚合成出来的多肽链多数是没有生物活性的，要经过多种方式的加工修饰才能转变为具有一定活性的蛋白质。

复习思考题

一、名词解释

中心法则　半保留复制　冈崎片段　前导链　滞后链

二、填空题

1. 参与 DNA 复制的酶主要有 _____、_____、_____、_____ 和 _____。

2. AUG 既代表_____氨基酸，又代表_____密码，_____、_____ 和_____代表终止密码。

3. 蛋白质生物合成的肽链延伸阶段包括 _____、_____、_____ 和_____四步反应。

三、问答题

1. DNA 半保留复制的基本内容有哪些？

2. tRNA 有何功能？它与 mRNA 是如何识别的？

3. 核糖体的结构如何？

4. 蛋白质的合成有哪些步骤？其具体内容有哪些？

5. 假定以下列 mRNA 上的片段为模板，合成的多肽有何氨基酸序列？

5′GGUUUCAUGGACGAAUAGUGAUAAUAU3′

第十章
物质代谢的调节

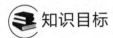 知识目标

- 熟悉物质代谢调节的生理意义；
- 熟悉物质代谢调节的基本方式；
- 掌握酶的变构调节的概念及机理；
- 了解激素对物质代谢的调节。

第一节　概述

　　机体不断从外界摄入营养物质，在体内经由不同的代谢途径进行转变，又不断地把代谢产物和热量排出体外。这种状态称为恒态，也是机体代谢的基本状态。恒态的破坏意味着生命活动的终止。恒态使动物机体各种代谢中间物的含量在一定条件下基本保持不变，但并不是固定不变。为了适应环境的变化，动物机体进化出了随时可以改变各个代谢途径的速度和代谢中间物浓度的能力，使由一种恒态转变为另一种恒态，这是通过代谢的调节来完成的。

　　代谢调节所包括的内容很广泛，既有随动物生长发育的不同时期进行的调节，又有因为内外环境的变化进行的调节。然而无论是在什么情况下所进行的代谢调节，都是对各个代谢途径速度的调节，使它们加快、变慢，或者使有些途径开放，另一些途径关闭。由于所有代谢途径都是由酶催化的，因而无论调节的内容多么庞杂，调节的机制多么复杂和多样，归根结底，代谢的调节都是对酶的调节，是对酶活性和酶量进行的调节。

　　在一条代谢途径的多酶系统中，通常存在一种或少数几种催化单向不平衡反应，也就是通常所说的不可逆反应，决定代谢途径方向的关键酶，以及催化反应速率最慢、决定代谢速率的限速酶。这是最受关注的对于代谢途径的方向和运行速率起决定作用的酶。这些酶的活性可受细胞内各种信号的调节，故又称调节酶。通过调节酶的作用，使机体既不会造成某些代谢产物的不足或过剩，也不会造成某些底物的缺乏或积聚。这就是说，生物体内各种代谢物的含量基本上是保持恒定的。总之，代谢调节的实质，就是把体内的酶组织起来，在统一的指挥下，互相协作，以便使整个代谢过程适应生理活动的需要。

一、物质代谢调节的生理意义

　　物质代谢是生命现象的基本特征，是生命活动的物质基础。动物体是一个有机的整体，

各种物质代谢是由许多连续的和相关的代谢途径所组成，在正常情况下，各种代谢途径几乎全部按照生理的需求，有节奏、有规律地进行，同时，为适应体内外环境的变化，及时地调整反应速率，保持整体的动态平衡。可见，体内物质代谢是在严密的调控下进行的。因此，代谢调节的意义在于：

① 代谢调节能使生物体适应其生长发育的内外环境变化，在正常的机体中，代谢过程总是与机体的生长发育和外界环境相适应；

② 代谢的调节按经济原则进行，各种物质的代谢速率根据机体的需要随时改变，各种代谢产物既满足需要又不会过剩。

二、物质代谢调节的基本方式

代谢调节机制普遍存在于生物界，是生物在长期进化过程中逐步形成的一种适应能力。进化程度越高的生物，其代谢调节的机制越复杂。物质代谢调节的基本方式有以下三种。

① 单细胞的微生物受细胞内代谢物浓度变化的影响，改变其各种相关酶的活性和酶的含量，从而调节代谢的速度，这是细胞水平的代谢调节，是生物体在进化上较为原始的调节方式。

② 较复杂的多细胞生物，出现了内分泌细胞。高等动物则出现了专门的内分泌器官，这些器官所分泌的激素可以对其他细胞发挥代谢调节作用。激素可以改变某些酶的催化活性或含量，也可以改变细胞内代谢物的浓度，从而影响代谢反应的速率，这称为激素水平的调节。

③ 高等动物不仅有完整的内分泌系统，而且还有功能复杂的神经系统。在中枢神经的控制下，或者通过神经递质对效应器直接发生影响，或者通过改变某些激素的分泌，来调节某些细胞的功能状态，并通过各种激素的互相协调而对整体代谢进行综合调节，这种调节即称为整体水平的调节。

激素水平的调节和整体水平的调节是较高级的调节方式，但仍以细胞水平调节为基础。

变构效应　　动画扫一扫

第二节　细胞水平的代谢调节

细胞水平调节主要是通过细胞内代谢物浓度的改变来调节酶促反应的速率，以满足机体的需要，所以细胞水平调节也称为酶水平调节或分子水平调节。细胞水平调节主要包括酶的定位调节、酶活性的调节和酶含量的调节三种方式，其中以酶活性的调节最为重要。

一、酶的定位调节

从物质代谢过程中可知，酶在细胞内是隔离着分布的。代谢上有关的酶，常组成一个酶体系，分布在细胞的某一组分中，例如糖酵解酶系和糖原合成、分解酶系存在于胞液中；三羧酸循环酶系和脂肪酸 β-氧化酶系定位于线粒体；核酸合成的酶系则绝大部分集中在细胞核内。这样的酶的隔离分布为代谢调节创造了有利条件，使某些调节因素可以较为专一地影响某一细胞组分中的酶的活性，而不致影响其他组分中的酶的活性，从而保证了整体反应的有序性。酶在细胞内的区域化分布见表10.1。

表 10.1　酶在细胞内的区域化分布

细胞器	主要酶及代谢途径
胞浆	糖酵解途径、磷酸戊糖途径、糖原分解、脂肪酸合成、嘌呤和嘧啶的降解、肽酶、转氨酶、氨酰合成酶
线粒体	三羧酸循环、脂肪酸 β 氧化、氨基酸氧化、脂肪酸链的延长、尿素生成、氧化磷酸化作用
溶酶体	溶菌酶、酸性磷酸酶、水解酶、蛋白酶、核酸酶、葡萄糖苷酶、磷酸酯酶、脂肪酶、磷脂酶及磷酸酶
内质网	NADH 及 NADPH 细胞色素 C 还原酶、多功能氧化酶、6-磷酸葡萄糖磷酸酶、脂肪酶、蛋白质合成途径、磷酸甘油酯及三酯甘油合成、类固醇合成与还原
高尔基体	转半乳糖苷基及转葡萄糖苷基酶、5-核苷酸酶、NADH 细胞色素 C 还原酶、6-磷酸葡萄糖磷酸酶
过氧化体	尿酸氧化酶、D-氨基酸氧化酶、过氧化氢酶、长链脂肪酸氧化
细胞核	DNA 与 RNA 的合成途径

二、酶的活性调节

酶的活性调节是细胞内一种快速调节方式，一般在数秒或数分钟内即可发生。这种调节是通过激活或抑制体内原有的酶分子来调节酶促反应速率的，是在温度、pH、作用物和辅酶等因素不变的情况下，通过改变酶分子的构象或对酶分子进行化学修饰来实现酶促反应速率的迅速改变。

（一）变构调节

1.变构调节的概念

某些物质能与酶分子上的非催化部位特异地结合，引起酶蛋白的分子构象发生改变，从而改变酶的活性，这种现象称为酶的变构调节或称别位调节。受这种调节作用的酶称为别构酶或变构酶，能使酶发生变构效应的物质称为变构效应剂；如变构后引起酶活性的增强，则此效应剂称为激活变构剂或正效应物；反之则称为抑制变构剂或负效应物。变构调节在生物界普遍存在，它是动物体内快速调节酶活性的一种重要方式。某些代谢途径的变构效应剂见表 10.2。

表 10.2　糖和脂肪代谢酶系中某些变构酶及其变构效应剂

代谢途径	变构酶	激活变构剂	抑制变构剂
糖氧化分解	己糖激酶		G-6-P
	磷酸果糖激酶	AMP、ADP、FDP、Pi	ATP、柠檬酸
	丙酮酸激酶	FDP	ATP、乙酸 CoA
	异柠檬酸脱氢酶	AMP	ATP、长链脂酰 CoA
	柠檬酸合成酶	ADP、AMP	ATP
糖异生	果糖-1,6-二磷酸酶		AMP
	丙酮酸羟化酶	乙酰 CoA、ATP	
脂肪酸合成	乙酰 CoA 羟化酶	柠檬酸、异柠檬酸	长链脂酰 CoA

由表 10.2 可知，效应物一般是有机小分子化合物，有的是底物，有的是非底物物质。在细胞内，变构酶的底物通常是它的变构激活剂，代谢途径的终产物通常是它的变构抑制剂。变构调节效应如图 10.1 所示。

2.变构调节的机理

能受变构调节的酶，常常是由两个以上亚基组成的聚合体。有的亚基与作用物结合，起催化作用，称为催化亚基；有的亚基与变构剂结合，发挥调节作用，称为调节亚基。但也可在同一亚基上既存在催化部位又存在调节部位。变构剂与调节亚基（或部位）间是非共价键

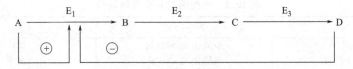

图 10.1　变构调节效应

A—原始底物；B、C—中间产物；D—终产物；E$_1$，E$_2$，E$_3$—催化 A、B、C 的不同酶，

其中 E$_1$ 是异促变构酶，D 是 E$_1$ 的变构抑制剂，A 是 E$_1$ 的变构激活剂

的结合，结合后改变酶的构象，从而使酶活性被抑制或激活。

　　下面以果糖-1,6-二磷酸酶为例阐述这一过程。果糖-1,6-二磷酸酶是由四个结构相同的亚基所组成，每个亚基上既有催化部位也有调节部位。在催化部位上能结合一分子 FDP，在调节部位上能结合一分子变构剂。此酶有两种存在形式，即紧密型（T 型、高活性）与松弛型（R 型、低活性）。AMP 是此酶的抑制变构剂。当酶处于 T 型时，因其调节部位转至聚合体内部而难以与 AMP 结合，故对 AMP 不敏感而表现出较高的活性。在第一个 AMP 分子与调节部位结合后，T 型逐步转变成 R 型，各亚基构象相继发生改变，调节部位相继暴露，与 AMP 的亲和力逐步增加，酶的活性逐渐减弱，这就是果糖-1,6-二磷酸酶由紧密型变成松弛型的变构过程。抑制变构剂促进高活性型至低活性型的转变，激活变构剂则促进低活性型至高活性型的转变。这一变构过程是可逆的，如图 10.2 所示。图中 3-磷酸甘油醛和脂肪酸-载体蛋白可使低活性型转变为高活性型。

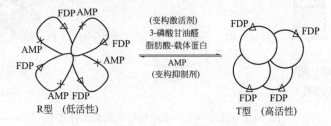

图 10.2　果糖-1,6-二磷酸酶的变构过程

△—酶亚基上的催化部位；×—酶亚基上的调节部位；FDP—果糖-1,6-二磷酸

3. 变构调节的生理意义

　　变构效应在酶的快速调节中占有特别重要的地位。代谢速率的改变，常常是由于影响了整条代谢通路中催化第一步反应的酶或整条代谢反应中限速酶的活性而引起的。这些酶往往受到一些代谢物的抑制或激活，这些抑制或激活作用大多是通过变构效应来实现的。因而，这些酶的活力可以极灵敏地受到代谢产物浓度的调节，这对机体的自身代谢调控具有重要的意义。

（二）共价修饰调节

1. 共价修饰调节的概念

　　酶分子肽链上的某些基团可在另一种酶的催化下发生可逆的共价修饰，或通过可逆的氧化还原互变使酶分子的局部结构或构象产生改变，从而引起酶活性的改变，这个过程称为酶的共价修饰调节。如磷酸化和去磷酸化，乙酰化和去乙酰化，腺苷化和去腺苷化，甲基化和去甲基化以及—SH 基和—S—S—基互变等，其中磷酸化和去磷酸化作用在物质代谢调节中最为常见，也是真核生物酶共价修饰调节的主要形式。表 10.3 列出了一些酶的共价修饰调节的实例。

表 10.3　一些酶的共价修饰调节

酶　类	反应类型	效　应
糖无磷酸化酶	磷酸化/去磷酸化	激活/抑制
磷酸化酶 b 激酶	磷酸化/去磷酸化	激活/抑制
磷酸化酶磷酸酶	磷酸化/去磷酸化	抑制/激活
糖原合成酶	磷酸化/去磷酸化	抑制/激活
丙酮酸脱羟酶	磷酸化/去磷酸化	抑制/激活
脂肪酶（脂肪细胞）	磷酸化/去磷酸化	激活/抑制
谷氨酰胺合成酶（大肠杆菌）	腺苷化/去腺苷化	抑制/激活
黄嘌呤氧化（脱氢）酶	—SH/—S—S—	脱氢/氧化

2. 酶共价修饰的机理

　　肌肉糖原磷酸化酶的酶促化学修饰是研究得比较清楚的一个例子。该酶有两种形式，即无活性的磷酸化酶 b 和有活性的磷酸化酶 a。磷酸化酶 b 在酶的催化下，使每个亚基分别接受 ATP 供给的一个磷酸基团，转变为磷酸化酶 a，后者具有高活性。两分子磷酸化酶 a 二聚体可以再聚合成活性较低的磷酸化酶 a 四聚体，如图 10.3 所示。

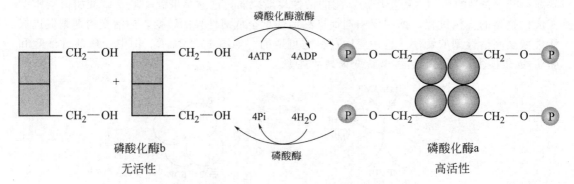

图 10.3　肌肉糖原磷酸化酶的共价修饰作用

3. 共价修饰的特点

　　酶的共价修饰调节可在激素的作用下产生级联放大的效应，即少量的调节因素就可使大量的酶分子发生共价修饰，因此，催化效率高。同时，酶的共价修饰调节耗能少，是一种经济有效的调节方式。

三、酶的含量调节

　　除通过改变酶分子的结构来调节细胞内原有酶的活性外，生物体还可通过改变酶的合成或降解速率以控制酶的绝对含量来调节代谢。但酶蛋白的合成与降解需要消耗能量，所需时间和持续时间都较长，故酶含量的调节属迟缓调节。

（一）酶蛋白合成的诱导和阻遏

　　酶的底物或产物、激素以及药物等都可以影响酶的合成。一般将加强酶合成的化合物称为诱导剂，减少酶合成的化合物称为阻遏剂。诱导剂和阻遏剂可在转录水平或翻译水平上影响蛋白质的合成，但以影响转录过程较为常见。这种调节作用要通过一系列蛋白质生物合成的环节，故调节效应出现较迟缓。但一旦酶被诱导合成，即使除去诱导剂，酶仍能保持活性，直至酶蛋白降解完毕。因此，这种调节的效应持续时间较长。

1. 底物对酶合成的诱导作用

受酶催化的底物常常可以诱导该酶的合成，此现象在生物界普遍存在。

2. 产物对酶合成的阻遏

代谢反应的终产物不但可通过变构调节直接抑制酶体系中的关键酶或起催化起始反应作用的酶，有时还可阻遏这些酶的合成。

3. 激素对酶合成的诱导作用

激素是高等动物体内影响酶合成的最重要的调节因素。糖皮质激素能诱导一些氨基酸分解代谢中起催化起始反应作用的酶和糖异生途径关键酶的合成，而胰岛素则能诱导糖酵解和脂肪酸合成途径中的关键酶的合成。

4. 药物对酶合成的诱导作用

很多药物和毒物可促进肝细胞微粒体中单加氧酶或其他一些药物代谢酶的诱导合成，从而促进药物本身或其他药物的氧化失活，这对防止药物或毒物的中毒和蓄积有着重要的意义。

（二）酶蛋白降解的调节

细胞内酶的含量也可通过改变酶分子的降解速率来调节。酶蛋白受细胞内溶酶体中蛋白水解酶的催化而降解，因此，凡能改变蛋白水解酶活性或蛋白水解酶在溶酶体内分布的因素，都可间接地影响酶蛋白的降解速率。目前认为，通过酶降解以调节酶含量的作用的重要性不如酶的诱导和阻遏作用。

第三节　激素对物质代谢的调节

细胞的物质代谢反应不仅受到局部环境的影响，即各种代谢底物和产物的正、负反馈调节，而且还受来自机体其他组织器官的各种化学信号的控制，激素就属于这类化学信号。激素是一类由特殊的细胞合成并分泌的化学物质，它随血液循环于全身，作用于特定的组织或细胞（称为靶组织或靶细胞），引导细胞物质代谢沿着一定的方向进行。同一激素可以使某些代谢反应加强，而使另一些代谢反应减弱，从而适应整体的需要。通过激素来控制物质代谢是高等动物体内代谢调节的一种重要方式。

一、激素通过细胞膜受体的调节

20 世纪 50 年代初期，Sutherland 在实验中发现，肝细胞组织切片若加入肾上腺素，可以加速肝糖原分解为葡萄糖；测定磷酸化酶（分解肝糖原的酶），发现其活性增加。因此他认为，磷酸化酶是肝糖原分解的限速酶，肾上腺素能激活此酶。但是，若用纯化的磷酸化酶与肾上腺素一起温育，后者对酶则没有激活作用。由此可知，肾上腺素激活磷酸化酶是一间接过程，需要肝细胞中其他物质的协助。后来的实验证实，肾上腺素首先与细胞膜上的特异性受体结合，激活 G 蛋白，G 蛋白再激活膜上的腺苷酸环化酶，后者使细胞内 ATP 转变为 cAMP，而 cAMP 可再使胞浆中的磷酸化酶 b 转变为磷酸化酶 a。由于肾上腺素并不进入细胞，其作用是通过细胞内 cAMP 传递的，因此将 cAMP 称为细胞内信使或激素的第二信使。激素调节糖原代谢的连续激活反应见图 10.4。

多数激素可使 cAMP 的生成加速，少数激素则可以降低细胞内 cAMP 的浓度。大部分肽类激素，包括胰高血糖素、甲状旁腺素、降钙素、抗利尿激素和催产素等以及儿茶酚胺类

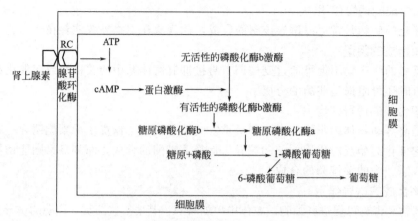

图 10.4 激素调节糖原代谢的连续激活反应

激素均可通过相应的受体激活靶细胞膜上的腺苷酸环化酶，从而使胞内 cAMP 的浓度增加。

二、激素通过细胞内受体的调节

非膜受体激素包括类固醇激素、前列腺素、甲状腺素、活性维生素 D 及视黄醇。这些激素可透过细胞膜进入细胞，与其胞核内的特异性受体结合，引起受体的构象变化。然后激素-受体复合物共同形成二聚体，作为转录因子，与 DNA 上特异基因邻近的激素反应元件结合。由此使邻近基因易于（或难于）被 RNA 聚合酶转录，以促进（或阻止）这些基因的 mRNA 合成。受该激素调节的基因产物（酶或蛋白质）的合成因而增多（或减少）。随着酶的诱导生成（或阻遏），即可产生代谢效应。激素通过细胞内受体的调节途径见图 10.5。

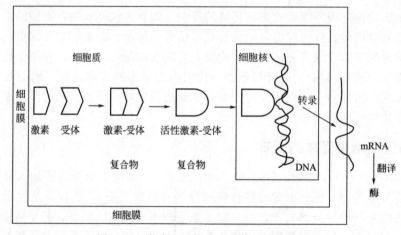

图 10.5 激素通过细胞内受体的调节途径

 知识链接 ··

甲状腺激素与能量代谢

甲状腺激素是调节能量代谢的重要激素，能通过诱导 Na^+、K^+-ATP 酶的基因表达以促进氧化磷酸化，同时它还能激活一些细胞线粒体内的解耦联蛋白，使生物氧化释放的能量不能用于合成 ATP，而以热量的形式散发，因此甲状腺功能亢进症患者会出现身体乏力并伴随多汗、发热。甲状腺激素对物质代谢有广泛的影响，包括合成代谢和分解代谢。生理浓度的甲状腺激素对合成代谢和分解代谢都有促进作用，但高浓度的甲状腺激素对分解代谢促进作用更强。因此，甲状腺功能亢进症患者虽然食欲很好，但会出现身体消瘦、体重减轻等症状。但如果甲状腺激素浓度偏低则会导致能量代谢减弱、产热减少，生长发育迟缓。

第四节　物质代谢的整体调节

　　机体内各种组织器官和细胞在功能上都不会独立于整体之外，而是处于一个严密的整体系统中。一个组织可以为其他组织提供底物，也可以代谢来自其他组织的物质。这些器官之间的相互联系是依靠神经-内分泌系统的调节来实现的。神经系统可以释放神经递质来影响组织中的代谢，又能影响内分泌腺的活动，改变激素分泌的状态，从而实现机体整体的代谢协调和平衡。

　　比如，在早期饥饿时，血糖浓度有下降趋势，这时肾上腺素和糖皮质激素的调节占优势，促进肝糖原分解和肝脏糖原异生功能，在短期内维持血糖浓度的恒定，以供给脑组织和红细胞等重要组织对葡萄糖的需求。若饥饿时间继续延长，则肝糖原被消耗殆尽，这时糖皮质激素也参与发挥调节作用，促进肝外组织蛋白分解为氨基酸，便于肝脏利用氨基酸、乳酸和甘油等物质生成葡萄糖，这在一定程度上维持了血糖浓度的恒定；这时，脂肪代谢也加强，分解为甘油和脂肪酸，肝脏将脂肪酸分解生成酮体，酮体在此时是脑组织和肌肉等器官重要的能量来源。在饱食情况下，胰岛素发挥重要作用，它促进肝脏合成糖原和将糖转变为脂肪，抑制糖异生；胰岛素还促进肌肉和脂肪组织的细胞膜对葡萄糖的通透性，使血糖容易进入细胞，并被氧化利用。

本章小结

　　动物机体代谢的目的是为机体的生理活动供应所需的 ATP、还原力（NADPH＋H$^+$）和生物合成的小分子。动物机体是一个统一的整体，各种物质代谢彼此之间密切联系、相互影响。

　　恒态是动物机体代谢的基本状态，代谢调节的目的是维持恒态，其实质是对代谢途径中酶的调节。动物调节代谢在细胞、激素和整体 3 个水平上进行，细胞水平是最基本的调节方式，主要通过酶的区室化、变构作用、共价修饰对关键酶的活性进行调节以及对酶量进行控制。调节代谢的细胞机制是激素、神经递质等信号分子与细胞膜上的或细胞内的特异受体结合将代谢信息传递到细胞的内部，以实现对细胞内酶的活性或酶蛋白基因表达的调控。

复习思考题

一、名词解释

　　限速酶　变构调节　整体水平的调节　酶的共价修饰调节

二、填空题

1.物质代谢调节的方式可分为_____、_____、_____三种。

2._____是细胞内一种快速调节方式，一般在数秒或数分钟内即可发生，_____属迟缓调节。

3.能使酶发生变构效应的物质称为_____；如变构后引起酶活性的增强，则此效应剂称为_____；反之则称为_____。

4.共价修饰调节的方式主要有_____、_____、_____以及_____和_____等，其中_____作用在物质代谢调节中最为常见。

5.肾上腺素首先与_____结合，激活_____，_____再激活膜上的_____，后者使细胞内_____转变为_____，而_____可再使胞浆中的磷酸化酶 b 转变为磷酸化酶 a。

三、简答题

1.代谢调节有何生理意义？

2.以果糖-1,6-二磷酸酶为例阐述变构调节的机理。

3.举例说明激素怎样通过膜受体和细胞内受体调节细胞代谢。

第十一章
水和无机盐代谢

 知识目标

- 熟悉体液的组成与分布；
- 了解影响钙磷代谢的因素；
- 了解几种常见微量元素的分布与功能。

　　水和无机盐是动物体内的无机物质。无机物在动物各种生命活动中都起着非常重要的作用，它参与机体物质的摄取、转运、排泄及代谢反应等过程。

　　动物体内的无机盐主要来自饲料，占动物体重的 $3\%\sim4\%$。无机盐以两种形式存在于体内，一种是沉积于骨骼和牙齿中的晶体，另一种是分布于体液中的电解质，如钙、磷、钾、钠、氯和镁等。各种元素在动物体内的生物学功能各不相同，但对生命活动都是非常重要的。

第一节　体液

　　水和无机盐是机体维持体液平衡的重要物质。体液是指存在于动物体内的水和溶解于水中的各种物质（如无机盐、葡萄糖、氨基酸、蛋白质等）所组成的一种液体。机体需通过一定的调节机制来维持体液的容量、电解质浓度和酸碱度的相对恒定，以保证其正常的物质代谢和生命活动。然而，外界环境条件的改变以及疾病的影响，也常会引起水和无机盐代谢的紊乱，使体液平衡和酸碱平衡遭到破坏，出现脱水、缺盐和酸碱中毒等一系列变化，影响机体的正常机能活动，严重时可危及生命。

一、体液的含量与分布

　　体液由水及溶解在其中的电解质、低分子有机化合物和高分子蛋白质等组成。作为特殊溶剂的水，在体内含量最大。正常成年动物体内所含的水量是相当恒定的，但可因品种、性别、年龄和个体的营养状况不同而有所不同。一般来说，成年动物体内总含水量相当于体重的 $55\%\sim65\%$，早期发育的胎儿含水量可高达 90% 以上，初生幼畜在 80% 左右。肥胖的动物由于脂肪含量较多，比瘦的动物含水量少。例如，瘦牛的含水量约占体重的 70%，但很肥的牛其含水量仅占体重的 40% 左右。动物机体的含水量一般随年龄和体重的增加而减少。

体液在体内可划分为两个分区，即细胞内液和细胞外液，它们是以细胞膜隔开的。细胞内液是指存在于细胞内的液体，它约占体重的50%。细胞外液是指存在于细胞外的液体，约占体重的20%。细胞外液又可分为两个主要的部分，即存在于血管内的血浆和血管外的组织间液，它们是用血管壁分开的。血浆约占体重的5%，组织间液约为体重的15%。这种分区如图11.1所示。消化道、尿道等中的液体也都属于细胞外液，但由于这

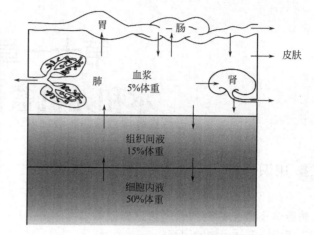

图 11.1　体液的分区图解

些液体量少而很不恒定，性质与血浆和组织间液也很不相同，因而在讨论细胞外液的性质时，一般不把它们考虑在内。

二、体液的电解质分布

（一）体液电解质的组成特点

体液中除了作为重要溶剂的水之外，还含有葡萄糖、尿素等非电解质和多种电解质。细胞内液和细胞外液电解质的组成差异极大，存在着典型的不平衡，而在细胞外液的两大部分（血浆与细胞间液）之间，电解质组成只有很小的差别。体液组成的定量分析对于细胞外液较易进行，因为采取一定量的血液或细胞间液不太困难，一般以血清作样品就可以分析细胞外液的组成。如果对活体各组织的细胞内液进行测定就相当困难。

1.细胞外液的组成

血浆和组织间液的无机盐含量基本相同，其主要差异是血浆中的蛋白质含量比组织间液中高很多。这说明蛋白质不易透过毛细血管壁，而其他电解质和较小的非电解质都可自由透过。在细胞外液中含量最多的阳离子是 Na^+，阴离子则以 Cl^- 和 HCO_3^- 为主，且阳离子和阴离子总量相等，说明其为电中性。

正常动物细胞外液的化学组成和物理化学性状是相当恒定的，这是动物健康生存的必需条件。我们知道，生命起源于海洋，至今动物的所有细胞都仍浸浴在（即生活在）细胞外液之中，它是每个细胞生活的环境，称之为机体的内环境。这是与整个动物所处的环境（称为外环境）相对而言的。只有当机体内环境的化学组成和物理化学性质维持在正常恒定的范围之内时，每个细胞才能进行正常的生命活动。而只有当所有细胞的生命活动正常时，动物才能健康生存。否则，如果内环境发生了改变，则细胞的代谢将发生紊乱，必将引起动物发生病变，甚至导致死亡。由此可见，机体的内环境恒定是非常重要的。尽管动物的外环境千变万化，这种变化以及细胞代谢本身不断地影响着机体的内环境，使之发生改变。但在正常情况下，动物是能够通过它的调节机能来保持其内环境恒定的。但是当这种变化太大，超出了动物调节的能力，或是调节机能失常时，内环境就会发生改变，从而引起动物的各种病变。研究水与无机盐代谢的重要内容之一，就是研究机体如何调控其细胞外液的各种化学成分和物理化学性状保持恒定，以及失常的原因。当机体内环境失常时，就要设法纠正。

2. 细胞内液的组成

当前对于细胞内液组成的了解，远不如对细胞外液那样清楚和完整。其主要原因有：目前还没有完善的方法测定细胞内液中电解质的浓度；不同动物细胞内液的组成很可能不同，因而用实验动物所测的结果不一定符合各种动物的情况；具有不同结构和功能的组织细胞其细胞内液的化学组成很可能不相同；同一细胞内不同部位的电解质浓度也是不相同的。这种差异是由生物泵机能、激素、神经肌肉活动等生物学现象决定的，因而把细胞内液视为一个笼统的概念也应重新考虑。

比较细胞内液和细胞外液的化学成分是很不相同的。首先是细胞内的蛋白质含量很高，它是细胞内液中的主要阴离子之一。在无机盐方面，细胞内液的主要阳离子是 K^+，其次是 Mg^{2+}，而 Na^+ 则很少。由此可见，细胞内液和细胞外液之间在阳离子方面的突出差异是 Na^+、K^+ 浓度的悬殊。并已知这种差异是许多生理现象所必需的，因而必须维持。细胞内液的主要阴离子是蛋白质和磷酸根。Cl^- 虽然是细胞外液中的主要阴离子，但在细胞内液中几乎不存在。细胞内液和细胞外液中成分的这些差异表明，细胞膜是不允许绝大多数物质自由通过的。此外，体液中的各种成分因不同的品种，同一品种的不同个体，以及同一个体的不同部位，甚至测定的时间不同都会有所差异。

（二）体液中电解质浓度的表示方法

由于体液的容量和组成不是静止不变，而是经常在变动中维持相对恒定的一种动态平衡。因此，要了解体液容量及其中电解质浓度的变动及特点，必须对体液容量及其电解质浓度有一个统一的计量标准。过去多用每百毫升中所含某物质的质量（g 或 mg）来表示，这种表示方法对有些物质（例如葡萄糖等）来说，现在虽然仍在使用，但是在研究各种电解质含量时，则不适用，现在逐渐由其他浓度表示方法所代替。这是因为百分浓度不能表示出这些物质在起生理作用时的相对关系，因而反映不出它们在体液中的生理意义。现在常用的浓度表示方法有两种，即物质的量浓度（mol/L 或 mmol/L）和渗透浓度（mOsm/L，mOsm 读作毫渗量）。

体液的渗透压在体液平衡中具有重要的作用。因此，为了表示各种物质在体液中所起的渗透压作用，常用渗透浓度，即每升溶液中所含该物质的毫渗透量（简称毫渗量）来表示。一种溶液的渗透压大小是由单位容积中溶质有效粒子数目的多少决定的，而与溶质粒子的大小和价数等性质无关，所以溶质的毫渗量（mOsm）和物质的量（以 mmol 表示）是相等的。对于在溶液中的非电解质溶质来说，1mOsm 就等于 1mmol，而与分子的大小、质量等无关。对于溶液中的电解质，则 1mOsm 即等于 1mmol 离子，与离子的荷电性质或荷电量无关。例如，1mmol 的 NaCl 在溶液中因能电离成各 1mmol 的 Na^+ 和 Cl^-，因此它相当于 2mOsm；1mmol 的 $CaCl_2$，因能电离成 1mmol Ca^{2+} 和 2mmol Cl^-，故相当于 3mOsm。所以在相同容积的溶液中，一个 Na^+、一个 Ca^{2+}、一个葡萄糖分子或一个蛋白质分子，尽管它们的大小、重量和电荷的性质或数目各不相同，但却产生相同的渗透压。

三、体液的交换

在动物的生命过程中，各种营养物质不断地经过血浆到细胞间液，再进入细胞。细胞代谢的产物以及多余的物质也不断地进入细胞间液，再经过血液进入其他细胞或排出体外。这说明为了维持生命活动，体液各分区的成分必须不断地穿过毛细血管壁和细胞膜进行交流。

1. 血浆和组织间液的交流

物质在血浆和组织间液之间的交流需要穿过毛细血管壁。毛细血管壁虽然不允许蛋白质自由穿过（不是绝对的），但水和其他溶质则可自由通过。因此水和其他溶质在这两个部分间的交流主要靠自由扩散，即各种溶质由高浓度一方向低浓度一方扩散，水则由低渗一方向高渗一方扩散，直至平衡为止。正是因为这样，使得血浆中各种物质的浓度与组织间液基本相同，只是血浆中蛋白质的浓度高于组织间液。由于血浆中的蛋白质浓度所产生的胶体渗透压是有效的，而其他溶质都能自由透过毛细血管壁，不产生有效的渗透压，所以血浆的渗透压大于组织间液，成为组织间液流向血管内的力量。与之相反的力量是血管内的水静压，它使血管内的液体流向血管外。在毛细血管的动脉端，水静压大于血浆的胶体渗透压，使体液向血管外流动；在毛细血管的静脉端，则水静压小于血浆的胶体渗透压，于是体液向血管内流动，这是血浆和组织间液交流的另一个方式。此外淋巴循环也有一定作用。

2. 组织间液和细胞内液的交流

　　物质在组织间液和细胞内液的交流需要通过细胞膜。细胞膜只允许水、气体和某些不带电荷的小分子自由通过；而蛋白质则只能少量通过，有时甚至完全不能通过；无机离子，尤其是阳离子一般不能自由通过，这是造成细胞内液和细胞外液中的成分差异很大的原因。然而生命活动需要各种物质不断地在这两个分区之间进行交流。已知细胞膜有主动转运物质的机能，它能使一些物质由低浓度向高浓度方向转运。例如，细胞膜上的 Na^+-K^+ 泵（又称 Na^+-K^+-ATP 酶）就是在消耗能量的基础上把 K^+ 摄入细胞内，把 Na^+ 排出细胞外，以保持细胞内外 Na^+、K^+ 浓度的巨大差异。许多营养物质也靠主动转运摄入细胞内。另外，在细胞膜上还有转运各种离子的穿膜孔道，这些孔道随着生理条件的不同而时开时闭，开时则离子可顺浓度梯度转运，闭时则不能转运。例如，当神经冲动传来时，神经和肌肉细胞膜上的 Na^+ 穿膜孔道和 K^+ 穿膜孔道开放，于是 Na^+ 通过其孔道进入细胞，K^+ 则通过其孔道由细胞逸出。关于水的转移主要取决于细胞内外的渗透压，当细胞内外的渗透压发生差异时，靠水的转移来调节，以维持细胞内外的渗透压相等。由于细胞外液的渗透压主要取决于其中钠盐的浓度，所以水在细胞内外的转移主要取决于细胞内外 K^+、Na^+ 的浓度。例如，当饮水后，水首先进入细胞外液，使细胞外液 Na^+ 的浓度降低，从而降低了细胞外液的渗透压，于是水进入细胞，至细胞内外的渗透压相等为止。反之，当细胞外液的水减少或 Na^+ 增多时，则细胞外液的渗透压升高，于是水由细胞内转向细胞外。总之，各种物质进出细胞的机制比较复杂，它受到细胞代谢和多种生理功能的调控，许多机制目前还不清楚。进一步研究这些机制，将有助于我们深入理解许多生理和病理现象。

第二节　水平衡

一、水的生理功能

　　水是机体含量最多的成分，也是维持机体正常生理活动的必需物质，动物生命活动过程中许多特殊生理功能都有赖于水的存在。

　　水是机体代谢反应的介质，机体要求水的含量适当，才能促进和加速化学反应的进行，水本身也参与许多代谢反应，如水解和加水（水合）等反应过程；营养物质进入细胞以及细胞代谢产物运至其他组织或排出体外，都需要有足够的水才能进行；水的比热值大，流动性也大，所以水能起到调节体温的作用；此外，水还具有润滑作用。

二、水的来源与去路

正常生理状况下，动物体内的含水总量经常保持相对恒定，这种恒定依赖于体内水分的来源和去路之间的动态平衡。

（一）水的摄入

动物体内水的来源有三条途径，即饮水、饲料中的水和代谢水。

饮水和饲料中的水是体内水的主要来源，其次是营养物质在体内氧化所产生的水（即代谢水）。在一般情况下，动物从饲料摄入的水和代谢产生的水可不受体内水含量多少的影响。但是饮水的摄入量则与前两种水不同，一方面饮水量比其他水的来源大，更重要的是饮水量的多少是受丘脑下部渴中枢的调节。因此，饮水在动物体内水的来源中占有极重要的地位。

（二）水的排出

1. 从体表蒸发及流失

该途径排出的水包括皮肤蒸发及随呼气排出的水，如马每日排水量可达 8.5L。在天气炎热、重役或体温升高等情况下，可通过汗液流失大量的水分。由该途径排出的水很少受体内水含量的影响，但这是调节体温所必需的。

2. 随粪排出

动物种类不同，由该途径排出的水量是不同的。如猫、狗、绵羊等动物由粪中排出的水量很少，而牛、马由粪中排出的水量则是很大的。泌乳期奶牛每天由粪中排出 19L 的水，马约为 14L 水。在正常情况下，任何动物由粪中的排水量是不受体内水含量影响的。

3. 随尿排出

肾脏是排出体内水分的重要器官，它的排尿量是受垂体后叶分泌的抗利尿激素控制的，而抗利尿激素的分泌又为血浆渗透压所控制。动物通过肾脏随尿排出的水量，可因动物的种类、水的摄入量、废物的产量以及动物浓缩尿的能力等不同而有很大的变化。虽然动物的排尿量没有高限，但都有一个最低排尿量。这是为使代谢废物（主要是尿素）必须呈溶解状态才能排出体外之故。

4. 泌乳动物由乳中排出

泌乳动物经乳腺可排出大量水分。在泌乳期间，体内水分平均 3%～6% 经由乳汁排出。这时，肾脏重吸收水分的活动常明显增强。

不管体内水含量的情况如何，动物正常总是要从粪中和不感觉蒸发丢掉一定量的水，这个数量再加上最低排尿量就是临床上所说的"生理需水量"。正常成年动物每天摄入的水量和排出的水量相等，保持动态平衡，称为水平衡。水平衡的维持主要是通过控制饮水量和尿量而实现的。奶牛在一般情况下的每日水平衡情况见表 11.1。

表 11.1　奶牛在一般情况下的每日水平衡　　　　　　　　　　单位：L

平　　衡		不泌乳的	泌乳的
摄入	饮水	26	51
	饲料水	1	2
	代谢水	2	3
	总计	29	56

平　　　衡		不泌乳的	泌乳的
排出	粪	12	19
	尿	7	11
	不感觉失水	10	14
	乳	0	12
	总计	29	56

第三节　无机盐代谢

一、无机盐的生理功能

机体内电解质主要指无机盐类。在机体的化学组成中，无机盐占体重的 5% 左右，大部分以结晶形式构成骨盐，少部分以电解质形式溶于体液。体液中电解质的种类和浓度对维持机体内环境恒定有十分重要的作用。

1. 维持体液酸碱平衡

体液中的一些弱酸及其盐类如 $NaHCO_3/H_2CO_3$、Na_2HPO_4/NaH_2PO_4 等是组成血液缓冲系统的成分，在调节体液酸碱平衡中起重要作用。

2. 维持神经肌肉的应激性

神经应答、肌肉收缩都要求体液中各种电解质离子浓度维持在一定比例范围内。当血中 K^+、Na^+ 含量增高时，神经肌肉应激性增高；当 K^+、Na^+ 浓度降低时，神经肌肉的应激性降低。Ca^{2+}、Mg^{2+} 的作用相反，Ca^{2+}、Mg^{2+} 含量升高时，神经肌肉应激性反而降低；而 Ca^{2+}、Mg^{2+} 含量降低时，神经肌肉应激性增高。各种离子对心肌的影响与肌肉不同，K^+ 对心肌有抑制作用，而 Na^+、Ca^{2+} 对 K^+ 有颉颃作用。

3. 维持体液渗透压平衡

Na^+、Cl^- 是维持细胞外液渗透压的主要离子，而 K^+、HPO_4^{2-} 是维持细胞内液渗透压的主要离子。当这些电解质浓度改变时，细胞内外渗透压也发生改变，而影响体内水的分布。

4. 维持细胞正常的新陈代谢

(1) 是酶的辅助因子或激活剂　如细胞色素氧化酶中的铜、碳酸酐酶中的 Zn^{2+}、激酶类中的镁是辅助因子，而淀粉酶的激活剂是 Cl^- 等。

(2) 参与或影响物质代谢　糖原合成、蛋白质合成需要 K^+ 参加；而在糖原分解和蛋白质分解时，则有 K^+ 的释放。Na^+ 参与小肠对葡萄糖的吸收。Mg^{2+} 参加蛋白质合成等都说明无机盐与物质代谢的紧密关系。

二、钠、钾、氯的代谢

（一）钠的代谢

1. 分布与生理功能

体内的钠一半左右在细胞外液中，其余大部分存在于骨骼中，因此可以认为骨钠是钠的贮存形式。当体内缺钠时，一部分骨钠可被动员出来以维持细胞外液中钠含量的恒定。由于细胞外液中的 Na^+ 占阳离子总量的 90% 左右，Cl^- 的含量与 Na^+ 有平行关系，所以 Na^+ 和

Cl^- 所引起的渗透压作用占细胞外液总渗透压的 90％左右。这说明 Na^+ 是维持细胞外液渗透压及其容量的决定因素。此外，Na^+ 的正常浓度对维持神经肌肉正常兴奋性也有重要作用。

2. 摄入与排出

体内的钠主要从饲料中摄入，并易于吸收。因植物中含钠很少，因此在饲养家畜时，一般要在饲料中添加食盐（NaCl）。Na^+ 的需要量是受体内排出量控制的，钠的排出主要通过肾脏随尿排出。肾脏的排钠是受肾上腺皮质分泌的醛固酮严格控制的，并使之维持在正常阈值内（110～130mmol/L 血浆）。所以肾脏对钠的排出具有高效的调节功能。在正常情况下，尿中钠的排泄与其摄入量大致相等。当血浆中的钠浓度低于阈值时，则尿中不再排钠。钠也可由汗液排出一部分。排粪量很大、粪中含水量较多的草食动物，如马、牛等动物也可由粪中排出相当数量的钠。

（二）钾的代谢

1. 分布与生理功能

钾的分布与钠相反，主要存在于细胞内液，约占机体钾总量的 98％，而细胞外液则很少。K^+ 是细胞内的主要阳离子，故 K^+ 的浓度对维持细胞内液的渗透压及细胞容积十分重要。体内 K^+ 的动向和水、Na^+ 及 H^+ 的转移密切相关，故与维持体内酸碱平衡也有关。细胞内外一定浓度的钾是维持神经肌肉正常兴奋性的必要条件。血浆 K^+ 浓度与心肌的收缩运动也有密切的关系，血浆 K^+ 浓度高时对心肌收缩有抑制作用，当血浆 K^+ 浓度高到一定程度时，可使心脏停搏在舒张期。相反，当血浆 K^+ 浓度过低时，可使心脏停搏在收缩期。此外，K^+ 在维持细胞的正常代谢与功能中也起重要作用，例如，糖原合成和蛋白质代谢需要 K^+ 参与。

2. 摄入与排出

体内的钾主要来自饲料，和钠一样也是易被动物吸收的。正常饲料中的钾含量很丰富，因此只要正常喂饲，任何动物都很少缺钾。肾脏是排钾和调节钾平衡的主要器官。肾的排钾能力很强，但保钾却比保钠能力小得多。如机体完全停止钠的摄入时，肾脏排钠接近于零。但当钾摄入量很低时，尿中仍有一定量的钾排出，甚至在钾的摄入断绝而体内缺钾时，钾的排出还要持续几天才停止。在一般情况下，尿钾排出的规律是多吃多排、少吃少排、不吃也排。此外，汗液和消化液也能排出一些钾，牛、马等动物不定期可由粪中排出显著量的钾。

（三）氯的代谢

1. 分布与生理功能

动物体内氯的总量与钠的总量大致相等。氯在体内主要以离子状态存在。绝大部分氯分布在细胞外液中，占细胞外液总负离子浓度的 67％左右。因此，Cl^- 对水的分布、渗透压及 H^+ 平衡的维持等同样起着重要作用。Cl^- 在各种组织细胞内的分布极不均匀。例如，Cl^- 在红细胞中的浓度为 45～54mmol/L，而在其他组织细胞内的浓度则仅有 1mmol/L。Cl^- 在红细胞内外的转移与 CO_2 运输过程中的离子平衡有密切联系。Cl^- 在胃、小肠和大肠的分泌液中也是最主要的负离子。

2. 摄入与排出

氯一般以氯化钠的形式与钠共同摄入，摄入体内的氯在肠道内几乎全部被吸收。氯的排出主要是通过肾脏。正常时，它的排出量与摄入量大致相等。肾脏排出 Cl^- 的过程与 Na^+ 密切相关。血浆 Cl^- 在通过肾时，首先经肾小球滤出，然后在肾小管随 Na^+ 一起被上皮细胞重吸收。在髓袢的升支，Cl^- 还可经过 Cl^- 泵主动吸收。

三、水和无机盐代谢的调节

由于水和 Na^+、K^+、Cl^- 代谢过程与体液组分及容量密切相关，因此机体通过各种途径对水和 Na^+、K^+、Cl^- 等在各部分体液中的分布进行调节，在维持水和这些电解质在体内动态平衡的同时，又保持了体液的等渗性和等容性，即保持细胞各部分体液的渗透浓度和容量处于正常范围内。

水和 Na^+、K^+、Cl^- 等电解质动态平衡的调节是在中枢神经系统的控制下，通过神经-体液调节途径实现的。神经－体液系统对水和 Na^+、K^+、Cl^- 的调节中，主要的调节因素有抗利尿激素、盐皮质激素、心钠素和其他多种利尿因子。各种体液调节因素作用的主要靶器官为肾。肾在维持机体水和电解质平衡，保持机体内环境的相对恒定中占极重要地位。肾主要通过肾小球的滤过作用、肾小管的重吸收及远曲小管的离子交换作用等来实现其对水和电解质平衡的调节。

1. 抗利尿激素的调节作用

抗利尿激素（antidiuretic hormone，ADH）又名加压素，是下丘脑视上核与室旁核分泌的一种肽类激素，此激素被分泌后即沿下丘脑-神经束进入神经垂体贮存。ADH 由神经垂体释放入血液，随血液循环至靶器官——肾起调节作用。当细胞外液因失水（如腹泻、呕吐或大出汗等）而导致渗透压升高时，下丘脑视上核前区的渗透压感受器受到刺激，作用垂体后叶而加速抗利尿激素释放，从而加强肾远曲小管和集合管对水的重吸收，尿量减少，使细胞外液的渗透压恢复正常。反之，当饮水过多或盐类丢失过多，使细胞外液的渗透压降低时，就会减少对渗透压感受器的刺激，抗利尿素的释放随之减少，肾脏排出的水分就会增加，从而使细胞外液的渗透压趋向正常。

ADH 对肾的作用是促进肾小管等细胞中 cAMP 的生成，经蛋白激酶系统使膜蛋白磷酸化，从而提高肾远曲小管和集合管管壁对水的通透性，促使水从管腔中透至渗透压较高的管外组织间隙，增加肾对水的重吸收，降低排尿量。当细胞外液的渗透压高于细胞内液时，ADH 的分泌、释放增多，肾小管对水的重吸收也增加；反之，当细胞外液的渗透压低于细胞内液时，ADH 的分泌和释放受到抑制，肾小管对水的重吸收减少，尿量排出就会增多。机体通过 ADH 的调节作用，以维持体液的等渗性。抗利尿激素的作用机制如图 11.2 所示。

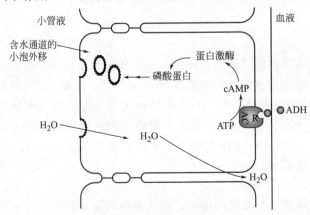

图 11.2　抗利尿激素的作用机制示意图
R—ADH 受体；AC—腺苷酸环化酶

2. 肾素-血管紧张素-醛固酮系统的调节作用

肾上腺皮质分泌的多种类固醇激素与水和无机盐代谢的调节有关，其中以醛固酮的作用最强，其次为 11-脱氧皮质酮。通常将调节水和无机盐平衡作用较强的皮质激素合称盐皮质激素。由于醛固酮等的分泌释放主要受肾素-血管紧张素系统的调节，故将这一调节途径称为肾素-血管紧张素-醛固酮系统。又由于醛固酮的作用主要通过肾对 Na^+ 的重吸收来调节细胞外液的容量，所以，通常将此种调节称为细胞外液等容量的调节。

当肾血液供应不足或血浆中 Na^+ 浓度不足时，由肾脏的近球细胞合成和分泌的一种酸性蛋白水解酶——肾素，经肾静脉进入血液循环，催化血浆中血管紧张素原转变为血管紧张素 I。血管紧张素 I 的缩血管作用很弱，其在血浆特别是在肺部转换酶作用下可转变为血管紧张素 II。血管紧张素 II 具有很强的促进醛固酮分泌及引起小动脉收缩的作用。醛固酮的作用是促进肾远曲小管和集合管上皮细胞分泌 H^+ 及重吸收 Na^+（即 H^+-Na^+ 交换），同时也增加 Cl^- 和水的重吸收，使体内保持一定量的水分；醛固酮也促进肾远曲小管上皮细胞排 K^+ 及重吸收 Na^+（即 K^+-Na^+ 交换），减少尿 Na^+ 的排出量，其总结果是排 H^+、K^+ 而保留 Na^+。醛固酮的作用机制可能是通过促进 Na^+-K^+-ATP 酶的合成而加强肾小管上皮细胞基膜面的钠钾泵活性，以利于排出 H^+、K^+ 而保留 Na^+；也不排除是由于增加肾小管上皮细胞腔膜对离子的通透性的可能性。醛固酮的作用机制如图 11.3 所示。

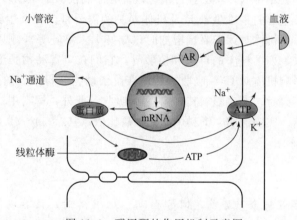

图 11.3　醛固酮的作用机制示意图

3. 心钠素对水和钠、钾、氯代谢的调节

心钠素是一种具有强利尿、利钠、扩张血管和降血压等作用的肽类激素。心钠素的主要作用是在不增加肾血流量的基础上增加肾小球的滤过率，从而增加尿的排出量。并在肾小管减少醛固酮介导的 Na^+ 重吸收，在利 Na^+、利尿的同时，K^+ 和 Cl^- 的排出量也增加。心钠素还能抑制血管紧张素 II 造成的血管收缩及肾血管、大动脉等的收缩。心钠素与 ADH 等激素协同，参与对体液容量和电解质浓度的调节。

第四节　钙、磷代谢

一、钙、磷在体内的含量、分布及生理功能

体内无机盐以钙、磷含量最多，它们占机体总灰分的 70％ 以上。体内 99％ 以上的钙及

80%～85%的磷以羟磷灰石［$3Ca_3(PO_4)_2 \cdot Ca(OH)_2$］的形式构成骨盐，分布在骨骼和牙齿中，以维持骨骼和牙齿的正常硬度。其余的钙主要分布在细胞外液（血浆和组织间液）中，细胞内钙的含量很少。而磷则在细胞外液中和细胞内分布。

体液中钙、磷的含量虽然只占其总量的极少部分，但在机体内多方面的生理活动和生物化学过程中起着非常重要的调节作用：Ca^{2+}参与调节神经、肌肉的兴奋性，并介导和调节肌肉以及细胞内微丝、微管等的收缩；Ca^{2+}影响毛细血管壁通透性，并参与调节生物膜的完整性和质膜的通透性及其转运过程；Ca^{2+}参与血液凝固过程和某些腺体的分泌；Ca^{2+}还是许多酶的激活剂（如脂肪酶、ATP酶等）；Ca^{2+}更重要的作用是作为细胞内第二信使，介导激素的调节作用，该作用是通过一种复杂的钙信使系统来完成的。骨骼外的磷则主要以磷酸根的形式参与糖、脂类、蛋白质等物质的代谢及氧化磷酸化作用；磷又是DNA、RNA、磷脂的重要组成成分；磷还参与酶的组成和酶活性的调节；此外，磷酸盐在调节体液平衡方面也具有重要的作用。

二、钙、磷的吸收与排泄

1. 钙的吸收与排泄

体内的钙主要从饲料中摄入，不必经过消化就能在小肠前段靠主动转运吸收。但影响钙吸收的因素很多，其中最主要的是维生素D及机体对钙的需要量。在维生素D供应充分时，通常不致发生钙的缺乏。当机体对钙需要量增加时（如妊娠、泌乳等），则增加钙的吸收。饲料成分也能影响钙的吸收，如饲料中的草酸和植酸等，它们在单胃动物肠道中能与Ca^{2+}结合成不溶性化合物，从而影响机体对Ca^{2+}吸收；然而在反刍动物瘤胃中的微生物能分解草酸和植酸，所以在草酸含量不大时，不致影响其对Ca^{2+}的吸收。此外，饲料中的钙、磷比值对Ca^{2+}的吸收也有一定的影响。实验证明，饲料中的钙、磷比值以（2:1）～（1.5:1）为宜。

📖 案例 11.1

某养鸡专业户饲养了万余只雏鸡，饲养了15～30日龄时，该养鸡专业户陆续发现雏鸡两腿无力，不能站立或走路摇晃，羽毛蓬乱，采食量明显减少，拉稀，消瘦，喙变软似橡皮状，弯折不断，小腿骨可折成90°角仍不断裂，病鸡最终因行走困难，无法采食而死亡。根据临床典型症状初步诊断为佝偻病。

问题：（1）佝偻病最主要的发病原因是什么？

（2）佝偻病与骨软症的区别？

分析：钙磷比例失调在成年动物表现为骨软症，在幼年动物表现为佝偻病。预防佝偻病要注意，日粮应由多种饲料来组成，其中尤其应注意钙、磷平衡问题［钙、磷比例应控制在（1.2:1）～（2:1）范围内］。

体内的钙主要通过粪和尿排出。由粪中排出的钙大部分是饲料中未被吸收的钙，称外源性粪钙。小部分是随消化液分泌出来而未被吸收的钙，称为内源性粪钙。由尿排出钙的多少决定于血钙的浓度，钙排出的肾阈值为6.5～8.0mg/100mL血浆。血钙低时，肾小管和集合管可将Ca^{2+}全部重吸收，高时重吸收减少而从尿中排出。泌乳动物和产蛋母鸡也可由乳及蛋中排出显著量的钙。

2. 磷的吸收与排泄

磷主要从饲料摄入，比钙易于吸收。无机磷不需经过消化其大部分在小肠前段被吸收；有机磷则需要经过消化成无机磷酸后，才能在小肠后段吸收。凡能影响钙吸收的因素都可能影响磷的吸收。维生素 D 对磷的吸收有一定的作用，饲料中的 Ca^{2+}、Mg^{2+}、Fe^{2+}、Zn^{2+}、Al^{3+} 等过多也会影响磷的吸收。磷大部分由尿排出，小部分由粪排出。磷由尿排出是受到调控的，肾小管对磷有重吸收作用，尿中排出磷的量也受血浆浓度的影响。泌乳的动物可由乳中排出显著量的磷；产蛋母鸡由蛋中也可排出一定量的磷。

三、血钙与血磷

1. 血钙

血液中的钙称为血钙，血钙主要以离子钙和结合钙两种形式存在。动物血浆钙的浓度平均约为 10mg/100mL。结合钙绝大部分与血浆蛋白质（主要是白蛋白）结合，少部分与柠檬酸、HPO_4^{2-} 结合。蛋白质结合钙不易透过毛细血管壁，又可称为非扩散性钙；离子钙和柠檬酸钙均可透过毛细血管壁，也称为扩散性钙。血浆中扩散性钙与非扩散性钙的含量各占一半。

血浆钙(4.5mg/mL或1.125mmol/L) $\begin{cases} \text{离子钙(4.5mg/mL或1.125mmol/L)} \\ \text{结合钙} \begin{cases} \text{柠檬酸钙(0.5mg/mL或0.125mmol/L)} \\ \text{蛋白质结合钙(5.0mg/mL或1.25mmol/L)非扩散性钙} \end{cases} \end{cases}$

血浆蛋白质结合钙与离子钙是呈动态平衡的，此平衡受血液 pH 的影响，可用下式表示：

$$\text{血浆蛋白质结合钙} \underset{HCO_3^-}{\overset{H^+}{\rightleftharpoons}} \text{血浆蛋白} + Ca^{2+}$$

由上式可见，当血液中 HCO_3^- 浓度增加时，可促进 Ca^{2+} 与蛋白质结合，虽然总钙量未变，但游离的 Ca^{2+} 浓度降低。因此，当碱中毒时，血浆 Ca^{2+} 浓度减少，易发生痉挛。相反，当 H^+ 浓度增加（酸中毒）时，可促进结合钙的解离，游离 Ca^{2+} 浓度增加。

2. 血磷

血浆中的无机磷称为血磷。血液中的磷主要以无机磷酸盐、有机磷酸酯和磷脂三种形式存在，其中无机磷酸盐主要存在于血浆中，后两种形式的磷主要存在于红细胞内。

成年动物的血磷含量为 4～7mg/100mL 血浆，幼年动物血磷含量较高，而且变化较大（5～9mg/100mL 血浆）。在正常情况下，血浆中的钙与磷含量有一定比例，其比值为（2.5～3.0）：1。

四、钙、磷代谢的调节

在钙、磷代谢调节机制中，以血浆钙离子浓度恒定的调节机制最为重要，因而在体内存在着一套非常完备而有效的调节机构。

机体中调节血浆钙离子浓度恒定的机制是通过控制钙磷的吸收、在骨中的沉积和动员以及由肾脏的排泄等方式来维持的。在上述机制中起主要作用的是通过体液中的钙与骨中钙的交换。该交换有两种机制：一种是依赖于血浆中 Ca^{2+} 和易交换骨 Ca^{2+} 之间的物理化学平衡，使其浓度维持在 7mg/100mL 左右；另一种机制是在甲状旁腺素的作用下，把骨盐晶体中的钙（不易交换钙）动员出来，使血钙浓度达到正常浓度水平。现将有关激素的作用分述如下。

1. 甲状旁腺素

甲状旁腺素 (parathyroidhormone，PTH) 是甲状旁腺主细胞分泌的一种蛋白质激素，它的主要作用有：①直接作用于骨组织，促使间质细胞转变为破骨细胞，抑制破骨细胞转变为成骨细胞，使破骨细胞的活性增强并使柠檬酸含量增多，从而发生溶骨作用而升高血钙；②能促进肾小管对钙的重吸收和对磷酸盐的排泄，血磷的降低有利于血钙的升高；③促进肾脏对维生素 D 的活化，使 25-(OH)-D 转为 1,25-(OH)$_2$-D，后者能促进钙在肠中的吸收，间接促进血钙的升高。

PTH 的分泌受血钙浓度的调节，血钙降低，分泌增加；相反，血钙升高，分泌减少。PTH 作用总的结果是使血钙升高。

2. 降钙素

降钙素 (calcitonin，CT) 是甲状腺的滤泡旁细胞合成、分泌的一种多肽激素，它在维持血钙浓度恒定中起着重要作用。降钙素的主要作用有：①促进成骨细胞的活动，抑制破骨细胞的活性，从而抑制骨吸收，促进钙在骨中的沉积，使血钙降低；②CT 可直接作用于肾近曲小管，抑制对钙和磷的重吸收，使尿钙和尿磷增加。

降钙素的分泌受血浆 Ca^{2+} 浓度的调节，当血钙浓度高于正常时，分泌增多，反之则分泌减少。降钙素作用总的结果是使血钙降低。

3. 维生素 D

维生素 D 能使血浆钙离子浓度提高到正常水平。由于维生素 D$_2$ 或维生素 D$_3$ 都是无活性形式，故必须经过代谢转变（主要是在肝、肾中进行羟化作用）生成 1,25-(OH)$_2$-D$_2$ 或 1,25-(OH)$_2$-D$_3$ 之后才能促进肠黏膜对 Ca^{2+} 的吸收和骨中的骨盐溶解以及肾小管对钙、磷的重吸收。

甲状旁腺素、降钙素和维生素 D 在维持正常血钙浓度中的作用如图 11.4 所示。

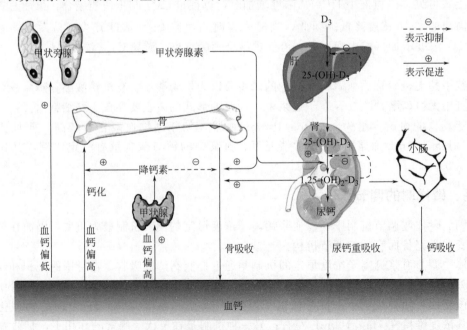

图 11.4　甲状旁腺素、降钙素和维生素 D 在维持正常血钙浓度中的作用

第五节　微量元素

畜禽体内的微量元素是指占体重 0.01％以下的各种元素。这是因为占体重 0.01％以下的元素只能用微量分析的方法测定之故。而含量占体重 0.01％以上的各种元素，则可用常量分析的方法进行测定，故称为常量元素。

一、铁

1. 铁的分布与功能

动物体内铁的含量虽然很少，但非常重要。它是血红蛋白、肌红蛋白和细胞色素以及其他呼吸酶类（细胞色素氧化酶、过氧化氢酶、过氧化物酶）的必需组成成分。其主要的功能是把氧转运到组织中（血红蛋白）和在细胞氧化过程中转运电子（细胞色素体系）。

全身铁的 60％～70％以血红蛋白的形式存在于红细胞中，而血浆中铁的含量极少。在血浆中铁主要以转铁蛋白的形式进行运输，游离的铁极微。约 3％的铁以肌红蛋白的形式存在于所有细胞中，但有些动物，例如马和狗的肌红蛋白含量比其他动物的明显高。据估计狗的肌红蛋白中的铁约占全身铁量 7％。所有含铁酶中的铁约占全身铁的 1％，其余的铁以铁蛋白或血铁黄素形式贮存，贮存的部位主要是在肝、脾、肠黏膜以及骨髓的细胞中。

2. 铁的吸收和排出

与其他电解质不同，体内铁的含量不是用排出调节，而是通过吸收进行调节。机体能把体内的铁很有效地保存起来，各种含铁物质在降解时，其中的铁几乎能全部被机体再利用，因而排出的铁量极少。家畜粪中的铁绝大部分是饲料中未被吸收的铁，极少量是随胆汁以及肠黏膜细胞脱落而由体内排出的。尿中的排铁量更少。此外，通过出汗、毛发脱落以及皮肤脱落也丢失少量的铁，母畜泌乳也排出少量的铁。动物主要是在失血时丢失较多的铁。

铁主要以 Fe^{2+} 在十二指肠吸收。饲料中的有机铁可在胃酸的作用下释放出来，而 Fe^{3+} 则被肠道中的还原剂还原成 Fe^{2+} 被吸收。这种还原剂有维生素 C、谷胱甘肽以及蛋白质中的硫氢基等。Fe^{2+} 可与维生素 C，某些糖和氨基酸形成螯合物，这些化合物在较高的 pH 中也能溶解，故有利于吸收。消化道疾病和饲料中较多的磷酸以及其他降低 Fe^{2+} 溶解度的物质，都影响铁的吸收。铜缺乏也影响铁的吸收。

铁的吸收量取决于机体的需要，需要多少吸收多少，多余的则拒绝吸收。目前认为机体调节铁吸收的机制与肠黏膜细胞内铁蛋白含量有关。实验证实，给饥饿的动物饲以铁时，其肠黏膜上皮细胞可新合成较多的脱铁蛋白，并与铁结合成铁蛋白，使后者的含量较饥饿时增加 20～50 倍。当肠黏膜细胞内的铁蛋白含量高时，即可阻断铁的吸收。铁离子从肠黏膜细胞进入血液的速率受细胞内氧化还原水平的调节。当有大量的 Fe^{3+} 被还原成 Fe^{2+} 时，Fe^{2+} 则从铁蛋白中解离出而扩散入血。贫血时由于氧供应不足，有利于上述还原反应，肠黏膜细胞的 Fe^{2+} 可迅速扩散入血，进而促进铁的吸收。肠黏膜细胞中的铁一般不被动员利用，主要随细胞的更新而脱落，因此对调节铁的贮存量和吸收率有一定意义。当体内造血速率增快时，体内贮铁量减少，新生肠黏膜细胞的含铁量也少，可通过上述机制加速铁的吸收。体内造血速率减缓时，结果则相反，使铁的吸收量降低。

3. 铁的转运、利用和贮存

铁在血浆中是与转铁蛋白结合而运输。转铁蛋白是一种 β-球蛋白，含糖量约 6％，主要在肝细胞中合成。转铁蛋白是铁的特异载体，它与铁的亲和力大于其他血浆蛋白，与转铁蛋

白结合的铁为 Fe^{3+}，转铁蛋白含两个亚基，每个亚基有一个 Fe^{3+} 结合位点，故每分子转铁蛋白可结合两个 Fe^{3+}。转铁蛋白与 Fe^{3+} 的络合需要有 HCO_3^- 的参与，每个 Fe^{3+} 与转铁蛋白的结合需要一个 HCO_3^-，这种与 Fe^{3+} 结合的转铁蛋白呈红色。转铁蛋白结合铁的能力较强，正常含铁量仅约为其结合能力的 33%。不同病变时此数值有变化，故可作为诊断指标。在铁掺和到血红蛋白中去时，似乎是转铁蛋白进入发育着的网织红细胞内，并在其中把铁释放出来以进行掺和。

现在认为网状内皮系统不仅贮存铁，而且也释放其中的铁为组织利用，即在维持血浆的铁含量中起部分作用。当网状内皮细胞向细胞外液中释放铁时，其铁蛋白中的 Fe^{3+} 必须还原为 Fe^{2+} 才能进入血浆，而到达血浆后又需再氧化为 Fe^{3+} 与转铁蛋白结合起来转运，血浆铜蓝蛋白参与此过程，至少是参与此氧化作用。

当组织需要时，血浆中的铁由转铁蛋白中释放出来，并穿过毛细血管进入细胞，在其中贮存或利用。由转铁蛋白把铁转运至贮存位置时需要维生素 C 和 ATP 的参与，可能还需要其他阴离子。

肝、脾和肠黏膜是贮存铁的主要部位，但其他器官（如胰、肾上腺）以及所有网状内皮细胞都起贮存铁的作用。贮存的形式是铁蛋白和血铁黄素。正常时铁蛋白占 60%，在铁沉积过多的疾病中，则血铁黄素比较多。经普鲁士蓝组织化学染色可鉴别，铁蛋白不染色，血铁黄素则染色。

铁主要用于合成血红蛋白、肌红蛋白和某些呼吸酶类。呼吸酶是在所有的细胞中都合成的，肌红蛋白在肌肉细胞中合成，血红蛋白则在造血组织，主要是在骨髓的发育中的红细胞中生成。当血红蛋白降解时，其中的铁是易于再利用的。肌红蛋白和呼吸酶中的铁则不易再利用。在贮存铁中，铁蛋白中的铁比血铁黄素中的易于利用。

机体每天动用的铁远远超过其外源供应的量。例如人每天由红细胞降解获得的铁为 20～25mg，其中大部分立即用于再合成血红蛋白，少量则通过血液运送至其他组织，掺和在贮存铁、肌红蛋白或含铁的酶类中。而每天由食物吸收的铁则不到 1mg。铁的代谢如图 11.5 所示。

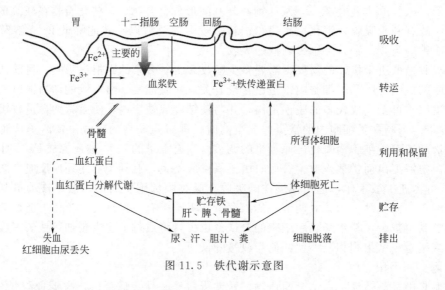

图 11.5　铁代谢示意图

二、锌

人体内含锌 2～3g，遍布于全身许多组织中，不少组织含有较多锌，如眼睛含锌达 0.5％。成人每日需要量为 15～200mg。锌主要在小肠中吸收。肠腔内有与锌特异结合的因子，能促进锌的吸收。肠黏膜细胞中的锌结合蛋白能与锌结合并将其转运到基底膜一侧，锌在血中与白蛋白结合而运输。锌主要随胰液、胆汁排泄入肠腔由粪便排出，部分锌可从尿及汗排出。

锌是 80 多种酶的组成成分或激动剂。如 DNA 聚合酶、碱性磷酸酶、碳酸酐酶、乳酸脱氢酶、谷氨酸脱氢酶、超氧化物歧化酶等，参与体内多种物质的代谢。锌还参与胰岛素合成。近来还发现，在固醇类及甲状腺素的核受体 DNA 结合区，有锌参与构成的锌指结构。可推测锌在基因调控中亦有重要作用。因此，缺锌会导致多种代谢障碍，如儿童缺锌可引起生长发育迟缓、生殖器发育受损、伤口愈合迟缓等。另外，缺锌还可致皮肤干燥，味觉减退等。

三、铜

成人体内含铜量为 50～100mg，在肝、肾、心、毛发及脑中含量较高。人体每日需要量为 1.5～2.0mg，而推荐量为 2～3mg。

食物中铜主要在胃和小肠上部吸收，吸收后转运至肝脏，在肝脏中参与铜蓝蛋白的组成。肝脏是调节体内铜代谢的主要器官。铜可经胆汁排出，极少部分由尿排出。

体内铜除参与构成铜蓝蛋白外，还参与多种酶的构成，如细胞色素 C 氧化酶、酪氨酸酶、赖氨酸氧化酶、多巴胺-β-羟化酶、单胺氧化酶、超氧化物歧化酶等。因此，铜的缺乏会导致结缔组织中胶原交联障碍，以及贫血、白细胞减少、动脉壁弹性减弱及神经系统症状等。体内铜代谢异常的遗传病目前除 Wilson 病（肝豆状核变性）外，还发现有 Menke 病，表现为铜的吸收障碍导致肝、脑中铜含量降低，组织中含铜酶活力下降，机体代谢紊乱。

四、硒

硒是机体必需的一种微量元素，体内含量为 14～21mg，广泛分布于除脂肪组织以外的所有组织中。主要以含硒蛋白质形式存在，人体每日硒的需要量为 50～200μg。

硒是谷胱甘肽过氧化物酶及磷脂过氧化氢谷胱甘肽氧化酶的组成成分。谷胱甘肽过氧化物酶中每克分子酶四聚体含有 4g 原子硒，硒半胱氨酸的硒醇是酶的催化中心。该酶在机体内起抗氧化作用，能催化 GSH 与胞液中的过氧化物反应，防止过氧化物对机体的损伤。谷胱甘肽过氧化物酶活力下降，线粒体不可逆地失去容积控制和收缩能力并最后破裂。缺硒所致肝坏死可能是过氧化物代谢受损的结果。磷脂过氧化氢谷胱甘肽氧化酶与谷胱甘肽过氧化物酶不同，它存在于肝和心肌细胞线粒体内膜间隙中，作用是抗氧化、维持线粒体的完整、避免脂质过氧化物伤害。近年来研究发现硒与多种疾病的发生有关，如克山病、心肌炎、扩张型心肌病、大骨节病及碘缺乏病等。硒还具有抗癌作用，是肝癌、乳腺癌、皮肤癌、结肠癌、鼻咽癌及肺癌等的抑制剂。硒还具有促进机体体细胞内新陈代谢、核酸合成和抗体形成、抗血栓及抗衰老等多方面作用。

硒是机体必需的微量元素，但硒过多也会对机体产生毒性作用，如脱发、指甲脱落、周围性神经炎、生长迟缓及繁殖力降低等。因此不可盲目补硒，推荐的补硒安全值为 400～500μg/d。

五、碘

正常成人体内碘含量 25～50mg，大部分集中于甲状腺中。成人每日需要量为 0.15mg。

碘主要由食物中摄取，碘的吸收快而且完全，吸收率可高达 100%。吸收入血的碘与蛋白结合而运输，浓集于甲状腺被利用。体内碘主要由肾排泄，约 90% 随尿排出，约 10% 随粪便排出。

碘主要参与合成甲状腺素和四碘甲腺原氨酸。甲状腺素在调节代谢及生长发育中均有重要作用。

六、锰

成人体内含锰量为 10～20mg，主要贮存于肝和肾中。在细胞内则主要集中于线粒体中。成人每日需要量为 3～5mg。

锰在肠道中吸收与铁吸收机制类似，吸收率较低，仅 3%。吸收后与血浆 β_1 球蛋白、运锰蛋白结合而输送。主要由胆汁和尿中排出。

锰参与一些酶的构成，如线粒体中丙酮酸羧化酶、精氨酸酶等。不仅参加糖和脂类代谢，而且在蛋白质、DNA 和 RNA 合成中起作用。锰在自然界分布广泛，以茶叶中含量最丰富。锰是一种原浆毒，可引起慢性神经系统中毒，表现为锥体外系的功能障碍，并可引起眼球集合能力减弱、眼球震颤、睑裂扩大等。

七、氟

在机体内氟含量为 2～3g，其中 90% 积存于骨及牙中。成人每日需要量为 2.4mg。

氟主要经胃部吸收，氟易吸收且吸收较迅速。氟主要经尿和粪便排泄，体内氟约 80% 从尿排出。

氟能与羟磷灰石吸附，取代其羟基形成氟磷灰石，能加强对龋齿的抵抗作用。

$$3Ca_3(PO_4)_2 \cdot Ca(OH)_2 + 2F^- \longrightarrow 3Ca_3(PO_4)_2 \cdot CaF_2 + 2OH^-$$

此外，氟还可直接刺激细胞膜中 G 蛋白，激活腺苷酸环化酶或磷脂酶 C，启动细胞内 cAMP 或磷脂酰肌醇信号系统，引起广泛生物效应。

氟过多亦可对机体产生损伤，如长期饮用高氟（>2mg/L）水，牙釉质受损出现斑纹、牙变脆易破碎等。

本章小结

水和无机盐在动物生命活动中起着非常重要的作用，它参与机体物质的摄取、转运、排泄及代谢反应等过程，同时维持着体内体液的平衡。体液在体内可划分为两个分区，即细胞内液和细胞外液。细胞内液和细胞外液的化学成分存在着很大的差异。细胞外液中含量最多的阳离子是 Na^+，阴离子则以 Cl^- 和 HCO_3^- 为主。细胞内液以蛋白质为主要阴离子，主要阳离子是 K^+，其次是 Mg^{2+}，而 Na^+ 则很少。由此可见，细胞内液和细胞外液之间在阳离子方面的突出差异是 Na^+、K^+ 浓度的悬殊，并已知这种差异是许多生理现象所必需的。水是机体含量最多的成分，动物生命活动过程中许多特殊生理功能都有赖于水的存在。钠、钾、氯是体液内主要的电解质，机体通过对它们的摄入与排泄，使其与外界环境达到平衡。Na^+、K^+、Cl^- 等离子在维持体液渗透平衡和酸碱平衡等过程中都起着非常重要的作用。

体内无机盐以钙、磷含量最多，约占机体总灰分的 70％以上。它们主要以羟磷灰石的形式构成骨盐，分布在骨骼和牙齿中。体液中钙、磷的含量只占其总量的极少部分，但参与机体多方面的生理活动和生物化学过程，同样起着非常重要的调节作用。动物体内的微量元素现发现的多达 50 多种，其中有 14 种已肯定为必需的微量元素。

微量元素在畜禽体内的存在方式是多种多样的。有的以离子形式存在；有的与蛋白质紧密结合；有的则形成有机化合物等。这种存在方式，往往与它们的生理功能、运输或贮存有关。已知大多数微量元素的生理功能是维持酶的活性和构成某些生物活性物质的成分。

复习思考题

简答题

1.动物机体内体液如何分区？比较细胞内液、组织间液和血浆在电解质组成上有何不同？

2.水和钠、钾、氯的代谢在机体内如何实现调节？

3.说明钾代谢与酸碱平衡的关系。

4.钙磷有何生理功能？有哪些因素影响钙磷的吸收？

5.铁的主要功能有哪些？

第十二章
分子生物学技术简介

📚 知识目标

- 掌握核酸提取的原理与方法、PCR 技术的原理与影响因素；
- 了解 PCR 技术的分类与应用；
- 熟悉重组 DNA 技术的基本过程。

📚 能力目标

- 熟悉核酸的提取与 PCR 操作过程。

第一节　核酸的提取

核酸包括 DNA、RNA 两种分子，在细胞中都是以与蛋白质结合的状态存在。核酸提取的主要步骤为：裂解细胞→去除与核酸结合的蛋白质以及多糖、脂类等生物大分子→去除其他不需要的核酸分子（如提取 DNA 分子时，应去除 RNA，反之亦然）→沉淀核酸→纯化核酸，去除盐类，有机剂等杂质。

一、DNA 提取方法

（一）经典方法

DNA 提取的经典方法为酚-氯仿提取法。即使用两种不同的有机溶剂交替抽提将蛋白质除去。溶剂使用次序为酚、酚/氯仿（1：1）、氯仿。这种方法提取的 DNA 纯度高、片段大、效果好，缺点是较为烦琐，且有机溶剂有刺激性。

（二）碱裂解法

碱裂解法是较常用的质粒 DNA 提取方法。主要原理为先以低速离心从培养液中收集菌体。带有质粒的细菌经 EDTA 破坏外膜后，由溶菌酶破坏细胞壁的糖肽层再经去垢剂 SDS 变性作用，使细胞膜蛋白质变性崩解而使胞内 DNA 全部释放出来。利用染色体 DNA 与质粒 DNA 在强碱条件下变性与复性的差异分离质粒 DNA。在 pH 高达 12.6 的碱性条件下，染色体 DNA 氢键断裂，双螺旋结构解开变性。质粒 DNA 的大部分氢键也断裂，但超螺旋共价闭合环状的两条互补链不会完全分离，当以 pH 4.8 的 NaAc 高盐缓冲液将 pH 调节至中性时，变性的质粒 DNA 会恢复原来的构型，保存在溶液中，而染色体 DNA 不能复性形成缠连的网状结构，通过离心，染色体 DNA 与不稳定的大分子 RNA、蛋白质-SDS 复合物等一起沉淀下来而被除去，而质粒 DNA 留在上清中，再用乙醇沉淀上清液中的质粒 DNA。

二、 RNA 提取方法

RNA 提取条件较 DNA 要求严格，主要是因为临床标本及实验室环境中，存在大量对 RNA 有强烈降解作用的 RNase。RNase 虽可耐受多种处理，如煮沸而不失活，但却会被异硫氰酸胍和 β-巯基乙醇（破坏 RNase 蛋白质中的二硫键）等还原剂所灭活，因而可从组织中分离出完整 RNA 分子。常用的 RNA 提取试剂 TRizol 的主要成分为异硫氰酸胍和苯酚，其中异硫氰酸胍可裂解细胞，促使核蛋白体解离，使 RNA 与蛋白质分离，并将 RNA 释放到溶液中；当加入氯仿时，可抽提酸性的苯酚，而酸性苯酚可促使 RNA 进入水相，离心后可形成水相层和有机层，这样 RNA 与仍停留在有机相中的蛋白质与 DNA 分开，用乙醇即可沉淀水相中的 RNA。

三、核酸提取的其他方法

（一）胍盐提取结合二氧化硅吸附法

二氧化硅具有特异吸附核酸的特性，异硫氰酸胍可使细胞裂解，因此在高浓度异硫氰酸胍存在下，从细胞（包括细菌）或病毒颗粒中释放出来的核酸成分可以结合在二氧化硅上，利用此特性可提取血液和尿液中 DNA 和 RNA。

（二）旋转离心柱提取法

旋转离心柱技术是用于微量核酸分离纯化的较为简单的方法，属于硅吸附方法的一种，市场上的离心柱虽各有特色，但在原理上通常可分为以下三个部分：

（1）利用裂解液促使细胞破碎，使细胞中的核酸释放出来。

（2）把释放出的核酸特异地吸附在特定的硅载体上，这种载体只对核酸有较强的亲和力和吸附力，对其他生化成分如蛋白质、多糖、脂类则基本不吸附，因而在离心时被甩出柱子。

（3）把吸附在特异载体上的核酸用洗脱液洗脱下来，分离得到纯化的核酸。

此法也可用于 DNA 测序前核酸的纯化，又叫过柱纯化。该技术具有广泛的发展前景，可应用于生物学、遗传学、免疫学、考古学、法医学等各方面的基因分析。

 知识链接 ···

RNase 是一类生物活性非常稳定的酶类。这种酶耐酸、耐碱、耐高温，如煮沸也不能使之完全失活。蛋白质变性剂可使之暂时失活，但变性剂去除后，又可恢复活性。除细胞内 RNase 以外，环境中灰尘、各种实验器皿和试剂、人体的汗液及唾液中均存在 RNase。因此在提取 RNA 时，关键要避免 RNase 对标本的污染及防止 RNase 对提取的 RNA 的降解。

PCR作用

第二节 聚合酶链式反应

聚合酶链式反应是一种在体外扩增特定基因或 DNA 序列的方法，又称基因体外扩增法，实际上是在模板 DNA、引物和四种脱氧核糖核苷三磷酸存在的条件下依赖于 DNA 聚合酶的酶促合成反应，具有特异性、高效性和高度准确性三大特点。自 1983 年由美国 PE-Cetus 公司的 Mullis 等人发明至今，已被广泛应用于分子克隆、序列分析、基因突变、遗传病、传染病、性传播性疾病及法医判定和考古研究等领域，具有广阔的应用前景。

一、 PCR 的基本原理

PCR 由变性、退火、延伸三个基本反应步骤构成。

(1) 模板 DNA 的变性 反应物加热至 92～96℃，使模板 DNA 或经 PCR 扩增形成的 DNA 双螺旋解离，成为单链；

(2) 模板 DNA 与引物的退火（复性） 模板 DNA 经加热变性成单链后，温度迅速降低使引物与模板 DNA 单链的互补序列配对结合，此步温度变化范围比较大（具体温度从 37～65℃都有），由引物与靶序列的同源程度和寡核苷酸的碱基组成决定；

(3) 引物的延伸 DNA 模板-引物结合物在 TaqDNA 聚合酶的作用下，以 dNTP 为反应原料，以靶序列为模板，按碱基配对与半保留复制原则，合成一条新的与模板 DNA 链互补的半保留复制链，重复变性→退火→延伸三过程，就可获得更多的"半保留复制链"，而且这种新链又可成为下次循环的模板（图 12.1）。每完成一个循环需 2～4min，2～3h 就能

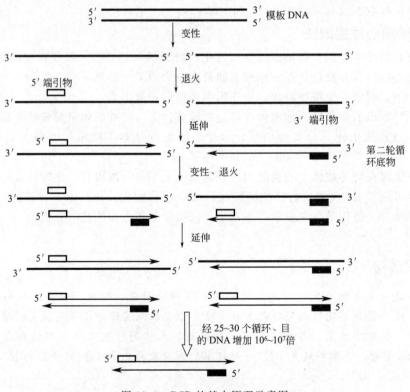

图 12.1　PCR 的基本原理示意图

将待扩目的基因扩增放大几百万倍。

二、 PCR 反应的基本条件及其对 PCR 的影响

（一）模板

PCR 的模板一般为 DNA 或 RNA，模板的纯度与量会影响到 PCR 的结果。一般情况下，只要没有交叉污染，标准分子生物学方法制备的样品 DNA 或 RNA，即使有蛋白质污染也可用于 PCR。模板采集方法不当或靶 DNA 被丢失，都会导致出现假阴性，但如果标本中模板 DNA 浓度太高则会导致非特异性扩增。模板若为哺乳动物基因组 DNA，则所需模板量为 $0.1 \sim 1\mu g$，若模板为细菌基因组或质粒 DNA，则所需的量仅为 pg（10^{-12}g）～ng（10^{-9}g）即可满足要求。

（二）引物

所谓引物，实际上就是两段与待扩增靶 DNA 序列两端互补的寡核苷酸片段，两引物间距离决定扩增片段的长度，两引物的 5′端决定扩增产物两端的位置。由此可见，PCR 结果的特异性取决于引物的特异性，扩增产物的大小也是由特异引物限定的。因此，引物的设计与合成对 PCR 的成功与否起着决定性的作用。

引物又分 5′端引物和 3′端引物。5′端引物是指与模板 5′端序列相同的寡核苷酸序列，又称为上游引物；3′端引物是指与模板 3′端序列互补的寡核苷酸序列，又称为下游引物。这两段序列一般为 15～30 个碱基。

（三）缓冲溶液

PCR 反应缓冲溶液的目的是给 TaqDNA 聚合酶提供最适催化反应条件。目前最为常用的缓冲体系为 10～50mmol/LTris-HCl（pH 8.3～8.8，20℃），在实际 PCR 中，pH 变化于 6.8～7.8 之间。改变反应液的缓冲能力，如将 Tris 浓度加大到 50mmol/L，pH 8.9，有时会增加产量。

反应混合液中 50mmol/L 以内的 KCl（pH 8.9）有利于引物的退火，50mmol/L NaCl 或 50mmol/L 以上的 KCl 则抑制 Taq DNA 聚合酶的活性。反应中加入小牛血白蛋白（$100\mu g$/mL）或明胶（0.01％）或 Tween-20（0.05％～0.1％）有助于酶的稳定性；反应中加入 5mmol/L 的二硫苏糖醇（DTT）也有类似作用，尤其在扩增长片段（此时延伸时间长）时，加入这些酶保护剂对 PCR 反应是有利的。为了进一步提高 PCR 扩增的特异性，反应体系中可以加入一定量的二甲基亚砜（DMSO）或甲酰胺。

（四） Mg^{2+}

在 PCR 反应中，二价阳离子的使用是必需而严格的。Mg^{2+} 优于 Mn^{2+}，而 Ca^{2+} 无效。Mg^{2+} 浓度直接影响着酶的活性与准确性，从而影响反应的特异性和扩增片段的产率，Mg^{2+} 浓度一般在 1.5～2.0mmol/L 范围内。另外 Mg^{2+} 浓度还影响引物的退火，模板与 PCR 产物的解链温度，产物的特异性，引物二聚体的形成等。Mg^{2+} 浓度过低时，酶活力显著降低；过高时，会导致非特异性扩增产物的累积。此外，PCR 混合物中的 DNA 模板、引物和 dNTP 的磷酸基团均可与 Mg^{2+} 结合，降低 Mg^{2+} 的实际浓度，而 TaqDNA 聚合酶需要的是游离 Mg^{2+}。所以无论是第一次靶序列与引物组合，还是 dNTP 或引物浓度发生改变时，均需优化 Mg^{2+} 浓度。

（五）脱氧核苷三磷酸（dNTP）

四种脱氧核苷三磷酸（dATP、dCTP、dGTP、dTTP）是 DNA 合成的基本原料，四种

dNTP 的浓度应该相等，一般认为最适的 dNTP 浓度为 $50\sim200\mu mol/L$。dNTP 含量太低，PCR 扩增产量太少、易出现假阴性；过高的 dNTP 浓度会导致聚合酶将其错误掺入。另外所需 dNTP 的量不但与靶序列的量有关，而且还与靶序列的大小有关，扩增大片段时应适当提高 dNTP 浓度。

（六）耐热 DNA 聚合酶

Taq DNA 聚合酶是 PCR 反应中应用最多的一种酶，取代了大肠杆菌 DNA 聚合酶 I 大片段，简化了 PCR 程序，极大地增加了 PCR 特异性及 PCR 扩增效率。在 PCR 反应中，每 $100\mu L$ 反应混合物中含 $1\sim2.5U$ Taq DNA 聚合酶为佳，酶的浓度太低，会使扩增产物产量降低，如果酶的浓度太高，则会出现非特异性扩增。Taq DNA 聚合酶保存不当而失活是 PCR 实验失败的常见原因。

其他的应用于 PCR 的 DNA 聚合酶有 T4 DNA 聚合酶、T7 DNA 聚合酶、VentRDNA 聚合酶和 VentR（exo⁻）DNA 聚合酶。

（七）温度

1. 解链温度与时间

解链温度与时间是 PCR 反应成败的关键因素之一。解链温度越高，时间越长变性就越充分，结合就越高效，但温度过高、时间过长又会影响 Taq DNA 聚合酶的活性，所以通常选用解链温度为 94℃ 30s 为宜。因模板 DNA 的链比较长，因此在 PCR 反应中第一个循环变性时间较长，多采用 94℃，5min。

2. 复性（退火）温度与时间

复性温度是决定 PCR 反应特异性的重要因素。温度越低越好，但是容易出现引物与靶 DNA 的错配，增加非特异性结合，温度太高则不利于复性。复性温度与引物模板配对的 T_m 值有关，其最简单的计算方法是：$T_m=4(G+C)+2(A+C)$。在实践中由于 T_m 受到缓冲液中各种成分甚至引物、模板浓度不同的影响，因此任何计算得到的 T_m 值只能作为参考值。复性时间并不是关键因素，但复性时间太长会增加非特异的复性。

3. 延伸温度与时间

引物延伸温度一般为 72℃。这个温度既考虑了 Taq DNA 聚合酶的活性，又考虑到引物和靶基因的结合。不合适的延伸温度不仅会影响扩增产物的特异性，也会影响其产量，72℃时，核苷酸的合成速率为 $35\sim100$ 个核苷酸/s。72℃延伸 1min 对于长达 2kb 的扩增片段是足够的。延伸时间过长会导致非特异性扩增带的出现。对很低浓度底物的扩增，延伸时间要长些。

（八）循环数

循环数决定着扩增的产量。在其他参数都已优化条件下，最适循环数取决于靶序列初始浓度，初始浓度较低时，要增加循环次数。另外，酶活性不好或酶量不足时也要增加循环次数，以便达到有效的扩增量。一般选择 $25\sim35$ 个循环。

三、PCR 实验中常见问题及对策

（一）假阴性

出现假阴性结果最常见的原因是：Taq DNA 聚合酶活力不够，或活性受到抑制；引物设计不合理；提取的模板质量或数量不过关以及 PCR 系统欠妥当；循环次数不够等。为了防止假阴性的出现，在选用 Taq DNA 聚合酶时，要注意用活力高、质量好的酶。尽管 Taq DNA 聚合酶对模板纯度要求不高，但不允许有破坏性有机试剂（如酚、氯仿等）的污染。PCR 扩增的先决条件及特异性是引物与靶 DNA 良好的互补，尤其是要绝对保证引物的 3′ 端与靶基因的互补。对变异较大的扩增对象，宜采用巢式 PCR。在进行 PCR 操作时，应注意 Mg^{2+} 的浓度和各温度点的设置要合理。

（二）假阳性

因为 PCR 技术高度灵敏，极其微量的靶基因污染都会造成大量扩增，而造成结果判断上的失误，所以污染是 PCR 假阳性的主要根源。PCR 的污染主要是标本间的交叉污染和扩增子的污染。出现假阳性结果的另一种可能是样品中存在有靶基因的同源序列。为了避免因污染而造成的假阳性，PCR 操作时要隔离不同操作区、分装试剂、简化操作程序，使用一次性吸头。

四、常用的几种 PCR 技术

（一）反转录 PCR

反转录 PCR 即以 RNA 分子为模板的扩增技术，其过程包括，首先进行反转录将 mRNA 反转录为 cDNA，然后进行常规的 PCR 反应（图 12.2）。主要用于克隆 cDNA、检测 RNA 病毒、合成 cDNA 探针及构建 RNA 高效转录系统。

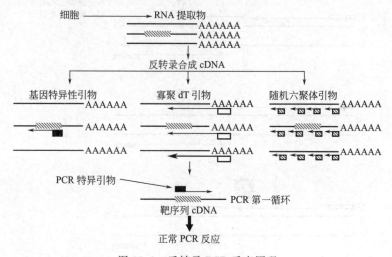

图 12.2　反转录 PCR 反应原理

（二）定量 PCR

定量 PCR 的基本原理是假定其反应产物的数量同反应混合物中起始模板的 mRNA 或 DNA 的量成正比，通过琼脂糖电泳样品条带的比较，确定两种 PCR 产物之间的数量关系。定量 PCR 技术有广义和狭义之分。广义定量 PCR 技术是指以外参或内参为标准，通过对 PCR 终产物的分析或 PCR 过程的监测，进行 PCR 起始模板量的定量。

1. 广义定量 PCR 常用技术

（1）外参法＋终产物分析　外参法是指样本与阳性参照在两个反应容器内反应。这种类型没有对样本进行质控监测，易出现假阴或假阳性结果，没有监测扩增效率，定量不准。

（2）内参法＋终产物分析　内参法是指样本与阳性参照在一个反应容器内反应，这种类型对样本进行质控监测，排除假阴性结果，但是定量不准。

（3）内参法＋过程监测　由于样本与阳性参照在一个容器内反应，用同样的 Taq 酶和反应参与物，存在竞争性抑制，起始模板量浓度高的反应会抑制起始模板量浓度低的反应，所以定量不准。

2. 狭义定量 PCR 技术

严格意义的定量 PCR 技术是指通过用外标法（如荧光杂交探针保证特异性）监测 PCR 过程（监测扩增效率）达到精确定量起始模板数的目的，同时以内对照有效排除假阴性结果（扩增效率为零）。

（三）实时荧光定量 PCR

实时荧光定量 PCR 技术是指在 PCR 反应体系中加入荧光基团，利用荧光信号积累实时监测整个 PCR 进程，最后通过校正曲线对未知模板进行定量分析的方法。实时荧光定量 PCR 技术于 1996 年由美国 Applied Biosystems 公司推出，由于该技术不仅实现了 PCR 从定性到定量的飞跃，而且与常规 PCR 相比，它具有特异性更强、有效解决了 PCR 污染问题、自动化程度高等特点，目前已得到广泛应用。

监测 PCR 过程的方法有两种：荧光探针监测和荧光染料监测。荧光探针有三种即 Taq-Man 荧光探针、杂交探针和分子信标探针，其中 Taq Man 荧光探针应用最广泛，原理如图 12.3 所示。

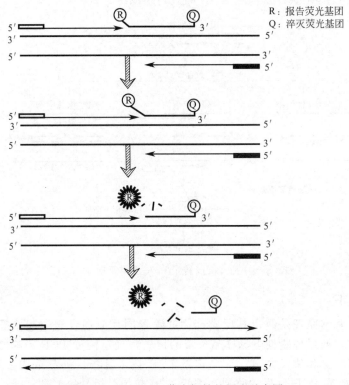

图 12.3　Taq Man 荧光探针的原理示意图

（四）重组 PCR

重组 PCR 是指用 PCR 法在 DNA 片段上进行点突变，即扩增产物中含有与模板序列不同的碱基。由 PCR 扩增产生的核苷酸突变包括碱基替代、缺失或插入等。重组 PCR 需要两对引物，如图 12.4 所示分别设计"左方""右方"两对引物，分别为 a（5′端引物）、b（3′端引物）和 b′（5′端引物）、c（3′端引物），其中 b 和 b′含有互补的突变位点。先用两对引物对模板进行扩增，除去引物，将两种产物混合、变性、复性并延伸，然后再加入两端引物 a 和 c 进行常规扩增，最后得到中间部位特定位点发生突变的 DNA 片段。同样利用重组 PCR 可造成 DNA 片段的碱基插入或缺失，从而研究目的基因片段的功能。

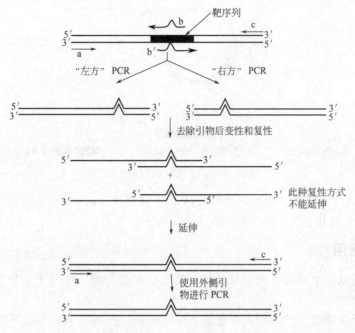

图 12.4　重组 PCR 导致特定碱基替换示意图

（五）反向 PCR

反向 PCR 是对一个已知的 DNA 片段核心序列两侧的未知序列进行扩增和研究的技术。选择已知序列内部没有切点的限制酶对此段 DNA 进行酶切，利用连接酶使之形成环状 DNA 分子，据已知序列设计合成合适的 3′端和 5′端引物扩增未知序列（图 12.5）。

（六）多重 PCR

多重 PCR 即在同一反应体系中加入多对引物，扩增同一模板的几个区域。如果基因的某一区段缺失，则相应的电泳图谱也缺失，多重 PCR 和 Southern 印迹杂交一样可靠，但操作简单得多。多重 PCR 可同时检测多个突变位点或病原生物，有利于遗传病和感染性疾病的诊断。

（七）长距离 PCR

一般情况下，正常 PCR 使用的 DNA 聚合酶只具有 5′→3′聚合活性，而无 3′→5′校正活性，这样就限制了 PCR 扩增片段的长度。长距离 PCR 使用了两种 DNA 聚合酶，一种聚合酶无校正活性，另一种聚合酶具有 3′→5′方向校正活性，且其浓度较低，这样使 PCR 扩增片段长度大为增加。

（八）不对称 PCR

不对称 PCR 即在扩增体系中加入不同浓度的 3′端和 5′端引物，而得到单链 DNA 产物。一般两条引物的浓度采用（50∶1）～（100∶1）的比例。在最初 10～15 个循环中主要产物还

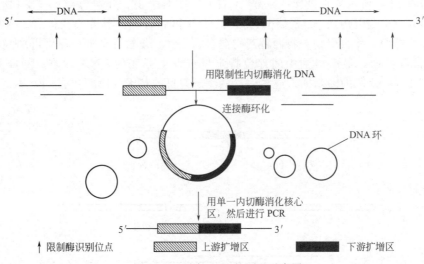

图 12.5　反向 PCR 的原理示意图

是双链 DNA，但当低浓度引物被耗尽后，高浓度引物介导的 PCR 反应会产生大量的单链 DNA（ssDNA），纯化单链 DNA 即可进行其他试验。

五、PCR 的应用

　　PCR 技术自从建立以来，由于其敏感、高效、操作简便，在分子生物学研究和兽医临床中得到广泛应用。

　　PCR 在分子生物学中的应用主要有以下几个方面：①制备 cDNA 文库与筛选；②DNA 测序；③检测突变碱基；④基因重组与融合；⑤用简并引物法扩增未知序列；⑥其他如基因定量、鉴定与调控蛋白结合的 DNA 序列；检测基因修饰，制备 DNA 探针、构建克隆或表达载体等。

　　PCR 技术在兽医临床中的应用主要是检测标本中的病毒、细菌、真菌、支原体，直至寄生虫等病原生物，标本可以是组织、细胞、血液、分泌物或排泄物等。对于某些病毒或细菌，还可以分型。

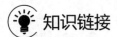知识链接

现代分子生物学技术在动物源性食品检测中的应用

　　动物源性食品一般指全部可食用的动物组织、蛋、奶、肉类及其制品等，容易消化吸收，能给机体提供必需的营养物质。随着肉类消费的迅速增长，肉类食品的安全问题也日益涌现。肉类食品由于生产加工过程中环境污染物、病原微生物等的存在引起食源性疾病，如 2013 年我国发现人感染 H7N9 病毒事件。这些动物源性食品安全问题引起了人们的广泛关注，监管部门急需建立行之有效的肉类食品安全检验检测体系。目前肉品检测技术主要包括物理法、仪器分析方法和现代分子生物学方法。物理法、仪器分析方法耗时耗力并且检测效率低，因此，在肉类安全检测中现代分子生物学方法较为常用，主要包括 DNA 条形码、常规 PCR 技术、荧光 PCR 技术以及新兴的数字 PCR 技术等。

第三节　DNA 重组技术

　　DNA 重组即用酶学的方法，在体外将不同来源的 DNA 进行特异性切割，并重新连接，组合成一个新的杂合 DNA 分子的过程，是分子生物学的核心。其中不同来源的 DNA 称为目的基因。由于基因克隆时必须将目的基因重组至载体中，并导入受体细胞复制，因而目的基因又称为外源基因。

一、目的基因的获得

　　根据研究对象和目的的不同，目的基因可来自原核细胞或真核细胞。原核细胞基因组比较简单，其基因定位相对容易，一般可直接分离基因组 DNA，酶切后，以相应探针调取目的基因。真核细胞基因组相对复杂，多含有庞大数目的基因，其基因定位困难，真核基因的克隆多通过构建基因组文库进行。

　　根据人们对目的基因序列的认识情况，可采用不同的基因克隆策略。

（一）已知基因的获得

　　已知基因即序列已被克隆、测序，并做到资源共享的基因。随着分子生物学技术的发展，已知基因越来越多，基因的一级序列较清楚，获得相对容易，通常可采用化学合成法和 PCR 扩增法获得。化学合成法是一种利用化学反应合成寡核苷酸链的方法，可按人们设计好的序列一次合成 $100\sim200bp$ 长的 DNA 片段，使得 DNA 来源不再受限制，极大地促进了分子生物学的发展；对于已部分了解或完全清楚的基因，可以通过 PCR 反应直接从染色体 DNA 或 cDNA 上高效快速地扩增出目的片段。

（二）未知基因的获得

　　对于未知基因的获得，主要可以采用以下几种方法：①构建基因组文库，筛选目的基因；②构建 cDNA 文库，筛选目的基因；③mRNA 差异显示技术筛选差异表达基因；④差异蛋白质谱表达技术筛选功能基因。

知识链接

　　基因文库是指某一生物类型全部基因的集合，这种集合是以重组体形式出现。某生物 DNA 片段群体与载体分子重组，重组后转化宿主细胞，转化细胞在选择培养基上生长出的单个菌落（或噬菌斑)(或成活细胞）即为一个 DNA 片段的克隆。全部 DNA 片段克隆的集合体即为该生物的基因组文库。部分 DNA 片段克隆的集合体即为该生物的部分基因文库，部分基因文库最具代表性的就是 cDNA 文库。

二、基因重组

　　将目的基因插入载体的过程，即基因重组，其基本过程：首先在目的基因和载体两端造成切口，然后依赖双链 DNA 黏末端单链序列的互补结合和 DNA 连接酶将切口补上，实质是将两种 DNA 在体外进行酶促连接，最终获得一个重组子。

　　不同来源、性质的外源片段采用的连接方法不同。常采用的连接方法有：黏末端连接法、平端连接法、人工接头法和同聚物接尾法。

 知识链接 ··

　　DNA 连接酶是 1967 年在三个实验室同时发现的，也称 DNA 黏合酶，在分子生物学中扮演一个既特殊又关键的角色，那就是把两条 DNA 黏合成一条。无论是双股或是单股 DNA 的黏合，DNA 黏合酶都可以借由形成磷酸双脂键将 DNA 在 3′端的尾端与 5′端的前端连在一起，几乎大多数的分子生物实验室都会利用 DNA 黏合酶来进行重组 DNA 的实验，或许这也可以被归为其另一种重要的功能，故也称"基因针线"。常用的 DNA 连接酶有 T4DNA 连接酶和 E. coliDNA 连接酶。

三、重组子导入受体菌

　　目的基因与载体连接后，要导入细胞中才能复制扩增，再经筛选，才能获得重组 DNA 的分子克隆。不同的载体在不同的宿主细胞中复制，导入细胞的方法也不相同。有转化、感染与转染之分。指将质粒 DNA 或以质粒为载体构建的重组子导入细胞的方法为转化；噬菌体进入宿主细菌或病毒进入宿主细胞中复制的天然过程则是感染；将噬菌体、病毒或以其为载体的重组 DNA 导入细胞的过程，称为转染。

四、目的基因序列克隆的筛选与鉴定

　　目的序列与载体 DNA 正确连接，并导入重组细胞的频率极低。一般一个载体只携带某一段外源 DNA，一个细胞只接受一个重组 DNA 分子，所以筛选是基因克隆的重要步骤。筛选目的基因就是挑选出含有目的序列的重组体。筛选的方法有：①根据重组载体的标志作筛选；②DNA 限制性内切酶图谱分析；③核酸杂交法；④PCR 法；⑤免疫学方法；⑥核苷酸序列测定。

　　经上述方法筛选鉴定的克隆，最后通过核酸序列测定进行鉴定。通过测序可以确证已知基因的克隆准确无误；如果克隆序列未知，通过测序才能确知其结构、推测其功能，用于进一步的研究。

📇 本章小结

　　核酸的提取包括 DNA、RNA 和基因组的提取，本章主要介绍了质粒 DNA 及 RNA 提取的主要原理与方法。提取质粒 DNA 的主要方法是碱裂解法，提取总 RNA 的主要方法是 TRizol 法。

　　PCR 技术是体外扩增特异性基因片段的一种方法，具有特异性、高效性与准确性的特点，其反应过程及 PCR 产物受模板纯度、模板量、引物、缓冲液、金属离子浓度、dNTP、聚合酶、温度和循环数的影响。常用的 PCR 技术有反转录 PCR、定量 PCR、实时荧光定量 PCR、重组 PCR、反向 PCR、多重 PCR、长距离 PCR 和不对称 PCR，这些 PCR 技术已在分子生物学和兽医临床监测中得到广泛应用。

　　重组 DNA 的制备技术是分子生物学的核心，主要涉及目的基因获得、基因重组、重组子导入受体菌、筛选鉴定这几个步骤，制备的重组 DNA 可以用于进一步的表达等研究。

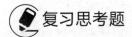

复习思考题

简答题

1. 质粒 DNA 提取的主要方法与原理是什么?
2. PCR 的定义。
3. PCR 的影响因素有哪些?
4. 重组 DNA 制备包括哪几个基本步骤?

第十三章

生物化学实验技术及基本技能操作

第一部分　生物化学实验基本技能

一、实验室规则及常识

（1）每位同学都应遵守学习纪律，维护实验室秩序，保持室内安静，不大声说笑或喧哗。

（2）实验前应认真作好预习，明确目的和要求，了解本次实验内容的基本原理和操作步骤。

（3）在实验过程中要听从教师的指导，严肃认真地按操作规程进行实验，并简要、准确地将实验结果及原始数据记录在专用的实验记录本上，养成良好的实事求是的科学作风。课后及时总结复习，根据原始记录进行整理，并写出实验报告，按时送交任课教师评阅。

（4）保持实验室环境和仪器的整洁是做好实验的重要条件及关键。必须维持实验桌面及试剂药品架上的清洁整齐，不要乱放和乱扔，仪器和试剂药品放置要井然有序。公用试剂药品用毕后立即盖好放回原处，要特别注意保持药品及试剂的纯净，严禁混杂。

（5）使用仪器、药品、试剂和各种器材都必须注意爱护及节约，不得浪费。洗涤和使用玻璃仪器时，应谨慎仔细，防止损坏。在使用贵重精密仪器时，应严格遵守操作规程，发现故障立即报告教师，不要擅自动手拆散和检修。

（6）废弃溶液可倒入水槽内，但强酸、强碱溶液必须先用水稀释后，再放水冲走。强腐蚀性废弃试剂药品、废纸及其他固体废物或带有渣滓沉淀的废液均应倒入废品缸内，不能倒入水槽内。

（7）实验室内一切物品，未经本室教师许可，严禁携出室外。借物时必须办理登记手续。仪器损坏时，应随即向教师报告，如实说明情况并认真登记后方可补领。

（8）必须遵守和熟悉实验室安全规章及防护知识，不得违反和破坏。使用电炉应有人在旁，不可擅自离开，用毕后切记切断电源。

（9）每次实验结束后，应各自立即将仪器洗净倒置放好，并整理好实验桌面上的物品。值日生要负责当日实验室的卫生和安全检查，做好全部清理工作，离开实验室前应关上水、电、煤气、门窗等，严防安全隐患事故的发生。

（10）对实验内容和安排不合理之处可提出改进意见，做到教学相长。对实验中出现的一切反常现象可开展分析和讨论。

（11）洗净的仪器要放在架上或干净的纱布上晾干，不能用抹布擦拭，更不能用抹布擦拭仪器内壁。

（12）挪动干净玻璃仪器时，勿使手指接触仪器内部。

（13）取出的试剂和标准溶液，如未用尽，切勿倒回原试剂瓶内，以免掺混。

（14）凡是发生烟雾、有毒气体及有臭味气体的实验，必须在通风橱内进行。

（15）用实验动物进行实验时，不许戏弄动物。进行杀死或解剖等操作，应按规定方法进行，绝对不能用动物、手术器械或药物开玩笑。

二、实验室安全与防护常识

在生物化学实验中，需要经常与毒性很强、有腐蚀性、易燃烧和具有爆炸性的化学药品直接接触，常常会使用易碎的玻璃和瓷质器皿以及在煤气、水、电等高温电热设备的环境下进行紧张而细致的工作。因此，必须十分重视安全工作。

（一）实验室安全要求

（1）穿白大褂进入实验室，不许穿拖鞋进入实验室，以免酸碱等试剂腐蚀衣服、灼伤皮肤。

（2）进入实验室开始工作前应了解煤气总阀门、水阀门及电闸所在处。离开时，一定要将室内检查一遍，应关闭水、电和煤气的开关，关好门窗。

（3）使用浓酸、浓碱时，必须小心操作，防止飞溅。在用移液管量取这些试剂时，必须使用橡皮吸耳球，绝对不能用口吸取。若不慎溅在实验台或地面，必须及时用湿抹布擦洗干净。如果触及皮肤应立即治疗。

（4）易燃和易爆炸物质的残渣（如金属钠、白磷等）不得倒入污染桶或水槽中，应收集在指定的容器内。

（5）废液，特别是强酸和强碱，不能直接倒入水槽中，必须倒入专门的废液桶；实验完成后的沉淀物或其他混合物如含有有毒、有害或贵重药品者不可随意丢弃，必须放入专门的容器。最后由实验主管部门统一回收处理。

（6）凡属产生烟或产生有毒气体的化学实验，均应在通风橱内进行，以免对人体造成危害。

（7）在领取毒性物质之前应按实验室的规定办理审批手续，使用毒性物质时必须根据试剂瓶上的标签说明严格操作、安全称量、妥善处理和保存。操作时应戴手套，必要时戴口罩或面罩，并在通风橱中进行。沾过毒性物质的容器应该单独清洗和处理。

（8）使用煤气灯时，灯焰大小和火力强弱应根据实验的需要来调节。用煤气加热水浴锅时，切勿踏灭煤气软管，同时注意勿烧干水浴锅。用火时，应做到火着人在，人走火灭。

（9）了解化学药品的警告标志。

（10）生物材料如微生物、动物组织和血液样品都可能存在细菌和病毒感染的潜在危险，因此，在处理各种生物材料时必须谨慎、小心，做完实验后必须用肥皂、洗手液或消毒液洗净双手。

（二）实验室可能出现的危险情况

1. 着火

生物化学实验室经常使用大量的有机溶剂，如甲醇、乙醇、丙酮、氯仿等，而实验室又经常使用电炉、酒精灯等火源。因此，极易发生着火事故。

① 使用可燃物，特别是乙醚、丙酮及乙醇等易燃物时，不要大量放在实验台上，更不要把它们放在靠近火焰的地方。

② 只有在远离火源时，或将火焰熄灭后，才可大量倾倒易燃液体。

③ 低沸点的有机溶剂，乙醚、石油醚、酒精等不准在火焰上直接加热，只能用水浴来加热。

④ 废有机溶剂不得倒入废物桶，只能倒入回收瓶，以后再集中处理。量少时用水稀释后可排入下水道。

实验室一旦发生火灾，切不可惊慌失措，要保持镇静，根据具体情况正确地进行灭火，如火势较大需立即报火警。灭火的方法有：

① 乙醇、丙酮等可溶于水的有机溶剂着火时可以用水灭火。汽油、乙醚等有机溶剂着火时不能用水，只能用灭火毯和砂土盖灭。

② 容器中的易燃物着火时，用玻璃纤维布、灭火毯盖灭。

③ 个人衣服着火时，切勿慌张奔跑，应迅速脱掉衣服，浇水灭火，火势较大时可就地卧倒打滚压灭火焰。

④ 导线、电器一起着火时不能用水和二氧化碳灭火器灭火，应先切断电源，然后用灭火器（内装二氟一氯一溴甲烷）灭火。

2. 中毒

生物化学实验室常见的有毒物有氰化物、砷化物、乙腈、叠氮化物、汞及其化合物等，化学致癌物有铬酸盐、溴化乙锭等。中毒的主要原因是由于不慎吸入、误食或由皮肤渗入。

中毒的预防：①取用有毒物质时必须戴橡胶手套；②严禁用嘴吸移液管，严禁在实验室内饮水、进食，禁止赤膊和穿拖鞋；③不要用乙醇等有机溶剂擦洗溅洒在皮肤上的试剂与药品。

中毒急救的方法主要有：①误食了酸或碱，可先立即大量饮水，误食碱者再喝些牛奶；误食酸者，饮水后再服 $Mg(OH)_2$ 乳剂，最后饮些牛奶；②吸入了有毒气体者，应立即转移到室外，解开衣领，休克者应施以人工呼吸，但不要用口对口法；③砷和汞中毒者，应立即送医院急救。

3. 爆炸

防止生物化学实验室发生爆炸事故非常重要，因为一旦爆炸其毁坏力极大，后果十分严重。加热时会发生爆炸的混合物有：有机化合物和氧化铜、浓硫酸和高锰酸钾、三氯甲烷和丙酮等。

常见的引起爆炸事故的原因有：①随意混合化学药品，并使其受热、受摩擦和撞击；②在密闭的体系中进行蒸馏、回流等加热操作；③在加压或减压实验中使用了不耐压的玻璃仪器，或反应过于激烈而失去控制；④易燃易爆气体大量溢入室内；⑤高压气瓶减压阀损坏或失灵。

4. 触电

在生物化学实验室要使用大量的仪器和设备，因此，每位实验人员都必须能熟练地安全用电、避免发生一切用电事故。

（1）防止触电

防止触电需做到：①不能用湿手开关电闸和电器；②电源裸露部分都应绝缘；③凡是漏电的仪器，经检修合格后方可继续使用；④坏的接头、插头、插座和不良导线应及时更换；⑤先接好线路再插电源，反之先关电源再拆线路；⑥仪器使用前要先检查外壳是否漏电；⑦如遇有人触电，要先切断电源再救人。

（2）防止电器着火

防止电器着火需做到：①生锈的电器、接触不良的导线接头要及时处理；②保险丝、电源线、插头和插座都要与使用的额定电流相匹配；③仪器长时间不用，要拔下电源插头；④电炉、烘箱等电热设备不可过夜使用；⑤电器、电源线着火不可用泡沫灭火器灭火。

5. 外伤

（1）化学灼伤

① 眼睛灼伤：眼内若溅入化学试剂，应立即用自来水或蒸馏水冲洗眼部 15min，然后再滴入几滴油性护眼液起滋润保护作用，不可用稀酸或稀碱冲洗。

② 皮肤灼伤

a. 酸灼伤　先用大量水冲洗，再用稀 $NaHCO_3$ 或稀氨水浸洗，最后再用水冲洗。

b. 碱灼伤　先用大量水冲洗，再用 1% 硼酸或 2% 乙酸浸洗，最后再用水清洗。

c. 溴灼伤　伤口不易愈合，一旦灼伤，立即用 20% 硫代硫酸钠冲洗，再用大量水冲洗，包上消毒纱布后就医。

（2）烫伤

使用火焰、蒸汽、加热的玻璃仪器和金属时易发生烫伤。轻度烫伤时一般可涂上苦味酸软膏。如果伤处红痛（一级烫伤），可擦医用橄榄油；若皮肤起水泡（二级烫伤），不要弄破水泡，防止感染；烫伤皮肤呈棕色或黑色（三级烫伤），应用干燥无菌的消毒纱布轻轻包扎好，急送医院治疗。

（3）割伤

这是在生物化学实验室常见的伤害，要特别注意预防，尤其是在向橡皮塞中插入温度计、玻璃管时一定要用水或甘油润滑，用布包住玻璃管轻轻旋入，切不可用力过猛。如不慎被玻璃割伤，应先检查伤口内有无玻璃碎片，然后用硼酸水洗净，再涂擦碘酒，必要时用纱布包扎。若伤口较大或较深，应迅速在伤口上部和下部扎紧血管止血，然后立即送医院诊治。

三、实验室常用仪器的使用

（一）容量玻璃仪器的使用方法

容量仪器有装量和卸量两种。量瓶和单刻度管为装量仪器。滴定管、一般吸管和量筒等均为卸量仪器。近年来，自动取样器已广泛应用于生物化学教学和科学研究中，是一种取液量连续可调的精密仪器，使用极为方便。

1. 吸管

吸管是生物化学实验中最常用的卸量容器。移取溶液时，如吸管不干燥，应预先用所吸取的溶液将吸管冲洗 2～3 次，以确保所吸取的溶液浓度不变。吸取溶液时，一般用右手的大拇指和中指拿住管颈刻度线上方，把管尖插入溶液中。左手拿吸耳球，先把球内空气压出，然后把吸耳球的尖端接在吸管口，慢慢松开左手指，使溶液吸入管内。当液面升高至刻度线上方，再使吸管离开液面，此时管的末端仍靠在盛溶液器皿的内壁上。略微放松食指，使液面平稳下降，直到溶液的弯月面与刻度标线相切时，立即用食指压紧管口，取出吸管，插入接收器中，管尖仍靠在接收器内壁，此时吸管应垂直，并与接收器约呈 15° 夹角。松开食指让管内溶液自然地沿器壁流下。遗留在吸管尖端的溶液及停留的时间要根据吸管的种类进行不同处理。

（1）无分度吸管（单刻度吸管，移液管）　使用普通无分度吸管卸量时，管尖所遗留的少量溶液不要吹出，停留等待 3s，同时转动吸管。

（2）分度吸管（多刻度吸管、直管吸管）　分度吸管有完全流出式、吹出式等多种形式。

　　① 完全流出式　上有零刻度，下无总量刻度的为完全流出式。这种吸管又分为慢流速、快流速两种。使用时最后停留 3s，同时转动吸管，尖端遗留液体不要吹出。

　　② 吹出式　标有"吹"字的为吹出式，使用时最后应吹出管尖内遗留的液体。

　　使用注意事项：

　　（1）应根据不同的需要选用大小合适的吸管，如欲量取 1.5mL 的溶液，选用 2mL 吸管要比选用 1mL 或 5mL 吸管误差小。

　　（2）吸取溶液时要把吸管插入溶液深处，避免吸入空气而使溶液从上端溢出。

　　（3）吸管从液体中移出后必须用滤纸将管的外壁擦干，再行放液。

2. 滴定管

　　可以准确量取不固定量的溶液或用于容量分析。常用的常量滴定管有 25mL 及 50mL 两种，其最小刻度单位是 0.1mL，滴定后读数时可以估计到小数点后 2 位数字。在生物化学工作中常使用 2mL 及 5mL 半微量滴定管。这种滴定管内径狭窄，尖端流出的液滴也小，最小刻度单位是 0.01～0.02mL，读数可到小数点后第 3 位数字。在读数之前要多等候一段时间，以便让溶液缓慢流下。

3. 量筒

　　量筒不是吸管或滴定管的代用品。在准确度要求不高的情况下，用来量取相对大量的液体。不需加热促进溶解的定性试剂可直接在具有玻璃塞的量筒中配制。

4. 容量瓶

　　容量瓶具有狭窄的颈部和环形的刻度。是在一定温度下（通常为 20℃）检定的，含有准确体积的容器。使用前应检查容量瓶的瓶塞是否漏水，合格的瓶塞应系在瓶颈上，不得任意更换。容量瓶刻度以上的内壁挂有水珠会影响准确度，所以应洗涤干净。所称量的任何固体物质必须先在小烧杯中溶解或加热溶解，冷却至室温后才能转移到容量瓶中。容量瓶绝不应加热或烘干。

离心原理

（二）离心机

　　离心机是利用离心力对混合液（含有固形物）进行分离和沉淀的一种专用仪器。实验室常用电动离心机有低速、高速离心机和低速、高速冷冻离心机，以及超速分析、制备两用冷冻离心机等多种型号。其中以低速（包括大容量）离心机和高速冷冻离心机应用最为广泛，是生化实验室用来分离制备生物大分子必不可少的重要工具。在实验过程中，欲使沉淀与母液分开，常使用过滤和离心两种方法。但在下述情况下，使用离心方法效果较好。①沉淀有黏性或母液黏稠。②沉淀颗粒小，容易透过滤纸。③沉淀量过多而疏松。④沉淀量很少，需要定量测定。或母液量很少，分离时应减少损失。⑤沉淀和母液必须迅速分开。⑥一般胶体溶液。

1. 电动离心机的基本结构和性能

　　（1）普通（非冷冻）离心机　这类离心机结构较简单，可分小型台式和落地式两类，配有驱动电机、调速器、定时器等装置，操作方便。低速离心机其转速一般不超过 4000r/min，台式高速离心机最大转速可达 18000r/min。

　　（2）低速冷冻离心机　转速一般不超过 4000r/min，最大容量为 2～4L，实验室最常用于大量初级分离提取生物大分子、沉淀物等。其转头多用铝合金制的甩平式和角式两种，离心管有硬质玻璃、聚乙烯硬塑料和不锈钢管多种型号。离心机装配有驱动电机、定时器、调整器（速度指示）和制冷系统（温度可调范围为－20～40℃），可根据离心物质所需，更换不同容量和不同型号转速的转头。

（3）高速冷冻离心机　转速可达 20000r/min 以上，除具有低速冷冻离心机的性能和结构外，高速离心机所用角式转头均用钛合金和铝合金制成。离心管为聚乙烯硬塑料制品。这类离心机多用于收集微生物、细胞碎片、细胞、大的细胞器、硫酸沉淀物以及免疫沉淀物等。

（4）超速离心机　转速可达 50000r/min 以上，能使亚细胞器分级分离，应用于蛋白质、核酸分子量的测定等。其转头为高强度钛合金制成，可根据需要更换不同容量和不同型号的转速转头。超速离心机驱动电机有两种，一种为调频电机直接升速，另一种为通过变速齿轮箱升速。为了防止驱动电机在高速运转中产热，装有冷却驱动电机系统（风冷、水冷）、限速器、计时器、转速记录器等。此外，超速离心机还装配有抽真空系统。

2. 低速离心机的一般使用规程

（1）使用方法

① 检查离心机调速旋钮是否处在零位，外套管是否完整无损和垫有橡皮垫。

② 离心前，先将离心的物质转移入合适的离心管中，其量以距离心管口 1～2cm 为宜，以免在离心时甩出。将离心管放入外套管中，在外套管与离心管间注入缓冲水，使离心管不易破损。

③ 取一对外套管（内已有离心管）放在台秤上平衡。如不平衡，可调整缓冲用水或离心物质的量。将平衡好的套管放在离心机十字转头的对称位置上。把不用的套管取出，并盖好离心机盖。

④ 接通电源，开启开关。

⑤ 平稳、缓慢地转动调速手柄（需 1～2min）至所需转速，待转速稳定后再开始计时。

⑥ 离心完毕，将手柄慢慢地调回零位，关闭开关，切断电源。

⑦ 待离心机自行停止转动时，方可打开机盖，取出离心样品。

⑧ 将外套管、橡胶垫冲洗干净，倒置干燥备用。

（2）注意事项

① 离心机要放在平坦和结实的地面或实验台上，不允许倾斜。

② 离心机应接地线，以确保安全。

③ 离心机启动后，如有不正常的噪声及振动时，可能离心管破碎或相对位置上的两管重量不平衡，应立即关机处理。

④ 需平稳、缓慢增减转速。关闭电源后，要等候离心机自动停止。不允许用手或其他物件迫使离心机停转。

⑤ 一年检查一次电动机的电刷及轴承磨损情况，必要时更换电刷或轴承。注意电刷型号必须相同。更换时要清洗刷盒及整流子表面污物。新电刷要自由落入刷盒内。要求电刷与整流子外圆吻合。轴承缺油或有污物时，应清洗加油，轴承采用二硫化钼锂基脂润滑。加量一般为轴承空隙的 1/2。

（三）分光光度计

1. 测量原理

分光光度法测量的理论依据是朗伯-比耳定律：当溶液中的物质在光的照射和激发下，产生了对光吸收的效应。但物质对光的吸收是有选择性的，各种不同的物质都有其各自的吸收光谱。所以根据定律当一束单色光通过一定浓度范围的稀有色溶液时，溶液对光的吸收程度 A 与溶液的浓度 c 或液层厚度 b 成正比。其定律表达式 $A=kbc$（k 是吸光系数）。

2. 分光光度计的使用

在此，着重介绍国产 722 型分光光度计和 752 型分光光度计的使用。

（1）722 型分光光度计　722 型分光光度计是可见光分光光度计，其波长范围为 350～820nm，仪器见图 13.1 所示。

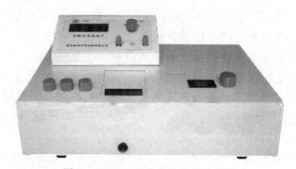

图 13.1　722 型分光光度计实物图

① 使用方法

a. 预热仪器　将选择开关置于"T"，打开电源开关，使仪器预热 20min。为了防止光电管疲劳，不要连续光照，预热仪器时和不测定时应将试样室盖打开，使光路切断。

b. 选定波长　根据实验要求，转动波长手轮，调至所需要的单色波长。

c. 固定灵敏度挡　在能使空白溶液很好地调到"100%"的情况下，尽可能采用灵敏度较低的挡，使用时，首先调到"1"挡，灵敏度不够时再逐渐升高。但换挡改变灵敏度后，需重新校正"0%"和"100%"。选好的灵敏度，实验过程中不要再变动。

d. 调节 T=0%　轻轻旋动"0%"旋钮，使数字显示为"00.0"（此时试样室是打开的）。

e. 调节 T=100%　将盛蒸馏水（或空白溶液，或纯溶剂）的比色皿放入比色皿座架中的第一格内，并对准光路，把试样室盖子轻轻盖上，调节透过率"100%"旋钮，使数字显示正好为"100.0"。

f. 吸光度的测定　将选择开关置于"A"，盖上试样室盖子，将空白液置于光路中，调节吸光度调节旋钮，使数字显示为"0.000"。将盛有待测溶液的比色皿放入比色皿座架中的其他格内，盖上试样室盖，轻轻拉动试样架拉手，使待测溶液进入光路，此时数字显示值即为该待测溶液的吸光度值。读数后，打开试样室盖，切断光路。

重复上述测定操作 1～2 次，读取相应的吸光度值，取平均值。

g. 浓度的测定　选择开关由"A"旋置"C"，将已标定浓度的样品放入光路，调节浓度旋钮，使得数字显示为标定值，将被测样品放入光路，此时数字显示值即为该待测溶液的浓度值。

h. 关机　实验完毕，切断电源，将比色皿取出洗净，并将比色皿座架用软纸擦净。

② 注意事项

a. 测量完毕，速将暗盒盖打开，关闭电源开关，将灵敏度旋钮调至最低挡，取出比色皿，将装有硅胶的干燥剂袋放入暗盒内，关上盖子，将比色皿中的溶液倒入烧杯中，用蒸馏水洗净后放回比色皿盒内。

b. 每台仪器所配套的比色皿不可与其他仪器上的表面皿单个调换。

c. 若大幅度改变测试波长，需稍等片刻，等灯热平衡后，重新校正"0"和"100%"点。然后再测量。

d. 比色皿使用完毕后，请立即用蒸馏水冲洗干净，并用干净柔软的纱布将水迹擦去，以防止表面光洁度被破坏，影响比色皿的透光率。

（2）752型分光光度计　　752型分光光度计为紫外光栅分光光度计，测定波长200～800nm，仪器简图见图13.2所示。

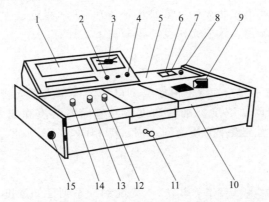

图13.2　752型分光光度计简图

1—数字显示器；2—吸光度调零旋钮；3—选择开关；4—浓度旋钮；5—光源室；6—电源室；
7—氢灯电源开关；8—氢灯触发按钮；9—波长手轮；10—波长刻度窗；11—试样架拉手；
12—100%T旋钮；13—0%T旋钮；14—灵敏度旋钮；15—干燥器

① 操作方法

a.将灵敏度旋钮调到"1"挡（放大倍数最小）。

b.打开电源开关，钨灯点亮，预热30min即可测定。若需用紫外光则打开"氢灯"开关，再按氢灯触发按钮，氢灯点亮，预热30min后使用。

c.将选择开关置于"T"。

d.打开试样室盖，调节"0%"旋钮，使数字显示为"00.0"。

e.调节波长旋钮，选择所需测的波长。

f.将装有参比溶液和被测溶液的比色皿放入比色皿架中。

g.盖上样品室盖，使光路通过参比溶液比色皿，调节透光率旋钮，使数字显示为100.0%（T）。如果显示不到100.0%（T），可适当增加灵敏度的挡数。然后将被测溶液置于光路中，数字显示值即为被测溶液的透光率。

h.若不需测透光率，仪器显示100.0%（T）后，将选择开关调至"A"，调节吸光度旋钮，使数字显示为"0.000"。再将被测溶液置于光路后，数字显示值即为溶液的吸光度。

i.若将选择开关调至"C"，将已知标定浓度的溶液置于光路，调节浓度旋钮使数字显示为标定值，再将被测溶液置于光路，则可显示出相应的浓度值。

② 注意事项

a.测定波长在360nm以上时，可用玻璃比色皿；波长在360nm以下时，要用石英比色皿。比色皿外部要用吸水纸吸干，不能用手触摸光面的表面。

b.仪器配套的比色皿不能与其他仪器的比色皿单个调换。如需增补，应经校正后方可使用。

c.开关样品室盖时，应小心操作，防止损坏光门开关。

d.不测量时，应使样品室盖处于开启状态，否则会使光电管疲劳，数字显示不稳定。

e.当光线波长调整幅度较大时，需稍等数分钟才能工作。因光电管受光后，需有一段响应时间。

　　　　f. 仪器要保持干燥、清洁。

3. 计算

　　利用分光光度法对物质进行定量测定的方法，主要有以下两种。

　　（1）利用标准管计算测定物含量（直接比较法）　实际测定过程中，用一已知浓度的测定物按测定管同样处理显色，读取光密度，再根据下式计算。

$$A_样 = K_样 \, c_样 \, L_样$$
$$A_标 = K_标 \, c_标 \, L_标$$

　　式中，$A_样$、$A_标$ 分别为未知浓度测定管和已知浓度标准管光密度；$c_样$、$c_标$ 分别为未知浓度测定管测定物和已知浓度标准管浓度。因盛标准溶液和测定液的比色皿内径相同（$L_样 = L_标$），标准液和测定液中介质为同一物，K 相同，（$K_样 = K_标$），故上二式可写成：

$$c_样 = \frac{A_样}{A_标} c_标$$

　　（2）利用标准曲线换算（标准曲线法）　先配制一系列已知浓度的测定物溶液，按测定管同样方法处理显色，读取各管光密度。然后以各管光密度为纵轴，浓度为横轴，在坐标纸上作图得标准曲线。再以测定管光密度从标准曲线上查得测定物的浓度。

　　标准曲线的制作与测定管的测定，应在同一仪器上进行，在配制样品时，一般选择其浓度相当于标准曲线中部的浓度较好。

四、实验记录与实验报告

1. 实验记录

　　记录实验结果、书写实验报告是实验课教学的重要环节之一，同样需要认真对待。

　　（1）实验前必须认真预习，弄清原理和操作方法，并在实验记录本上写出扼要的预习报告，内容包括实验基本原理、简要的操作步骤（可用流程图等表示）和记录数据的表格等。

　　（2）实验中观察到的现象、结果和测试的数据应及时、如实地记录在实验记录本上，不能靠记忆；不记录在单片纸上，防止丢失，避免事后追记。当发现与教材描述情况、结论不一致时，尊重客观，不先入为主，记录实情，留待分析讨论原因，总结经验教训。

　　（3）在已设计好的记录表格上，准确记录下观测数据，如称量物的重量、滴定管的读数、分光光度计的读数等，并根据仪器的精确度准确记录有效数字。例如，光吸收值为0.050 不应写成0.05。每一个结果最少要重复观测两次以上，当符合实验要求并确知仪器工作正常后，再写在记录本上。实验记录上的每一个数字，都是反映每一次的测量结果，所以，重复观测时，即使数据完全相同也应如实记录下来。总之，实验的每个结果都应正确无遗漏地做好记录。

　　（4）详细记录实验条件，如生物材料来源、形态特征、健康状况、选用的组织及其重量；主要使用观测仪器的型号和规格；化学试剂的规格、化学式、分子量、准确的浓度等，以便总结实验时进行核对和作为查找成败原因的参考依据。

　　（5）实验记录不能用铅笔，须用钢笔或圆珠笔。记录不要擦抹及修改，写错时可以准确地划去重记。

　　（6）如果怀疑所记录的观测结果或实验记录遗漏、丢失都必须重作实验，切忌拼凑实验数据、结果，自觉培养一丝不苟、严谨的科学作风。

2. 实验报告

　　实验报告是做完每个实验后的总结。通过汇报本人的实验过程与结果，分析总结实验的经验和问题，加深对有关理论和技术的理解与掌握。

书写实验报告应注意以下几点。

（1）简明扼要地概括出实验的原理，涉及化学反应，最好用化学反应式表示。

（2）应列出所用的试剂和主要仪器。特殊的仪器要画出简图并有合适的图解，说明化学试剂时要避免使用未被普遍接受的商品名或俗名。

（3）实验方法步骤的描述要简洁，不要照抄实验指导书或实验讲义，但要写得明白，以便他人能够重复。

（4）应实事求是地记录实际观察到的实验现象而不是照抄实验指导书所列应观察到的实验结果。并记录实验现象的所有细节。

（5）讨论不应是实验结果的重述，而是以结果为基础的逻辑推论。如对定性实验，在分析实验结果基础上应有一简短而中肯的结论。讨论部分还可以包括关于实验方法（或操作技术）和有关实验的一些问题，如实验异常结果的分析，对于实验设计的认识、体会和建议，对实验课的改进意见等。

第二部分　动物生物化学实验技能训练基础篇

技能训练一　蛋白质等电点的测定

一、目的

了解等电点的意义及其与蛋白质分子聚沉能力的关系。

二、原理

蛋白质的分子量很大，它能形成稳定均一的溶液，主要是由于蛋白质分子都带有相同符号的电荷，同时蛋白质分子周围有一层溶剂化的水膜，避免蛋白质分子之间聚集而沉降。

蛋白质分子所带的电荷与溶液的 pH 有很大关系，蛋白质是两性电解质，在酸性溶液中成阳离子，在碱性溶液中成阴离子。蛋白质分子所带净电荷为零时的 pH 称为蛋白质的等电点（pI）。在等电点时，蛋白质分子在电场中不向任何一极移动，而且分子与分子间因碰撞而引起聚沉的倾向增加，所以这时可以使蛋白质溶液的黏度、渗透压均减到最低，且溶液变浑浊。若再加入一定量的溶剂如乙醇、丙酮，它们与蛋白质分子争夺水分子，竭力减低蛋白质水化层的厚度而使浑浊更加明显。

本实验采用蛋白质在不同 pH 溶液中形成的浑浊度来确定，即浑浊度最大时的 pH 即为该种蛋白质的等电点值，这个方法虽然不很准确，但在一般实验条件下都能进行，操作也简便。

三、器材与试剂

1. 器材

①试管 1.5cm；②吸管 1mL，2mL，10mL；③容量瓶 50mL，500mL；④试管架。

2. 试剂

①0.01mol/L 醋酸溶液；②0.1mol/L 醋酸溶液；③1mol/L 醋酸溶液；④1mol/L 氢氧化钠溶液（氢氧化钠和醋酸溶液的浓度要标定）；⑤酪蛋白。

四、方法与步骤

1. 制备蛋白质胶液

（1）称取酪蛋白 3g，放在烧杯中，加入 40℃的蒸馏水。

（2）加入 50mL 1mol/L 氢氧化钠溶液，微热搅拌直到蛋白质完全溶解为止。将溶解好的蛋白溶液转移到 500mL 容量瓶中，并用少量蒸馏水洗净烧杯，一并倒入容量瓶。

（3）在容量瓶中再加入 1mol/L 醋酸溶液 50mL，摇匀。

（4）加入蒸馏水定容至 500mL，得到略显浑浊的，在 0.1mol/L NaAc 溶液中的酪蛋白胶体。

2. 等电点测定

按表 13.1 顺序在各管中加入蛋白质胶液，并准确地加入蒸馏水和各种浓度的醋酸溶液，加入后立即摇匀。

表 13.1　实验数据记录

管号	蛋白质胶液 /mL	$V(H_2O)$ /mL	$V(0.01mol/L\ HAc)$ /mL	$V(0.1mol/L\ HAc)$ /mL	$V(1mol/L\ HAc)$ /mL	pH	观察		
							0min	10min	20min
1	1	8.38	0.62			5.9			
2	1	7.75	1.25			5.6			
3	1	8.75		0.25		5.3			
4	1	8.50		0.50		5.0			
5	1	8.00		1.00		4.7			
6	1	7.00		2.00		4.4			
7	1	5.00		4.00		4.1			
8	1	1.00		8.00		3.8			
9	1	7.40			1.60	3.5			

观察各管产生的浑浊并根据浑浊度来判断酪蛋白的等电点。观察时可用＋、＋＋、＋＋＋表示浑浊度。

五、结果与讨论

技能训练二　双缩脲法测定蛋白质的含量

样品中蛋白质含量的测定技术之标准曲线的绘制
微课扫一扫

样品中蛋白质含量的测定
微课扫一扫

一、目的

学习双缩脲法测定蛋白质的原理和方法。

二、原理

具有两个或两个以上肽键的化合物皆有双缩脲反应，因此蛋白质在碱性溶液中，能与

Cu^{2+} 形成紫红色配合物，颜色深浅与蛋白质浓度成正比，故可用来测定蛋白质的浓度。在一定条件下，未知样品的溶液与标准蛋白质溶液同时反应，并于 540nm 下比色，可以通过标准蛋白质的标准曲线求出未知样品的蛋白质浓度。

三、器材与试剂

1. 器材

　　①试管；②试管架；③恒温水浴锅；④722 型分光光度计。

2. 试剂

　　① 标准酪蛋白溶液（10mg/mL）　用 0.05mol/L NaOH 溶液配制。

　　② 双缩脲试剂　溶解 1.50g $CuSO_4 \cdot 5H_2O$ 和 6.0g $NaKC_4H_4O_6 \cdot 4H_2O$ 于 500mL 水中，在搅拌下加入 10% NaOH 300mL 溶解，用水稀释到 1L，4℃保存，备用。

　　③ 血清稀释液　取新鲜血清稀释 10 倍。

四、方法与步骤

1. 标准曲线的绘制

　　取 6 支干试管，按表 13.2 平行操作。

表 13.2　标准曲线的绘制操作

体积	0	1	2	3	4	5
V(标准酪蛋白)/mL	0.0	0.2	0.4	0.6	0.8	1.0
V(蒸馏水)/mL	1.0	0.8	0.6	0.4	0.2	0.0
V(双缩脲试剂)/mL	4.0	4.0	4.0	4.0	4.0	4.0
充分混匀后,室温下(20~25℃)放置 30min						
A_{540}						
蛋白质含量/mg	0	2.0	4.0	6.0	8.0	10.0

　　以 A_{540} 为纵坐标，蛋白质含量为横坐标，绘制标准曲线。

2. 样品测定

　　取 2 支试管，按表 13.3 平行操作。

表 13.3　样品测定操作

体积	0	1
V(血清稀释液)/mL	0	0.5
V(蒸馏水)/mL	1.0	0.5
V(双缩脲试剂)/mL	4.0	4.0
充分混匀后,室温下(20~25℃)放置 30min		
A_{540}		

五、结果与讨论

1. 绘制标准曲线

2. 计算

$$血清样品蛋白质含量（g/100mL 血清）= \frac{YN}{V} \times 10^{-3} \times 100$$

式中，Y 为标准曲线查得蛋白质的含量，mg；N 为稀释倍数，本实验为 10；V 为血清样品所取的体积，mL，本实验为 0.5mL。

3. 注意事项

（1）本实验方法测定范围 1～10mg 蛋白质。

（2）需于显色后 30min 内比色测定。30min 后，可有雾状沉淀发生。各管由显色到比色的时间应尽可能一致。

（3）有大量脂肪性物质同时存在时，会产生浑浊的反应混合物，这时可用乙醇或石油醚使溶液澄清后离心，取上清液再测定。

技能训练三 血清蛋白醋酸纤维薄膜电泳

一、目的

掌握醋酸纤维薄膜电泳的基本原理和操作方法。

二、原理

血清蛋白的 pI 都在 7.5 以下，在 pH8.6 的巴比妥缓冲液中以负离子的形式存在，分子大小，形状也各有差异，所以在电场作用下，可在醋酸纤维薄膜上分离成清蛋白（A）、α_1-球蛋白、α_2-球蛋白、β-球蛋白、γ-球蛋白 5 条区带，电泳结束后，将醋酸纤维薄膜置于染色液，使蛋白质固定并染色，再脱色（洗去）多余染料，将经染色后的区带分别剪开，将其溶于碱液中，进行比色测定，计算出各区带蛋白质的质量分数，也可将染色后的醋酸纤维薄膜透明处理后在扫描光密度计上绘出电泳曲线，并可根据各区带的面积计算各组分的质量分数。

三、器材与试剂

1. 器材

电泳仪（包括直流电源整流器和电泳槽两个部分，电泳槽用有机玻璃或塑料等制成，它有两个电极，用白金丝制成）。

2. 试剂

①巴比妥缓冲溶液，pH8.6（巴比妥钠 12.76g、巴比妥 1.68g、蒸馏水加热溶解后再加水至 1000mL）；②氨基黑 10B 染色液（氨基黑 10B0.5g、甲醇 50mL、冰醋酸 10mL、蒸馏水 40mL 溶解）；③漂洗液（95％乙醇 45mL、冰醋酸 5mL、蒸馏水 50mL 混匀）；④丽春红 S 染色液（市场有售）；⑤3％冰醋酸。

四、方法与步骤

1. 准备与点样

（1）醋酸纤维薄膜为 2cm×8cm 的小片，在薄膜无光泽面距一端 2.0cm 处用铅笔划一线，表示点样位置。

（2）将薄膜无光泽面向下，漂浮于巴比妥缓冲溶液液面上（缓冲溶液盛于培养皿中），使膜条自然浸湿下沉。

（3）将充分浸透（指膜上没有白色斑痕）的膜条取出，用滤纸吸去多余的缓冲溶液，把膜条平铺于平坦桌面上。

（4）吸取新鲜血清 $3\sim 5\mu L$，涂于 2.5cm 的载玻片截面处，或用载玻片截面在滴有血清的载玻片上蘸一下，使载玻片末端沾上薄层血清，然后以 45°角按在薄膜点样线上，移开玻片。

2. 电泳

将点样后的膜条置于电泳槽架上，放置时无光泽面（即点样面）向下，点样端置于阴极。槽架上以二层纱布作桥垫，膜条与纱布需贴紧，待平衡 5min 后通电，电压为 10V/cm（指膜条与纱布桥总长度），电流 $0.4\sim 0.6mA/cm$ 宽，通电 1h 左右关闭电源。

3. 染色

通电完毕后用镊子将膜取出，直接浸于盛有氨基黑 10B（或丽春红 S）的染色液中，染 5min 取出，立即浸入盛有漂洗液的培养皿中，反复漂洗数次，直至背景漂净为止，用滤纸吸干薄膜。

4. 定量

取试管 6 支，编好号码，分别用吸管吸取 0.4mol/L 氢氧化钠 4mL，剪开薄膜上各条蛋白色带，另于空白部位剪一平均大小的薄膜条，将各条分别浸于上述试管内，不时摇动，使蓝色洗出，约 0.5h 后，用分光光度计进行比色，波长 650nm，以空白薄膜条洗出液为空白对照，读取清蛋白（A）、α_1-球蛋白、α_2-球蛋白、β-球蛋白、γ-球蛋白各管的光密度。

五、结果与讨论

计算：

$$T_{总}=T(A)+T(\alpha_1)+T(\alpha_2)+T(\beta)+T(\gamma)$$

式中　$T_{总}$——光密度总和；

$T(A)$——清蛋白（A）光密度；

$T(\alpha_1)$——α_1-球蛋白光密度；

$T(\alpha_2)$——α_2-球蛋白光密度；

$T(\beta)$——β-球蛋白光密度；

$T(\gamma)$——γ-球蛋白光密度。

各部分蛋白质的质量分数为：

$$w(白蛋白)=\frac{T(A)}{T(总)}\times 100\%$$

$$w(\alpha_1\text{-球蛋白})=\frac{T(\alpha_1)}{T(总)}\times 100\%$$

$$w(\alpha_2\text{-球蛋白})=\frac{T(\alpha_2)}{T(总)}\times 100\%$$

$$w(\beta\text{-球蛋白})=\frac{T(\beta)}{T(总)}\times 100\%$$

$$w(\gamma\text{-球蛋白})=\frac{T(\gamma)}{T(总)}\times 100\%$$

技能训练四　氨基酸的纸色谱法分离

一、目的

1.掌握纸色谱的基本技术。
2.学习用纸色谱分离、鉴定氨基酸的方法。

二、原理

纸色谱是以滤纸作为支持物的分配色谱法。它利用不同物质在同一展开剂中具有不同的分配系数，经色谱分离而达到分离纯化的目的。在一定条件下，一种物质在某溶剂系统中的分配系数是一个常数，若以 K 表示分配系数，则 K＝溶质在固定相中的浓度/溶质在流动相中的浓度。

展开剂是选用有机溶剂和水组成的。滤纸纤维素与水有较强的亲和力，能吸附很多水分，一般达滤纸重的 22.0％左右，形成固定相；而展开剂中的有机溶剂与滤纸的亲和力很弱，可在滤纸的毛细管中自由流动，形成流动相。色谱分离时，点有样品的滤纸一端浸入展开剂中，有机溶剂连续不断地通过点有样品的原点处，使其上的溶质依据本身的分配系数在两相间进行分配。随着有机溶剂不断向前移动，溶质被携带到新的无溶质区并继续在两相间发生可逆的重新分配，同时溶质离开原点不断向前移动，溶质中各组分的分配系数不同，前进中出现了移动速率差异，通过一定时间的色谱分离，不同组分便实现了分离。物质的移动速率以 R_f 值表示：R_f＝原点到色谱斑点中心的距离/原点到溶剂前沿的距离，各种化合物在恒定条件下，色谱分离后都有其一定的 R_f 值，借此可以达到分离、定性、鉴别的目的。

三、器材与试剂

1.器材

①干燥箱；②水浴锅；③安瓿瓶；④色谱缸；⑤吹风机；⑥喷雾器。

2.试剂

①标准氨基酸（1mg/mL）（称取亮氨酸、天冬氨酸、丙氨酸、缬氨酸、组氨酸各 1mg，分别溶于 1mL0.01mol/L 的 HCl 溶液中，保存于冰箱）；②展开剂［正丁醇：88％甲酸：水＝15：3：2 (V/V)］；③0.5％的茚三酮丙酮溶液。

四、方法与步骤

取 1 张 10cm×10cm 的色谱滤纸放在普遍滤纸上，用直尺和铅笔在距滤纸底 2cm 处划一条平行于底边的很轻的直线作为基线。沿直线以一定的间隔做标记以指示标准氨基酸和蛋白质水解液的加样位置。用毛细管吸少量氨基酸样品点于标记的位置上。点样时，毛细管口应与滤纸轻轻接触，样点直径一般控制在 0.3cm 之内。用吹风机稍加吹干后再点下一次，重复 3 次，每次的样品点应完全重合。加样完毕后，将滤纸卷成圆筒状，使基线吻合，两边不搭接，用针和线将纸两边缝合。将点好样品的滤纸移入色谱缸中（色谱缸内事先加入一个注入 40mL 展开剂的直径为 10cm 的培养皿，使液层厚度为 1cm 左右，盖上色谱缸的盖子 20min，以保证罩内有一定蒸气压），采用上行法进行展开。当溶剂前沿上升到距纸上端 1cm 时，取出滤纸，立即用铅笔记下溶剂前沿的位置，剪断缝线，用吹风机吹干滤纸上的溶剂。之后用茚三酮丙酮溶液均匀地喷洒在滤纸有效面上，切勿喷得过多致使斑点扩散。然后将滤纸放入烘箱，于80℃下显色5min后取出。

五、结果与讨论

1. 结果计算

　　用铅笔轻轻描出显色斑点的形状，并用一直尺度量每一显色斑点中心与原点之间的距离和原点到溶剂前沿的距离，计算各色斑的 R_f 值，与标准氨基酸的 R_f 值对照，确定水解液中含有哪些氨基酸。

2. 注意事项

　　① 点样时要避免手指或唾液等污染滤纸有效面（即展开时样品可能达到的部分）。

　　② 点样斑点不能太大（直径应小于0.3cm），防止色谱分离后氨基酸斑点过度扩散和重叠，且吹风温度不宜过高，否则斑点变黄。

　　③ 展开开始时切勿使样品点浸入溶剂中。

技能训练五　紫外吸收法测定核酸的含量

核酸含量的测定技术

微课扫一扫

一、目的

　　学习和掌握应用紫外分光光度法直接测定核酸含量的原理及技术。熟悉紫外分光光度计的基本原理与使用。

二、原理

　　DNA和RNA都有吸收紫外光的性质，它们的吸收高峰在260nm波长处。吸收紫外光的性质是嘌呤环和嘧啶环的共轭双键系统所具有的，所以嘌呤和嘧啶以及一切含有它们的物质，不论是核苷、核苷酸或核酸都有吸收紫外光的特性，核酸和核苷酸的摩尔消光系数（或称吸收系数）用 $E(P)$ 来表示，$E(P)$ 为每升溶液中含有1mol原子核酸磷的消光值（即光密度或称光吸收）。RNA的 $E(P)_{260nm}$（pH 7）为7700～7800。RNA的含磷量约为9.5%，因此每毫升溶液含 $1\mu g$RNA的光密度值相当于 $0.022～0.024$。小牛胸腺DNA钠盐的 $E(P)_{260nm}$（pH7）为6600，含磷量为9.2%，因此每毫升溶液含 $1\mu g$DNA钠盐的光密度值为0.020。

　　蛋白质由于含有芳香氨基酸，因此也能吸收紫外光。通常蛋白质的吸收高峰在280nm波长处，在260nm处的吸收值仅为核酸的十分之一或更低，故核酸样品中蛋白质含量较低时对核酸的紫外测定影响不大。RNA的260nm与280nm吸收的比值在2.0以上；DNA的260nm与280nm吸收的比值则在1.9左右。当样品中蛋白质含量较高时比值即下降。

三、器材与试剂

1. 器材

　　①容量瓶（50mL）；②离心管；③离心机；④紫外分光光度计。

2. 试剂

　　① 钼酸铵-过氯酸沉淀剂（0.25%钼酸铵-2.5%过氯酸溶液）　取3.6mL70%过氯酸和

0.25g 钼酸铵溶于 96.4mL 蒸馏水中。

② 样品 RNA 或 DNA 干粉。

四、方法与步骤

将样品配制成每毫升含 5～50μg 核酸的溶液，于紫外分光光度计上测定 260nm 和 280nm 吸收值，计算核酸浓度和两者吸收比值。

$$RNA 浓度(\mu g/mL) = \frac{A_{260}}{0.024L} \times 稀释倍数$$

$$DNA 浓度(\mu g/mL) = \frac{A_{260}}{0.020L} \times 稀释倍数$$

式中　A_{260}——260nm 波长处光密度读数；

　　　　L——比色杯的厚度；

　　0.024——每毫升溶液内含 1μg RNA 的光密度；

　　0.020——每毫升溶液内含 1μg DNA 钠盐时的光密度。

如果待测的核酸样品中含有酸溶性核苷酸或可透析的低聚多核苷酸，则在测定时需加钼酸铵-过氯酸沉淀剂，沉淀除去大分子核酸，测定上清液 260nm 处吸收值作为对照。具体操作如下：取两支小离心管，甲管加入 0.5mL 样品和 0.5mL 蒸馏水；乙管加入 0.5mL 样品和 0.5mL 钼酸铵-过氯酸沉淀剂，摇匀，在冰浴中放置 30min，以 3000r/min 离心 10min，从甲、乙两管中分别吸取 0.4mL 上清液到两个 50mL 容量瓶内，定容到刻度。于紫外分光光度计上测定 260nm 处吸收值。

五、结果与讨论

$$RNA(或 DNA)浓度(\mu g/mL) = \frac{\Delta A_{260}}{0.024(或 0.020)L} \times 稀释倍数$$

式中　ΔA_{260}——甲管稀释液在 260nm 波长处吸收值减去乙管稀释液在 260nm 波长处吸收值。

$$核酸含量 = \frac{待测液中测得的核酸质量}{待测液中制品的质量} \times 100\%$$

技能训练六　**维生素 C 的定量测定（2,6-二氯酚靛酚滴定法）**

一、目的

通过本实验加深对 2,6-二氯酚靛酚滴定法测定果蔬中维生素 C 的原理的理解，掌握其操作要点，熟练基本操作技术。

二、原理

2,6-二氯酚靛酚是一种染料，其颜色反应表现为两种特性。一是取决于氧化还原状态，氧化态为深蓝色，还原态为无色；二是受其介质酸度的影响，在碱性介质中呈深蓝色，在酸性溶液介质中呈浅红色。

用蓝色的碱性染料标准溶液，滴定含维生素 C 的酸性浸出液，染料被还原为无色，到达终点时，微过量的 2,6-二氯酚靛酚染料在酸性溶液中呈浅红色即为终点。从染料消耗量即可计算出试样中还原型维生素 C 量。

三、器材与试剂

1.器材

①高速组织捣碎机；②扭力天平；③小刀；④移液管；⑤烧杯；⑥胶头吸管；⑦容量瓶；⑧电炉；⑨碱式滴定管等；⑩苹果、黄瓜、卷心菜各 1000g。

2.试剂

① 20g/L 草酸溶液　称取 20g 草酸，加水至 1000mL。

② 10g/L 草酸溶液　称取 10g 草酸，加水至 1000mL。

③ 淀粉指示剂　取 1g 可溶性淀粉，加 10mL 冷水调成稀粉浆，倒入正在沸腾的 100mL 水中，搅拌至透明，放冷备用。

④ 60g/L KI 溶液。

⑤ 0.1000mol/L KIO_3 标准溶液　准确称取经 105℃烘干 2h 的基准碘酸钾 3.5670g，用水溶解并稀释至 1000mL。

⑥ 0.0010mol/L KIO_3 标准溶液　准确吸取 0.1000mol/L KIO_3 标准溶液 1mL，用水稀释至 100mL。此溶液 1mL 相当于维生素 C 0.088mg。

⑦ 异戊醇。

四、方法与步骤

1.维生素 C 标准使用液的配制与标定

（1）配制维生素 C 标准贮备液　精确称取 20mg 纯 L-抗坏血酸，用 10g/L 草酸溶解，并定容至 100mL。

（2）配制维生素 C 标准使用液　吸取维生素 C 标准贮备液 5mL 于 50mL 容量瓶中，用草酸溶液（10g/L）定容。

（3）标定　准确吸取上述贮备液 5.0mL 于 50mL 锥形瓶中，加入 0.5mL 60g/L 碘化钾溶液，3～5 滴淀粉指示剂（10g/L），混匀后用 0.0010mol/L 标准碘酸钾溶液滴定至淡蓝色（极淡蓝色）为终点。重复操作三次，取平均值计算 L-抗坏血酸的浓度。

$$c = \frac{V_1 \times 0.088}{V_2}$$

式中　c——维生素 C 的浓度，mg/mL；

V_1——滴定时消耗碘酸钾标准溶液的体积，mL；

V_2——吸取维生素 C 标准使用液的体积，mL；

0.088——1.00mL 碘酸钾标准溶液（0.0010mol/L）相当的维生素 C 的量，mg/mL。

2. 2,6-二氯酚靛酚的配制与标定

（1）配制　称取 52mg 碳酸氢钠，溶解于 200mL 热蒸馏水中，然后称取 50mg 2,6-二氯酚靛酚溶解于上述碳酸氢钠溶液中，冷却后，移入 250mL 容量瓶中，用蒸馏水稀释定容。过滤于棕色瓶内，保存于冰箱中。每次使用前，用维生素 C 标准使用液标定其滴定度。

（2）标定　吸取已知浓度的维生素 C 标准使用溶液 5.00mL 于 50mL 锥形瓶中，加 5mL 10g/L 草酸溶液，用 2,6-二氯酚靛酚溶液滴定至呈粉红色，且 15s 不褪色即为终点。

同时，另取 5mL 10g/L 草酸溶液做空白试验。重复操作三次，取平均值计算 L-抗坏血酸的浓度。

$$T = \frac{cV}{V_1 - V_2}$$

式中　T——每毫升 2,6-二氯酚靛酚溶液相当于维生素 C 的质量，mg；

c——维生素 C 标准使用液的浓度，mg/mL；

V——标定时吸取维生素 C 标准使用液的体积，mL；

V_1——滴定维生素 C 溶液消耗 2,6-二氯酚靛酚溶液的体积，mL；

V_2——滴定空白所用 2,6-二氯酚靛酚溶液的体积，mL。

3. 样品处理

（1）去除不可食性部分　苹果去皮、核；黄瓜清洗。

（2）粉碎　称取新鲜的具有代表性样品的可食部分 100.00g，迅速置打碎机中，用移液管准确加入 20g/L 草酸溶液 100mL，快速打成匀浆，转移至 500mL 洁净的烧杯中备用。

（3）浸提　用 50mL 干净、干燥的小烧杯在扭力天平上称取匀浆 20.00g，加入适量的（10～20mL）10g/L 草酸，搅匀，小心转移至 100mL 容量瓶中，用 10g/L 草酸稀释定容，摇匀。

（4）过滤　用小漏斗和滤纸过滤，取中间滤液备用，用 50mL 小烧杯承接。

4. 滴定

吸取样品处理液滤液 10.00mL 于 50mL 锥形瓶中，迅速用已标定过的 2,6-二氯酚靛酚溶液滴定，至溶液出现红色，15s 不褪色为终点。重复三次，平行误差＜0.1mL。同时作空白试验：吸取 10.00mL 1‰ 草酸溶液于 50mL 锥形瓶中，迅速用已标定过的 2,6-二氯酚靛酚溶液滴定，至溶液出现红色，15s 不褪色为终点。重复三次，平行误差＜0.1mL。

五、结果与讨论

1. 结果计算

$$x = \frac{T(V - V_0)}{m \times \frac{10}{100}} \times 100$$

式中　x——样品中还原型维生素 C 的含量，mg/100g；

T——1mL 染料溶液（2,6-二氯酚靛酚溶液）相当于维生素 C 的质量，mg；

V——滴定样液时消耗染料溶液的体积，mL；

V_0——滴定空白时消耗染料溶液的体积，mL；

m——称取匀浆相当于原样品的质量，g。

2. 注意事项

① 本法测定的结果为食品中的还原型 L-抗坏血酸含量，而非维生素 C 总量。此法是测定还原型 L-抗坏血酸最简便的方法，适合于大批果蔬，但对红色果蔬不太适宜。

② 维生素 C 在酸性条件下较稳定，故样品处理或浸提都应在弱酸性环境中进行。

③ 同法作空白实验，消除系统误差。

④ 操作要迅速，防止还原型维生素 C 被空气中的氧氧化。滴定过程一般不超过 2min。滴定所用的染料不应小于 1mL 或多于 4mL，如果样品含维生素 C 太高或太低时，可酌情增减样液用量或改变提取液稀释度。

⑤ 所有试剂配制最好用重蒸馏水。整个操作过程尽量避免溶液接触金属离子。

技能训练七 影响酶活性的因素

一、目的

观察淀粉在水解过程中遇碘后溶液颜色的变化。观察温度、pH、激活剂与抑制剂对唾液淀粉酶活性的影响。

二、原理

人唾液中淀粉酶为 α-淀粉酶，在唾液腺细胞内合成。在唾液淀粉酶的作用下，淀粉水解，经过一系列的中间产物，最后生成麦芽糖和葡萄糖。变化过程如下：

淀粉→紫色糊精→红色糊精→麦芽糖、葡萄糖

淀粉、紫色糊精、红色糊精遇碘后分别呈蓝色、紫色与红色。麦芽糖和葡萄糖遇碘不变色。

淀粉与糊精无还原性，或还原性很弱，对班氏试剂呈阴性反应。麦芽糖、葡萄糖是还原糖，与班氏试剂共热后生成红棕色氧化亚铜沉淀。

唾液淀粉酶的最适温度为 $37 \sim 40 ℃$，最适 pH 为 6.8。偏离此最适环境时，酶的活性减弱。

低浓度的 Cl^- 能增加淀粉酶的活性，是它的激活剂。Cu^{2+} 等金属离子能降低该酶的活性，是它的抑制剂。

三、器材与试剂

1. 器材

①试管；②烧杯；③量筒；④玻璃棒；⑤白瓷板；⑥铁三脚架；⑦酒精灯；⑧恒温水浴锅；⑨冰浴。

2. 试剂

① 1% 淀粉溶液（含 0.3% NaCl） 将 1g 可溶性淀粉与 0.3g 氯化钠，混合于 5mL 蒸馏水中，搅动后缓慢倒入沸腾的 95mL 蒸馏水中，煮沸 1min，冷却后倒入试剂瓶中。

② 碘液 称取 2g 碘化钾溶于 5mL 蒸馏水中，再加 1g 碘，待碘完全溶解后，加蒸馏水 295mL，混合均匀后贮于棕色瓶内。

③ 班氏试剂 将 17.3g 硫酸铜晶体溶入 100mL 蒸馏水中，然后加入 100mL 蒸馏水。取柠檬酸钠 173g 及碳酸钠 100g，加蒸馏水 600mL，加热使之溶解。冷却后，再加蒸馏水 200mL，最后，把硫酸铜溶液缓慢地倾入柠檬酸钠-碳酸钠溶液中，边加边搅拌，如有沉淀可过滤除去或自然沉降一段时间取上清液。此试剂可长期保存。

④ 0.4% 的 HCl 溶液。

⑤ 0.1% 的乳酸溶液。

⑥ 1% Na_2CO_3 溶液。

⑦ 1% NaCl 溶液。

⑧ 1% $CuSO_4$ 溶液。

⑨ 0.1％淀粉溶液。

⑩ 唾液淀粉酶液　实验者先用蒸馏水漱口，然后含一口蒸馏水于口中，轻漱 1～2min，吐入小烧杯中，用脱脂棉过滤，除去稀释液中可能含有的食物残渣，并将该滤液稀释一倍。

四、方法与步骤

1. 淀粉酶活性的检测

取一支试管，注入 1％淀粉溶液 5mL 与稀释的唾液 0.5～2mL。混匀后插入 1 支玻棒，将试管连同玻棒置于 37℃水浴中。不时地用玻棒从试管中取出 1 滴溶液，滴加在白瓷板上，随即加 1 滴碘液，观察溶液呈现的颜色。此实验延续至溶液呈微黄色为止。记录淀粉在水解过程中，遇碘后溶液颜色的变化。向上面试管的剩余溶液中加 2mL 班氏试剂，放入沸水中加热 10min 左右，观察有何现象？为什么？

2. pH 对酶活性的影响

取 4 支试管，分别加入 0.4％盐酸（pH≈1）、0.1％乳酸（pH≈5）、蒸馏水（pH≈7）与 1％碳酸钠（pH≈9）各 2mL，再向以上四支试管中各加 2mL 1％淀粉溶液及 2mL 淀粉酶液。混合摇匀后置于 37℃水浴中，保温 15min。向四支试管中各加 2mL 班氏试剂，在沸水浴上加热，根据生成红棕色沉淀的多少，说明淀粉水解的强弱。综合以上结果，说明 pH 对酶活性的影响。

3. 温度对酶活性的影响

取 3 支试管，各加 3mL 1％淀粉溶液；另取 3 支试管，各加 1mL 淀粉酶液。将此 6 支试管分为三组，每组中盛淀粉溶液与淀粉酶液的试管各 1 支，三组试管分别置入 0℃、37℃与 70℃的水浴中。5min 后，将各组中的淀粉溶液倒入淀粉酶液中，继续维持原温度条件 5min 后，立即滴加 2 滴碘液，观察溶液颜色的变化。根据观察结果说明温度对酶活性的影响。

4. 激活剂与抑制剂对酶活性的影响

取 3 支试管，按表 13.4 加入各种试剂。混匀后，置于 37℃水浴中保温。从 1 号试管中用玻棒取出 1 滴溶液，置于白瓷板上用碘液检查淀粉的水解程度。待 1 号试管内的溶液遇碘不再变色后，立即取出所有的试管，各加碘液 2 滴，观察溶液颜色的变化，并解释之。

表 13.4　试管中加入试剂

体积	1	2	3
V(1% NaCl)/mL	1	—	—
V(1% CuSO₄)/mL	—	1	—
V(蒸馏水)/mL	—	—	1
V(淀粉酶液)/mL	1	1	1
V(0.1％淀粉液)/mL	3	3	3

五、结果与讨论

通过本实验，结合理论课的学习，小结出哪些因素影响唾液淀粉酶活性？是如何影响的？

血液生化样品
的制备技术

技能训练八 血液生化样品的制备

一、目的

了解血液生化样品制备的原理，掌握血液生化样品制备的方法。

二、原理

测定血液或其他体液的化学成分时，标本内蛋白质的存在，常常干扰测定，要避免蛋白质的干扰，常将其中的蛋白质沉淀除去，制成无蛋白血滤液，才能进行分析。例如，测定血液中的非蛋白氮、尿酸、肌酸等时，需先把血液制成无蛋白血滤液后，再进行分析测定。

常用的无蛋白血滤液制备的方法有钨酸法、硫酸锌法、三氯醋酸法和氢氧化锌法，可根据不同的需要加以选择。

1. 钨酸法

钨酸钠与硫酸混合，生成钨酸和硫酸钠，反应如下：

$$Na_2WO_4 + H_2SO_4 \longrightarrow H_2WO_4 + Na_2SO_4$$

血液中蛋白质在 pH 小于等电点的溶液中可被钨酸沉淀，将沉淀液过滤或离心，上层清液即为无色而透明、pH 约等于 6 的无蛋白滤液。可供非蛋白氮、血糖、氨基酸、尿素、尿酸及氯化物等项测定使用。

2. 氢氧化锌法

血液中蛋白质在 pH 大于等电点的溶液中可用 Zn^{2+} 来沉淀。生成的氢氧化锌本身为胶体可将血中葡萄糖以外的许多还原性物质吸附而沉淀，将沉淀过滤或离心，即得完全澄清无色的无蛋白血滤液。此法所得滤液最适合作血液葡萄糖的测定（因为葡萄糖多是利用它的还原性来定量的）。但测定尿酸和非蛋白氮时含量降低，不宜使用此滤液。

3. 三氯醋酸法

三氯醋酸为一种有机强酸，能使血液中蛋白质变性而形成不溶的蛋白质沉淀。将沉淀过滤或离心，其上层清液即为无蛋白血滤液。此滤液成酸性，常用来测定无机磷等。

三、器材与试剂

1. 器材

①离心管及离心机；②奥氏吸管；③锥形瓶；④吸管；⑤滤纸；⑥漏斗。

2. 试剂

①抗凝血；②10％钨酸钠溶液；③2/3mol/L 硫酸溶液；④10％硫酸锌溶液；⑤0.5mol/L 氢氧化钠溶液；⑥10％三氯醋酸。

四、方法与步骤

1. 采血

测定用的血液，多由静脉采集。一般在饲喂前空腹采取，因此时血液中化学成分含量比较稳定。采血时所用的针头、注射器、盛血容器要清洁干燥；接血时应让血液沿着容器壁慢慢注入，以防溶血和产生泡沫。

2. 血清的制备

由静脉采集的血液，注入清洁干燥的试管或离心管中。将试管放成斜面，让其自然凝固，一般经 3h 血块自然收缩而析出血清；也可将血样放入 37℃ 恒温箱内，促使血块收缩，能较快地析出血清。为了缩短时间，也可用离心机分离（未凝或凝固后均可离心），分离出的血清，用滴管移入另一试管中供测定用，如不及时使用，应贮于冰箱中。分离出的血清不应溶血。

3. 血浆、无蛋白血滤液的制备

制备血浆和无蛋白血滤液，需用抗凝剂以除去血液中钙离子或某些其他凝血因子，防止血液凝固。

（1）抗凝剂种类　抗凝剂的种类很多，本实验主要介绍生化测定中常用的抗凝剂的制备及抗凝效果。

① 草酸钾（钠）　是常用的抗凝剂之一，其优点是溶解度大，与血液混合后，迅速与血中钙离子结合，形成不溶的草酸钙，使血液不再凝固。

配制方法：通常先配成 10% 草酸钾或草酸钠溶液，然后吸取此液 0.1mL 于试管中，转动试管，使其铺散在试管壁上，置 80℃ 干燥箱内烘干，管壁呈白色粉末状，加塞备用。每管含草酸钾或草酸钠 10mg，可抗凝血液 5mL。

应用范围：适用于非蛋白氮、血糖等多种测定项目，但不适用于钾、钠和钙的测定；另外草酸盐能抑制乳酸脱氢酶、酸性磷酸酶和淀粉酶，故使用时给予注意。

② 草酸钾-氟化钠混合剂　血液内某些化学成分（如血糖）离开机体后仍易被酶作用而影响测定结果。如用此混合剂可抑制酶的作用（氟化钠有抑制糖酵解作用），因而能防止血糖等化学物质的分解。

配制方法：称取草酸钾 6g，氟化钠 3g，加蒸馏水至 100mL，分装在试管内，每管 0.25mL。80℃ 烘干后加塞备用。每管含混合剂 22.5mg，可抗凝血液 5mL。

应用范围：最适用于血糖的测定，而不适用于脲酶法的尿素氮测定（因氟化钠能抑制脲酶活性）。

③ 肝素　是一种较好的抗凝剂，因它对血中有机成分和无机成分的测定均无影响，其主要作用是抑制凝血酶原转变为凝血酶，使纤维蛋白原不能转化为纤维蛋白而凝血。

配制方法：常将肝素配成 1mg/mL 的水溶液，每管装 0.1mL，再横放蒸干（不宜超过 50℃）备用。每管可抗凝血液 5～10mL。

市售肝素大多数为钠盐，可按 10mg/mL 配制成水溶液。每管装 0.1mL，按上法烘干，可使 5～10mL 血液不凝固。

应用范围：适用于血液有机物的测定；不适用于凝血酶原的测定。

④ 乙二胺四乙酸二钠盐（简称 EDTANa$_2$）　EDTANa$_2$ 对血液中钙离子有很大的亲和力，能使钙离子络合而使血液不凝固。

配制方法：常配成 40mg/mL EDTANa$_2$ 的水溶液，每管分装 0.1mL，在 80℃ 干燥箱内烘干备用。每管可抗凝血液 5mL。

应用范围：适用于多种生化分析，但不适用于血浆中含氮物质、钙及钠的测定。

（2）血浆的制备　由静脉采集的血液，放入装有抗凝剂的试管或离心管中，轻轻摇动，使血液与抗凝剂充分混合，以防小血块的形成。抗凝血可静置或离心沉淀分离（2000r/min，10min），以使血细胞下沉，上清液即为血浆。

血浆与血清成分基本相似，只是血清不含纤维蛋白原。

（3）无蛋白血滤液的制备

① 钨酸法

a. 取 50mL 锥形瓶 1 只，加入蒸馏水 7 份。

b. 用奥氏吸管吸取抗凝血 1 份，擦去管壁外血液，将吸管插入锥形瓶中水的底部，缓慢地放出血液。放完血液后，将吸管提高吸取上清液再吹入，反复洗涤 3 次。充分混合，使红细胞完全溶解。

c. 加入 0.333mol/L 硫酸溶液 1 份，随加随摇，充分混匀。此时血液由鲜红变成棕色，静置 5～10min，使其酸化完全。

d. 加入 10％钨酸钠溶液 1 份，边加边摇，血液由透明变成凝块状。振摇到不再产生泡沫为止。

e. 放置数分钟后用定量滤纸过滤或离心除去沉淀，即得完全澄清的无蛋白血滤液，供测定用。

用此法制得的无蛋白血滤液为 10 倍稀释的血滤液。即每毫升血滤液相当于全血 0.1mL，适用于葡萄糖、非蛋白氮、尿素氮、肌酸酐和氯化物等的测定。

② 氢氧化锌法

a. 取干燥、洁净的 50mL 锥形瓶 1 只，加入蒸馏水 7 份。

b. 取抗凝血 1 份放入锥形瓶中，（以下同钨酸法）。

c. 再加入 10％硫酸锌溶液 1 份，混匀。

d. 缓慢地加入 0.5mol/L 氢氧化钠溶液 1 份，边加边摇，5min 后用滤纸过滤或离心（2500r/min，10min），除去沉淀，便得完全澄清的无蛋白血滤液。此液亦为 10 倍稀释的血滤液。

③ 三氯醋酸法　准确吸取 10％三氯醋酸 9mL 置于锥形瓶或大试管中，用奥氏吸管加入 1mL 已充分混匀的抗凝血液。加时要不断摇动，使其均匀。静置 5min，过滤或离心。除去沉淀，即得 10 倍稀释的透明清亮的无蛋白血滤液。

五、结果与讨论

制备无蛋白血滤液时，各液加妥后。摇匀不应有泡沫，否则表明蛋白质沉淀不完全。所得的无蛋白血滤液均应是无色透明液体，若呈粉红色则表明蛋白质沉淀不完全。

技能训练九　琥珀酸脱氢酶的定性实验及其竞争性抑制

一、目的

1. 学会定性测定琥珀酸脱氢酶活性的简易方法及其原理。

2. 理解丙二酸对琥珀酸脱氢酶的竞争性抑制作用。

二、原理

琥珀酸脱氢酶是三羧酸循环过程中的一个重要酶，测定细胞中有无琥珀酸脱氢酶活性可以初步鉴定三羧酸循环途径是否存在。琥珀酸脱氢酶能使琥珀酸脱氢生成延胡索酸，并将脱下的氢交给受氢体。用亚甲基蓝作受氢体时，蓝色亚甲基蓝被还原生成无色的亚甲基白，其反应如下：

$$\begin{array}{c} CH_2COOH \\ | \\ CH_2COOH \\ \text{琥珀酸} \end{array} + \text{亚甲基蓝} \xrightleftharpoons[]{\text{琥珀酸脱氢酶}} \begin{array}{c} CHCOOH \\ || \\ CHCOOH \\ \text{延胡索酸} \end{array} + \text{亚甲基白}$$

丙二酸和琥珀酸结构相似，是琥珀酸脱氢酶的竞争性抑制剂，使其活性降低而不能催化琥珀酸脱氢。本实验中亚甲基蓝为受氢体，蓝色亚甲基蓝受氢后被还原生成无色的亚甲基白，根据亚甲基蓝的颜色是否消失，观察琥珀酸脱氢酶的活性及丙二酸对酶的抑制作用。

三、器材与试剂

1. 器材

①试管；②恒温水浴锅；③研钵或匀浆器；④滴管；⑤剪刀；⑥肌肉或动物肝脏、心脏。

2. 试剂

① 1/15mol/L Na_2HPO_4 缓冲溶液（pH7.0）　称取 $Na_2HPO_4 \cdot 2H_2O$ 11.87g，加水溶解并稀释至 1000mL。

② 1.5％琥珀酸钠溶液　称取琥珀酸钠 1.5g，用蒸馏水溶解并定容到 100mL。

③ 1％丙二酸钠溶液　称取丙二酸钠 1g，用蒸馏水溶解并定容到 100mL。

④ 0.02％亚甲基蓝溶液（又称美蓝、亚甲基蓝）。

⑤ 液体石蜡。

四、方法与步骤

1. 肌肉匀浆制备

取肌肉或肝脏 5g，在研钵中研成肌肉浆，加磷酸盐缓冲溶液 10mL 研磨均匀，或在匀浆器中制成 20％的匀浆液。

2. 定性试验

取 4 支试管编号，按表 13.5 操作。

表 13.5　实验步骤　　　　　　　　　　　　　　　　　　　　单位：滴

试剂	1	2	3	4
匀浆液	5	5(煮沸)	5	5
1.5％琥珀酸钠溶液	5	5	5	10
1％丙二酸钠溶液	0	0	5	5
蒸馏水	10	10	5	0
0.02％亚甲基蓝溶液	2	2	2	2
现象				

将各管混匀后，在各管中立即加入 0.5～1mL 液体石蜡，覆盖于液面上使试样与空气隔绝。然后放在 37℃恒温水浴中保温 10min，从加入液体石蜡开始记录各管亚甲基蓝变白所需时间。待 1 号管褪色后再用力振荡，观察有何变化。

五、结果与讨论

（1）由于亚甲基蓝容易被空气中的氧所氧化，所以实验需在无氧条件下进行。常用邓氏管抽去空气进行反应，也可简化为用液体石蜡（或冻结琼脂）封闭反应液，以隔绝空气，这样可不用抽真空设备。

（2）第 2 管加入的肌肉浆预先在 100℃恒温水浴中保温 5min，以杀灭酶活性作为对照管。

（3）观察变色时不要振动试管以免氧气进入管内影响变色。

技能训练十　酮体的测定

一、目的

1. 通过实验，了解酮体生成的原料、生成与利用部位。
2. 掌握酮体测定的原理和方法。

匀浆的制备技术　　观察酮体的生成与利用

二、原理

酮体包括乙酰乙酸、β-羟丁酸和丙酮三种物质。在肝脏中，脂肪酸经 β-氧化作用生成乙酰 CoA。生成的乙酰 CoA 可经代谢缩合成乙酰乙酸，而乙酰乙酸既可脱羧生成丙酮，又可经 β-羟丁酸脱氢酶作用被还原生成 β-羟丁酸，三种物质统称酮体。酮体为机体代谢的正常中间产物，在肝脏中生成后须被运往肝外组织才能被机体所利用。在正常情况下，动物体内含量甚微；患糖尿病或食用高脂肪膳食时，血中酮体含量增高，尿中也能出现酮体。

本实验用丁酸作底物，将之与新鲜的肝匀浆一起保温后，再测定其中酮体的生成量。

因为在碱性溶液中碘可以将丙酮氧化为碘仿（CHI_3），所以通过用硫代硫酸钠（$Na_2S_2O_3$）滴定反应中剩余的碘就可以计算出所消耗的碘量，进而可以求出以丙酮为代表的酮体含量。有关的反应式如下：

$$CH_3COCH_3 + 4NaOH + 3I_2 \longrightarrow CHI_3 + CH_3COONa + 3NaI + 3H_2O$$
$$I_2 + 2Na_2S_2O_3 \longrightarrow Na_2S_4O_6 + 2NaI$$

根据滴定样品与滴定对照所消耗的硫酸钠溶液体积之差，可以计算由丁酸氧化生成丙酮的量。

三、器材与试剂

1. 器材

①匀浆器（或搅拌机）；②碘量瓶。

2. 试剂

① 100g/L 氢氧化钠溶液　称取 10g 氢氧化钠，在烧杯中用少量蒸馏水将之溶解后，定容至 100mL。

② 0.1mol/L 正丁酸溶液　称取 13g 碘和约 40g 碘化钾，放置于研钵中。加入少量蒸馏水后，将之研磨至溶解。用蒸馏水定容到 1000mL，在棕色瓶中保存。此时可用标准硫代硫酸钠溶液标定其浓度。

③ 0.5mol/L 正丁酸　取 0.05mL 正丁酸，用 0.5mol/L 氢氧化钠溶液 100mL 溶解即成。

④ 0.1mol/L 碘酸钾（KIO_3）溶液　称取 0.8918g 干燥的碘酸钾，用少量蒸馏水将之溶解，最后定容至 250mL。

⑤ 0.1mol/L 硫代硫酸钠（$Na_2S_2O_3$）溶液　称取 25g 硫代硫酸钠，将它溶解于适量煮

沸的蒸馏水中，并继续煮沸 5min。冷却后，用冷却的已煮沸过的蒸馏水定容到 1000mL。此时即可用 0.1mol/L 碘酸钾溶液标定其浓度。

⑥ 硫代硫酸钠溶液的标定　将蒸馏水 25mL、碘化钾 2g、碳酸氢钠 0.5g、10％盐酸溶液 20mL 加入一支锥形瓶内。另取 0.1mol/L 碘酸钾溶液 25mL 加入其中，然后用硫代硫酸钠溶液将之滴定至浅黄色。再加入 0.1％淀粉溶液 2mL，然后继续用硫代硫酸钠溶液将之滴定至蓝色消退为止。

另设一空白，其中仅以蒸馏水代替碘酸钾，其余操作相同。计算硫代硫酸钠溶液的浓度所依据的反应式如下：

$$5KI + KIO_3 + 6HCl \longrightarrow 3I_2 + 6KCl + 3H_2O$$
$$I_2 + 2Na_2S_2O_3 \longrightarrow Na_2S_4O_6 + 2NaI$$

⑦ 10％盐酸溶液　取 10mL 盐酸，用蒸馏水稀释到 100mL。

⑧ 1g/L 淀粉溶液　称取 0.1g 可溶性淀粉，置于研钵中。加入少量预冷的蒸馏水，将淀粉调成糊状。再慢慢倒入煮沸的蒸馏水 90mL，搅匀后，再用蒸馏水定容至 100mL。

⑨ 9g/L 氯化钠。

⑩ 1/15mol/L、pH7.7 磷酸缓冲溶液。

（A 液）1/15mol/L Na_2HPO_4 溶液：称取 $Na_2HPO_4 \cdot 2H_2O$ 1.187g，将之溶解于 100mL 蒸馏水中即成。

（B 液）1/15mol/L KH_2PO_4 溶液：称取 KH_2PO_4 0.9078g，将之溶解于 100mL 蒸馏水将之溶解，最后定容至 100mL。

取 A 液 90mL、B 液 10mL，将两者混合即可。

四、方法与步骤

1. 肝匀浆的制备

（1）将动物（如鸡、家兔、大鼠或豚鼠等）放血处死，取出肝脏。

（2）用 0.9％氯化钠溶液洗去肝脏上的污血，然后用滤纸吸去表面的水分。取肝脏 5g，在研钵中研成肌肉浆，加磷酸缓冲溶液 10mL 研磨均匀，或在匀浆器中制成 20％的匀浆液。

2. 酮体生成

（1）取两个锥形瓶，编号，按表 13.6 操作。

表 13.6　酮体生成实验步骤　　　　　　　　　　　单位：mL

试剂	1	2
新鲜肝匀浆	—	2.0
预先煮沸的肝匀浆	2.0	—
pH7.7 的磷酸缓冲溶液	3.0	3.0
0.5mol/L 正丁酸溶液	2.0	2.0

（2）将加好试剂的 2 个锥形瓶摇匀，放入 43℃恒温水浴锅中保温 40min 后取出。

（3）于 2 个锥形瓶分别加入 20％三氯乙酸溶液 3mL，摇匀后，于室温放置 10min。

（4）将锥形瓶中的混合物分别用滤纸在漏斗上过滤，收集无蛋白滤液于事先编号 1、2 的试管中。

3. 酮体的测定

（1）取碘量瓶 2 个，根据上述编号顺序按表 13.7 操作。

表 13.7   酮体的测定操作步骤 　　　　　　　　　　　　　　单位：mL

试剂	1	2
无蛋白滤液	5.0	5.0
0.1mol/L 碘液	3.0	3.0
10％NaOH	3.0	3.0

（2）加完试剂后摇匀，将碘量瓶于室温放置 10min。

（3）于各碘量瓶分别滴加 10％盐酸溶液，使各瓶中溶液中和到中性或微酸性（可用 pH 试纸进行检测）。

（4）用 0.02mol/L 硫代硫酸钠溶液滴定到碘量瓶中的溶液呈浅黄色时，往瓶中滴加数滴 0.1％淀粉溶液，使瓶中溶液呈蓝色。

（5）继续用 0.02mol/L 硫代硫酸钠溶液滴定到碘量瓶中溶液的蓝色消退为止。

（6）记录下滴定时所用去的硫代硫酸钠溶液体积，按下式计算样品中丙酮的生成量。

五、结果与讨论

1. 结果计算

根据滴定样品与对照所消耗的硫代硫酸钠溶液体积之差，可以计算由丁酸氧化生成丙酮的量。

实验中所用肝匀浆中生成丙酮的量（mol）$=(A-B)\times C\times 1/6$

式中　A——滴定样品 1（对照）所消耗的 0.02mol/L 硫代硫酸钠溶液的体积，mL；

　　　B——滴定样品 2 所消耗的 0.02mol/L 硫代硫酸钠溶液的体积，mL；

　　　C——硫代硫酸钠溶液的浓度，mol/L。

2. 注意事项

① 肝匀浆必须新鲜，放置久则失去氧化脂肪酸能力。

② 三氯乙酸作用是使肝匀浆的蛋白质、酶变性，发生沉淀。

③ 碘量瓶作用是防止碘液挥发，不能用锥形瓶代替。

技能训练十一　质粒 DNA 的提取

一、目的

掌握质粒 DNA 提取的原理与方法。

二、原理

碱裂解法提取质粒利用的是共价闭合环状质粒 DNA 与线状的染色体 DNA 片段在拓扑学上的差异来分离它们。在 pH 介于 12.0～12.5 这个狭窄的范围内，线状的 DNA 双螺旋结构解开变性，在这样的条件下，共价闭环质粒 DNA 的氢键虽然断裂，但两条互补链彼此依然相互盘绕而紧密地结合在一起。当加入 pH 4.8 的醋酸钾高盐缓冲液使 pH 降低后，共价闭合环状的质粒 DNA 的两条互补链迅速而准确地复性，而线状的染色体 DNA 的两条互补链彼此已完全分开，不能迅速而准确地复性，它们缠绕形成网状结构。通过离心，染色体 DNA 与不稳定的大分子 RNA、蛋白质-SDS 复合物等一起沉淀下来，而质粒 DNA 却留在上清液中。

三、器材与试剂

1. 器材

①恒温培养箱；②恒温摇床；③小型高速离心机；④高压灭菌锅；⑤带有 pQE-31 质粒和 pUC18-CAT 质粒的两株大肠杆菌或大肠杆菌 JMl09-pBR322-HBV；⑥1.5mL 离心管；⑦枪头、枪。

2. 试剂

①大肠杆菌 JMl09-pBR322-HBV；②STE [0.1 mol/LNaCl，10mmol/L Tris-Cl（pH 8.0），1mmol/L EDTA（pH 8.0）]；③灭菌溶液Ⅰ [50mmol/L 葡萄糖，25mmol/L Tris-Cl(pH 8.0)，10mmol/L EDTA（pH 8.0）]；④溶液Ⅱ，pH 12.6（0.2mol/L NaOH、1% SDS）；⑤溶液Ⅲ，pH 4.8（100mL 含 5mol/L NaAc 60mL、冰醋酸 11.5mL、双蒸水 28.5mL）；⑥TE，pH 8.0 [10mmol/L Tris-Cl（pH 8.0），1mmol/L EDTA（pH 8.0）]；⑦溶菌酶（10mg/mL）；⑧苯酚（饱和）；⑨氯仿/异戊醇（24:1）；⑩乙醇（冷）；⑪质粒小量制备试剂盒（申能博彩公司）；⑫胰 RNA 酶 [将 RNA 酶溶于 10mmol/L Tris·HCl（pH 7.5）、15mmol/L NaCl 中，配成 10mg/mL 的浓度，于 100℃加热 15min，缓慢冷却至室温，保存于－20℃]。

四、方法与步骤

1. 质粒 DNA 的小量制备

（1）细菌的培养及质粒扩增

① 取甘油保存的工程菌 JMl09-pBR322-HBV，涂布含氨苄西林（Amp）的 LB 琼脂平板，37℃过夜。

② 挑取培养板上的单个菌落，接种到 2～5mL 含 Amp 的 LB 液体培养基中，37℃强烈摇荡（220r/min）过夜。

（2）细菌的收集及裂解

① 取 1.4mL 培养液移至 1.5mL 的 Eppendorf 管中，12000r/min，4℃（或室温）离心 30s。

② 弃上清，1mL 溶液Ⅰ悬浮菌体 12000r/min，离心 30s。

③ 弃上清，将细菌沉淀悬浮于 100μL，冰预冷的溶液Ⅰ中，强烈振荡混匀。

④ 加入 200μL 溶液Ⅱ，颠倒混匀 5 次（不要强烈振荡），放置冰浴中 3～5min。

⑤ 加入 150μL 溶液Ⅲ，温和混匀 10s，冰浴内放置 3～5min。12000r/min，4℃（或室温），离心 5min。

（3）质粒 DNA 的分离与纯化

① 取上清移至 1 个新的 1.5mL 的 Eppendorf 管中。加入 1/2 体积饱和苯酚，1/2 体积氯仿/异戊醇（24:1），颠倒混匀 2min，12000r/min，4℃（或室温），离心 5min。

② 取上清移至另 1 个 1.5 mL 的 Eppendorf 管中。加入 2 倍体积 100%冰乙醇，混匀，室温放置 5～30min。12000r/min，4℃（或室温），离心 5min。

③ 弃上清，加入冷 70%乙醇 1mL，颠倒漂洗，12000r/min，4℃（或室温），离心 3min。

④ 弃上清，将 Eppendorf 管于吸水纸上倒置 1min，室温放置 10～15min，或真空抽干 2min。加 20rdTE（pH 8.0，含无 DNA 酶的 RNA 酶 20μg/mL），溶解 DNA，短暂混匀，

室温放置 30min 以消化 RNA。取 $2\mu L$ 可用于电泳、内切酶酶切实验，或 $-20℃$ 贮存。

2. 质粒 DNA 的大量制备

（1）细菌的培养及质粒扩增

① 挑取培养板上的单个菌落，接种到 2mL 含 Amp 的 LB 液体培养基中，37℃强烈振荡（220r/min）培养过夜，再取 0.5mL 接种至 25mL 含 Amp 的 LB 培养基中培养至 OD600≈0.6。

② 取 24mL 培养液接种到 500mL 含 Amp 的 LB 培养基中，37℃强烈振荡 4～6h。加入氯霉素至终浓度 $170\mu g/mL$，37℃强烈振荡培养 12～16h。

（2）细菌的收集及裂解

① 将培养液移入离心管内，4000r/min，4℃离心 15min，弃上清，用 100mL 冰预冷的 STE 悬浮细菌，再离心收集菌体。

② 将细菌悬浮于 10mL 冰预冷的溶液I中，强烈振荡混匀，加入 1mL 溶菌酶（10mg/mL）混匀，冰浴放置 5min。

（3）质粒 DNA 的分离与纯化

① 加入 20mL 溶液Ⅱ，颠倒混匀 5～7 次（不要强烈振荡），放置 5min。

② 加入 15mL 冰预冷的溶液Ⅲ，温和颠倒混匀，冰浴放置 10min，12000r/min，4℃离心 20min。

③ 将上清通过 4 层消毒纱布滤入 1 个新的离心管中，加入 0.6 倍体积的异丙醇混匀，室温放置 10min，12000r/min，室温离心 15min。

④ 小心弃上清，用 70%乙醇溶液室温漂洗 1 次，12000r/min 离心 5min。小心弃上清，倒置离心管在滤纸上，流净液体，或用消毒滤纸小条小心吸尽管壁上的乙醇，室温（或 37℃）放置 10～15min。

⑤ 加 3mL TE（pH8.0）溶解 DNA。

五、结果与讨论

（1）提取的质粒 DNA 应完整性良好，OD260/280 在 1.80 左右。

（2）操作时应戴手套，所用试剂与容器均需高压，以避免 DNase 污染。

（3）每一步操作中，加入溶液后均需充分混匀。

（4）碱变性时，要充分混匀使菌体完全裂解，一旦裂解（变黏稠），应立即加入酸溶液中和。

（5）菌体裂解后，每步操作动作要轻，不要强烈振荡，以防损 DNA。

技能训练十二　聚合酶链式反应

一、目的

掌握 PCR 操作的具体方法与步骤。

二、原理

PCR 是利用酶促合成特异 DNA 片段的原理，模拟 DNA 复制过程的核酸体外扩增技术。利用合成的两个已知序列的寡核苷酸引物，在 DNA 聚合酶作用下，指导两条互补链上

DNA 合成，经高温模板变性、低温退火、适温延伸，三个步骤的反应为一个周期，循环进行。每一周期所产生的 DNA 又成为下一次循环的模板，如此循环使 PCR 产物以指数方式增长。当扩增 25～30 个周期后，可使目的 DNA 放大 100 万倍。

三、器材与试剂

1. 器材

　　①小型高速离心机；②PCR 扩增仪；③0.2mL 离心管；④枪头、枪。

2. 试剂

　　试剂盒组成（20 人份）

　　①裂解液，500μL，1 管；②PCR 反应混合液，200μL，1 管。临用时分装于 0.2mL Eppendorf 管；③Taq 聚合酶存在于溴酚蓝内，200μL，1 管，临用时分装；④HBVDNA 阳性对照血清，20μL，1 管；⑤琼脂糖 1 支；⑥双蒸水，1000μL，1 管。

四、方法与步骤

1. 待检血清 DNA 的提取

　　裂解 HBV 颗粒：取患者血清 40μL，加裂解液 20/A，混匀后，100℃煮沸 10min，12000r/min，离心 20min，吸上清 10μL，为 PCR 扩增的模板，或存放于 4℃备用。

2. pBR322-HBV 转化大肠杆菌阳性克隆的鉴定

　　pBR322-HBV 连接后转化大肠杆菌 DH5α，涂布 Amp 平板，此平板上生长的菌落有两种情况，阳性克隆与自身环化载体，可应用 PCR 方法鉴定。挑取单个克隆，加入 20μL 裂解液，100℃煮沸 10min，12000r/min 离心 20min，取上清 10μL 即为 PCR 扩增模板。

3. 扩增方法

　　取出已分装有 PCR 反应混合液及 Taq 聚合酶的 0.2miEppendorf 管，12000r/min，离心 30s，每管加入处理好的模板 10μL，阳性对照可直接加入 10μL 阳性对照血清，阴性对照加入双蒸水，振荡混匀，12000r/min，离心 30s，在 PCR 仪上按下列程序进行扩增：95℃预变性 3min 后，按下列步骤循环 35 次：①变性，95℃，30s；②退火，55℃，30s；③延伸，72℃，60s；最后于 72℃延伸 10min。

4. 扩增产物的检测

　　应用 2% 的普通琼脂糖凝胶电泳检测：取 PCR 反应产物 10μL，直接上样电泳，20～30min 后，紫外透射仪内观察。用 DL2000 作为分子量标志，观察扩增片段大小。

五、结果与讨论

　　（1）判断标准：若标本扩增带与阳性对照带处于同一位置，判定为标本阳性，否则为阴性。

　　（2）血清标本：应使用一次性试管及吸管，以防污染标本。

　　（3）微量加样器应准确，酶加入量过大时常常造成非特异产物生成，引物量过大时易形成引物二聚体。

　　（4）全部操作过程应使用一次性塑料吸头，以防止交叉污染。

　　（5）为防止 Taq 酶失活，应在最后加入。反复冻融易致 Taq 酶失活，因此加样时最好不要让 Taq 酶离开冰柜。

第三部分　动物生物化学实验技能训练——综合篇

综合实训一　血液常用生化指标测定分析

微课扫一扫

血糖含量的测定
技术

　　生物体的新陈代谢是维持生命活动的基本特征，而机体循环系统反映机体各组织器官代谢的基本情况，因此血液中许多代谢物质成为临床疾病诊断的重要指标。

　　本实验检测血浆或血清中葡萄糖、甘油三酯、胆固醇的含量与转氨酶活性。方法灵敏、快速，试剂温和，广泛应用于血液生化指标的检测，可以简便、快速、灵敏、高特异性地对血液中某些物质进行定量分析，适用于手工和自动化测定，以辅助诊断疾病。

一、血糖含量的测定

（一）原理

　　血液中的葡萄糖简称血糖，是多羟基的醛，具有还原性，与碱性铜试剂混合加热时，葡萄糖分子中的醛基被氧化成羧基，铜试剂中的 Cu^{2+} 被还原成砖红色（反应速率快时，生成的 Cu_2O 呈黄绿色；反应速率慢时，生成的 Cu_2O 颗粒较大呈红色）的 Cu_2O 沉淀。Cu_2O 与磷钼酸反应生成钼蓝，溶液呈蓝色，蓝色的深浅与葡萄糖含量成正比，可用分光光度法在波长 420nm 处测定光密度值，从而计算出血糖的含量。

（二）器材与试剂

1. 器材

　　①分光光度计；②容量瓶；③烧杯；④刻度吸量管；⑤血糖管。

2. 试剂

　　（1）0.04mol/L 硫酸溶液　量取浓硫酸（相对密度 1.84）2.3mL 加入 50mL 蒸馏水中，转移并用蒸馏水定容至 1000mL，用 0.1mol/L 氢氧化钠标定硫酸溶液至 0.04mol/L。

　　（2）10% 钨酸钠溶液　称取钨酸钠（$NaWO_4 \cdot 2H_2O$）10g，用水溶解后定容至 100mL。

　　（3）碱性铜试剂　称取无水碳酸钠 40g、酒石酸 7.5g、结晶硫酸铜 4.5g 分别加热溶于 400mL、300mL、200mL 水中，然后先将冷却后的酒石酸溶液倒入碳酸钠溶液中混匀，转移到 1000mL 容量瓶中，再将硫酸铜溶液倒入并用水定容至刻度，贮存在棕色瓶中，备用。

　　（4）磷钼酸试剂　称取钼酸 35g 和钨酸钠 10g，加入 400mL 氢氧化钠（10%）溶液中，再加水 400mL 混合后煮沸 20～40min，以便除去钼酸中存在的氨（至无氨味），冷却后加入磷酸（80%）25mL，混匀，转移到 1000mL 容量瓶中，用水定容至刻度。

　　（5）0.25% 苯甲酸溶液　取苯甲酸 2.5g 加水煮沸溶解，用水定容至 1000mL。

　　（6）葡萄糖贮存标准液（10mg/mL）　准确称取置于硫酸干燥器内过夜的无水葡萄糖 1.000g，用 0.25% 的苯甲酸溶液溶解，转移到 100mL 容量瓶中，以 0.25% 苯甲酸溶液定容至刻度，置冰箱可长期保存。

　　（7）葡萄糖应用标准液（0.1mg/mL）　准确吸取葡萄糖贮存标准液 1.0mL 至 100mL 容量瓶中，用 0.25% 苯甲酸溶液定容至刻度。

　　（8）1:4 磷钼酸稀释液　量取磷钼酸试剂 1 份，蒸馏水 4 份混匀即可。

（三）实训步骤

1. 用钨酸法制备 1∶10 全无血蛋白血滤液。
2. 取 4 支血糖管按表 13.8 操作。

表 13.8　实验操作步骤

试剂及操作	空白管	低浓度标准管	高浓度标准管	测定管
V(无蛋白血滤液)/mL	—	—	—	1.0
V(水)/mL	2.0	1.0	—	1.0
V(标准葡萄糖应用液)/mL	—	1.0	2.0	—
V(碱性铜试剂)/mL	2.0	2.0	2.0	2.0
V(葡萄糖含量)/mg	0	0.1	0.2	
混匀,置沸水浴中煮 8min,取出,自来水中冷却 3min(切勿摇动血糖管)				
V(磷钼酸试剂)/mL	2.0	2.0	2.0	2.0
混匀后放置 2min(使二氧化碳气体逸出)				
1∶4 磷钼酸溶液加至/mL			25	

用胶塞塞紧管口,颠倒混匀,用空白管调零,在 420nm 波长处测定光吸收。
3. 结果计算
高标准管:
　　葡萄糖含量(mg/100mL)＝(测定管光吸收/标准管光吸收)×0.2×(100/0.1)
　　　　　　　　　　　　　＝(测定管光吸收/标准管光吸收)×200

低标准管:
　　葡萄糖含量(mg/100mL)＝(测定管光吸收/标准管光吸收)×0.1×(100/0.1)
　　　　　　　　　　　　　＝(测定管光吸收/标准管光吸收)×100

（四）注意事项

① 血糖测定时,由于血液中其他还原物质(占 10%～20%)作用,测得的血糖含量可能比实际含量偏高。

② 血糖的测定应在采血后立即进行,以免血糖被分解。若做成无蛋白血滤液可在冰箱中保存。

③ 沸水浴一定等水沸后,再放入试管,试管可用橡皮筋扎成束直立水中,使受热均匀,加热时间一定准确,否则影响结果准确性。加入磷钼酸前切不可摇动试管,以免被还原的氧化亚铜被空气中氧所氧化,降低实际效果。

④采血时间应选择在饲喂前,这样测定的结果更具有实际意义。

二、血清甘油三酯的测定

（一）原理

血清中的甘油三酯(TG)首先经脂蛋白脂酶(LPL)作用,水解为甘油和游离脂肪酸,甘油在 ATP 和甘油激酶(GK)的作用下,生成 3-磷酸甘油,3-磷酸甘油再经磷酸甘油氧化酶(GPO)氧化,生成磷酸二羟丙酮和过氧化氢(H_2O_2),最后 H_2O_2、4-氨基安替比林(4-AAP)及 4-氯酚在过氧化物酶(POD)作用下,生成红色醌类化合物,其红色深浅与 TG 的含量成正比。

（二）试剂

（1）甘油三酯工作液见表 13.9。

表 13.9　甘油三酯工作液

试剂	终浓度	试剂	终浓度
磷酸盐缓冲液(pH7)	40mmol/L	过氧化物酶	≥5000U/L
脂蛋白脂酶	≥150U/L	ATP	1mmol/L
甘油激酶	≥0.4U/L	4-AAP	0.25mmol/L
磷酸甘油氧化酶	≥1.5U/mL	4-氯酚	25mmol/L

（2）甘油三酯标准液　100mg/dL 或 1.14mmol/L。

（三）实训步骤

（1）取微孔板一个，按表 13.10 操作，分别建立 1 个空白对照溶液孔，1 个标准溶液孔和 1 个样品溶液孔。

表 13.10　微孔板的操作　　　　　　　　　　单位：μL

试剂	空白孔	标准孔	测定孔
血清	—	—	5
甘油三酯标准液	—	5	—
蒸馏水	5	—	—
甘油三酯工作液	200	200	200

（2）混匀各管，勿产生气泡。37℃孵育 10min。以空白孔调零，用微孔板比色计（或微量分光光度计）测量波长 520nm 处各孔 A 值。

（3）计算。

按下述公式计算待测样品中甘油三酯含量。

$$血清甘油三酯(mmol/L) = A测/A标 \times 标准液浓度$$

（四）注意事项

① 血清 TG 易受饮食的影响，在进食脂肪后可以观察到血清中 TG 明显上升，2～4h 内即可出现血清混浊，8h 以后接近空腹水平。因此采血须在空腹 12h 后进行，标本 4℃存放不宜超过 3d，避免 TG 水解释放出甘油。

② 方法中所用酶试剂在 4℃避光保存，至少可稳定 3d 至 1w，出现红色时不可再用，试剂空白吸光度应不大于 0.05。

③ LPL 除水解 TG 外，也能水解甘油一酯和甘油二酯（血清中这两者的浓度约占 TG 的 3%），所以本法测定结果包含了后两者的值。

三、血清胆固醇的测定

（一）实验原理

血清中的胆固醇酯首先经胆固醇酯酶作用，水解为胆固醇和游离脂肪酸，胆固醇在胆固醇氧化酶的作用下，再氧化生成 4-胆甾-3-烯酮和过氧化氢，最后 H_2O_2、4-氨基安替比林及 4-氯酚在过氧化物酶作用下，生成红色醌类化合物，其红色深浅与胆固醇的含量成正比。

（二）试剂

（1）胆固醇工作液见表13.11。

表 13.11　胆固醇工作液

试剂	终浓度	试剂	终浓度
磷酸盐缓冲液(pH6.5)	40mmol/L	过氧化物酶	5000U/L
胆固醇酯酶	≥150U/L	4-AAP	0.25mmol/L
胆固醇氧化酶	≥100U/L	4-氯酚	25mmol/L

（2）胆固醇标准液　200mg/dL 或 5.17mmol/L。

（三）实训步骤

（1）取微孔板一个，按表13.12操作，分别建立1个空白对照溶液孔，1个标准溶液孔和1个样品溶液孔。

表 13.12　微孔板的操作　　　　　　　　　　　　　　　单位：μL

试剂	空白孔	标准孔	测定孔
血清	—	—	5
胆固醇标准液	—	5	—
蒸馏水	5	—	—
胆固醇工作液	200	200	200

（2）混匀各管，勿产生气泡。37℃孵育10min。以空白孔调零，用微孔板比色计（或微量分光光度计）测量波长520nm处各孔A值。

（3）计算。

按下述公式计算待测样品中胆固醇含量。

$$血清总胆固醇(mmol/L)＝A测/A标×标准液浓度$$

（四）注意事项

① 血清样品用量少，故样品或试剂的加量要准确。

② 总胆固醇标准溶液不稳定，试剂中的无水乙醇易挥发。尤其在微量试验加标准溶液时，因量少、挥发快，易使测定结果偏高。操作时可以先加样品，最后加标准液，并立即在标准液孔内加入胆固醇工作液。酶法测胆固醇最好用已知浓度的血清胆固醇作标准。

四、血清转氨酶活性的测定

（一）原理

在动物机体中活力最强、分布最广的转氨酶有两种：一种为谷丙转氨酶（简称 ALT），另一种为谷草转氨酶（简称 AST）。它们的催化反应如下：

$$丙酮酸＋\alpha\text{-}酮戊二酸 \xrightleftharpoons{GPT} 谷氨酸＋丙氨酸$$

$$天冬氨酸＋\alpha\text{-}酮戊二酸 \xrightleftharpoons{GOT} 草酰乙酸＋谷氨酸$$

AST 催化生成的草酰乙酸在柠檬酸苯胺的作用下转变为丙酮酸与二氧化碳。由上可见此反应最终产物都是丙酮酸。测定单位时间内丙酮酸的产量即可得知转氨酶的活性。

丙酮酸可与2,4-二硝基苯肼反应，形成丙酮酸二硝基苯腙，在碱性溶液中显棕红色。

再与同样处理的丙酮酸标准液进行比色，计算出其含量，以此测定转氨酶的活性。

$$丙酮酸 + 2,4-二硝基苯肼 \longrightarrow 丙酮酸二硝基苯腙(棕红色)$$

转氨酶的活性单位为：每毫升血清与基质在37℃下作用60min，生成1μmol丙酮酸为1个单位。

（二）器材与试剂

1. 器材

①分光光度计；②恒温水浴锅；③试管和试管架；④吸管；⑤坐标纸等。

2. 试剂

（1）磷酸盐缓冲液（pH 7.4）

甲液：1/15mol/L 磷酸氢二钠溶液：称取磷酸氢二钠（Na_2HPO_4）9.47g（或$Na_2HPO_4 \cdot 12H_2O$ 23.87g）溶于蒸馏水，定容至1000mL。

乙液：1/15mol/L 磷酸二氢钾溶液：称取磷酸二氢钾（KH_2PO_4）9.078g，溶于蒸馏水，定容至1000mL。

取甲液825mL，乙液175mL，混合，测其pH为7.4即可使用。

（2）ALT基质液　称取α-酮戊二酸29.2mg及丙氨酸1.78g，溶于20mL pH 7.4的磷酸盐缓冲液中，溶解后再加缓冲液70mL，并移入100mL容量瓶内，加1mol/L的NaOH溶液0.5mL，校正pH至7.4。再以pH 7.4的磷酸缓冲液定容至100mL。贮存于冰箱备用，可使用1周。

（3）AST基质液　称取α-酮戊二酸29.2mg及天冬氨酸2.66g，溶于20mL pH 7.4的磷酸盐缓冲液中，溶解后再加缓冲液70mL，并移入100mL容量瓶内。加1mol/L NaOH溶液0.5mL，校正pH至7.4，再以pH 7.4的磷酸缓冲液定容至100mL。贮存于冰箱备用，可使用1周。

（4）2,4-二硝基苯肼溶液　称取2,4-二硝基苯肼20mg，先溶于10mL浓盐酸中（可加热助溶），再以蒸馏水稀释至100mL（有沉渣可过滤），棕色瓶内保存。

（5）丙酮酸标准液（1mL含2μmol丙酮酸）　精确称取丙酮酸钠22mg，溶解后转入100mL容量瓶中，用磷酸缓冲液（1/15mol/L，pH 7.4）稀释至刻度。

（6）0.4mol/L 氢氧化钠溶液。

（7）柠檬酸苯胺溶液　取柠檬酸50g溶于50mL蒸馏水中，再加苯胺50mL充分混合即成，低温出现结晶时，可置于37℃水浴中，待溶解后使用。

血清转氨酶的活性测定技术之标准曲线的绘制　　谷丙转氨酶活性的测定

（三）实训步骤

1. 标准曲线制作

取6支试管，按表13.13操作。

表13.13　标准曲线的操作步骤　　　　　　　　单位：mL

试剂	1	2	3	4	5	6
丙酮酸标准液	0.00	0.05	0.10	0.15	0.20	0.25
ALT(AST)基质液	0.50	0.45	0.40	0.35	0.30	0.25
pH7.4 磷酸缓冲液	0.10	0.10	0.10	0.10	0.10	0.10
37℃水浴 10min						
2,4-二硝基苯肼	0.50	0.50	0.50	0.50	0.50	0.50
37℃水浴 20min						
0.4mol/L 氢氧化钠	5.00	5.00	5.00	5.00	5.00	5.00
相当活性单位/U	0	28	57	97	150	200

混匀后，在 520nm 波长处，以空白调零点，读取各管光密度。以相当活性单位为横坐标，光密度为纵坐标，绘制标准曲线。

2. ALT（AST）测定

取 2 支洁净的试管，按表 13.14 操作。

表 13.14　ALT（AST）测定的操作步骤　　　　　　　　　　单位：mL

试剂	空白	测定
血清	0.1	0.1
ALT(AST)基质液	—	0.5
混匀,37℃水浴,60min		
ALT(AST)基质液	0.5	—
柠檬酸苯胺溶液/滴	1	1
2,4-二硝基苯肼	0.5	0.5
混匀,37℃水浴,20min		
0.4mol/L 氢氧化钠	5.0	5.0

注：ALT 测定不加柠檬酸苯胺溶液，其他操作方法同 AST 测定法。

混匀，放置 5min，以空白调零点，在波长 520nm 处测定光密度。

3. 结果计算

（1）由所测得之光密度值直接查标准曲线，即可得知活性单位。

（2）若用标准管法测定，可用丙酮酸标准液（1mL 含 2μmol）0.1mL，按操作测知标准管光密度，按下列方式计算结果：

$$转氨酶活性单位数（U）/100mL 血清 = \frac{测定管光密度}{标准管光密度} \times 200$$

综合实训二　血清免疫球蛋白 IgG 的分离纯化与鉴定

血清中含有众多的蛋白质，其中 γ-球蛋白属于免疫球蛋白一类，IgG 占免疫球蛋白总量的 70% 以上。IgG 分离、提纯的方法很多，分段盐析法简便、实用，能满足一般实验的要求。如要获得高纯度的 IgG，则应结合其他方法进一步纯化。本实验介绍以分段盐析法、凝胶色谱分离提纯 IgG，并对 IgG 制品的性质与纯度进行鉴定。

一、实训目的

1. 了解并熟悉盐析法分离、纯化蛋白质的原理和方法，为今后从事兽医及药学相关工作打基础。

2. 掌握血清免疫球蛋白 IgG 纯度鉴定及定量测定的方法。

二、原理

1. 蛋白质盐析

维持蛋白质亲水胶体特性的两个重要因素是蛋白质分子表面的电荷和水化膜，其中任何一个因素受到破坏都会降低胶体的稳定性，使蛋白质分子聚集而发生沉淀。盐在水溶液中电离所形成的正负离子可吸引水分子从而夺取蛋白质分子上的水化膜，还可中和部分电荷致使蛋白质分子聚集，从而达到盐析沉淀蛋白质的目的。由于血清中各种蛋白质颗粒大小、所带电荷的多少及亲水程度不同，当使用某种中性盐对其进行盐析时，所需的最低盐浓度各不相同。利用不同浓度的硫酸铵溶液便可将血清中不同的蛋白质分别从溶液中沉淀出来，达到分离纯化蛋白质的目的。

2. 脱盐及纯化

经中性盐分离纯化的蛋白质溶液，尚需通过脱盐及浓缩等方法才能得到所需的蛋白质。脱盐最常用的方法是使用透析袋透析，该法简便，透析效率高，需时短，但往往因沾在透析袋壁上的蛋白质较多，需用较多的生理盐水冲洗而浓缩困难。因此现在用凝胶色谱法脱盐及初步纯化，不仅效果好，而且去盐效率比透析法高，也是工业化生产蛋白质制剂最常采用的方法。

3. 分析鉴定

蛋白分析鉴定常用 SDS-PAGE 电泳的方法，为了巩固基础实训方法，本实验采用醋酸纤维薄膜电泳对纯化的球蛋白进行分析鉴定，以正常人血清样品做对照。比较两者电泳图谱，可定性判断纯化的 γ-球蛋白的纯度。醋酸纤维薄膜电泳原理如前所述（基础篇技能训练三）。

4. 免疫球蛋白 IgG 的定量测定

本实验采用双缩脲法测定，详见基础篇技能训练二。

三、实训步骤

1. 试剂

（1）饱和硫酸铵溶液　硫酸铵 800～850g，加蒸馏水至 1000mL。加热至 70～80℃，搅拌 20min。冷却后上清液即为饱和硫酸铵溶液。使用前调节 pH 值至 7.2。

（2）0.9%NaCl。

（3）1%BaCl$_2$。

（4）交联葡聚糖凝胶（Sephadex）G-25 或 G-50。

2. 操作步骤

（1）分段盐析法分离血清球蛋白

① 取血清 5mL 置于 50mL 烧杯中，加入 0.9%NaCl 5mL，混匀。

② 在电磁力搅拌器搅拌下，逐滴加入饱和硫酸铵溶液 10mL，使硫酸铵浓度为 50% 饱和。继续搅拌 30min，以充分沉淀球蛋白。

③ 3500r/min 离心 20min，弃去上清液（主要含清蛋白），沉淀中含各种球蛋白。

（2）IgG 的分离

① 用总体积为 5mL 的 0.9%NaCl 溶解上述含各种球蛋白的沉淀，并转至 50mL 烧杯中。

② 在电磁力搅拌器搅拌下，逐滴加入饱和硫酸铵 2.5mL，使硫酸铵浓度为 33% 饱和，继续搅拌 30min，以充分沉淀 IgG。

③ 3500r/min 离心 20min，弃去上清液（主要含 α-和 β-球蛋白）。沉淀中主要是 IgG。

④ 按上述步骤操作重复 3 次，以充分除去共沉淀的其他杂蛋白质。

⑤ 用 33% 饱和硫酸铵（1 份饱和硫酸铵＋2 份 0.9%NaCl）洗涤上述沉淀 3 次。

（3）IgG 制品的脱盐及纯化

① 凝胶处理　Sephadex G-50 凝胶约 15g，放入蒸馏水 500mL 中浸泡 6h（或沸水浴中 2h）。浸泡后搅动凝胶再静置，待凝胶沉积后，倾去上层细粒悬液，如此反复多次。将浸泡

后的凝胶用 10 倍量的洗脱液处理约 1h，搅拌后继续去除上层细粒悬液。

② 装柱　垂直装好色谱柱（高 50cm，内径 1cm），旋紧下盖，向色谱柱内加入蒸馏水达柱总长度约 1/4。然后将处理好的凝胶在烧杯内用蒸馏水调成悬浮液，自柱顶端沿管内壁缓缓加入柱中至柱顶，打开底部出水口，随着水的流出，不断注入搅拌的凝胶混悬液，直至床体积沉降至离柱顶 3~4cm 为止（操作中注意防止产生气泡与分层）。

③ 平衡　柱装好后，旋紧上盖，接上恒流泵，打开出口，用 2 倍床体积的洗脱液平衡，流速 2mL/min，使色谱柱压实并平衡。注意调节流速以防止流速过大及干柱现象。

④ 色谱床校正　首先肉眼观察色谱床是否均匀，有无气泡和分层，床表面是否平整，然后用蓝色葡聚糖进行色谱效果的检查。在色谱柱中加入 1mL（2mg/mL）蓝色葡聚糖 2000，然后用洗脱液进行洗脱（流速同前），如移动的指示剂色带狭窄、均一，则说明装柱良好，检查后再经洗脱平衡即可使用，否则就应重新装柱。

⑤ 连接色谱仪　待色谱柱平衡后将柱子与色谱仪连接，调节流速至 10 滴/min、2min/管，每管收集 4mL。

⑥ 上样　将分段盐析制备好的 IgG 沉淀，用约 1mL 0.9％NaCl 溶解。旋开色谱柱上盖，待蒸馏水刚刚流至凝胶界面时，用滴管小心（避免冲坏柱床表面）加入 IgG 样品溶液。待样品液将全部进入凝胶时，用滴管加入一薄层蒸馏水（约 0.5mL），即将流干时再加入 1mL。如此反复 1~2 次，以洗净管壁所附着的样品。最后加入蒸馏水直至色谱柱上口以下 1cm 处。接通蒸馏水洗脱瓶。

⑦ 洗脱与检测　蒸馏水洗脱速度约 2mL/min，每管收集 2mL，在洗脱过程中可见色谱柱内白色的 IgG 缓缓下降，利用自动检测仪逐管收集蛋白洗脱峰，合并即为 IgG 溶液。IgG 全部洗脱后，用 $BaCl_2$ 溶液逐管检测硫酸铵的存在。如果硫酸根离子存在，试管中就会有白色沉淀或浑浊。

⑧ 色谱柱的再平衡　色谱柱继续以蒸馏水洗脱，当洗脱峰回到基线，$BaCl_2$ 溶液检查也呈阴性时，表明此色谱柱已再平衡，可再次利用。

（4）蛋白的分析鉴定　详见基础篇技能训练三，正常血清蛋白经醋酸纤维薄膜电泳后可获得 5 条带。而经硫酸铵盐析分离纯化后的蛋白溶液在醋酸纤维薄膜电泳图谱上，仅在 γ-球蛋白位置上出现区带。

（5）血清免疫球蛋白的定量测定　本实验采用双缩脲法测定蛋白含量，详见基础篇技能训练二。此外蛋白浓度也可直接用紫外分光光度计于 280nm 波长测定。

四、注意事项

1. 在整个纯化过程中操作要规范，条件要温和防止蛋白质变性。

2. 盐析时向蛋白质溶液中加饱和硫酸铵的速度要慢，边加边轻轻搅拌，尽量避免产生气泡，最好在低温条件下进行。

3. 凝胶柱色谱脱盐时凝胶要充分溶胀装柱时要缓慢均匀，凝胶柱床表面要平整，表面液体不能流干，加样时不能搅动凝柱表面。

4. 注意收集样品的试管的标记。

五、思考题

1. 中性盐盐析提取蛋白质的原理是什么？需注意哪些问题？

2. 葡聚糖凝胶色谱法分离纯化蛋白质的原理是什么？

3.制备蛋白质类制剂需注意哪些问题?

综合实训三 常用分子生物学诊断技术

分子生物学已成为生命科学最具活力的前沿学科领域，随着分子生物学理论、技术和方法不断被应用于临床医学，分子生物学在疾病的预防、诊断、治疗和疗效评价等诸方面发挥着越来越重要的作用。目前用于临床诊断比较多的分子生物学技术有核酸分离和纯化、聚合酶链式反应（PCR）、核酸杂交、生物芯片等。

一、实训目的

1.掌握常用分子诊断技术的基本原理。

2.熟悉外周血细胞基因组 DNA 提取和 PCR 扩增目的基因的操作过程，理解影响该实验的各项注意事项。

3.通过实验操作，对分子诊断学的常用仪器能进行简单的独立使用。

4.能初步判断分子生物学实验中出现的问题并分析。

二、原理

从全血制备白细胞 DNA，可用非离子去污剂 NP40 和低盐缓冲液直接破裂血中红细胞和白细胞的细胞膜，释出血红蛋白及细胞核，通过离心获得白细胞的细胞核，向核悬液中加入 SDS（十二烷基硫酸钠）破裂核膜，使 DNA 从核蛋白中解离并溶解在一定浓度的 NaCl 中，经乙醇沉淀即可得到 DNA。缓冲液中 Mg^{2+} 的浓度对于获得完整的高质量 DNA 十分重要，本实验低盐缓冲液中 Mg^{2+} 浓度是 4mmol/L，如超过 10mmol/L 可导致 DNA 的降解。缓冲液中的 EDTA 可抑制 DNA 的降解。聚合酶链式反应原理见基础篇技能训练十二，实验不设计特定引物，各实验室可充分利用科研用引物开展本实验。一旦一对引物序列确定，PCR 扩增长度也就确定。

三、实训步骤

（一）试剂与器材

1.低盐缓冲液　10mmol/L Tric-HCl（pH7.6），10mmol/L KCl，4mmol/L $MgCl_2$，2mmol/L EDTA。

2.10%SDS。

3.饱和 NaCl 溶液　称取 4g 氯化钠，溶于 10mL 蒸馏水中即成。

4.无水乙醇、70%乙醇。

5. Taq DNA 聚合酶，浓度为 5U/μL，均配有相应的缓冲液和 $MgCl_2$。

6.10×扩增缓冲液　含 500mmol/L KCl，100mmol/L Tris-HCl（pH9.0 于室温），1%Triton X-100。

7. 25mmol/L $MgCl_2$：此为应用液浓度的 10 倍，配套供应。

8. dNTP 为 4 种脱氧核苷三磷酸的混合液。

9.上游引物或下游引物。

10. DNA 模板。

11. 琼脂糖凝胶电泳所需试剂（琼脂糖、电泳缓冲液和上样缓冲液）。

12. 水浴槽、离心机、紫外分光光度计、PCR 仪。

（二）操作步骤

1. 外周血细胞 DNA 的快速提取

① 取 0.5mL 外周血置于 1.5mL Eppendorf（EP）管中，EDTA-Na_2 抗凝（每管预先加入 0.3mol/L EDTA-Na_2 30μL），3000r/min 离心 5min，弃血浆，得沉淀部分。

② 加 0.5mL 低盐缓冲液，12.5μL 20% NP40，振荡破碎红细胞，5000r/min 离心 5min，弃上清液。

③ 用低盐缓冲液洗白细胞 2 次（每次 5000r/min 离心 5min），弃上清液。

④ 加入 250μL 低盐缓冲液，20μL 10%SDS，混匀，50℃水浴 10min。

⑤ 加入 100μL 饱和 NaCl 溶液，剧烈振荡 2min，4℃，12000r/min 离心 10min。

⑥ 吸上清液于另一干净 EP 管中，加入 1mL 预冷的无水乙醇沉淀 DNA，12000r/min 离心 2min，弃上清液。

⑦ 加 1mL 预冷的 70%乙醇洗涤 DNA 2 次，12000r/min 离心 2min，弃上清液，将 EP 管倒置于滤纸上，室温干燥。

⑧ 加 250μL TE 缓冲液溶解 DNA，紫外分光光度计定量，4℃冰箱保存。

2. PCR 扩增目的 DNA

① PCR 反应体系的构成成分　建立 50μL 总体积的 PCR 反应体系，其中包括灭菌双蒸水 34μL，10×扩增缓冲液 5μL，$MgCl_2$ 4μL，dNTP 2μL，上游引物或下游引物各 1μL，DNA 模板 2μL，Taq DNA 聚合酶 1μL，加盖，用微量移液器混匀溶液，在台式离心机中离心 2s，以集中溶液于管底。

② 视预实验的条件，按以下参数在 PCR 扩增仪上扩增 25～35 个循环。一般 PCR 反应的参数为：94℃ 4min 预变性后，94℃ 1min，56℃ 1min，72℃ 1min，共 32 个循环，72℃ 延伸 10min，4℃保存。

③ 制备琼脂糖凝胶　按照被分离的 DNA 大小，决定凝胶中琼脂糖的浓度。称取适量琼脂糖倒入三角瓶中，加入 1×TAE（也可用 TBE）缓冲液中，置微波炉或水浴加热至完全熔化，取出摇匀，稍冷却后加入核酸染料，如 Gelred、Gelgreen、Goldview、EB，摇匀。目前，EB 染料已在逐步被其他染料所替代。

④ 灌胶

a. 取洁净的电泳内槽，用橡皮膏或透明胶带将内槽的两端边缘封好。现在一般有商品化的模具。

b. 将内槽放置于一水平台面，并插好所需齿数和厚度的样品梳子。

c. 将冷却至 60℃左右的琼脂糖凝胶液缓慢倒入内槽，直至所需厚度。

d. 待凝胶凝固后，小心取出梳子，撕去橡皮膏或透明胶带，将带凝胶的内槽放入电泳槽中，注意凝胶点样端要靠近负极。

e. 加入 1×TAE（或 TBE）缓冲液至电泳槽，缓冲液刚没过凝胶表面即可。

⑤ 加样　剪取适当大小的蜡膜，取 6×上样缓冲液 1μL 点于膜上数点，取 6μL PCR 扩增产物与之混匀后，将其一并加入凝胶的点样孔（记录点样顺序及点样量）。

⑥ 电泳　接通电源槽与电泳仪的电源，DNA 的迁移率与电压成正比，电压不超过 5V/cm 凝胶长度。当溴酚蓝染料移动至凝胶前沿 1～2cm 处，切断电源，停止电泳。

⑦ 观察结果　取出内槽，小心推出凝胶，采用紫外分析仪或凝胶成像系统进行观察和拍照，DNA 存在处应显出荧光条带。

四、注意事项

1. 血液样品反复冻融，会导致提取的 DNA 片段较小（被降解了），且提取量下降。所得基因组 DNA 也应尽可能避免反复冻融，以免断裂。

2. 血液样品的保存方法一般有以下 2 种：①短期保存。已加入抗凝剂的血液样品在 2～8℃最多储存 10 天。某些实验（如 Southern 杂交等）需要完整的基因组 DNA，则血液样品在 2～8℃储存不超过 3 天，使基因组 DNA 的降解程度较轻。②长期保存。已加入抗凝剂的血液置于-70℃保存。如提取的是大分子 DNA，推荐使用 EDTA 作为抗凝剂。

3. 工作区尽量隔离，分样品处理区和 PCR 扩增分析区，以降低交叉污染的概率。

4. 试剂取样及分装要用绝对安全无污染的器皿；对于大包装的试剂用前应分成小包装。

5. 注意实验操作①操作时要戴手套，如有污染要及时更换；②离心管每次开盖前要离心片刻，开盖要小心，防止液体溅出；③常用预混试剂应先加试剂，后加 DNA 模板；④吸每种试剂均要换移液嘴，在临床检测实验室中吸试剂用的移液器还要与吸 DNA 模板的移液器分开。在临床检测时每次 PCR 均同时设阳性对照、阴性对照和弱阳性对照。

6. 污染处理①稀酸处理法：常用稀酸处理含有扩增产物的离心管、琼脂糖凝胶和电泳槽及电泳托盘等。②紫外线照射 PCR 工作室，特别是电泳槽、电泳托盘、离心机、冰盒、移液器等。

五、思考题

1. 简述外周血 DNA 提取的实验原理。

2. 如何配制饱和 NaCl 溶液？

3. 简述 PCR 的工作原理。为何一旦引物设计确定，PCR 产物的长度就确定了？

4. 预防 PCR 污染的措施有哪些？

参 考 文 献

[1] 邹思湘.动物生物化学.5版.北京：中国农业出版社，2012.
[2] 朱圣庚，徐长法.生物化学.4版.北京：高等教育出版社，2016.
[3] 李庆章.动物生物化学.北京：高等教育出版社，2016.
[4] 周春燕，药立波.生物化学与分子生物学.9版.北京：人民卫生出版社，2018.
[5] 宋小平.生物化学实验实训教程.南京：东南大学出版社，2015.
[6] 周顺伍.动物生物化学.北京：化学工业出版社，2010.
[7] 李庆章.动物生物化学实验技术教程.北京：高等教育出版社，2015.
[8] 张源淑.动物生物化学学习导航暨习题解析.北京：中国农业大学出版社，2017.
[9] 刘观昌，马少宁.生物化学检验.4版.北京：人民卫生出版社，2015.